MALCOLM S. LONGAIR

# Das erklärte Universum

Springer-Verlag Berlin Heidelberg GmbH

Malcolm S. Longair

# Das *erklärte* UNIVERSUM

Übersetzt von Heinrich Roesler
Mit 119 Abbildungen, davon 64 in Farbe

Springer

Professor Dr. Malcolm S. Longair
University of Cambridge
Department of Physics
Cavendish Laboratory
Madingley Road
Cambridge, CB3 0HE, United Kingdom

*Übersetzer*

Dr. Heinrich Roesler
Quinckestraße 44a
D-69120 Heidelberg

ISBN 978-3-642-86047-8 ISBN 978-3-642-86046-1 (eBook)
DOI 10.1007/978-3-642-86046-1

Sonderauflage für Weltbild Verlag GmbH, Augsburg



Titel der englischen Originalausgabe:
*Our Evolving Universe*

Herstellung und Innengestaltung:
Claus-Dieter Bachem, Heidelberg

Umschlaggestaltung:
Erich Kirchner, Heidelberg

Datenkonvertierung:
Schneider Druck GmbH,
Rothenburg o. d. T.

Konrad Triltsch, Graphischer Betrieb,
Würzburg

SPIN: 10671227
55/3120
Gedruckt auf säurefreiem Papier

Für Mark und Sarah

# Vorwort

»Nicht schon wieder ein Buch über die ersten Augenblicke des Universums!« höre ich meine Leser protestieren. Keine Sorge, dieses Buch handelt von all den anderen Dingen, die im Universum um uns herum zu finden sind. Will man jedoch die Entwicklungsgeschichte des Universums erzählen, dann kommt man nicht darum herum zu fragen, wie all das entstanden ist, was wir im Universum beobachten. Deswegen blicken wir immer tiefer in die Vergangenheit zurück, denn anders können wir nicht in geordneter Reihenfolge darstellen, was sich im Laufe der Zeit zugetragen hat.

Dieser Blick zurück in die Geschichte erweist sich als ungewöhnlich erfolgreich, weitaus erfolgreicher jedenfalls, als es sich die Begründer der Astrophysik und wissenschaftlichen Kosmologie in den 30er und 40er Jahren unseres Jahrhunderts vorgestellt haben mögen. Die Entwicklung von Astronomie und Kosmologie gehört zu den bemerkenswertesten Fortschritten der modernen Naturwissenschaften seit dem Zweiten Weltkrieg. Wir haben ein Goldenes Zeitalter der Astronomie durchlebt, weil völlig unerwartete neue Beobachtungsverfahren uns neue Einblicke in das Geschehen am Himmel gewährt haben. Niemand dachte vor 50 Jahren daran, daß man Neutronensterne durch Beobachtungen mit langen Radiowellen entdecken würde. Wer hätte damals geahnt, daß in den Spuren von Deuterium, die wir in unserer Umgebung vorfinden, eine der entscheidendsten Informationen über die Physik des nur wenige Minuten alten Universums enthalten sein könnte? Wer hätte sich vor 50 Jahren vorgestellt, daß die offenen Fragen der Sternentstehung ihre Beantwortung ausgerechnet in den kältesten Gegenden unserer Galaxie finden würden?

Meine Absicht ist es, ein einfaches, leicht verständliches und sachliches Buch über die wissenschaftlichen und intellektuellen Herausforderungen der modernen Astronomie zu schreiben. Wenn die Begriffe »Entwicklung« oder »Universum« erwähnt werden, dann sind hinter ihnen häufig die grundlegendsten Fragen nach dem Ursprung des Universums verborgen. Für mich jedoch haben sie noch eine andere Bedeutung, und diese möchte ich in meinem Buch zum Ausdruck bringen. Die moderne astronomische Forschung spannt einen weiten Bogen über viele verschiedene Arbeitsgebiete – die Physik der Sterne, ihre Geburt und ihren Tod, die Physik des interstellaren Mediums, die interstellare Chemie, die

Bildung von Galaxien, Quasaren und supermassiven schwarzen Löchern. Eingeschlossen ist auch die Frage nach dem Ursprung des Universums. Für mich gehören all diese verschiedenen Arbeitsgebiete zusammen, und wir müssen sie alle gemeinsam besprechen, um ein überzeugendes Bild des Ursprunges und der Entwicklung unseres Universums zusammenstellen zu können. Fast noch wichtiger ist aber, daß die astronomischen Entdeckungen weitreichende Auswirkungen haben und daß vielfach die Innovation in einem Teilbereich unerwartete Folgen für einen anderen Teilbereich hat.

Das Ziel ist damit gesetzt: Ich möchte eine zusammenhängende Darstellung aller Beiträge aus den einzelnen Arbeitsgebieten geben, die zum Verständnis des Ursprunges und der Entwicklung der Objekte aller Klassen des Universums führt. Für mich ist ein Fachgebiet ebenso wichtig wie jedes andere. Im Verlauf dieses Vorhabens werden wir das Universum mit allen Wellenlängen untersuchen, die der modernen Astronomie zur Verfügung stehen, von langen Radiowellen bis zu den energiereichsten $\gamma$-Strahlen – jeder Wellenlängenbereich liefert unverzichtbare Informationen zum Gesamtbild. Ich bedauere lediglich, daß für die Beschreibung der technischen Hilfsmittel und deren Anteil an den neuen Beobachtungen nur ungenügend Platz bleibt. Aus diesem Grunde habe ich Bilder der wichtigsten Teleskope eingefügt in der Hoffnung, daß sie den Betrachter zur Beschäftigung mit ihrer Technik ermutigen – ohne sie lebten wir noch im dunklen Zeitalter.

Die Anregung zu diesem Buch stammt aus dem Jahre 1990, als mir die Gelegenheit geboten wurde, im Fernsehen die »Royal Institution Christmas Lectures for Young People« zu halten. Seitdem hat es einige weitere Fortschritte in Astronomie und Kosmologie gegeben, und so bestand für mich die Herausforderung, unter Einschluß der neuen überwältigenden Bilder aus dem Weltraum einen möglichst vollständigen Bericht zu verfassen. Der Dank an meine Frau Deborah und an meine Kinder Mark und Sarah läßt sich nicht in ein paar kurzen Worten ausdrücken. Vielleicht genügt es zu erwähnen, daß ich an Leser wie Mark und Sarah dachte, als ich dieses Buch schrieb, und daher ist es auch ihnen gewidmet.

Cambridge, August 1995 Malcolm S. Longair

# Inhaltsverzeichnis

KAPITEL 4 Die Entstehung der Galaxien



KAPITEL 5 Der Anfang des Universums

KAPITEL 1

# Eine kurze Reise durch das bekannte Universum

## 1.1 DAS UNIVERSUM TUT SICH AUF

Wer in einer klaren kalten Winternacht von einem erhöhten Standpunkt aus unbeeinträchtigt durch die vielen irdischen Lichtquellen den Anblick des Sternenhimmels über uns auf sich wirken läßt, wird sich dem Eindruck des Erhabenen und Göttlichen kaum entziehen können. Der Sternenhimmel galt schon zu alten Zeiten als Sitz der Götter, und erst als der Mensch im 16. Jahrhundert begann, Glauben und Wissen voneinander zu trennen, wurden der Sternenhimmel und die Sterne mit anderen Augen gesehen als zuvor. Der Himmel wurde Gegenstand der Forschung und der Beobachtung, die erklärt sein wollten. Die Astronomen konnten von jeher nur die Bereiche des Universums untersuchen, die sie auch sehen konnten, weil sie leuchteten oder beleuchtet wurden. Sie mußten sich also mit dem zufrieden geben, was ihnen geboten wurde, und daraus mußten sie das Beste machen, um die Natur der astronomischen Objekte zu verstehen. Deswegen unterscheidet sich die Astronomie grundlegend von den Laborwissenschaften, in denen Experimente durchgeführt und unter kontrollierten Bedingungen wiederholt werden. Astronomen können mit den Gegenständen ihrer Untersuchungen keine Experimente ausführen, und die Bedingungen, unter denen sie ihre Forschungen betreiben, sind keine sorgfältig kontrollierten Bedingungen. Der gängige Ablauf Experiment, Interpretation und Theorie ist in der Astronomie anders und heißt dort Beobachtung, Interpretation und Theorie. Trotz dieses Nachteiles war die astronomische Beobachtung außergewöhnlich erfolgreich bei der Auffindung neuer physikalischer Gesetze und führte uns im Laufe der Zeit zu einem völlig neuen Verständnis der verschiedenen Bestandteile des Universums. Das besondere Geschick der Astronomen besteht darin, daß sie sich immer neue Wege ausdenken, um die Einschränkungen ihrer rein beobachtenden Wissenschaft zu überwinden und die allgemeinen Wahrheiten herauszufinden, die in den astronomischen Daten verborgen sind.

Astrophysik und Kosmologie sind recht junge Wissenschaften. Der Anfang der modernen Astronomie wird allgemein mit der Entdeckung des Kopernikus verbunden, der 1543, im Jahre seines Todes, das heliozentrische Weltbild bekannt machte, nach dem sich die Planeten auf mehr oder weniger kreisförmigen Bahnen um die Sonne bewegen (Abb. 1.1).

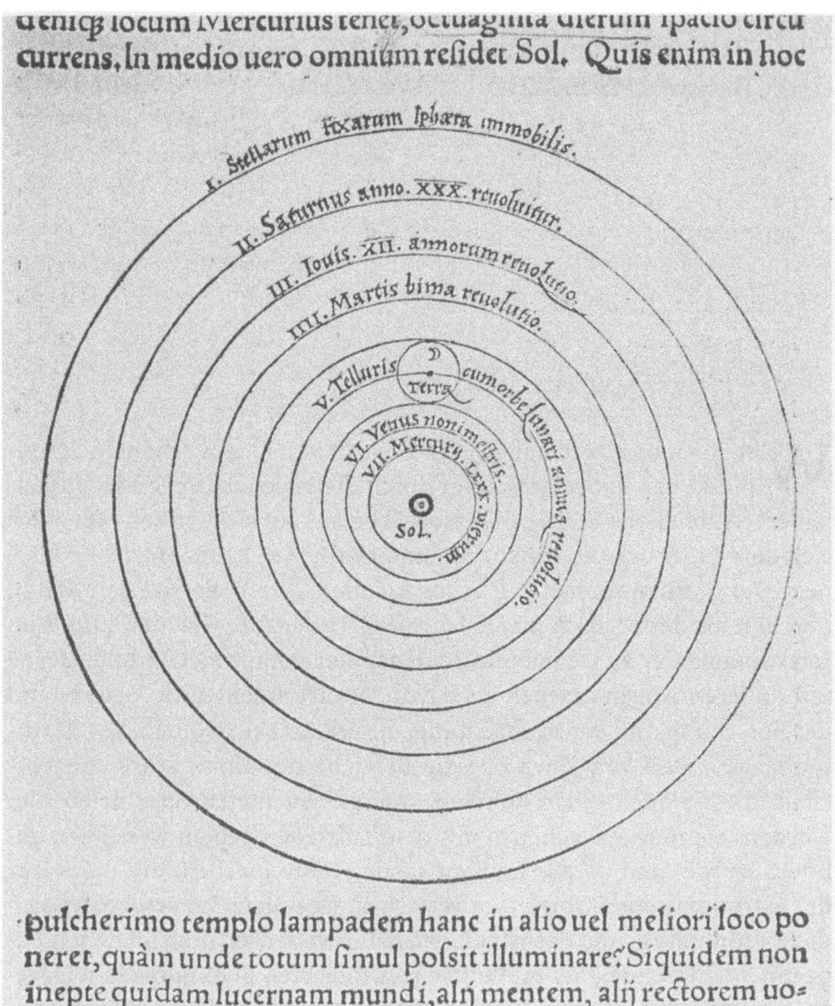
deniqꝫ locum Mercurius tenet, octuaginta dierum ſpacio circu currens, In medio uero omnium reſidet Sol. Quis enim in hoc



pulcherimo templo lampadem hanc in alio uel meliori loco po neret, quàm unde totum ſimul poſsit illuminare? Siquidem non inepte quidam lucernam mundi, alij mentem, alij rectorem uo-

*Abb. 1.1.* Das kopernikanische Weltbild, aus seiner Abhandlung *De Revolutionibus Orbium Celestium,* 1543 in Nürnberg veröffentlicht. Kopernikus stellte fest, daß sich die Bewegung der Planeten am besten erklären ließ, wenn man die Sonne als Mittelpunkt wählt und sich die Planeten auf Kreisbahnen um sie bewegen. Dieses Bild weicht erheblich von der damals gängigen Vorstellung ab, nach der die Erde im Mittelpunkt des Universums steht und die Planeten sie auf komplizierten Zykloidenbahnen umkreisen.

Die Unterschiede zwischen den kopernikanischen Kreisbahnen und den tatsächlichen Bahnen der Planeten veranlaßten Tycho Brahe zu seiner großartigen Reihe von Beobachtungen der Planetenbewegungen um die Sonne. Im Jahre 1601 beschäftigte Tycho Brahe den führenden Mathematiker Europas, J. Kepler, als Forschungsassistenten, der aus seinen Daten die Gesetze herausarbeitete, die heute die Keplerschen Gesetze der Planetenbewegung genannt werden. Diese Gesetze wiederum führten 1665 zu Newtons Entdeckung des Gravitationsgesetzes, nach dem die Anziehungskraft zwischen zwei Körpern umgekehrt proportional zum Quadrat ihres Abstandes ist. Die Astronomie hat also gleich zu Beginn der modernen Naturwissenschaften bei der Entdeckung fundamentaler Naturgesetze eine zentrale Rolle gespielt.

Die Natur der Sterne und die großen räumlichen Strukturen des Universums wurden dagegen nur langsam verstanden. Erst während des 19. Jahrhunderts kam es zu drei bedeutenden Entwicklungen, die schließ-

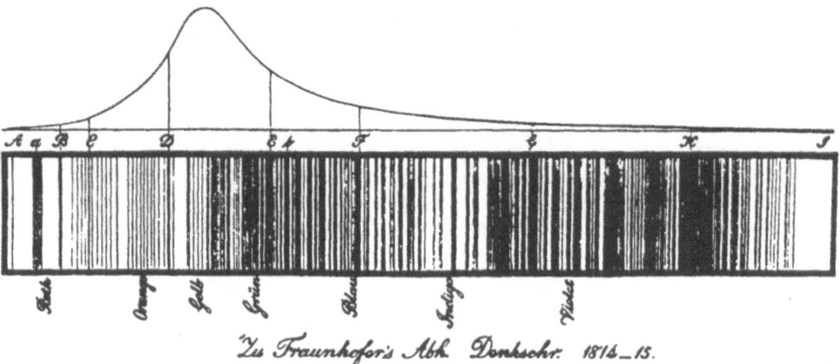


*Abb. 1.2.* Das Fraunhofersche Sonnenspektrum von 1814. Der Ausgangspunkt für seine Untersuchungen des Sonnenlichtes war die Erkenntnis, daß die genauesten Messungen des Brechungsindex von Gläsern monochromatisches Licht erfordern. Im Spektrum des Sonnenlichtes fand Fraunhofer die feinen schwarzen Linien, die ihm als sauber definierte Standardwellenlängen dienen konnten. Woolaston hatte sie bereits 1802 entdeckt. Fraunhofer benannte die deutlichsten Linien mit A, a, B, C, D, E, b, F, G und H und zeichnete 574 schwächere Linien zwischen B und H auf.

lich das Fundament der modernen Astronomie bildeten. Bis zum 19. Jahrhundert kannte man kein Verfahren zur Messung der Entfernung der Sterne. Der Durchbruch geschah hier 1838, als F. Bessel die Messung der trigonometrischen Parallaxe des Sternes 61-Cygni bekanntgab. Unter der trigonometrischen Parallaxe verstehen wir die scheinbare Bewegung eines Sternes gegen den Hintergrund sehr weit entfernter Sterne infolge der Bahnbewegung der Erde um die Sonne. Die Messung der Parallaxen der Sterne war eine langwierige und mühsame Angelegenheit. Um 1900 waren erst etwa 100 Parallaxen naheliegender Sterne bekannt, die allerdings zeigten, daß die naheliegenden Sterne unserer Sonne recht ähnlich waren.

Die zweite wichtige Entwicklung war die Entdeckung der astronomischen Spektroskopie. Im Jahre 1814 machte J. Fraunhofer spektroskopische Beobachtungen an der Sonne und fand dabei unzählige schwarze Linien im Sonnenspektrum, die Spuren der verschiedenen Elemente in der Sonnenatmosphäre (Abb. 1.2). 1850 konnte G. Kirchhoff 30 verschiedene chemische Elemente an ihren dunklen Absorptionslinien im Sonnenspektrum identifizieren. Die Katalogisierung der Absorptionslinien in den Sternspektren wurde zur Hauptbeschäftigung der Astronomen des späten 19. Jahrhunderts und legte so den Grundstein zum Verständnis der inneren Strukturen der Sterne in den ersten drei Dekaden des 20. Jahrhunderts.

Der dritte große Entwicklungsschritt war die Einführung der astronomischen Photographie. Die Entdeckung des photographischen Prozesses wurde 1839 fast gleichzeitig von Daguerre in Frankreich und von Fox-Talbot in England bekannt gegeben. Unter den frühen Pionieren der Photographie befand sich J. Herschel, der als eine der ersten Photographien das große 40-Fuß-Fernrohr seines Vaters durch ein Fenster seines Hauses in Slough in England aufnahm, genau ein Jahr bevor es abgerissen wurde (Abb. 1.3). Später im gleichen Jahr nahm er die ersten Bilder auf Glasplatten auf. Obwohl in den mittleren Jahren des 19. Jahrhunderts einige ausgezeichnete astronomische Photographien gemacht wurden, erfolgte die praktische Anwendung der Photographie

*Abb. 1.3.* Eine der frühesten Photographien mit astronomischem Inhalt, 1839 von J. Herschel aufgenommen. Die Aufnahme zeigt das 12-Meter-Fernrohr (40 Fuß) seines Vaters mit einem Primärspiegel vom Durchmesser 1,2 m. Die Belichtungszeit betrug 2 Stunden.

in der Astronomie erst, als schnellere photographische Emulsionen verfügbar waren. In den 70er Jahren des 19. Jahrhunderts gelang dann die Herstellung von trockenen Gelatineplatten, und dadurch wurde die Belichtungsdauer für terrestrische Aufnahmen auf etwa 1/15 Sekunde herabgesetzt. Von da an war die Photographie das Standardwerkzeug der Astronomen. In welchem Umfang auch andere technische Fortschritte zu astronomischen Entdeckungen geführt haben, wird in den folgenden Kapiteln immer wieder deutlich werden.

Die Astrophysik als eine eigenständige wissenschaftliche Disziplin konnte sich aber erst durchsetzen, als die Kombination von Photographie und Spektroskopie eingesetzt wurde. Die großen Umwälzungen, die in den ersten drei Jahrzehnten des 20. Jahrhunderts stattfanden, haben sich entsprechend auch auf die Astronomie, die Astrophysik und die Kosmologie ausgewirkt. Um 1939 herum war die Physik der Sterne grundlegend verstanden. Die Spiralnebel erwiesen sich als außergalaktische Sternsysteme, vergleichbar mit unserer eigenen Galaxie, und E. Hubble hatte gezeigt, daß die Galaxien auseinanderstreben, die Expansion des Universums war also bekannt.

Bis zum Zweiten Weltkrieg bedeutete Astronomie ausschließlich optische Astronomie. Ab 1945 gab es weitere Umwälzungen in unserem

Verständnis des Universums und dessen, was in ihm zu finden war. Das gesamte elektromagnetische Spektrum wurde jetzt der astronomischen Beobachtung zugänglich. Zuerst war es die Radioastronomie, dann die Astronomie mit Röntgenstrahlen, mit $\gamma$-Strahlen, mit infrarotem und ultraviolettem Licht, die dem Astronomen einen vollkommen neuen Anblick des Universums verschafften, weil sie die Beobachtungen mit optischen Fernrohren wirkungsvoll ergänzten. Jede dieser neuen Arbeitsmöglichkeiten brachte für die Astronomie entscheidende neue Erkenntnisse über alle Klassen von Objekten des Universums – über Planeten, Sterne, Galaxien, Galaxienhaufen und schließlich das Universum selbst. Heute gehören diese vormals neuen Kenntnisse zum Kern der Astronomie, und mit ihnen ergaben sich weiterführende Einsichten, wie die verschiedenen Arten von astronomischen Objekten entstanden und welche Rolle sie bei der Weiterentwicklung des Universums spielten. Der Titel dieses Buches »Das erklärte Universum« soll erkennen lassen, daß eine umfassende Erklärung der Herkunft aller Klassen von astronomischen Objekten im Universum beabsichtigt ist, einschließlich des Universums selbst, wie sie entstanden und sich zu dem System entfalteten, das wir heute am Himmel sehen.

Das gewandelte Verständnis wäre ohne bemerkenswerte technische Innovationen nicht zustande gekommen. Sie machten die neue Astronomie erst möglich. Die Technologie der Nachweisgeräte für Strahlung aus allen Frequenzbändern und der Konstruktion von Fernrohren hat gewaltige Fortschritte gemacht. Halbleiter- und Computertechnik haben die Astronomie sowohl in der Beobachtung, als auch in der Theorie entscheidend weitergebracht. Heute lassen sich sogar astronomische Beobachtungsstationen in Erdumlaufbahnen bringen, die die Registrierung auch aller der Strahlungen ermöglichen, die von der Erdatmosphäre absorbiert werden.

Gleichzeitig sind auch die neuen Entdeckungen in Physik, Chemie und verwandten Disziplinen in die Astronomie eingegangen und haben das Arsenal zur Bearbeitung astronomischer Fragestellungen verstärkt, so daß sich schließlich auch eine völlig neue Astrophysik entfaltete. Nur durch die Auffindung interstellarer Molekülwolken konnte ein Fachgebiet wie die interstellare Chemie ins Leben gerufen werden, und die Entdeckung von Neutronensternen als Vorläufer von Pulsaren führte zu ausgedehnten Untersuchungen der Eigenschaften von Materie in Körpern mit extrem hohen Dichten.

In Begleitung der technischen Fortschritte haben auch die astronomischen Aktivitäten in der ganzen Welt erheblich zugenommen. Die »International Astronomical Union« (IAU), die international anerkannte Organisation der Berufsastronomen, wurde im Jahre 1919 gegründet, und die Zunahme der astronomischen Aktivitäten wird durch die Zunahme der Mitgliederzahl in der IAU verdeutlicht. An der ersten Generalversammlung, die 1922 in Paris abgehalten wurde, nahmen gerade einmal 200 Mitglieder aus 19 angeschlossenen Ländern teil.

Im Jahre 1939 hatte sich die Mitgliederzahl auf 550 und die Zahl der angeschlossenen Länder auf 26 erhöht. Bei diesem Stand blieb es auch bis zum Ende des Zweiten Weltkrieges. Bei der Generalversammlung 1991 aber zählte man 6700 Mitglieder aus 56 angeschlossenen Ländern, und die Zahlen wachsen weiter an. Ein Teil dieser beträchtlichen Zunahme ist auf den Einfluß von Physikern und Ingenieuren zurückzuführen, die man als die Pioniere der neuen Astronomie ansehen kann. Weiterhin standen den Astronomen aller Fachrichtungen mehr und größere Fernrohre zur Verfügung, die auch mehr Astronomen zu Beobachtungen verhalfen. So wurde die Astronomie in den letzten 30 Jahren eine große Wissenschaft, die Fernrohre wurden größer, komplexer und teurer, schwerer zu bauen und auch schwerer zu bedienen.

Die Folge aller dieser Veränderungen ist ein vollkommen neues Bild von allen Aspekten des Universums. Wir können den Himmel mit viel mächtigeren Fernrohren als früher absuchen und unsere Suche über einen größeren Teil des Universums ausdehnen. Man kann darüber streiten, in welchem Ausmaß die Astronomen den Schlüssel zu den grundlegenden Problemen der Astrophysik und Kosmologie in den Händen halten, keine Frage ist es jedoch, daß sie bei ihrer Suche am Himmel eine große Anzahl früher unbekannter Vorgänge aufgedeckt und die damit verbundenen physikalischen Vorstellungen erheblich klarer formuliert haben. Alle diese Fortschritte möchte ich ins rechte Licht rücken und mich dabei auf das konzentrieren, was ich für grundlegend halte – den Ursprung der verschiedenen Himmelsobjekte und die Strukturen, die wir im Universum beobachten. Auf unserem Streifzug durch das Universum werden wir also einigen der tiefgründigsten Fragen der modernen Astrophysik und Kosmologie begegnen.

Wir beginnen unsere Reise mit der modernen Sicht des Universums und dessen, was wir darin vorfinden, der Erklärung der unterschiedlichen Beobachtungsverfahren in allen Wellenlängenbereichen der elektromagnetischen Strahlung, der Radiowellen, des infraroten, sichtbaren und ultravioletten Lichtes, der Röntgenstrahlen und $\gamma$-Strahlen und des Beitrages, den sie zu dem großen Puzzlespiel leisten.

## 1.2 GRÖSSEN UND ENTFERNUNGEN IM UNIVERSUM

Die Astronomie beeindruckt als erstes durch ihre gewaltigen Größen und Entfernungen, die in den anderen Naturwissenschaften so nicht vorkommen. Die Astronomen bekommen ständig zu hören: »Wie kann man mit dem menschlichen Verstand nur derartig riesige Ausmaße verstehen?« Die Astronomen aber kümmern sich im allgemeinen nicht um Zahlen selbst, sondern leben von Vergleichen und beziehen Größe und Entfernung eines Himmelsobjektes stets auf Größe und Entfernung eines anderen Objektes, z. B. auf das Sonnensystem.

DAS SONNENSYSTEM. Unsere Reise durch das Universum beginnen wir in unserem eigenen Vorgarten, also in den Gegenden des Himmels, in die wir bereits Raumschiffe entsenden. Viele Einzelheiten unseres Sonnensystems wurden durch Raumschiffe erforscht, wie Voyager I und Voyager II, welche uns die bekannten phantastischen Anblicke der äußeren Planeten Jupiter, Saturn, Uranus und Neptun samt ihren Satelliten in Bildern zurückgeschickt haben.

Die Planeten bewegen sich auf mehr oder weniger kreisförmigen Bahnen um die Sonne. Für unsere augenblicklichen Betrachtungen ist die Größe des Sonnensystems im Vergleich zu anderen Systemen des Universums wichtig. Zunächst setzen wir die Entfernung der Sonne von der Erde in Beziehung zur Entfernung der Sonne vom Saturn (Abb. 1.4). Saturn ist zehnmal weiter von der Sonne entfernt als die Erde. Obwohl die Entfernung der Sonne vom Saturn rund 1 400 Mio. km beträgt, also eine schon recht große Zahl ist, so erscheint diese als nicht so besonders groß, wenn wir sie ins Verhältnis der Entfernung der Sonne von der Erde setzen. Dies ist ein erster Schritt von vielen, die uns schließlich bis an das Ende des Universums führen werden.

DIE NÄCHSTEN FIXSTERNE. Die nächste Etappe unserer Reise führt uns von den neun Planeten zu den nächsten Fixsternen. Denken wir jetzt nicht in Kilometern, sondern in Entfernungen der Sonne vom Saturn, so sind die nächsten Sterne rund 30 000mal weiter entfernt, und 30 000 ist keine allzu große Zahl. Man kann aber auch eine andere nützliche Einheit für Entfernungen heranziehen, und das ist die Zeit, die das Licht

*Abb. 1.4.* Bild des Saturns vom Hubble Space Telescope aus gesehen.

*Abb. 1.5.* Der Sternhaufen der Plejaden. Die blauen Sterne gehören zu den jungen Sternhaufen. Sie sind nicht älter als 20 Mio. Jahre und ungefähr 300 Lichtjahre entfernt.

braucht, um von der Sonne zu den nächsten Nachbarsternen zu kommen. Das Licht legt in einer Sekunde 300 000 km zurück, also braucht ein Lichtsignal nur 8 Minuten, um von der Sonne zur Erde, und 80 Minuten, um von der Sonne zum Saturn zu gelangen. Um die nächsten Sterne zu erreichen, braucht das Licht 4,3 Jahre – wir sagen deswegen, Alpha Centauri, das ist unser nächster Nachbarstern, sei 4,3 Lichtjahre von der Sonne entfernt. Das Lichtjahr ist das bequemste Entfernungsmaß der Astronomie. Man erhält eine gute Vorstellung, wieviele Sterne in unserer nächsten Nachbarschaft liegen, wenn man hört, daß innerhalb von 17 Lichtjahren etwa 50 Sterne anzutreffen sind. Ganz grob gerechnet befindet sich also in der Umgebung unseres Sonnensystems ein Stern in einem Würfel von 7,5 Lichtjahren Kantenlänge.

Auch über die Natur der Sterne in unserer Nachbarschaft wissen wir einiges. Die meisten sind kalte rote Sterne, in mancher Beziehung unserer Sonne ähnlich, aber es gibt auch einige kompakte blaue Sterne, die als weiße Zwerge bekannt sind. Unsere eigene Sonne ist ein recht durchschnittlicher Stern. Die Masse der benachbarten Sterne liegt innerhalb eines ziemlich engen Bereiches, zwischen dem etwa zweifachen bis zu einem Zehntel der Sonnenmasse. Um kräftiger leuchtende und massivere Sterne zu finden, wie beispielsweise die in den Plejaden (Abb. 1.5), müssen wir erheblich größere Gebiete unserer Galaxie absuchen. Kräftig leuchtende Sterne sind nämlich seltene Objekte mit kurzen Lebenszeiten im Vergleich zu denen benachbarter Sterne. Die Entstehung und Entwicklung der Sterne aller Arten werden wir dann in Kap. 2 behandeln.

UNSERE GALAXIE. Jetzt gehen wir 20 000mal weiter in den Weltraum hinaus, als der Entfernung zwischen den Sternen in unserer Nachbarschaft

*Abb. 1.6.* Der Andromedanebel oder M 31, der unserer eigenen Galaxie am nächsten gelegene Spiralnebel. Die Milchstraße, die sich in klaren Nächten über den gesamten Himmel hinzieht, ist unsere eigene Galaxie (Abb. 1.7), die wir jedoch nur von innen heraus sehen können. Könnten wir sie aus einer größeren Entfernung beobachten, dann sähe sie wahrscheinlich so aus wie M 31.

entspricht, und dort erwartet uns ein dramatisch veränderter Anblick. Wir sehen, daß die Sterne zu Sternsystemen zusammengeschrumpft sind, zu *Galaxien*. Die Milchstraße, unsere eigene Galaxie, wird etwa so aussehen, wie der Andromedanebel, die uns am nächsten gelegene Spiralgalaxie (Abb. 1.6). Die Sterne, die wir in unserer Nachbarschaft zu sehen bekamen, sind nur einige wenige der Milliarden Sterne, aus denen die Scheibe unserer eigenen Galaxie zusammengesetzt ist. Die Sterne drehen sich um den Mittelpunkt der Milchstraße. Das Gleichgewicht zwischen den Anziehungskräften der Gravitation und der Zentrifugalkraft infolge der Drehbewegung der Milchstraße hält die Sterne der Scheibe auf ihren mehr oder weniger kreisförmigen Bahnen. Außer der Scheibe besteht unsere Galaxie noch aus dem buckligen Zentralkörper, der über die Scheibe herausragt. Insgesamt muß unsere Galaxie rund $100 \times 10^9$ (einhundert Mrd.) Sterne enthalten, eine nicht gerade geringe Anzahl.

Beobachtungen in unserer eigenen Galaxie sind schwierig, weil wir mittendrin liegen und sie deswegen nicht aus der Vogelperspektive se-

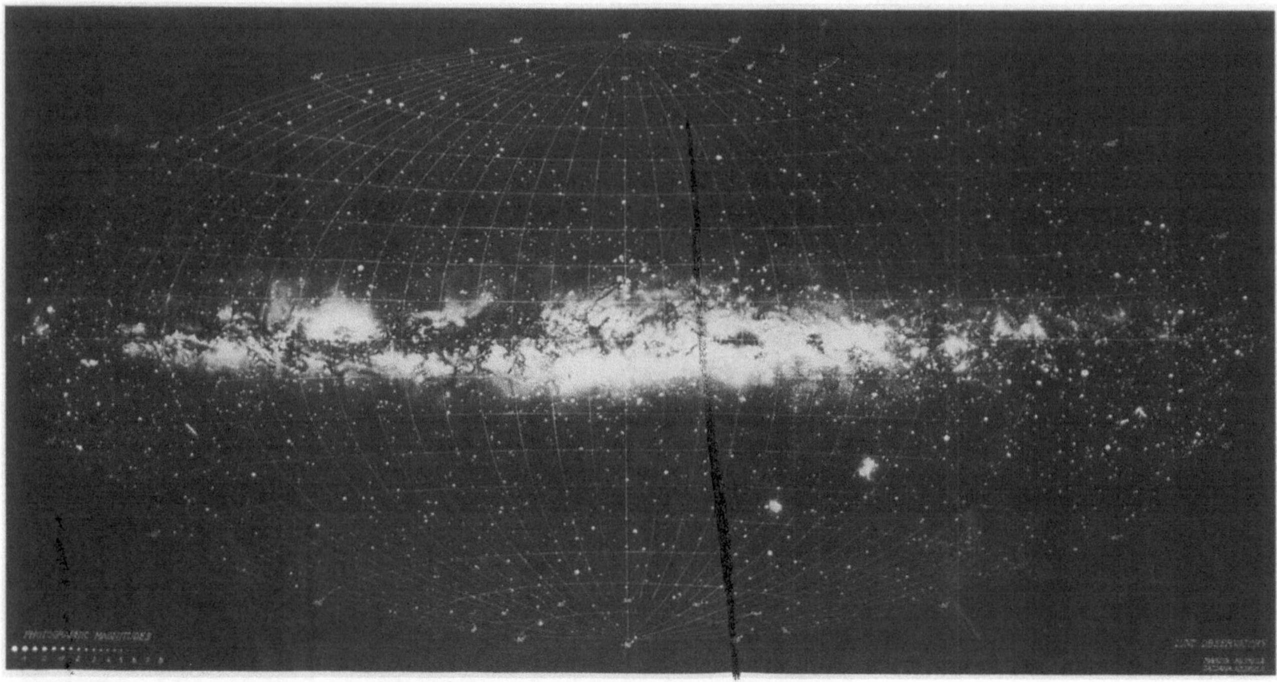

hen können, wie weiter entfernte Galaxien. Die Milchstraße, in klaren dunklen Nächten ein großartiger Anblick am Nachthimmel, ist die Scheibe unserer Galaxie, vom Rand und von innen her gesehen. Abbildung 1.7 ist eine Gesamtdarstellung des Himmels, eine besondere Projektion, die es gestattet, die ganze Himmelskugel auf ein zweidimensionales Stück Papier abzubilden. Diese Projektion ist als Aitoff-Projektion bekannt. Die Ebene unserer Galaxie, d. h. die Milchstraße, erstreckt sich in dieser Darstellung von links nach rechts, wobei das Zentrum der Galaxie im Zentrum der Projektion liegt. Blicken wir senkrecht aus der Ebene der Galaxie nach oben, so schauen wir in die Richtung des *galaktischen Nordpoles*, der sich in diesem Bild am oberen Rand befindet. Der *galaktische Südpol* ist entsprechend am unteren Rand des Bildes zu sehen. In dieser Projektion bleiben die Größen der Flächen erhalten, aber die Koordinaten werden an den Polen stark verbogen, und aus diesem Grund macht das Bild des Himmels einen etwas zusammengequetschten Eindruck (Abb. 1.7). Diese Projektion bildet aber ein sehr nützliches Hilfsmittel, um den gesamten Himmel auf einem einzigen Blatt Papier darzustellen, und so werden wir noch auf viele Himmelskarten in derselben Projektion blicken, die aber in anderen Wellenlängenbereichen aufgenommen wurden.

*Abb. 1.7.* Ein Bild der Milchstraße, in dem der gesamte sichtbare Himmel auf eine zweidimensionale Karte projiziert ist. In der Mitte dieses Bildes erstreckt sich die Milchstraße von links nach rechts. Das Zentrum der Milchstraße ist in das Zentrum des Bildes gelegt. Die Koordinaten sind so zusammengedrückt, daß eine flächengleiche Abbildung entsteht. Wie man sieht, ist unsere Milchstraße eine flache Scheibe, deren Struktur wir aber wegen der vorhandenen Staubwolken nicht klar erkennen können.

Die Abb. 1.7 sieht dem Andromedanebel nicht besonders ähnlich, der Grund dafür liegt auf der Hand. Man erblickt dunkle Flecken auf dem Bild, und diese stammen von trüben, undurchsichtigen Wolken, die eine optische Beobachtung in diesen Richtungen nicht weiter vordringen lassen. Doch nicht nur diese dichten Staubwolken hindern uns an

*Abb. 1.8.* Ein Bild unserer Galaxie vom Cosmic Background Explorer (COBE), mit infraroten Wellenlängen von 1,2 bis 3,4 µm aufgenommen. Die flache Scheibe unserer Galaxie und ihr verdickter Zentralkörper sind deutlich zu sehen, weil der Staub für Lichtwellen aus dem infraroten Spektralbereich durchsichtig ist.

der optischen Beobachtung der Struktur unserer Galaxie, in dem Raum zwischen den Sternen befinden sich außerdem noch Verteilungen von interstellarem Staub. Für die ersten Beobachtungen der galaktischen Strukturen war das ein bedeutendes Hindernis, denn erst in den Jahren nach 1930 wurde die sichtversperrende Wirkung des interstellaren Staubes vollständig erkannt. Heute jedoch läßt sich ein unverschleiertes Bild der Milchstraße gewinnen. Wie wir im Abschn. 2.4 näher erläutern werden, wird der Staub für infrarotes Licht mit Wellenlängen zwischen 1 µm und 3 µm durchsichtig, für Wellenlängen also die rund 4mal größer sind als die Wellenlängen des optischen Lichtes. Bei diesen Wellenlängen hat der Satellit Cosmic Background Explorer (COBE) eine sehr schöne Aufnahme des gesamten Himmels gemacht, und diese ist in einer Aitoff-Projektion in Abb. 1.8 dargestellt. Die Aufnahme zeigt uns deutlich, daß unsere Milchstraße aus einer dünnflächigen Scheibe besteht, deren Zentralkörper verdickt ist. Unsere Milchstraße ist damit anderen Galaxien, beispielsweise dem Andromedanebel, sehr ähnlich.

ANDERE GALAXIEN. Im Jahre 1926 legte E. Hubble überzeugend dar, daß die Spiralnebel, wie z. B. der Andromedanebel, »Welteninseln« sind, vergleichbar unserer Galaxie. Typischerweise haben Galaxien Massen, die etwa so groß sind, wie die Masse unserer Galaxie und des Andromedanebels, aber um diesen Mittelwert gibt es eine breite Streuung, die von 10 Mio. bis zu 100 Mrd. Sonnenmassen in Extremfällen reichen kann. Galaxien sind die Bausteine des Universums, und sie bestimmen seine Globalstruktur. Die überwiegende Mehrheit der Galaxien besteht aus *normalen Galaxien,* und sie kommen in zwei Kategorien vor. Eine davon sind die *Spiralgalaxien,* und zu dieser Klasse gehört die Milchstraße, unsere eigene Galaxie, und die Galaxie M31. Das kennzeichnende Merkmal der Spiralgalaxien sind die Spiralarme, die aus heißen, jungen,

*Abb. 1.9.* Die Balkenspiralgalaxie NGC 1365.

blauen Sternen und aus Staubwolken gebildet werden. In vielen Spiralgalaxien gehen die Spiralarme vom Zentralkörper aus, und dann gehören sie zu den *gewöhnlichen Spiralgalaxien.* Gleichhäufig sind die *Balkenspiralen,* bei denen der Zentralkörper durch einen »Balken« aus Sternen ersetzt ist (Abb. 1.9).

Die zweite große Klasse von Galaxien besteht aus den *elliptischen Galaxien,* die wegen ihrer ellipsoiden Gestalt so genannt werden. Sie enthalten keine Sternscheibe, und die Lichtverteilung in ihnen ist stetig (Abb. 1.10). Die Eigenschaften von elliptischen Galaxien ähneln den Eigenschaften der Zentralkörper von Spiralgalaxien. Es gibt noch weitere Galaxien, deren Erscheinungsbild zwischen Spiralgalaxien und elliptischen Galaxien liegt, die sogenannten SO- oder linsenförmigen Galaxien. Bei ihnen läßt sich sowohl eine Scheibenstruktur als auch ein Zentralkörper erkennen, doch die Spiralarme fehlen. Man ist versucht anzunehmen, daß einer Spiralgalaxie Staub und Gas weggenommen wurden, worauf auch eine vielversprechende Theorie über ihren Ursprung aufgebaut ist.

Ab und zu finden sich noch einige wenige Galaxien, die zu der kleinen Klasse der *irregulären Galaxien* gehören. Viele von ihnen haben nur

*Abb. 1.10.* Die elliptischen Galaxien NGC 1399 und 1404. Sie gehören zu dem Galaxienhaufen Pavo.

eine kleine Masse und ein unregelmäßiges Erscheinungsbild, manchmal kann man auch Andeutungen von Spiralstrukturen erkennen. In diese Klasse gehören auch die Galaxien mit Sonderformen, wie z. B. das Wagenrad (Abb. 1.11), das aus einem Ring von Sternen zu bestehen scheint. Möglicherweise war diese Galaxie in einen Zusammenstoß mit einem ihrer Nachbarn verwickelt, so daß ein Ring von jungen Sternen entstehen konnte. Zusammenstöße zwischen Galaxien sind wahrscheinlich der häufigste Grund für solche besonders geformten Galaxien.

AKTIVE GALAXIEN UND QUASARE. Alle Galaxien des Universums können in die oben genannten Kategorien eingeordnet werden, ihren Ursprung und ihre Entwicklung werden wir im Kap. 4 behandeln. Daneben gibt es aber Galaxien, in denen sehr viel dramatischere Ereignisse ablaufen. Ein gutes Beispiel dafür ist die Galaxie NGC 4151. Auf den ersten Blick scheint es sich um eine ganz normale Galaxie zu handeln (Abb. 1.12). Wenn man von ihr aber eine Aufnahme mit kurzer Belich-

*Abb. 1.11.* Das Wagenrad, eine irreguläre Galaxie vom Hubble Space Telescope aus gesehen. Der sonderbare Anblick dieser Galaxie ist mit ziemlicher Sicherheit auf einen kürzlich erfolgten Zusammenstoß oder eine andere starke Wechselwirkung mit einem näheren Nachbarn zurückzuführen.

tungszeit herstellt, kann man in ihrem Kern einen sehr ungewöhnlichen Vorgang beobachten. Genau im Zentrum der Galaxie scheint sich ein »Stern« zu befinden (Abb. 1.13). Um einen normalen Stern kann es sich nicht handeln, denn er befindet sich in der gleichen Entfernung wie die Galaxie und muß deshalb sehr viel heller sein als der hellste Stern, den wir kennen. Noch rätselhafter wird dieses sternähnliche Objekt durch die Schwankungen seiner Strahlungsintensität, die darauf hinweisen, daß es sich um ein äußerst kompaktes Objekt handeln muß, wie wir in Kap. 3 zeigen werden. Die Galaxie NGC 4151 ist ein Beispiel für die Klasse von Galaxien, die einen *aktiven galaktischen Kern*, besitzen.

Im Falle der Galaxie NGC 4151 leuchtet der aktive Kern viel schwächer als die Galaxie selbst, doch in seltenen Fällen findet man auch genau das umgekehrte Verhalten - der aktive Kern überstrahlt das gesamte Licht der Galaxie, und diese Himmelsobjekte werden *quasistellare Objekte* oder *Quasare* genannt. Abbildung 1.14 ist eine Aufnahme des Quasars 3C 273, des hellsten Quasars am Himmel. Die schwach leuchtenden Galaxien am unteren Bildrand sind Schwestergalaxien des Quasars 3C 273 in gleicher Entfernung. Offensichtlich strahlt sein Kern ungefähr 1000mal heller als die darunterliegende Galaxie. Die Quasare und ihre hitzigen nahen Verwandten, die *BL-Lac Objekte* und *Blasare*, sind die mächtigsten Energiequellen, die wir im Universum kennen, und die mit ihnen verbundenen Probleme wollen wir ebenfalls im Kap. 3 untersuchen. Für den Augenblick genügt es festzuhalten, daß die meisten Galaxien mehr oder weniger zur Klasse der normalen Galaxien gehören und

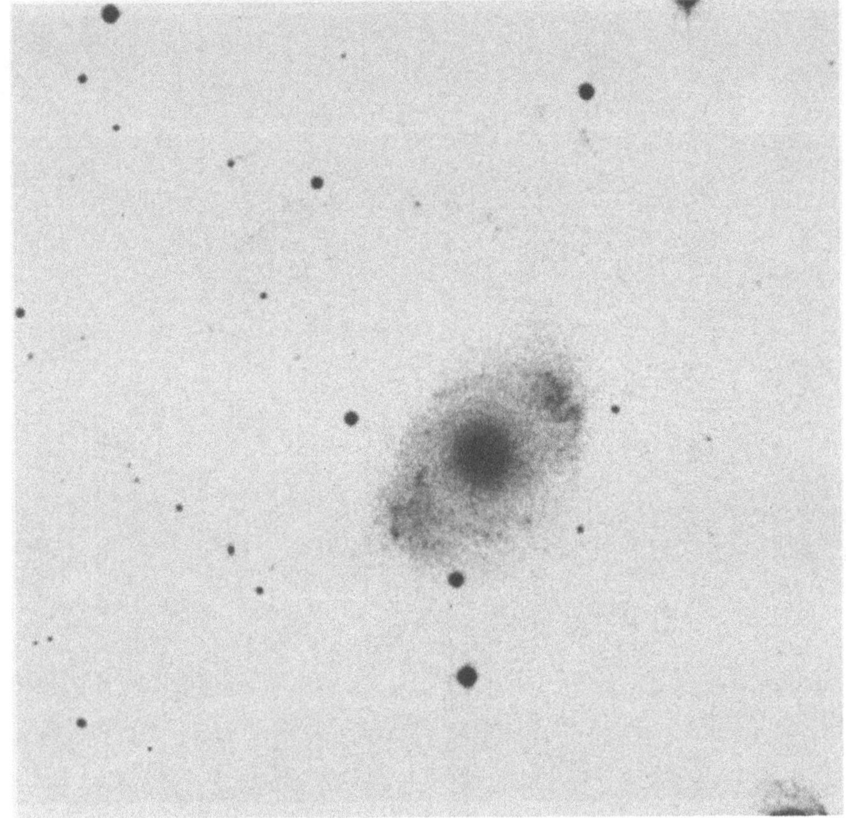

*Abb. 1.12.* Eine Aufnahme der Galaxie NGC 4151 mit längerer Belichtungszeit. Die Galaxie ist als Spiralgalaxie zu erkennen.

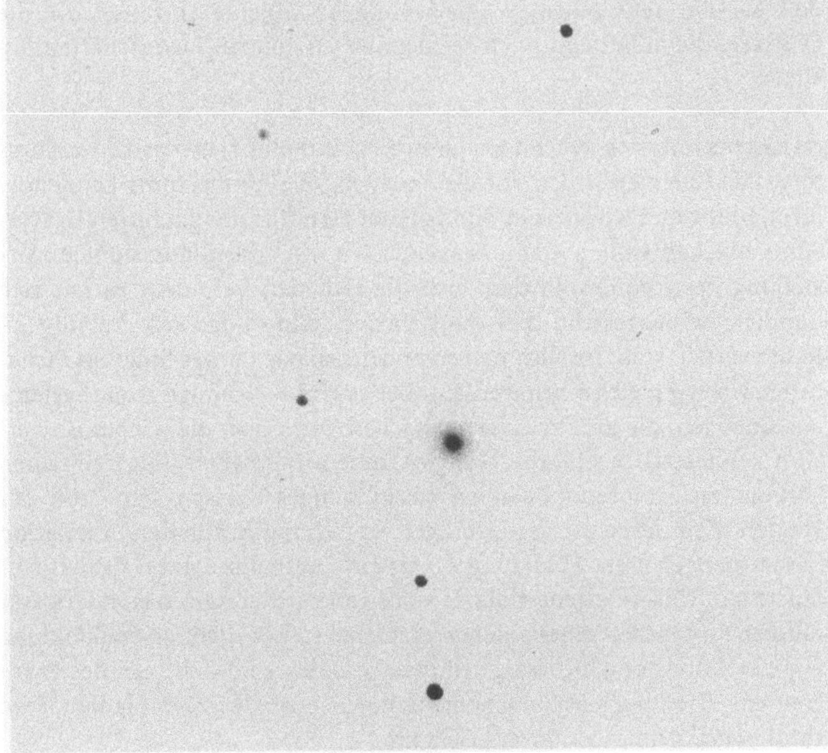

*Abb. 1.13.* Eine Aufnahme der Galaxie NGC 4151 mit kurzer Belichtungszeit. Der Kern der Galaxie sieht wie ein Stern aus. Seine variierende Helligkeit bestätigt, daß es sich um einen sehr kompakten Kern handelt.

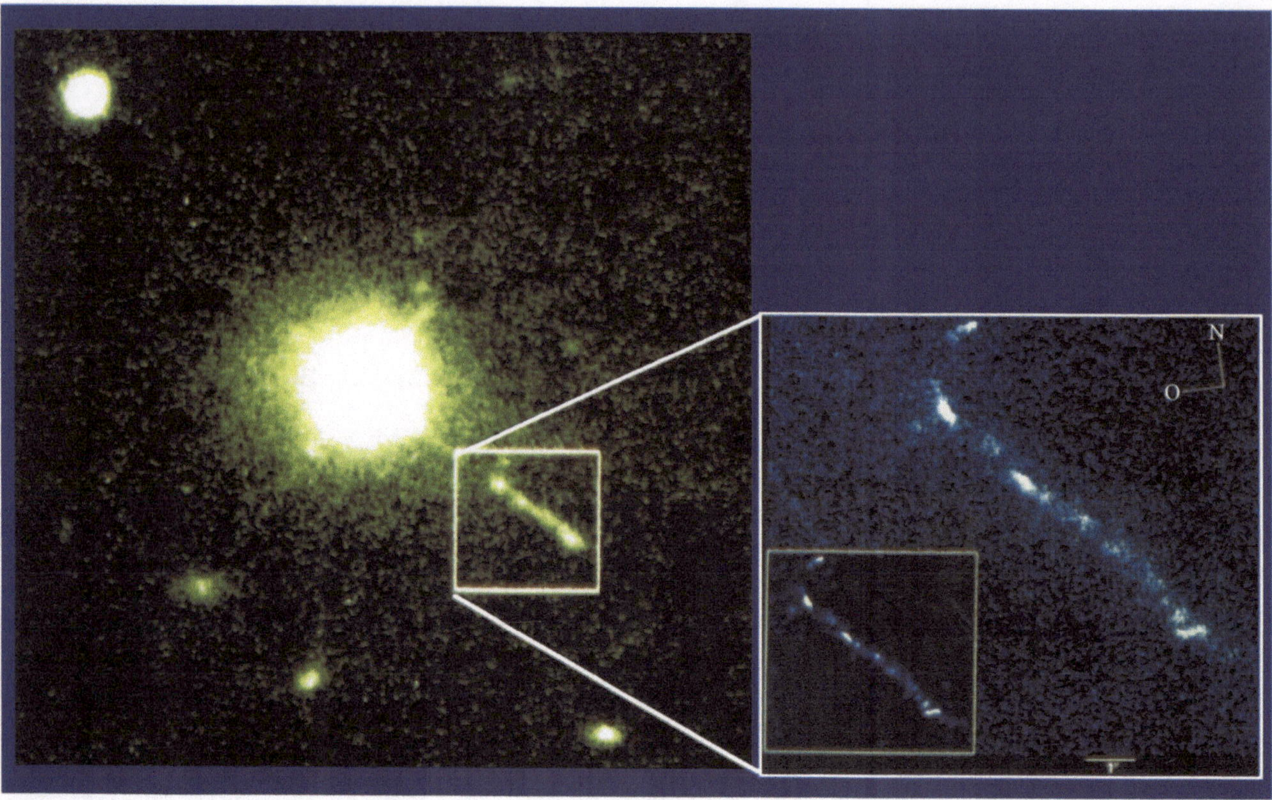


*Abb. 1.14.* Der Quasar 3C 273 ist das hellste bekannte Objekt seiner Klasse. Obwohl er wie ein Stern aussieht, handelt es sich doch um den aktiven Kern einer sehr weit entfernten Galaxie. Die drei Galaxien am unteren Bildrand liegen in gleicher Entfernung wie der Quasar. Der galaktische Kern überstrahlt die Galaxie um das 1 000fache. 3C 273 besitzt einen im sichtbaren Licht wahrnehmbaren »Jet«, einen strahlförmigen Ausstoß von Materie, der rechts unten neben dem Quasar zu sehen ist. Das Nebenbild zeigt Strukturdetails des Jet aus einer Beobachtung des Hubble Space Telescope. Die kontrastverstärkte Rekonstruktion des Jet in der linken unteren Ecke des Nebenbildes läßt weitere Details erkennen.

daß wir nur sehr selten so ungewöhnliche Objekte antreffen wie die Quasare, die außerdem noch recht unterschiedliche Eigenschaften besitzen.

GALAXIENHAUFEN. Wir setzen unsere Reise in die Tiefe des Universums fort. Die Galaxien haben wir als Bausteine des Universums kennengelernt, und wenn wir uns ein Bild von der Struktur des gesamten Universums machen wollen, dann brauchen wir eine dreidimensionale Darstellung des Raumes, in dem sich die Galaxien befinden. Es hat sich nämlich herausgestellt, daß die Galaxien keineswegs rein zufällig im Raum verteilt sind. Im allgemeinen bilden Galaxien unregelmäßige Strukturen, wie wir gleich sehen werden, aber es gibt auch einige große Systeme aus Galaxien, die größten systematischen Verbunde, die wir im Universum kennen. Dies sind die Galaxienhaufen. In großen Galaxienhaufen können viele tausend Galaxien zusammengeschlossen sein, und der Haufen wird durch die gegenseitigen Anziehungskräfte der Gravitation zusammengehalten. Abbildung 1.15 ist eine Aufnahme des Galaxienhaufens Pavo. Unsere eigene Galaxie wäre ganz sicher kein besonders auffälliger Bestandteil eines solchen Haufens, sicher nicht so spektakulär, wie das »Monster«, die riesige elliptische Galaxie im Zentrum des Pavo-Haufens. Die üblichen Galaxienhaufen, wie etwa der Pavo-Haufen, sind rund 50mal größer als unsere Galaxie.

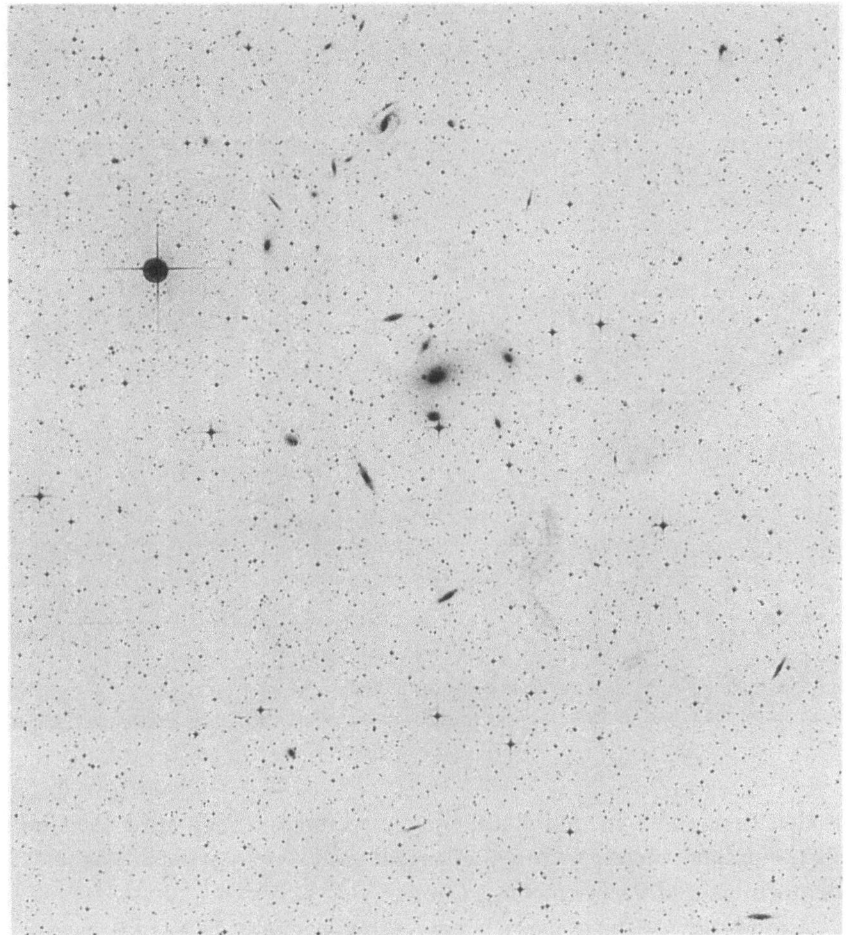

*Abb. 1.15.* Der Galaxienhaufen Pavo. In diesem Bild würde unsere eigene Galaxie so ähnlich aussehen wie die Scheibengalaxie am unteren Bildrand.

DIE GROSSRÄUMIGEN STRUKTUREN DES UNIVERSUMS. Die großen Galaxienhaufen sind sicherlich spektakuläre Objekte, aber was ist mit der Mehrzahl der Galaxien, die nicht in einem großen Haufen liegen – wie sind sie im Universum verteilt? Für die Kosmologen ist die großräumige Verteilung der Galaxien das wichtigste und spannendste Forschungsgebiet. Die Verteilung der Galaxien in den Räumen, die um ein Vielfaches größer sind als selbst die Galaxienhaufen, ist offensichtlich nicht besonders gleichmäßig. Abbildung 1.16 stammt von St. Maddox und seinen Mitarbeitern an der Universität Cambridge in England, die sie aus der Verarbeitung von Photoplatten des 185 UK Schmitt Telescope mit der Automatic Plate Measuring Machine gewonnen haben. Das zugrundeliegende Bild ist auf den südlichen galaktischen Pol zentriert und erfaßt etwa 15% des gesamten Himmels. Sämtliche Sterne aus unserer eigenen Galaxie wurden aus dem Bild entfernt. Es enthält mehr als 2 Mio. Galaxien, und stellt damit einen Überblick über die Galaxien des Universums im bisher größten Maßstab dar. Die hellen Flächen in Abb. 1.16 sind einzelne Galaxienhaufen. Auf diesem Bild sieht man deutlich, daß

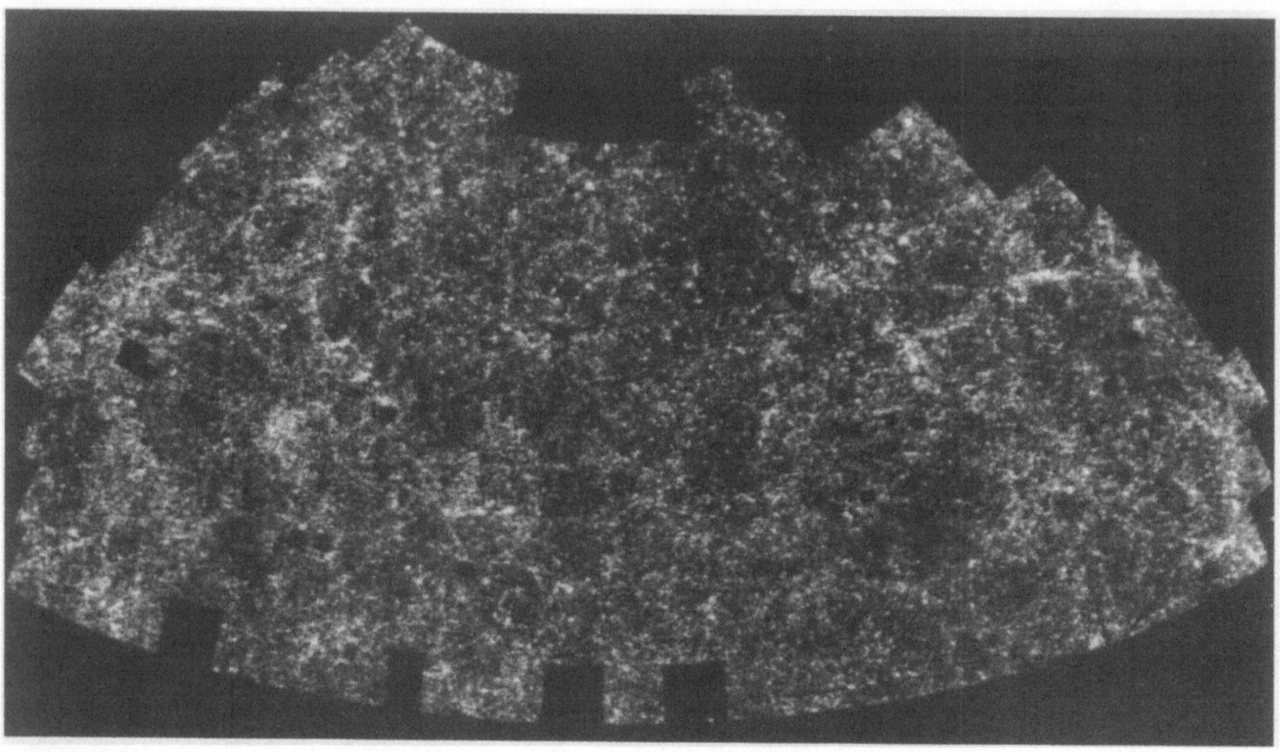

*Abb. 1.16.* Ein Bild der Galaxienverteilung in der Richtung des galaktischen Südpols. Das Bild wurde aus der Verarbeitung von Photoplatten des 185 UK Schmitt Telescope mit der Cambridge Automatic Plate Measuring Machine gewonnen. Es erfaßt etwa 15% des gesamten Himmels. Das Koordinatensystem wurde so gewählt, daß die Flächengleichheit gewahrt blieb. Die kleinen leeren Stellen auf der Karte wurden ausgespart, weil dort helle Sterne, Kugelsternhaufen und Eichkeile abgebildet waren.

die Galaxienhaufen in den Räumen, die weitaus größer sind als sie selbst, durchaus nicht gleichmäßig verteilt sind - man erblickt Löcher, fadenförmige und flächenförmige Gebilde.

Abbildung 1.16 birgt jedoch eine Schwierigkeit, es ist die zweidimensionale Projektion einer dreidimensionalen Verteilung von Galaxien. Die wahre Natur dieser Verteilung wird höchst eindrucksvoll erst durch die Ergebnisse des Harvard-Smithsonian Center for Astrophysics Survey of Galaxies veranschaulicht. In dieser Überblicksdarstellung werden schließlich über 30 000 Galaxien mit ihren Entfernungen und Positionen am Himmel ausgemessen sein. Abbildung 1.17 ist eines der wichtigsten Ergebnisse dieses Überblickes. Sie stellt die Verteilung der Galaxien in einem Schnitt durch das nahegelegene Universum dar. Unsere eigene Galaxie liegt im Mittelpunkt des Diagrammes. In diese Scheibe haben die Harvardastronomen M. Geller und J. Huchra die Radialgeschwindigkeiten, mit denen sich die Galaxien von unserer Galaxie fortbewegen, als Maß der Entfernung eingetragen. Im Kap. 4 werden wir zeigen, daß die Radialgeschwindigkeiten der Galaxien zur Entfernung von unserer Galaxie proportional sind. Dies ist das Hubblesche Gesetz, die große Entdeckung von E. Hubble aus dem Jahre 1929.

Wenn die Galaxien im Universum gleichmäßig verteilt wären, so wären auch die Punkte in Abb. 1.17 innerhalb des Grenzkreises gleichmäßig verteilt. Wie man sieht, sind die Galaxien also ganz sicher nicht

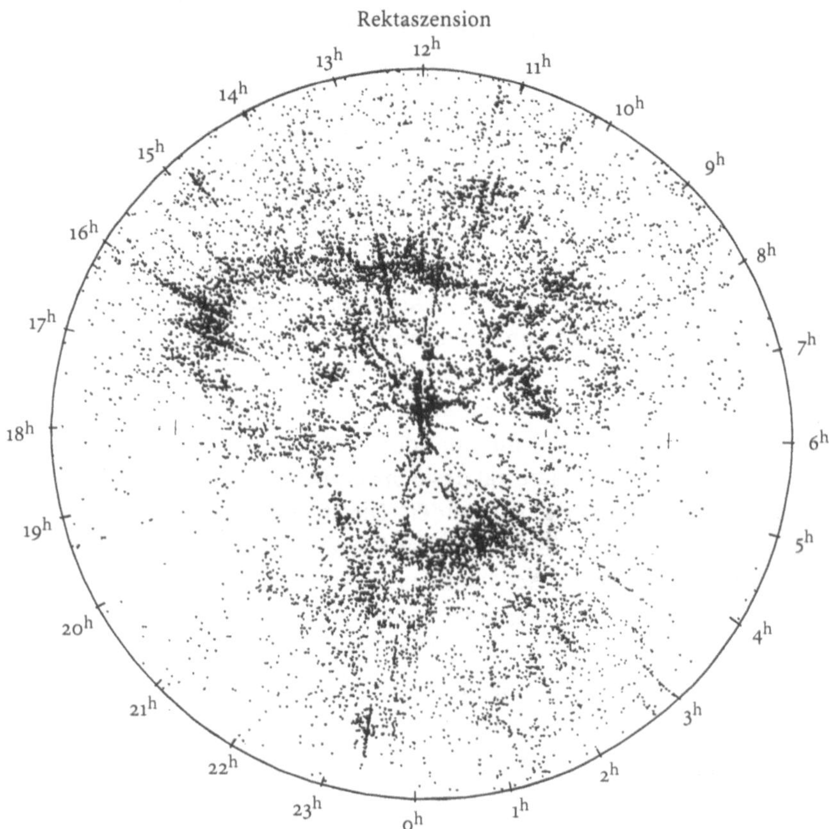


*Abb. 1.17.* Die Verteilung der Galaxien im benachbarten Universum aus der Überblicksvermessung des Harvard-Smithsonian Center for Astrophysics. Die Sternkarte enthält über 14 000 Galaxien, die eine vollständige Stichprobe aus dem Bereich zwischen den Deklinationen 8,5° und 44,5° darstellen. Alle Galaxien haben Rezessionsgeschwindigkeiten von weniger als 15 000 km $s^{-1}$. Die Galaxien dieser Himmelsscheibe wurden in eine Ebene projiziert, um die großräumigen Eigenschaften der Verteilung sichtbar zu machen. Sternreiche Galaxienhaufen mit großen inneren Geschwindigkeitsstreuungen erscheinen als »Finger«, die auf unsere Galaxie im Mittelpunkt des Bildes gerichtet sind. Die Verteilung der Galaxien ist sehr ungleichförmig, mit faden- und flächenartigen Bereichen sowie Leerräumen. Der äußere Begrenzungskreis hat einen Radius von 500 Mio. Lichtjahren.

gleichmäßig im Weltraum verteilt. Wir betrachten einmal eines der auffälligsten Merkmale der Galaxienverteilung. Wir sehen z. B. verschiedene »Galaxienschnüre«, die auf unsere eigene Galaxie im Mittelpunkt des Bildes zeigen. Das sind die Spuren der sternreichen Galaxienhaufen, etwa wie des Galaxienhaufens Pavo, der in Abb. 1.15 dargestellt ist. Es handelt sich um Systeme, die durch die Gravitation zusammengehalten werden, und die große Streuung der Geschwindigkeiten von Galaxien innerhalb des zusammengehaltenen Haufens ist verantwortlich für die Ausweitung der geschätzten Entfernungen der Galaxien in radialer Richtung, trotz der Tatsache, daß sie sich alle in der gleichen physikalischen Entfernung befinden. Manchmal wird dieses Merkmal als »Finger Gottes« bezeichnet. Andere großräumige Merkmale sind die flächen- und fadenförmigen Anordnungen der Galaxien sowie die gewaltigen Löcher, die häufig *Leerräume* genannt werden. Im oberen Teil des Diagrammes befindet sich eine gewaltige Kette von Galaxien, die sich über das gesamte Bild erstreckt – sie wird gelegentlich die »große Mauer« genannt. Abbildung 1.17 ist eine Darstellung der groben Unregelmäßigkeiten in der Verteilung der Galaxien. Den Ursprung dieser Strukturen zu erklären, ist eine der großen Herausforderungen der astrophysikalischen Kosmologie. Neuerdings haben R. Kirchner und seine Mitarbeiter am Harvard-Smithsonian Astrophysical Observatory diese Art Untersuchung auf eine Entfernung ausgedehnt, die viermal so groß ist wie die der Durchmusterung von M. Geller und J. Huchra. Auch in diesem größeren Volumen fanden sich keine anderen Strukturen.

Wie soll man sich die räumliche Verteilung der Galaxien nun am besten vorstellen? R. Gott und seine Mitarbeiter von der Princeton University haben ein elegantes und einfaches Bild gefunden: Die Struktur des Universums gleicht einem Schwamm. Das Material, aus dem ein Schwamm besteht, ist in sich verbunden, anderenfalls würde der Schwamm in Stücke zerfallen. An diesem Bild ist weiterhin bemerkenswert, daß die Löcher im Schwamm auch miteinander verbunden sein müssen. Eine derartige Ortsbeziehung ist im dreidimensionalen Raum möglich, nicht aber im zweidimensionalen. So ist offenbar auch die Materie im Universum verteilt. Die Löcher sind alle miteinander verbunden, und die Verteilung der Galaxien, die dem Material des Schwammes entspricht, ist ebenfalls durchgehend miteinander verbunden. Die sternreichen Galaxienhaufen liegen bevorzugt im Scheitelpunkt des Schwammes, ein Bereich, in dem verschiedene Anteile des Schwammes zusammenkommen. Die Theoretiker werden sich noch anstrengen müssen, wenn sie eine Erklärung für diese Topologie der Galaxienverteilung finden wollen.

Wir kehren nun zur Frage nach der relativen Größe der Strukturen des Universums zurück. Die nächste Stufe von räumlichen Größen oberhalb der Galaxienhaufen ist die Größe der riesigen Leerräume, die wir in der Verteilung der Galaxien wahrnehmen können. Die größten Leerräume, die bisher entdeckt wurden, sind rund 50mal größer als die Galaxienhaufen, und das ist auch gleichzeitig die typische Entfernung der sternreichen Galaxienhaufen voneinander.

DIE GRÖSSE DES UNIVERSUMS. Wie groß ist nun das gesamte Universum? Es ist nur 50mal so groß wie einer der großen Leerräume. Nach allem kommt einem das Universum plötzlich so klein vor! Das liegt daran, daß wir uns sehr sorgfältig überlegt haben, was wir als Größe des Universums ansehen wollen. Ein Grundgesetz der Physik besagt, daß die Lichtgeschwindigkeit stets denselben Wert von 300 000 km $s^{-1}$ hat, wenn sich das Licht im Universum ausbreitet. Wenn wir also weiter und weiter in den Weltraum vordringen, so dauert es länger und länger bis uns das Licht von dort erreicht. Infolgedessen sehen wir das Universum nicht wie es jetzt ist, wenn wir diese entfernten Objekte beobachten, sondern wie es war, als das Licht dort ausgestrahlt wurde. Das aber liegt in der fernen Vergangenheit.

Jetzt wollen wir etwas präziser fassen, was unter der Größe des Universums zu verstehen ist. In Kap. 4 und 5 werden wir zeigen, daß wir in einem Universum leben, das sich von einem fast unvorstellbar kompakten Zustand ausgedehnt hat, und daß alle Galaxien wegen dieser anfänglichen Urexplosion auseinanderfliegen – das Standardbild vom Urknall des Universums. Wenn wir nun das Universum erforschen, nicht gerade bis zu seinen Uranfängen zurück, sondern etwa bis zur Hälfte seiner

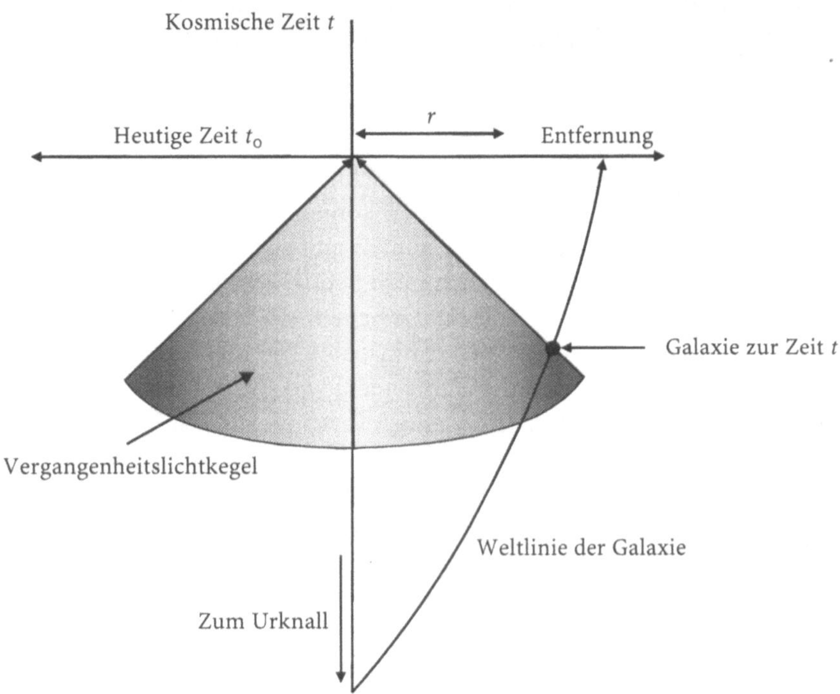


*Abb. 1.18.* Ein einfaches Raum-Zeit-Diagramm zur Erläuterung des Begriffes »Größe des Universum«. Die Zeit läuft von unten nach oben, die Entfernung senkrecht dazu.
Unsere Galaxie bewegt sich auf der vertikalen Achse $r = 0$ vom Urknall $t = 0$ zum gegenwärtigen Alter des Universums $t_0$. Bei der Beobachtung entfernter Objekte blicken wir in die Vergangenheit. Wenn wir ganz weit zurückblicken, sehen wir das Universum viel jünger als es heute ist.

bisherigen Lebensdauer, so betrachten wir nicht das Universum wie es jetzt ist, weil es damals jünger war und sich von dem Universum unterscheidet, das wir heute sehen – die Galaxienhaufen, die Galaxien und die Sterne in ihm –, das erst die Hälfte seines Lebens verbracht hat. Was wir unter der Größe des Universums zum gegenwärtigen Zeitpunkt verstehen, hängt mit der Entfernung zusammen, bis zu der wir hinaussehen können und das Universum vorfinden wie es heute ist. Als Maß für diese Entfernung sehe ich die Strecke an, die das Licht seit der halben Lebenszeit des Universums zurückgelegt hat – diese Entfernung entspricht rund 50mal der Größe der großen Leerräume.

Diese Vorstellung ist in Abb. 1.18 verdeutlicht, in einem einfachen Raum-Zeit-Diagramm für das Universum. Die Zeit ist auf der vertikalen Achse aufgetragen und beginnt mit dem Urknall. Auf der horizontalen Achse ist die Entfernung von unserer Milchstraße aufgezeichnet. Der Weg unserer Galaxie durch die Raum-Zeit wird in diesem Bild durch die vertikale Achse dargestellt, diese entspricht $r = 0$. Die zurückgelegten Wege aller Galaxien treffen sich in diesem Diagramm beim Urknall und laufen in Richtung der positiven Zeitachse auseinander, die die Ausdehnung der Galaxienverteilung darstellt. Das Licht breitet sich bis zur Erde hin mit Lichtgeschwindigkeit aus und ist als Kegel dargestellt, der zur gegenwärtigen Zeit, von der Vergangenheit herkommend, auf der Erde zusammenläuft. Alle Information über das Universum erreicht uns auf diesem Kegel, der als unser *Vergangenheitslichtkegel* bekannt ist. Wir beobachten die Galaxien zu einem Zeitpunkt, der dem Punkt entspricht, an dem die Bahnen der Galaxien unseren Lichtkegel in der Vergangenheit schneiden. Was ich unter der Größe des Universums verstehe, kann man sich als Entfernung verdeutlichen, die das Licht in der halben Lebensdauer des Universums zurücklegen kann, so wie es in der Abb. 1.18 dargestellt ist.

Der Abb. 1.18 können wir auch entnehmen, daß wir nur in die Bereiche des Universums Einblick haben können, die innerhalb unseres Lichtkegels in der Vergangenheit liegen. Es gibt also andere Bereiche des Universums, die wir augenblicklich nicht beobachten können – von diesen Gebieten kann uns kein Licht erreichen, das damals ausgestrahlt wurde. Wenn wir weiter und weiter hinausblicken, beobachten wir immer fernere Bereiche des Universums, nicht wie sie jetzt aussehen, sondern wie sie in immer ferner liegender Vergangenheit ausgesehen haben. Nur deswegen ist eine beobachtende Kosmologie überhaupt möglich. Indem wir annehmen, daß weit entfernt liegende Anteile des Universums eine ähnliche Geschichte haben wie die Himmelsbereiche in unserer Nachbarschaft, können wir im Prinzip die Geschichte des Universums direkt aus der Beobachtung ablesen. Wie weit wir diese Geschichte zurückverfolgen können, hängt von den Objekten ab, die wir untersuchen wollen. Die am hellsten strahlenden Galaxien und Quasare, die mit der jetzigen Generation von Fernrohren beobachtet werden können, schickten ihr Licht auf die Reise, als das Universum nur 1/5 seines heutigen Alters besaß. Leider können wir nur die hellsten Objekte aus diesen frühen Zeiten beobachten. Auch mit so leistungsstarken Fernrohren wie dem Hubble Space Telescope und dem Keck-10-Meter-Teleskop auf dem Mauna Kea in Hawaii kann man gewöhnliche Galaxien nur bis zu einer Zeit zurückverfolgen, zu der das Universum etwa halb so alt war wie heute.

Den Weg von unserem Vorgarten, unserem eigenen Sonnensystem, bis an den Rand des Universums haben wir nun in sechs verschiedenen Schritten durchlaufen, ohne riesige Zahlen überhaupt zu erwähnen. Wir haben eigentlich nur verhältnismäßig kleine Zahlen benötigt, keine von

*Tabelle 1.1.* Größen und Entfernungen im Universum

| Skalenfaktoren oder Entfernungen | Relative Größe | Entfernungen in Kilometern | Entfernungen in Lichtjahren |
|---|---|---|---|
| Sonne–Erde | A | $1{,}5 \times 10^{8}$ | 0,000 015 |
| Sonne–Saturn | $B = 10 \times A$ | $1{,}5 \times 10^{9}$ | 0,000 15 |
| Zu nächsten Sternen | $C = 30\,000 \times B$ | $4{,}5 \times 10^{13}$ | 4,7 |
| Unsere Galaxie | $D = 20\,000 \times C$ | $1{,}0 \times 10^{18}$ | 100 000 |
| Galaxienhaufen | $E = 50 \times D$ | $5{,}0 \times 10^{19}$ | 5 000 000† |
| Riesenleerräume | $F = 50 \times E$ | $2{,}5 \times 10^{21}$ | 250 000 000† |
| Heutiges Universum | $G = 50 \times F$ | $1{,}3 \times 10^{23}$ | 14 000 000 000† |

† Diese Entfernungen haben eine Unsicherheit von etwa ± 50%

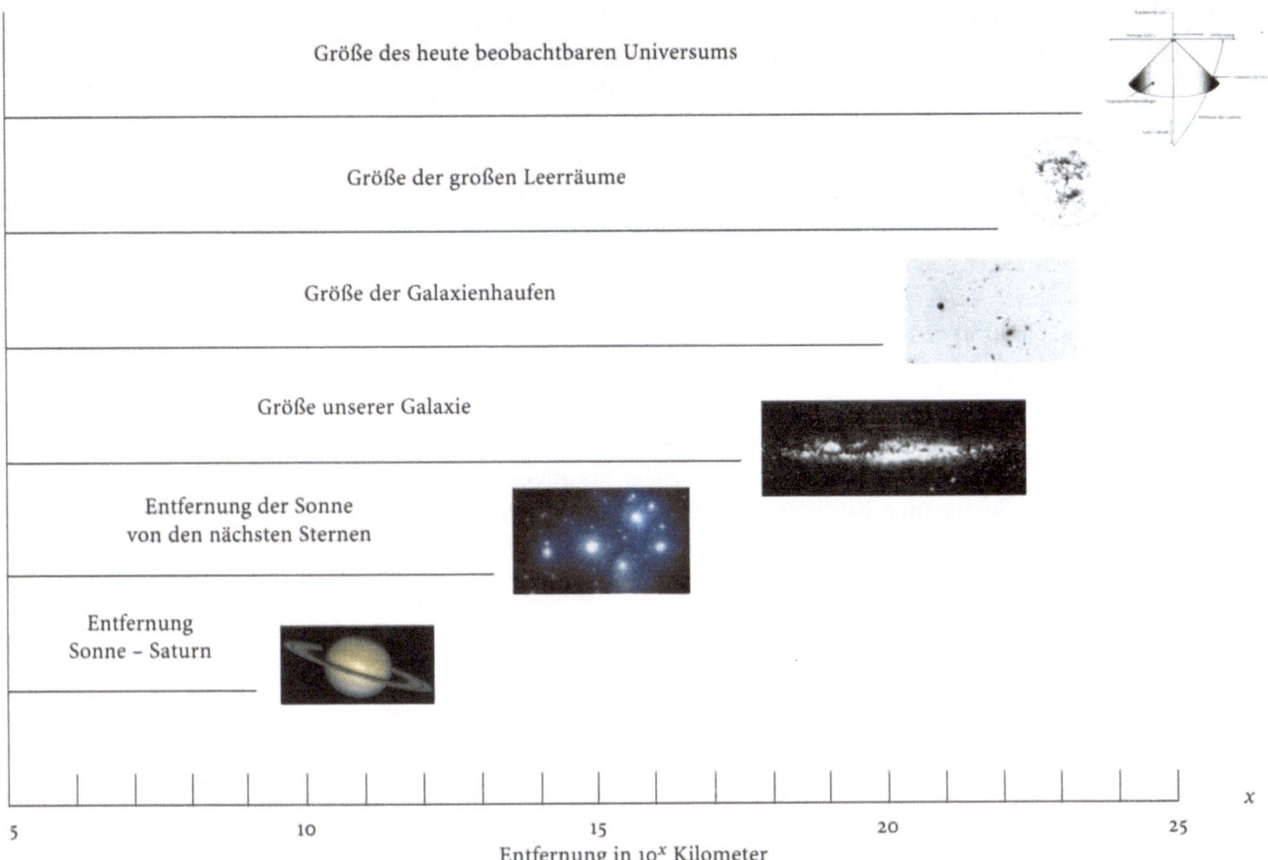


*Abb. 1.19.* Eine schematische Darstellung der relativen Größen und Entfernungen verschiedener Objekte im Universum. Auf der horizontalen Achse $x$ ist die Entfernung logarithmisch aufgetragen, das bedeutet, wir schreiben die Entfernung in Form von Zehnerpotenzen $r = 10^x$ km.

ihnen war größer als 30 000. Größen und Dimensionen sind in der Tabelle 1.1 zusammengefaßt. Wenn Wissenschaftler mit Zahlen umgehen müssen, die sehr große Wertbereiche überstreichen, dann denken sie nicht an die vielen Nullen, die am Ende der Zahlen stehen, sondern sie denken logarithmisch, und das bedeutet letztlich, daß eine Größe relativ zu einer anderen gesehen wird. Diesen Gedanken stelle ich in der Abb. 1.19 schematisch dar, in der auf der Abszisse die Entfernung logarithmisch aufgetragen ist. Verwendet man Logarithmen, dann kann man das ganze Universum auf ein einziges Stück Papier zusammendrücken.

## 1.3 Das Licht und das elektromagnetische Spektrum

Unsere bisherige Beschreibung der Himmelsobjekte und der großräumigen Strukturen des Universums gründet sich auf Beobachtungen mit sichtbarem Licht. Damit entstand ein einseitiges Bild, denn das sichtbare Licht ist nur ein kleiner Teil der Wellen, mit denen man heutzutage das Universum beobachten kann. Das sichtbare Licht gehört zur elektromagnetischen Strahlung, also zu den Wellen, die durch schwingende elektrische und magnetische Felder entstehen. Im Jahre 1864 entdeckte der große schottische Wissenschaftler J. C. Maxwell die elektromagnetische Natur des Lichtes. Weil die irdische Atmosphäre für sichtbares Licht durchlässig ist, bietet sich der Wellenlängenbereich des sichtbaren Lichtes als einfaches und wirkungsvolles Mittel zur Untersuchung des Universums an. Wir wissen aber, daß astronomische Objekte über einen sehr viel breiteren Bereich des elektromagnetischen Spektrums als nur den des sichtbaren Lichtes Wellen ausstrahlen können, und Beobachtungen mit diesen anderen Strahlungen liefern zusätzliche Informationen über die Natur aller Klassen von astronomischen Objekten.

Ein wichtiges Merkmal aller Wellen besteht darin, daß zwischen Frequenz und Wellenlänge eine feste Beziehung besteht und daß Wellen Energie transportieren. Wellen haben eine bestimmte *Frequenz*, die sich aus der Anzahl der Schwingungen pro Zeit ergibt. Die Frequenz wird mit dem griechischen Buchstaben Nü ($\nu$) bezeichnet und als Anzahl von Schwingungen pro Sekunde oder Hertz (Hz) gemessen, eine Einheit, die nach dem deutschen Wissenschaftler H. Hertz so genannt wird, dessen Experimente in den Jahren 1887 bis 1889 die elektromagnetische Theorie von Maxwell bestätigten. Die Wellen haben auch eine *Wellenlänge*, die Entfernung zwischen zwei Wellenbergen. Die Wellenlänge wird mit dem griechischen Buchstaben Lambda ($\lambda$) bezeichnet. Breiten sich elektromagnetische Wellen im Vakuum aus, dann sind Frequenz und Wellenlänge mit der Ausbreitungsgeschwindigkeit des Lichtes durch die folgende einfache Formel verbunden:

$$\lambda \nu = c ,$$

worin $c$ die Lichtgeschwindigkeit bezeichnet. Diese Formel ist ganz einfach zu verstehen, weil ein Wellenberg die Entfernung $\lambda$ während einer Schwingungsdauer der Welle zurücklegt, die gerade $1/\nu$ dauert. Die Lichtgeschwindigkeit $c$ ist eine Naturkonstante, je kürzer also die Wellenlängen werden, desto größer werden die Frequenzen. Eine Trägerwelle des UKW-Rundfunks hat beispielsweise die Frequenz 100 MHz und damit die Wellenlänge $\lambda = c/\nu = 3 \times 10^8\,\mathrm{m\,s^{-1}}/10^8\,\mathrm{Hz} = 3$ m. Dies erklärt, warum UKW-Antennen so verhältnismäßig groß sind.

Wellen transportieren auch Energie. Wer von einem Brecher beim Baden an der Meeresküste umgeworfen wurde, hat keine Schwierigkeiten zu verstehen, daß Wellen Energie transportieren. Auch die Nutzung von Radiowellen zur Informationsverbreitung zeigt, daß vom Sender zum Empfänger Energie fließen muß. Man muß aber unbedingt wissen, daß um so mehr Energie mit den Wellen transportiert wird, je kürzer die Wellenlänge oder je höher die Frequenz ist. Das sichtbare Spektrum der elektromagnetischen Wellen reicht vom roten über das blaue bis zum ultravioletten Licht, oder anders gesagt, von längeren zu kürzeren Wellen. Das Spektrum der elektromagnetischen Wellen dehnt sich außerdem nach beiden Seiten des sichtbaren Bereiches, über die Grenzen des roten und des ultravioletten Lichtes aus.

Viele dieser verschiedenen elektromagnetischen Wellen sind uns aus dem täglichen Leben bekannt. Die Wellen mit den niedrigsten Frequenzen, die bei den astronomischen Beobachtungen empfangen werden, sind die *Radiowellen*, genau dieselben Signale, die der Rundfunk- oder Fernsehempfänger aufnimmt. Solche Wellen werden auch in Mikrowellenherden erzeugt. Mit etwas kürzeren Wellenlängen oder etwas höheren Frequenzen kommen wir in den Bereich der *infraroten* Strahlung. Alle Gegenstände mit Zimmertemperatur strahlen infrarote Wellen aus, wobei die Intensität der Strahlung eine empfindliche Funktion der Temperatur des strahlenden Körpers ist. Infrarotkameras werden z. B. dazu verwendet, Verletzte in zusammengestürzten Häusern zu finden, weil die Verletzten wärmer sind als ihre Umgebung. Nachtsichtgeräte sind letztlich Infrarotkameras, weil sie die Wärmestrahlung der Umgebung zur Abbildung benutzen, und Fernsteuerungen für Fernseher und Videogeräte verwenden ebenfalls infrarote Wellen. Verläßt man das infrarote und sichtbare Licht und geht zu kürzeren Wellenlängen über, so kommt man in den Bereich des *ultravioletten* Lichtes und der *Röntgenstrahlen*. Jeder, bei dem einmal ein Verdacht auf einen Knochenbruch bestand, kennt Röntgenstrahlen, elektromagnetische Wellen sehr hoher Frequenzen. Die Herstellung von medizinischen photographischen Aufnahmen nutzt die Tatsache aus, daß Knochen die Röntgenstrahlung stärker absorbieren als andere Gewebe. Wird eine Röntgenplatte hinter ein Körperteil gestellt, so wird sie hinter den Knochen weniger stark belichtet als hinter den anderen Geweben. Am oberen Ende des elektromagnetischen Spektrums, bei den höchsten Frequenzen und Energien, finden wir die *Gammastrahlen*, die mit dem griechischen Buchstaben Gamma ($\gamma$) geschrieben werden. $\gamma$-Strahlen höchster Energie entstehen bei natürlicher Radioaktivität und bei Kernexplosionen. Sie werden mit Geigerzählern nachgewiesen. Alle diese verschiedenen elektromagnetischen Wellen, die wir aus dem täglichen Leben kennen, sind auch für die Astronomie bedeutsam, weil sie bei den natürlichen Prozessen der Himmelsobjekte ausgestrahlt werden und damit zu Untersuchungen in unserem Universum dienen können.

Für die astronomischen Beobachtungen ist ferner der Zusammenhang zwischen der Frequenz oder Wellenlänge und der Temperatur des strahlenden Körpers wichtig. Körper mit einer bestimmten Temperatur strahlen elektromagnetische Wellen bestimmter Wellenlängen besonders stark aus. Gegen Ende des vorigen Jahrhunderts wurde ein physikalisches Gesetz bekannt, das *Wiensche Verschiebungsgesetz*, nach dem der größte Teil der elektromagnetischen Strahlung eines heißen Körpers seiner Temperatur proportional ist. W. Wien hatte sich als erster mit der Strahlung von heißen Körpern beschäftigt. Weil das Wiensche Verschiebungsgesetz für die Astronomie so außerordentlich wichtig ist, wollen wir es hier aufschreiben. Wird mit $T$ die Temperatur eines heißen Körpers bezeichnet, gemessen in K (Kelvin), dann wird der Hauptteil der Strahlung bei einer Wellenlänge $\lambda_{max}$ oder Frequenz $\nu_{max}$ ausgestrahlt, die durch die beiden folgenden Formeln gegeben sind:

$$\nu_{max} = 10^{11}\, T\ [\mathrm{Hz}]\ ,\quad \lambda_{max} = \frac{3000}{T}\ [\mu\mathrm{m}]\ .$$

In diesen Beziehungen wird die Temperatur als absolute Temperatur gemessen, deren Skala bei −273 Grad Celsius beginnt, die Wellenlänge in Micron oder Micrometern, dem millionsten Teil eines Meters, der µm geschrieben wird. Die obigen Gleichungen sagen aus, daß wir näherungsweise wissen, wie heiß ein Körper sein muß, dessen Strahlung wir bei einer bestimmten Wellenlänge beobachten. Die Beziehungen sind in der Abb. 1.20 zusammengefaßt. Die gerade Linie, die sich von links unten diagonal nach rechts oben erstreckt, veranschaulicht das Wiensche Verschiebungsgesetz. Hier können wir charakteristische Temperaturen ablesen, die mit bestimmten Wellenlängen oder Frequenzen verbunden sind. So entspricht das sichtbare Licht Wellenlängen zwischen 0,3 µm und 1 µm, und damit einem Temperaturbereich von 3 000 bis 10 000 K. Wenn ein Körper Röntgenstrahlen der Wellenlänge 0,1 nm ausstrahlt, dann muß seine Temperatur ungefähr 30 Mio. K betragen. Auf diesen Zusammenhang werden wir im Abschn. 1.5 noch einmal zurückkommen. In der Abb. 1.20 kann man außerdem die Frequenzen ablesen, die zu bestimmten Wellenlängenbereichen gehören.

Das Licht hat noch ein weiteres ganz spezifisches Merkmal, das wir kennen müssen. Es besitzt neben seiner Eigenschaft als Welle gleichzeitig noch die Eigenschaften eines Teilchens. A. Einstein entdeckte im Jahre 1905, daß das Licht beide Eigenschaften besitzt, in der modernen Sprechweise nennen wir das den *Welle-Teilchen-Dualismus.* Obwohl wir das Licht als elektromagnetische Welle beschreiben können, gibt es eine völlig gleichwertige Beschreibung als Strom von Teilchen, die *Photonen* genannt werden. Die Energie ($\varepsilon$) eines jeden Photons ist sehr klein und wird durch die Formel $\varepsilon = h\nu$ gegeben, in der $\nu$ die Frequenz der Lichtwelle bezeichnet und $h$ die *Plancksche Konstante,* eine der Fundamentalkonstanten der Physik mit dem Wert: $h = 6{,}626 \times 10^{-34}$ J s. Photonen bewegen sich mit Lichtgeschwindigkeit und haben nach den Gesetzen der Quantenelektrodynamik Eigenschaften, die alle bekannten Erscheinungen der klassischen Wellenoptik erklären.

Welche Beschreibung für das Verständnis der elektromagnetischen Strahlung am besten geeignet ist, hängt von dem Wellenlängenbereich ab, in dem man gerade beobachtet. Im Bereich des sichtbaren Lichtes lassen sich heute einzelne Photonen mit empfindlichen Empfängern nachweisen. Bei ultravioletten Lichtwellen, den Röntgenstrahlen und $\gamma$-Strahlen denkt man am einfachsten an einen Strom von hochenergetischen Photonen, bei Radiowellen, Mikrowellen und infraroten Wellen stellt man sich einen Strom von elektromagnetischer Strahlung vor. Es gibt keine starren Regeln dafür, welche Beschreibung man in welchem Wellenlängenbereich anzuwenden hat. In der Kosmologie ist es jedoch

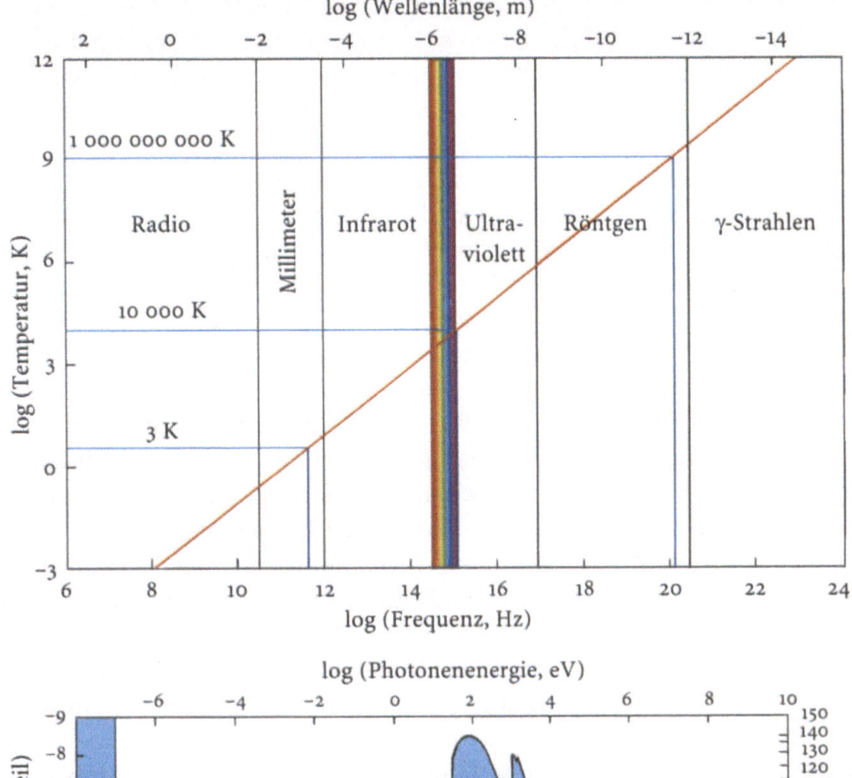


*Abb. 1.20.* Darstellung des Zusammenhanges zwischen der Temperatur und der Frequenz oder Wellenlänge der im Maximum des Spektrums eines schwarzen Strahlers abgestrahlten Energie. Die Namen der verschiedenen Wellenlängenbereiche sind eingezeichnet.

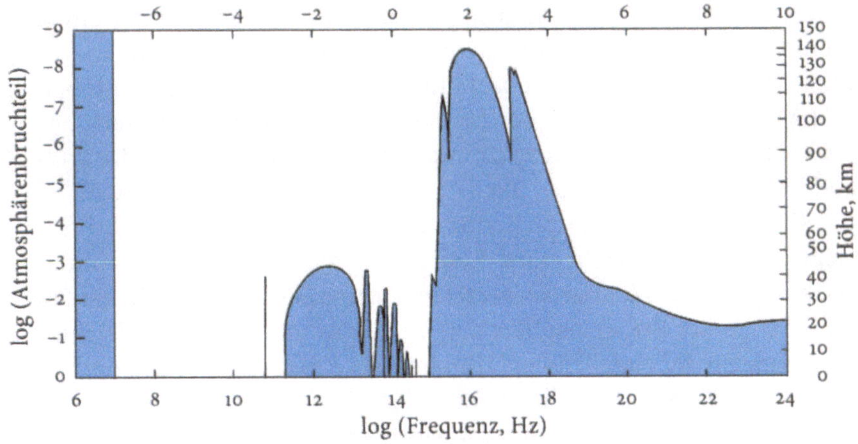


*Abb. 1.21.* Die Durchsichtigkeit der Atmosphäre für die Strahlungen verschiedener Wellenlängen. Die durchgezogene Linie zeigt die Höhe über dem Meeresspiegel, bei der die Atmosphäre für die betreffende Wellenlänge durchsichtig wird.

bedeutsam, daß man im Zusammenhang mit der kosmischen Hintergrundstrahlung an die Photonendichte der Strahlung denkt, d. h. an die Anzahl der Photonen pro Raumeinheit.

## 1.4 HIMMELSBEOBACHTUNGEN DURCH DIE ERDATMOSPHÄRE

Für die Astronomie ist es hinderlich, daß nur einige Wellenlängenbereiche für die erdgebundene Himmelsbeobachtung zugänglich sind. Abbildung 1.21 zeigt in einem Überblick, wie hoch ein Fernrohr über dem Meeresspiegel aufgestellt sein muß, um einen unverschleierten Blick auf das Universum zu ermöglichen. Die Radioastronomie und die Astronomie mit sichtbarem Licht lassen sich ohne weiteres von der Erdoberfläche aus betreiben. Beobachtungen mit infrarotem und ultraviolettem Licht, mit Röntgen- und $\gamma$-Strahlen müssen außerhalb der Erdatmosphäre durchgeführt werden, vorzugsweise natürlich von Satelliten, weil diese Strahlenarten von der Erdatmosphäre absorbiert werden. Energiereiche ultraviolette, Röntgen- und $\gamma$-Strahlen sind gefährlich, und das menschliche Leben wäre auf der Erde ohne den schützenden Schild der Atmosphäre nicht möglich. Die Absorption der infraroten Strahlung ist eng mit dem Energiegleichgewicht der Erdatmosphäre und dem Treibhauseffekt verknüpft, die die mittlere Temperatur der Erde in einem Bereich halten, in dem Lebewesen existieren können.

Aus Abb. 1.21 kann man entnehmen, daß ein Fernrohr für ultraviolettes Licht mindestens 150 km über der Meereshöhe aufgestellt werden muß, um von der Absorption unbehindert Beobachtungen und Messungen ausführen zu können. Aufnahmen mit Röntgen- und $\gamma$-Strahlen können aus etwas geringeren Höhen vorgenommen werden. Tatsächlich ist es für lange Belichtungszeiten in diesen Wellenlängenbereichen aber am besten, die Fernrohre in Beobachtungssatelliten arbeiten zu lassen. Einige Bereiche der infraroten Wellen kann man auch von hohen Bergen aus beobachten, es gibt nämlich im nahen infraroten Bereich einige »Fenster« bei 1,2 μm, 1,65 μm, 2,2 μm, 3 μm, 5 μm, 10 μm und 20 μm, durch die astronomische Beobachtungen erfolgreich von der Erdoberfläche aus durchgeführt werden können. Zwischen diesen Fenstern und für Wellenlängen zwischen 20 μm und 30 μm ist die Atmosphäre trüb, und Beobachtungen können nur von Satelliten aus gemacht werden.

Obwohl die Erdatmosphäre für das sichtbare Licht durchsichtig ist, bleibt sie dennoch nicht ohne Einfluß auf die einfallende Strahlung. Selbst in einer sehr klaren Nacht treten winzige Fluktuationen in den Eigenschaften der Erdatmosphäre auf, und diese führen zu ganz leichten Ablenkungen der einfallenden Lichtstrahlen. Aus diesem Grund funkeln die Sterne. Die Streuung des einfallenden Lichtes nennen die Astronomen »optisches Seeing«, also Schwankungen der Bildgüte, deren unerwünschte Auswirkungen verschleierte Bilder der astronomischen Objekte sind. Für die großen Fernrohre hat das erhebliche Folgen. Ein Fernrohr für sichtbares Licht mit einem Durchmesser von 4 Metern hat eine theoretische Winkelauflösung von 0,03 arcsec, d. h. es kann zwei Sterne gerade noch voneinander unterscheiden, die 0,03 arcsec voneinander getrennt sind. Durch den Einfluß der Erdatmosphäre, das optische Seeing, wird die Winkelauflösung von solchen Fernrohren auf ungefähr 1 arcsec herabgesetzt.

Den Nachteil der erdgebundenen astronomischen Beobachtung kann man auf zwei verschiedene Weisen beseitigen. Eine Methode besteht darin, die Störungen durch die Atmosphäre mit speziellen optischen Einrichtungen im Weg des einfallenden Lichtes auszugleichen. Man nennt diese Technik *adaptive Optik*, weil die hereinkommenden optischen Signale in Echtzeit korrigiert werden. Solche Einrichtungen sind bei großen Fernrohren allerdings noch nicht Standard, aber die nächste Generation von Fernrohren mit 8 bis 10 m Durchmesser für Beobachtungen in sichtbarem und infrarotem Licht wird sicher damit ausgestattet sein.

Die andere Lösung besteht darin, das Fernrohr überhaupt aus der Erdatmosphäre herauszubringen, wie man es beispielsweise mit dem Hubble Space Telescope gemacht hat (Abb. 1.22). Außerhalb der Erdatmosphäre erreicht der 2,4-Meter-Spiegel sein theoretisches Auflösungsvermögen, allerdings erst nach der Reparatur von 1993, die eine technische Meisterleistung war. Die Bedeutung dieser Reparatur für die Winkelauflösung wird durch die Abb. 1.22 belegt, in der Aufnahmen des Sternhaufens 30 Doradus mit großen erdgebundenen Fernrohren und mit dem Hubble Space Telescope verglichen werden. Zwei Verbesserungen sind deutlich zu sehen. Erst einmal erlaubt die höhere Winkelauflösung des Hubble Space Telescope die Beobachtung viel feinerer Strukturen, als es mit dem erdgebundenen Fernrohr möglich ist. Außerdem macht das erhöhte Auflösungsvermögen das Hubble Space Telescope für die Entdeckung von neuen Sternen erheblich empfindlicher. Mit ihm können jetzt mehr und schwächer leuchtende Sterne als mit einem erdgebundenen Fernrohr gesehen werden. Damit haben Astronomen zum ersten Mal Bilder an der theoretischen Auflösungsgrenze eines großen Fernrohres erhalten.

## 1.5 DIE TEMPERATUREN DER HIMMELSKÖRPER

Die Abhängigkeit der Strahlungsintensität von der Wellenlänge oder Frequenz nennt man das *Spektrum* der Strahlung. Der deutsche theoretische Physiker M. Planck fand heraus, daß das Strahlungsspektrum eines heißen Körpers sich bei einer bestimmten festen Temperatur durch eine einfache Formel beschreiben läßt. Dieses charakteristische Spektrum heißt das *Spektrum der Strahlung eines schwarzen Körpers.* Man beobachtet es, wenn ein heißer Körper bei einer festen Temperatur mit seiner Umgebung im *thermodynamischen Gleichgewicht* steht. Die Bezeichnung thermodynamisches Gleichgewicht sagt aus, daß der heiße Körper und seine Umgebung für eine lange Zeit von allen erdenklichen Einflüssen freigehalten werden, so daß jeder Absorptionsvorgang durch einen entsprechenden Emissionsvorgang ausgeglichen wird. Als eine einfache Näherung kann man annehmen, daß die Strahlung der Sterne die Strahlung eines schwarzen Körpers bei einer festen Temperatur ist. Das Energiespektrum eines schwarzen Körpers, das bei verschiedenen Temperaturen im Bereich des sichtbaren Lichtes abgestrahlt wird, ist in der Abb. 1.23 zu sehen. In dieser Darstellung sind alle Kurven auf die gleiche Intensität normiert, d. h. alle Kurven besitzen die gleiche Maximalintensität, obwohl sie zu verschiedenen Temperaturen gehören. Die Frequenz der maximalen Intensität wird durch das Wiensche Verschiebungsgesetz gegeben, das wir in Abschn. 1.3 besprochen haben. Das Diagramm

◁ *Abb. 1.22.* Vergleich verschiedener Bilder von Sternen im Sternhaufen 30 Doradus. (*a*) Vom Erdboden mit einer Winkelauflösung von 0,6 arcsec; (*b*) Vom Hubble Space Telescope vor seiner Reparatur im Dezember 1993. Die schlechte Bildqualität durch die sphärische Aberration infolge des fehlerhaften Schliffes ist deutlich sichtbar. (*c*) Der Sternhaufen auf einem Bild nach der Reparatur des Hubble Space Telescope. Nicht nur die Bildschärfe wurde um einen Faktor 10 verbessert, es können jetzt auch viel schwächer leuchtende Sterne aufgenommen werden. (*d*) Das Hubble Space Telescope nach der äußerst erfolgreichen Reparatur und Renovierung im Dezember 1993, in Verbindung mit dem Space Shuttle »Endeavour«.

Abb. 1.23 zeigt die theoretischen Intensitätsverteilungen der Strahlung des schwarzen Körpers für die Temperaturen 3 000, 5 700, 12 000 und 20 000 K. Die Energiespektren besitzen eine charakteristische Gestalt – die Strahlung ist über ein breites Band von Wellenlängen verteilt, wovon das meiste jedoch bei einer Wellenlänge oder Frequenz in der Umgebung des Maximums abgestrahlt wird.

Mit wachsender Temperatur verschiebt sich das Maximum des Strahlungsspektrums nach immer kürzeren Wellenlängen, wie es durch das Wiensche Verschiebungsgesetz $\lambda_{\text{max}} = 3\,000/T$ [μm] beschrieben wird. Der rote, grüne und blaue Bereich des sichtbaren Spektrums ist eingezeichnet, weil dies die bekannten Spektralfarben sind, die wir mit unseren Augen wahrnehmen können. Die Farben der Sterne lassen sich dadurch abschätzen, daß man den Wellenlängenbereich der intensivsten Strahlung bestimmt. Aus der Abb. 1.23 kann man ablesen, daß für kühle Sterne von 3 000 K das Maximum des Spektrums bei Wellenlängen des infraroten Lichtes zu finden ist, und aus diesem Grund leuchten diese Sterne auch rot. Am anderen Ende findet man die heißen Sterne mit Temperaturen bei 12 000 oder 20 000 K, die das Maximum ihres Spektrums im Bereich des blauen Lichtes haben und deswegen auch strahlend blaue Sterne sind. Unsere Sonne hat eine Oberflächentemperatur von 5 700 K. Auch das Spektrum eines schwarzen Körpers bei dieser Temperatur ist in Abb. 1.23 eingezeichnet, und man sieht ungefähr die gleiche Intensität für das rote, grüne und blaue Licht, das zusammen eine mehr oder weniger weiße Farbe mit leichtem Stich ins Gelbe ergibt, genau die Farbe unserer Sonne.

Die Intensitätsverteilung des schwarzen Strahlers bei verschiedenen Temperaturen ist für die Astronomie von großer Bedeutung, weil wir für die verschiedenen Wellenlängenbereiche Radiowellen, infrarotes, sichtbares und ultraviolettes Licht, Röntgenstrahlen und $\gamma$-Strahlen auch verschiedene *Temperaturbilder* des Universums erhalten. Man kann in der

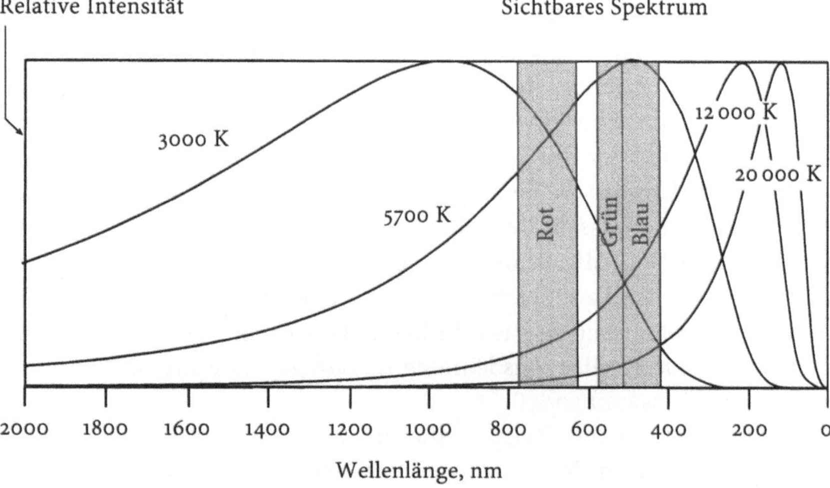


*Abb. 1.23.* Veranschaulichung der Strahlungsspektren heißer Körper bei den Temperaturen 3 000, 5 700, 20 000 und 30 000 K. Die ausgezogenen Linien zeigen die Intensitätsverteilung der Strahlung des schwarzen Körpers. Die gewählten Wellenlängen schließen den Bereich des sichtbaren, des roten, des grünen und des blauen Lichtes ein.

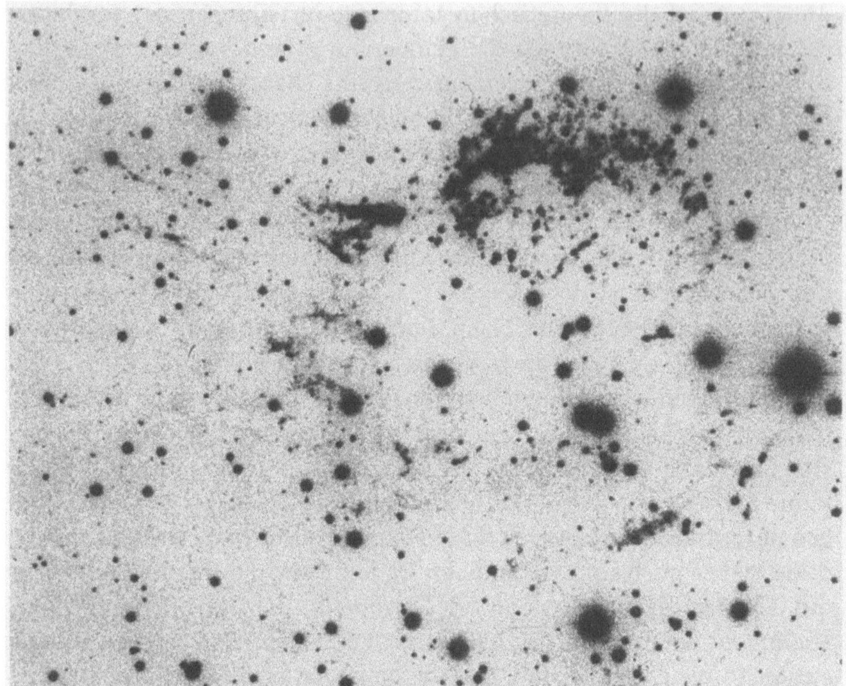

*Abb. 1.24.* Aufnahme des Supernovarestes Cassiopeia A im sichtbaren Licht. Die zarten Fäden bewegen sich vom Ort der Explosion mit einer Geschwindigkeit von 10 000 km s$^{-1}$ fort.

modernen Astronomie Himmelsobjekte mit Temperaturen von wenigen Graden oberhalb des absoluten Nullpunktes über Zentimeter- und Millimeterwellen ebenso beobachten wie Temperaturen von 1 Mrd. K oder mehr mit den Fernrohren der Röntgenastronomie.

Diese vielen verschiedenen Möglichkeiten sollen an einem speziellen Beispiel vorgeführt werden. Vor 250 Jahren fand im Sternbild Cassiopeia eine Sternexplosion statt. Im Bereich des sichtbaren Lichtes sieht man unregelmäßig ausbreitende Lichtfäden sich vom Ort der Explosion entfernen (Abb. 1.24). Diese Lichtfäden kühlen durch Abstrahlung von sichtbarem Licht ab, weil ihre Temperaturen im zugehörigen Bereich um 10 000 K liegen, in dem sichtbares Licht zu beobachten ist. Derselbe Himmelskörper bietet mit Röntgenstrahlen gesehen einen sehr viel eindrucksvolleren Anblick. Abbildung 1.25 zeigt dieselbe Himmelsregion als Aufnahme des Einstein-Röntgen-Satelliten. Diese Aufnahme läßt erkennen, daß die Reste der Explosion in einer Kugel von heißem Gas enthalten sind. Um im Wellenlängenbereich der Röntgenstrahlen beobachtbar zu sein, müssen die Reste der Sternexplosion eine Temperatur von mindestens 10 Mio. K besitzen. Durch die Kombination der Beobachtungen im sichtbaren Licht und mit Röntgenstrahlen sieht man, daß innerhalb der Supernovareste sehr heißes Gas zu finden ist, das mit seiner überschallschnellen Ausdehnung das umgebende interstellare Gas aufheizt und zusammendrückt.

Ein anderes gutes Beispiel stammt aus dem der Erde nächsten Himmelsbereich, in dem massive Sterne geboren werden. Für Beob-

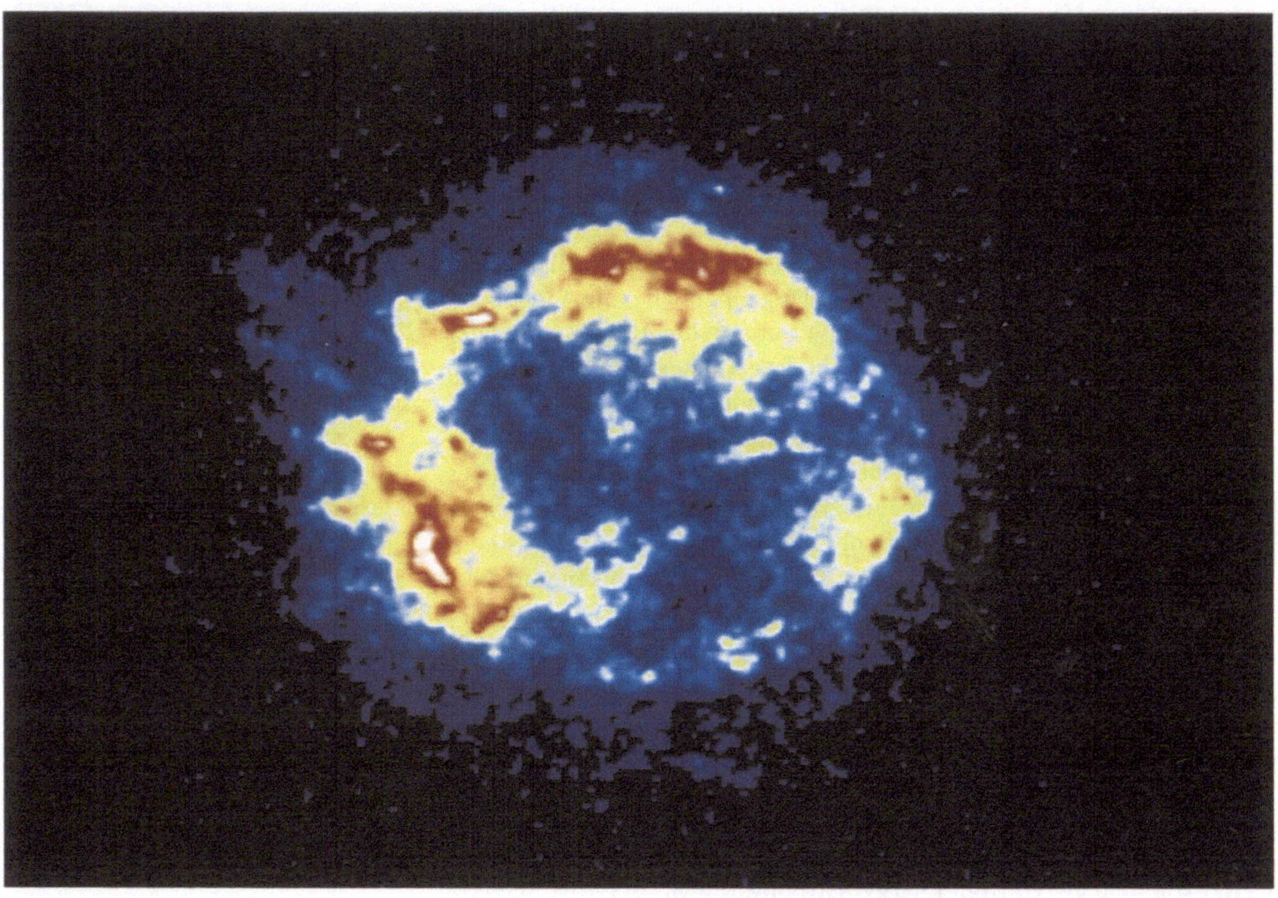

*Abb. 1.25.* Röntgenbild des Supernovarestes Cassiopeia A. Durch den explodierenden Stern wurde das Gas auf eine Temperatur von rund 10 Mio. K aufgeheizt.

achtungen im sichtbaren Licht ist der Orionnebel mit seinen fadenförmigen Strukturen eines der eindrucksvollsten Objekte des Sternenhimmels (Abb. 2.14). All das sichtbare Gas hat eine Temperatur von rund 10 000 K und wird von den vier Trapezsternen aufgeheizt, massiven jungen blauen Sternen im Zentrum des Orionnebels. Wenn man aber diesen Himmelsbereich mit Millimeterwellen und infrarotem Licht aufnimmt, dann erhält man ein vollkommen anderes Bild. Dann sieht man nämlich, daß der Orionnebel von einer gewaltigen molekularen Gaswolke umgeben ist. Aus dieser kalten Materie bilden sich die jungen Sterne (Abb. 2.19). Diese gewaltigen molekularen Wolken, die man im Bereich der Zentimeter- und Millimeterwellen beobachtet, sind die Kinderstuben der Sterne. Der Orionnebel ist nichts weiter als der dichteste Teil einer gigantischen Molekülwolke, die unter dem Einfluß der Gravitation zusammengefallen ist und dabei die vier hell strahlenden Sterne hervorgebracht hat, die den Nebel beleuchten. Auf diese anregende Beobachtung kommen wir in Kap. 2 noch einmal zurück.

Diese beiden Beispiele haben uns gezeigt, wie man von den verschiedenen Wellenlängenbereichen einander ergänzende Informationen erhält, aus denen man schließlich ein vollständiges Bild der physikalischen Vorgänge bei der Geburt und Entwicklung von Sternen zusammensetzen kann.

## 1.6 Das Bild des Universums in verschiedenem Licht

Wir schauen wieder auf den gesamten Sternenhimmel, diesmal aber unter Einschluß aller Wellenlängenbereiche, die wir soeben besprochen haben. Als erstes erinnern wir uns an die Abb. 1.7, in der der ganze Sternenhimmel im sichtbaren Licht dargestellt ist, mit dem wir also schon vertraut sind. Die Aitoff-Projektion ermöglicht uns eine Zusammenschau des Himmelsgewölbes auf einem einzigen Blatt Papier, wie wir bereits bei der Besprechung der Abb. 1.7 gesehen haben. Dieses Bild des für das menschliche Auge sichtbaren Himmels enthält alle Sterne oberhalb der 10. Größe und alle Nebel in der Ebene der Milchstraße. Das meiste Licht, das wir in diesem Bild sehen, stammt von Gaswolken und Sternen, die mit Temperaturen zwischen 3 000 und 10 000 K strahlen. Es gibt gute astrophysikalische Gründe dafür, daß Sterne ausgerechnet in diesem Temperaturbereich strahlen, wie wir im Kap. 2 belegen werden. Abbildung 1.7 zeigt auch zwei kleine benachbarte Galaxien, die große und die kleine Magellansche Wolke, rechts unterhalb der galaktischen Ebene.

Jetzt sehen wir uns ein »heißeres« Bild des Himmels ebenfalls in der Aitoff-Projektion an. Abbildung 1.26 a ist solch ein Bild des Himmels, aufgenommen im *Wellenlängenbereich der Röntgenstrahlen* und angefertigt von dem ersten High Energy Astrophysical Observatory Satellite (HEAO-1). Dies ist ganz deutlich ein anderes Bild. Einige Quellen von Röntgenstrahlen sind zur galaktischen Ebene hin konzentriert, insgesamt sind es aber weniger Strahlungsquellen als im sichtbaren Licht. Der Grund hierfür ist klar. Strahlende Objekte, die Röntgenstrahlen aussenden, müssen eine Temperatur von 10 000 000 K besitzen, und davon gibt es nicht gerade viele in unserer Galaxie. Die galaktischen Röntgenstrahlenquellen teilt man in zwei Klassen ein. Viele von ihnen gehören zu einem Doppelsternsystem, in dem ein äußerst kompakter Stern bei höchsten Temperaturen strahlt, weil von seinem Begleiter Masse auf ihn »herunterfällt«. Solche Doppelsterne mit Röntgenstrahlung werden wir im Kap. 3 im Zusammenhang mit der Physik der aktiven galaktischen Kerne und der Quasare besprechen. Die zweite große Klasse von galaktischen Röntgenquellen besteht aus Resten von explodierenden Sternen, Supernovaresten wie Cassiopeia A (Abb. 1.24 u. 1.25) und von toten Sternen, die sich bei diesen Explosionen gebildet haben.

In der Abb. 1.26a sieht man auch viele strahlende Objekte außerhalb der galaktischen Ebene, sehr viel mehr jedenfalls als auf dem entsprechenden Bild mit sichtbarem Licht. Die Röntgenquellen sind meistens mit aktiven Galaxien und Quasaren in sehr großer Entfernung verbunden. Sie erscheinen deswegen in so großer Zahl am Himmel, weil sie sehr

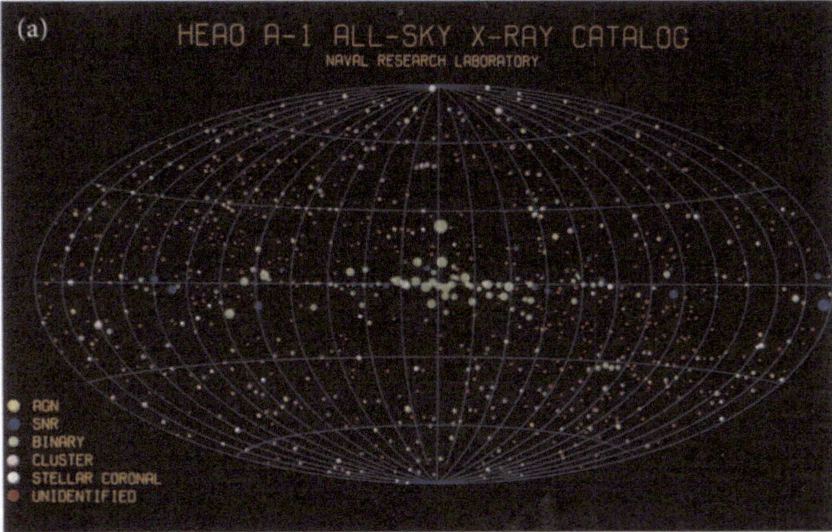

*Abb. 1.26.* (*a*) Ein Röntgenbild des gesamten Himmels in der gleichen Projektion wie Abb. 1.7, aufgenommen vom HEAO-1 Satelliten. (*b*) Die deutsche ROSAT Röntgenbeobachtungsstation, mit britischer und amerikanischer Beteiligung, ist 1990 gestartet und hat die bisher vollständigste Himmelsübersicht mit Röntgenstrahlen um 1 keV zusammengestellt.

starke Quellen von Röntgenstrahlen sind. Man findet auch ein paar Galaxienhaufen, die große Mengen sehr heißen Gases enthalten, im Raum zwischen den Galaxien.

Auf einer Abbildung des Himmels durch $\gamma$-Strahlen (Abb. 1.27a) können wir die Objekte mit noch höheren Temperaturen sehen. Das Himmelsbild Abb. 1.27a wurde von dem Compton Gamma-Ray Observatory der NASA gemacht, das nach dem Physiker A. H. Compton benannt ist, dessen Experimente schließlich alle überzeugten, daß Licht als ein Strom von Photonen anzusehen ist. Die Darstellung des Sternenhimmels in Abb. 1.27a wurde von einem Teleskop für energiereiche $\gamma$-Strahlung angefertigt, das erst für Energien oberhalb von 100 MeV empfindlich war. Die große Masse der Objekte, die $\gamma$-Strahlung aussenden, ist in unserer Galaxie auf eine dünne Schicht in der galaktischen Ebene be-

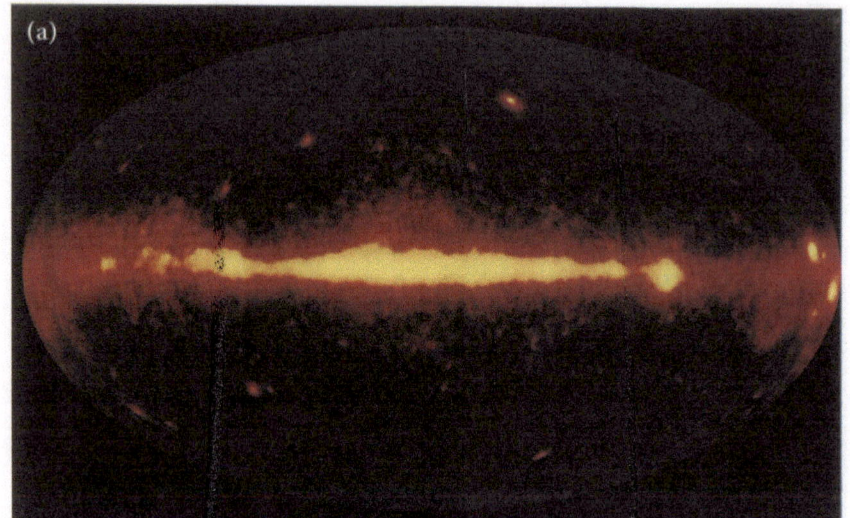

*Abb. 1.27.* (*a*) Die Röntgenkarte der Milchstraße nach Beobachtungen des Compton Gamma-Ray Observatory. (*b*) Das Compton Gamma-Ray Observatory wurde im April 1991 gestartet und hat den ersten Überblick über die $\gamma$-Strahlung des Himmels vervollständigt, die in (*a*) dargestellt ist.

schränkt. Die Emission von $\gamma$-Strahlen muß mit sehr heißem Gas und mit sehr energiereichen Teilchen verbunden sein, die fast mit Lichtgeschwindigkeit im Raum zwischen den Sternen hin- und herfliegen. Diese Teilchen sind den ebenfalls sehr energiereichen Teilchen der *kosmischen Strahlung* sehr ähnlich, die von den Teilchendetektoren in Satelliten am oberen Ende der Erdatmosphäre nachgewiesen werden. Die $\gamma$-Strahlung entsteht durch einen Zusammenstoß zwischen diesen hochenergetischen Teilchen und dem kalten interstellaren Gas. Die Beobachtungen sind wichtig, weil sie zeigen, daß in dem, was wir *interstellares Medium* nennen, neben hochenergetischen Teilchen auch gewöhnliches Gas vorkommt. Es gibt eine enge Beziehung zwischen Himmelsbereichen mit erhöhter Dichte des interstellaren Gases und starker $\gamma$-Strahlung, wie man durch einen Vergleich der Abb. 1.27a mit

*Abb. 1.28.* (*a*) Der gesamte Himmel, im Wellenlängenbereich von 60 bis 100 μm vom Infrared Astronomical Satellite (IRAS) beobachtet. (*b*) Der Infrared Astronomical Satellite (IRAS) vervollständigte in den Jahren 1981 bis 1983 den ersten Überblick über den gesamten Himmel im infraroten Wellenlängenbereich. Das Teleskop wurde mit flüssigem Helium gekühlt, um sein Emissionsvermögen für infrarote Wellen so klein wie möglich zu halten.

Abb. 1.28a sehen kann, wobei Abb. 1.28a in erster Linie mit der Verteilung des interstellaren Staubes verbunden ist, wie wir noch besprechen werden.

Zusätzlich zu den Ausstrahlungen aus der Ebene unserer Galaxie konnten auch bei hohen galaktischen Breiten Quellen kosmischer $\gamma$-Strahlung beobachtet werden. Sie stehen mit den gewaltigsten Energiequellen in Verbindung, die wir im Universum antreffen können. Diese Objekte sind extrem starke Radiowellen ausstrahlende Quasare, viele von ihnen in Expansionsbewegungen mit scheinbarer Überlichtgeschwindigkeit begriffen. Im ersten Jahr ihrer Entdeckung wurden 24 solche Objekte aufgespürt, die die Hochenergiephysiker vor erhebliche Probleme gestellt haben.

Wir betrachten nun Temperaturen unterhalb von denen, bei denen Sterne sichtbares Licht ausstrahlen. Dazu muß man Beobachtungen im *infraroten* Bereich des Spektrums machen. Abbildung 1.28a zeigt eine Karte des ganzen Himmels, die mit Wellenlängen zwischen 60 und 100 μm von dem Infrared Astronomical Satellite (IRAS) aufgenommen wurde. Die Wellenlängen dieser Strahlung entsprechen Temperaturen von 60 bis 100 K, sie liegen also weit unterhalb unserer gewohnten Zimmertemperatur, bei −170 bis −210 Grad Celsisus. Wiederum sieht man eine enge Verteilung intensiver Strahlung um die galaktische Ebene. Obwohl die Materie hier recht kalt ist, handelt es sich doch um eine sehr intensive Strahlung, die man auf den kalten interstellaren Staub zurückführen kann. Die Frage ist natürlich, woher diese niedrige Temperatur kommt. Der Staub muß von irgendwoher aufgeheizt werden, denn anderenfalls würde er sich durch die Abstrahlung aller seiner inneren Energie auf extrem niedrige Temperaturen abkühlen. Die Staubkörner werden aber von der elektromagnetischen Strahlung der Sterne auf die Temperatur von 60 bis 100 K aufgeheizt, besonders von solchen Sternen, die sich gerade entwickeln oder kurz vor ihrem Ende stehen. Die Staubkörner strahlen dann selbst wieder, und zwar bei den Temperaturen, auf die sie aufgeheizt wurden, mehr oder weniger wie kleine schwarze Körper elektromagnetische Wellen ab. Dieser Prozeß, so glaubt man, ist für den größten Teil der elektromagnetischen Strahlung im fernen Infrarot aus unserer Galaxie verantwortlich. Beobachtungen von kaltem Staub und molekularem Gas im infraroten Wellenlängenbereich gehören zu den wichtigsten Hilfsmitteln für die Untersuchung der Sternenentwicklung (s. Kap. 2).

Dieser Vorgang der Absorption von sichtbarem und ultraviolettem Licht durch den Staub und die nachfolgende Wiederabstrahlung im infraroten Wellenlängenbereich wird durch die Himmelskarten bei den verschiedenen Wellenlängen sehr schön verdeutlicht. Ein großer Teil des Bildes unserer Galaxie bei sichtbarem Licht (Abb. 1.7) wird durch den interstellaren Staub verdeckt. Für die infraroten Wellen aber ist der Staub durchsichtig, wie wir bereits früher besprochen haben. Deswegen bekommen wir auch ein so schönes Bild von der Scheibe und dem Zentralkörper unserer Galaxie aus den Beobachtungen des COBE-Satelliten im nahen Infrarot (Abb. 1.8). In der gleichen Weise ist die Abb. 1.28a ein unverdecktes Bild der gesamten Galaxie im fernen Infrarot. In diesem Wellenlängenbereich aber absorbiert der Staub nicht mehr das Licht der Sterne, sondern strahlt die zuvor absorbierte Energie wieder ab.

Wenn wir den gesamten Himmel mit immer längeren Wellen abbilden, dann bekommen wir auch immer kältere Himmelsobjekte zu sehen. Abbildung 1.29a ist ein Himmelsbild, das im Bereich der *Millimeterwel-*

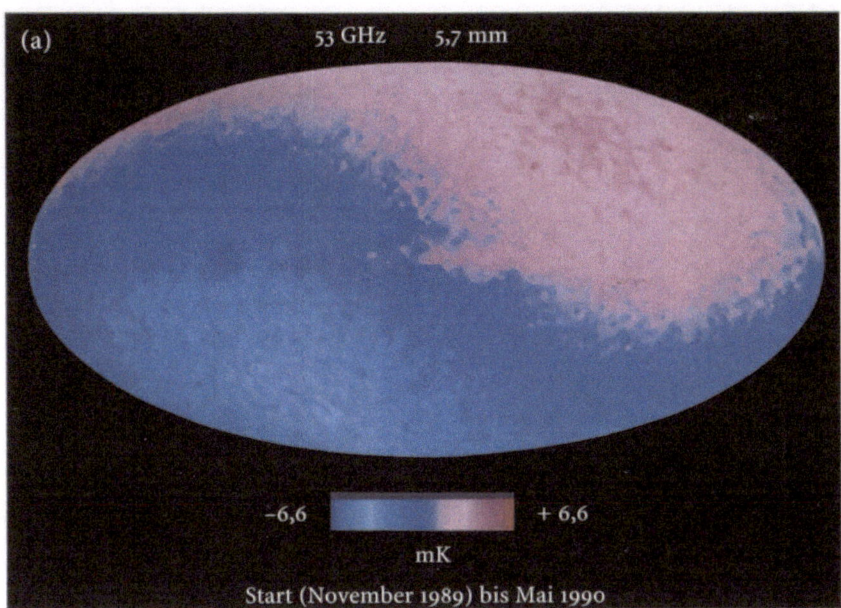


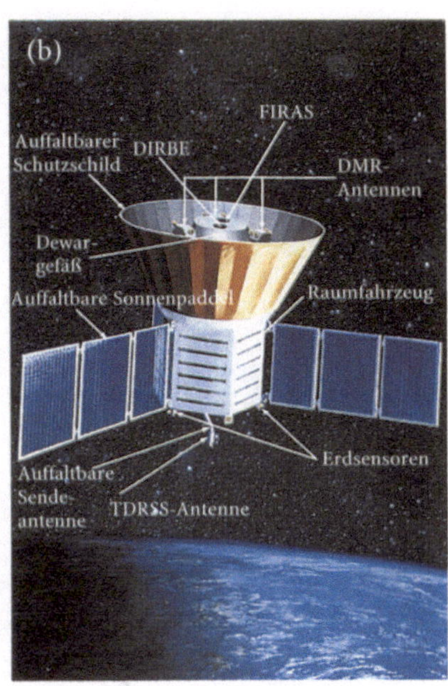


*Abb. 1.29.* (*a*) Karte des gesamten Himmels im Millimeterband bei 5,7 mm, aufgenommen vom Satelliten COBE. Das Bild wird von der Dipolkomponente der kosmischen Mikrowellen-Hintergrundstrahlung beherrscht. (*b*) Der Cosmic Background Explorer (COBE), der im November 1989 gestartet wurde. Zusätzlich zu der Hintergrundstrahlung im Millimeter- und Submillimeterbereich des Spektrums wurden auch Aufnahmen im nahen und fernen Infrarot gemacht. Ein Beispiel für eines dieser Bilder ist Abb. 1.8. (DIRBE: diffuse infrared background experiment, Messung des ungerichteten infraroten Strahlungshintergrundes. FIRAS: far infrared absolute spectrophotometer, Absolutspektrophotometer für das ferne Infrarot. DMR: differential microwave radiometer, differentielles Mikrowellen-Radiometer. TDRSS: tracking and data relay system, System für Navigation und Datenübermittlung.)

*len*, also bei einer Wellenlänge von 5,7 mm, von dem Cosmic Background Explorer (COBE) der NASA (Abb. 1.29b) aufgenommen wurde. Diese Himmelskarte entspricht Temperaturen von nur 3 K, also 3 Grad oberhalb des absoluten Nullpunktes der Temperaturskala. Dieses Bild unterscheidet sich merklich von allen anderen, die wir bisher betrachtet haben. Wir sahen nämlich stets eine deutlich ausgeprägte Milchstraße und öfter einmal auch Strahlungsquellen, die weit davon entfernt lagen. In der Abb. 1.29a sieht man von der Milchstraße nur eine schwache Spur durch das Bild laufen, woraus man auf die Anwesenheit von etwas kaltem Gas in der Ebene unserer Galaxie schließen kann. Doch beherrscht wird das Bild von einer Strahlung, die am rechten oberen Rand des Bildes intensiver und am linken unteren Rand schwächer ausgeprägt ist. Dieses Bild zeigt in der Tat nicht die gesamte Intensität der Strahlung an, sondern nur die kleinen Intensitätsschwankungen von 1 zu 10 000 von einer gleichförmigen Verteilung bei der Temperatur von 2,725 K. Es ist ein Bild der berühmten kosmischen Mikrowellen-Hintergrundstrahlung, der weit heruntergekühlten Reste aus den Zeiten kurz nach dem Urknall, den wir ausführlich in Kap. 4 und 5 besprechen werden. In einem festen Bezugssystem gemessen, sollte diese Strahlung über den ganzen Himmel hinweg gleichförmig sein. In der Abb. 1.29a scheint aber der Himmel in der einen Hälfte ein wenig wärmer, in der anderen Hälfte ein wenig kälter zu sein. Der Grund hierfür liegt in der Bewegung der Erde relativ zu dem als fest angenommenen Bezugssystem. Es handelt sich um nichts anderes als den bekannten Dopplereffekt, der durch die Bewegung der Erde für die kosmische Mikrowellen-Hintergrundstrahlung entsteht und sie in der Bewegungsrichtung intensiver erscheinen läßt. Wenn man die gesamte räumliche Verteilung dieser Strahlung untersuchen

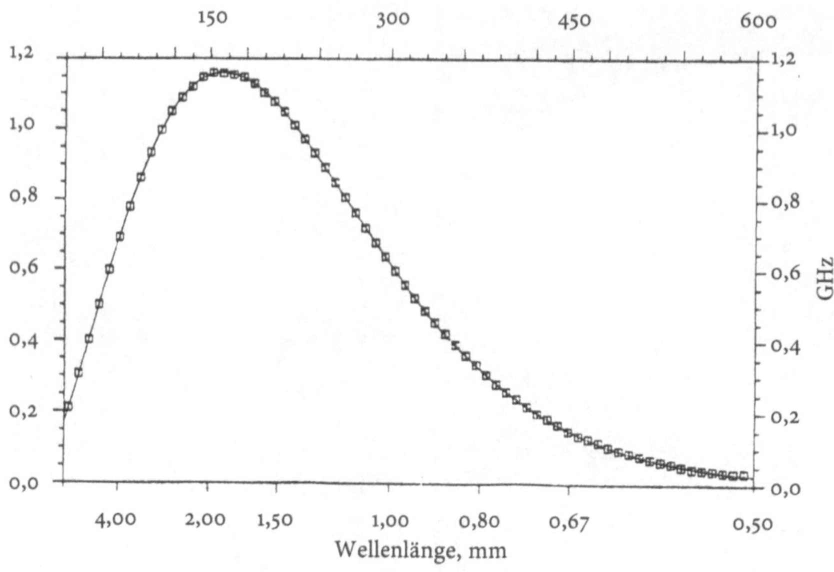


*Abb. 1.30.* Das Spektrum der kosmischen Mikrowellen-Hintergrundstrahlung nach den Messungen des COBE-Experimentes. Das Spektrum ist das eines schwarzen Strahlers mit der Temperatur 2,725 K. Nach diesen Messungen weiß man, daß dieses Spektrum bis zu einer Genauigkeit von 0,03% der Maximalintensität mit dem theoretischen Spektrum eines schwarzen Strahlers übereinstimmt.

möchte, muß man den Einfluß der Erdbewegung natürlich herausrechnen. Dann aber ergibt sich, daß die gemessene kosmische Mikrowellen-Hintergrundstrahlung in allen Richtungen bis zu einer Genauigkeit von 1 zu 100 000 eine gleichförmige Verteilung ist. Doch selbst bei dieser hohen Genauigkeit konnten noch winzige Intensitätsschwankungen festgestellt werden, die eine entscheidende Beobachtung für die Kosmologie ausmachen, die in Kap. 4 und 5 näher besprochen wird.

Eine der bemerkenswerten Eigenschaften der kosmischen Mikrowellen-Hintergrundstrahlung ist ihr Spektrum, das nahezu vollkommen dem Spektrum eines schwarzen Strahlers entspricht, eine der erstaunlichsten Beobachtungen der modernen Kosmologie, die ebenfalls von dem Cosmic Background Explorer (Abb. 1.30) stammt. Es ist das vollkommenste Spektrum eines schwarzen Strahlers, das bisher in der Natur gefunden wurde. Warum dies so sein muß, wollen wir im Kap. 5 erklären.

Wenn wir den Himmel weiter nach noch längeren elektromagnetischen Wellen absuchen, müßten wir eigentlich die kälteste Materie entdecken, doch genau das ist nicht der Fall. Eine Himmelskarte, gesehen mit *Radiowellen* (Abb. 1.31a), wurde von den Radioastronomen des Max-Planck-Institutes für Radioastronomie in Bonn bei Wellenlängen von 73 cm (408 MHz) aufgenommen. Darauf ist die galaktische Ebene wieder deutlich hervorgehoben, doch erscheinen auch noch andere, gezackte und ausgezogene räumliche Bereiche mit Quellen von Radiowellen auf diesem Bild. Eine nähere Untersuchung ließ erkennen, daß die Radiowellen mit der Strahlung von äußerst hochenergetischen Elektronen im Zusammenhang stehen, die um das schwache Magnetfeld kreisen, das im interstellaren Raum anzutreffen ist. Diese Strahlung nennt man *Synchrotronstrahlung*, die immer dann sehr wichtig wird, wenn man Vor-

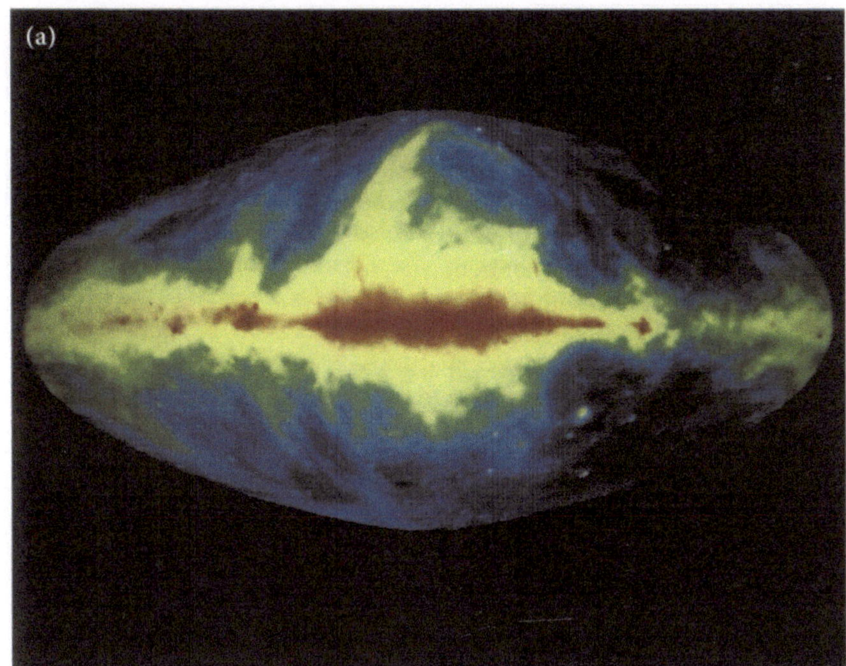

*Abb. 1.31.* (*a*) Die Radiostrahlung unserer Galaxie gemessen bei einer Wellenlänge von 73 cm (408 MHz) von den Radioastronomen des Max-Planck-Institutes für Radioastronomie in Bonn. (*b*) Das 100-Meter-Radioteleskop des Max-Planck-Institutes auf dem Effelsberg, mit dem die nördliche Hemisphäre des Himmels vermessen wurde. Auf diesen Daten beruht die Abb. 1.31a.

gänge mit hoher Energie zu untersuchen hat, wo auch immer sie im Universum auftreten. Die Himmelskarte mit den Radiowellen liefert einen überzeugenden Beweis, daß hochenergetische Elektronen und magnetische Felder überall in der ganzen galaktischen Ebene vorhanden sind. Während die Himmelskarte unserer Galaxie mit $\gamma$-Strahlung zeigt, wo hochenergetische Protonen und Atomkerne zu finden sind (Abb. 1.27a), zeigt die Himmelskarte mit den Radiowellen, wo sich hochenergetische Elektronen aufhalten. Ein Vergleich der galaktischen Ebene in den Himmelskarten Abb. 1.27a und Abb. 1.31a ergibt eine bemerkenswerte Ähnlichkeit, auch ein höchst wichtiges Ergebnis. Die Ausstrahlung von Radiowellen aus unserer Galaxie ist in ihren Eigenschaften der Strahlung ähnlich, die aus Quellen exotischer Objekte, wie Quasaren und aktiven galaktischen Kernen, zu uns gelangt. Die Synchrotronstrahlung ist eines der wichtigeren Untersuchungsinstrumente für die Astrophysik der aktiven galaktischen Kerne (Kap. 3).

## 1.7 Das Universum der vielen Wellenlängen

In diesem Kapitel haben wir mit groben Strichen ein Bild des Universums mit allem gezeichnet, was darin zu finden ist. Als wichtigste Schlußfolgerung können wir hieraus ableiten, daß wir das Universum in allen zugänglichen Wellenlängenbereichen beobachten müssen, wenn wir ein vollständiges Bild von ihm, der Vielfalt der in ihm enthaltenen Objekte und der physikalischen Prozesse erhalten wollen, die Ursprung und Weiterentwicklung dieser Objekte beherrschen. Wir müssen Ursprung und Weiterentwicklung von Sternen, Galaxien und aktiven galaktischen Kernen ebenso erklären wie das Vorkommen von interstellarem Staub und Gas in allen ihren Zuständen, das Auftreten von sehr heißem Gas, das durch Röntgenstrahlung gekennzeichnet ist, und von sehr kaltem Gas, das in Himmelsbereichen vorgefunden wird, in denen sich junge Sterne entwickeln. Ferner müssen wir die Entstehung von hochenergetischen Teilchen und magnetischen Feldlinien erklären können, die im interstellaren Medium in Galaxien beobachtet werden und, eher noch herausfordernder, die aktiven Galaxien.

Die astronomischen Objekte liefern uns eine Umgebung, die sich erheblich von der Umgebung unterscheidet, die wir in unseren irdischen Laboratorien herstellen können. Der anregendste Aspekt astronomischer Untersuchungen besteht wohl darin, daß man gelegentlich gezwungen ist, neue physikalische Ideen einzuführen, die sich eben nur in der astronomischen Umgebung überprüfen lassen. Ein klassisches Beispiel hierzu ist die Vorstellung des schwarzen Loches, ohne die man die Physik der aktiven galaktischen Kerne und gewisser Doppel-Röntgenquellen nicht verstehen kann. Wir versuchen, alle die physikalischen Prozesse zu verstehen, die Werden und Vergehen im Universum beherrschen, und wir hoffen, damit auch die Gesetze der Physik selbst besser zu verstehen. In den nächsten 4 Kapiteln beabsichtigen wir, all die verschiedenen astronomischen Beobachtungen in einen logischen Zusammenhang zu bringen, um ein überzeugendes Bild vom Ursprung und der Entwicklung der Sterne, Galaxien, aktiven galaktischen Kerne und schließlich des Universums zu zeichnen. In allen Fällen werden wir neuen, schwierigen und ungelösten physikalischen Problemen begegnen.

# KAPITEL 2

# Die Geburt der Sterne und der große kosmische Zyklus

## 2.1 DER ENERGIEHAUSHALT DER STERNE

In diesem Kapitel wollen wir uns mit den Sternen beschäftigen – wie sie sich entwickeln und auf welche Weise sie ihre Gestalt annehmen. Der größte Teil der sichtbaren Materie in unserer Galaxie besteht aus Sternen, und deswegen muß es einen sehr wirksamen Kondensationsvorgang geben, der aus einem sehr diffusen Gas die äußerst kompakten Objekte bildet, die wir Sterne nennen. Bevor wir uns jedoch mit dieser Frage befassen, wollen wir uns mit dem inneren Aufbau der Sterne, insbesondere der Sonne, vertraut machen, sowie mit den physikalischen Prozessen, die in ihrem Inneren ablaufen. Danach wollen wir beschreiben, wie sich verschiedene Typen von Sternen durch die Synthese von chemischen Elementen entwickeln.

Die Frage, was die Sterne zum Leuchten bringt, war eines der gravierendsten Probleme der Astronomie des 19. Jahrhunderts. Das damals am weitesten verbreitete Modell war die Theorie von Lord Kelvin und H. von Helmholtz. Sie beruhte auf der Annahme, daß die Sonne ihre Energie aus einer langsamen Volumenkontraktion bezieht. Nach diesem Modell schrumpft die Sonne allmählich zusammen, ihre Gravitationsenergie wächst dabei an, und deswegen kann sie Energie abstrahlen und so ihre Leuchtkraft aufrechterhalten. Das Problem bei dieser Theorie war jedoch, daß die Sonne mit ihrer augenblicklichen Leuchtkraft nur etwa 10 Mio. Jahre lang strahlen kann. Dieses Zeitmaß, bekannt als *Kelvin-Helmholtzsche Zeitskala*, widerspricht aber dem Alter unseres Sonnensystems, das nach der Radiokarbonmethode ungefähr 4,6 Mrd. Jahre beträgt.

Die Frage nach dem Ursprung der Sonnenenergie wurde erst richtig beantwortet, als Einstein im Jahre 1905 die Äquivalenz von Masse und Energie entdeckte: $E = mc^2$. Diese Formel gibt an, wieviel Energie $E$ freigesetzt wird, wenn die Masse $m$ vollständig in Energie umgewandelt wird, oder umgekehrt, wieviel Masse mit einem vorgegebenen Betrag an Energie verknüpft ist. Im Jahre 1920 wurden dann von F. A. Aston im Cavendish Laboratory in Cambridge präzise Werte für die Massen von Atomkernen gemessen. Im selben Jahr hielt A. Eddington bei einem Treffen der British Association for the Advancement of Science in Cardiff einen Vortrag, in dem er erklärte, daß vier Wasserstoffkerne oder Protonen zusammen einen Heliumkern bilden, daß aber die Masse des

Heliumkernes etwas kleiner ist als die Masse von vier Protonen. Die fehlende Masse muß nach der Formel von Einstein bei der Bildung von Helium aus vier Protonen als Energie freigesetzt worden sein. Eddington wies nach, daß, wenn eine solche Kernreaktion in der Sonne stattfindet, ungefähr 1/120 der Masse eines jeden Protons als Strahlungsenergie zur Verfügung stehen würde. Es dauerte noch eine Reihe von Jahren, bis die Vorstellung von Eddington auf eine solide physikalische Basis gestellt werden konnte. Als in der Mitte der 20er Jahre die Quantentheorie sauber formuliert war, konnte man die ersten Voraussagen über die Reaktionsraten von Kernreaktionen machen. Ende der 30er Jahre unseres Jahrhunderts verstand man die Reaktionsraten der verschiedenen Kernreaktionen, bei denen Wasserstoff in Helium umgewandelt wird. Eddingtons Hypothese hatte sich damit als richtig erwiesen. Die Sonne bezieht ihre Strahlungsenergie aus der Umwandlung von Wasserstoff in Helium. Außerdem wissen wir heute, daß in der Sonne genügend Kernbrennstoff in Form von Wasserstoff vorhanden ist, um ihre augenblickliche Leuchtkraft rund 10 Mrd. Jahre zu erhalten.

Das Verständnis der physikalischen Vorgänge in der Sonne und anderen Sternen ist einer der größten Triumphe der modernen Astrophysik, und die Untersuchungen von Struktur und Entwicklung solcher Sterne gehören zu den präzisesten der astrophysikalischen Wissenschaft. Wir wollen zunächst darlegen, wie gut die heutige Theorie die Struktur und Entwicklung der Sterne erklären kann, bevor wir uns mit dem schwierigeren Problem ihrer Gestaltung beschäftigen.

## 2.2 DIE SONNE – EIN MUSTERBEISPIEL FÜR DIE PHYSIK DER STERNE

Der Prozeß der Energieerzeugung in der Sonne ist recht einfach zu verstehen. Der größte Teil der Materie im Universum liegt in Form von Wasserstoff vor, dem leichtesten aller chemischen Elemente. Jedes Wasserstoffatom besteht aus einem Proton, das eine einzelne positive elektrische Ladung trägt. Das Proton, der Kern des Wasserstoffatoms, ist von einer Wolke negativer elektrischer Ladung umgeben, die einem einzelnen Elektron zugeordnet wird. Schwerere Elemente, wie Helium, Kohlenstoff oder Sauerstoff, haben schwerere Kerne als das Wasserstoffatom. Diese Kerne sind aus Teilchen zusammengesetzt, die Nukleonen genannt werden und entweder Protonen oder Neutronen sind. Die Neutronen sind die ladungsneutralen Verwandten des Protons. Die Struktur dieser schweren Atome ist in Abb. 2.1 schematisch dargestellt. Da alle Protonen die gleiche positive elektrische Ladung tragen, ist jeder Atomkern von der entsprechenden negativen Gesamtladung umgeben, so daß die Atome nach außen hin elektrisch neutral erscheinen.

Es gibt eine allgemeine Regel für alle natürlichen Prozesse, die besagt, daß Systeme stets danach trachten, ihren niedrigsten Energiezustand

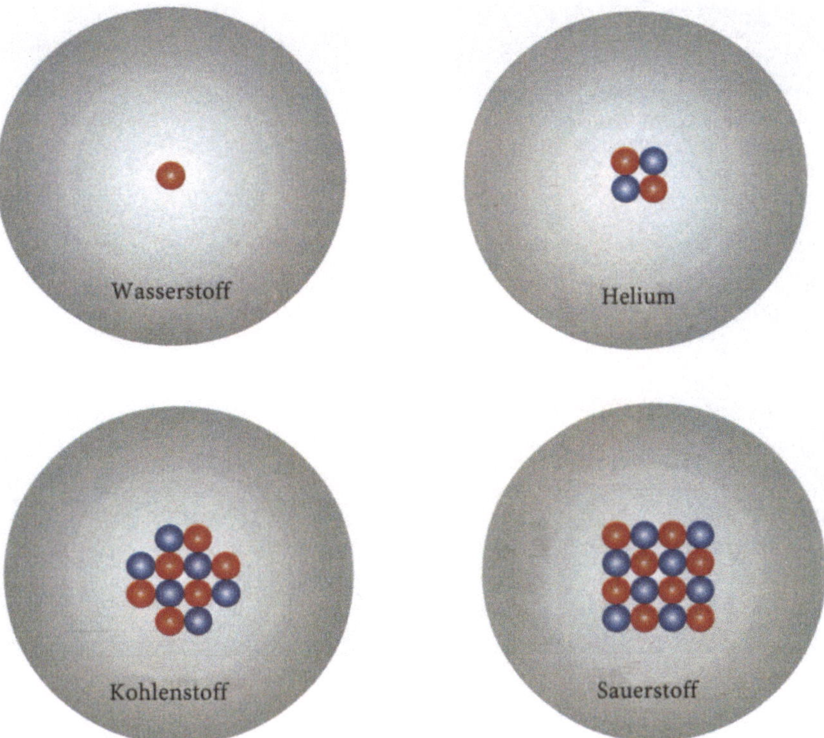


*Abb. 2.1.* Skizzen der Atome Wasserstoff, Helium, Kohlenstoff und Sauerstoff. Wasserstoff besteht aus einem einzelnen positiv geladenen Proton, das von einer Ladungswolke umgeben ist, die einer einzelnen negativen Ladung, dem Elektron, zugeschrieben wird. Der Heliumkern besteht aus zwei Protonen und zwei Neutronen. Da das Neutron keine elektrische Ladung trägt, wird die negative Ladungswolke um den Heliumkern zwei Elektronen zugeschrieben. Der Kern des Kohlenstoffatoms besteht aus sechs Protonen und sechs Neutronen, der Kern des Sauerstoffatoms aus acht Protonen und acht Neutronen.

zu erreichen. Die Tatsache, daß sich die Nukleonen fest zu Atomkernen verbinden, kann danach nur bedeuten, daß es für Nukleonen günstiger ist, sich zu einem schwereren Kern zu vereinigen als in Form von einzelnen Protonen oder Neutronen weiter zu bestehen. Wie von Eddington bereits festgestellt wurde, bleibt bei der Verbindung von vier Nukleonen zu einem Heliumkern etwas Energie übrig, ein Hinweis darauf, daß der Kern sich in einem Zustand niedrigerer Energie befindet. Diese Kernreaktion, die Synthese von Helium aus Wasserstoff, ist nicht nur die Energiequelle der Sonne und anderer Sterne, sondern auch der erste Schritt einer Synthese von schwereren Elementen wie Kohlenstoff und Sauerstoff.

Die Region der Sonne, in der diese Kernreaktionen stattfinden, nimmt grob geschätzt die innersten 10% des Sonnenradius ein. Die Temperatur im Zentrum der Sonne beträgt etwa 16 000 000 K und ist damit hoch genug, um die Verbrennung von Wasserstoff in Helium in Gang zu halten. Die dabei entstehende Energie wird aus dem inneren Bereich der Sonne durch Strahlung in die äußere Umhüllung geschafft, so daß der Energiezustand in ihrem Inneren konstant gehalten wird. Die Aufrechterhaltung des inneren Energiezustandes der Sonne ist wichtig, denn dieser ist die Ursache für den inneren Druck, der die Sonne gegen die Gravitationskräfte zusammenhält. Mit einer leicht nachzuvollziehenden Rechnung kann man zeigen, daß sich die Sonne in einem fast vollkommenen Gleichgewichtszustand zwischen den nach innen gerichte-

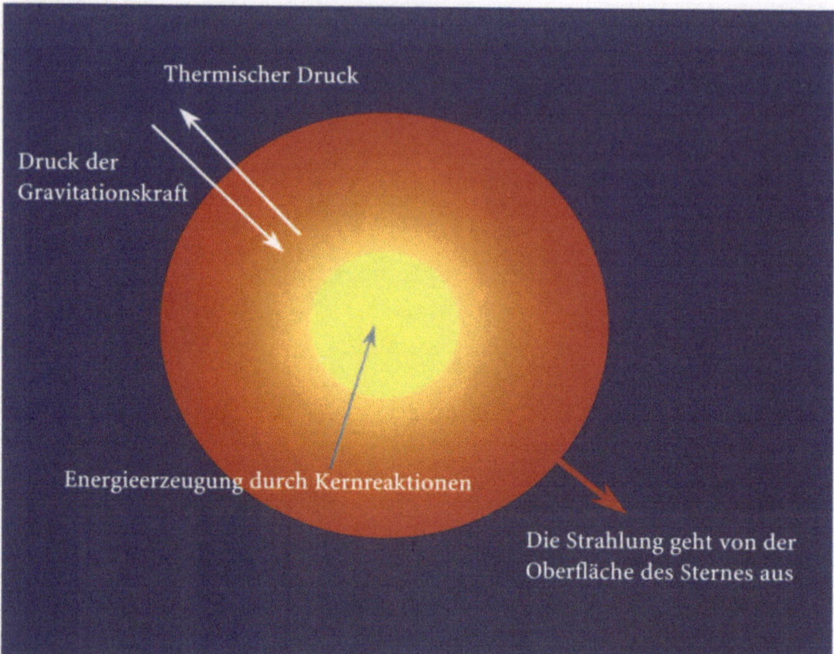


*Abb. 2.2.* Schematische Zeichnung der inneren Struktur der Sonne. Die Sonne wird durch das Gleichgewicht zwischen der nach außen gerichteten Kraft des thermodynamischen Druckes und der nach innen gerichteten Anziehungskraft der Gravitation zusammengehalten. Die Energiequelle, die den thermodynamischen Druck im Inneren der Sonne aufrechterhält, ist die Verbrennung von Wasserstoff zu Helium in ihrem Zentrum.

ten Zugkräften der Gravitation und den nach außen gerichteten Druckkräften der heißen Sternmaterie befindet (Abb. 2.2). Dieser Gleichgewichtszustand kennzeichnet die *normalen Sterne* – Gebiete im Universum, in denen die Gasdichte und die Temperatur so hoch sind, daß Kernreaktionen stattfinden und die dabei freiwerdende Energie ein Gleichgewicht zwischen den Kräften des thermischen Druckes und den Gravitationskräften aufrechterhält.

Woher weiß man eigentlich, daß dies eine zutreffende Beschreibung der inneren Struktur der Sonne ist? Schließlich kann mit den optischen Fernrohren lediglich ihre Oberfläche beobachtet werden, genauer gesagt, nur die dünne Oberflächenschicht, von der Licht ausgestrahlt wird. Obwohl die inneren Bereiche der Sonne sehr heiß sind, die Temperatur nimmt nach außen hin ab. Die Oberfläche, von der das Sonnenlicht ausgestrahlt wird, hat nur noch eine Temperatur von 5700 K. Die herkömmliche Methode zur Bestimmung der inneren Struktur der Sonne und der Sterne besteht in der indirekten Herleitung dieser Eigenschaften aus Beobachtungen ihrer Oberflächeneigenschaften. Die hochpräzise Spektroskopie ist immer noch das bedeutendste Verfahren für solche Untersuchungen, doch sind in letzter Zeit zwei weitere Methoden bekanntgeworden, mit denen man in das Innere der Sonne vordringen kann.

Die erste dieser neuen Techniken ist mehr als 25 Jahre alt und besteht darin, daß man nach ganz bestimmten Teilchen sucht, die bei den Kernreaktionen im Inneren der Sonne entstehen und die von der Materie der Sonne nicht absorbiert werden. Diese Teilchen sind als *Neutrinos* be-

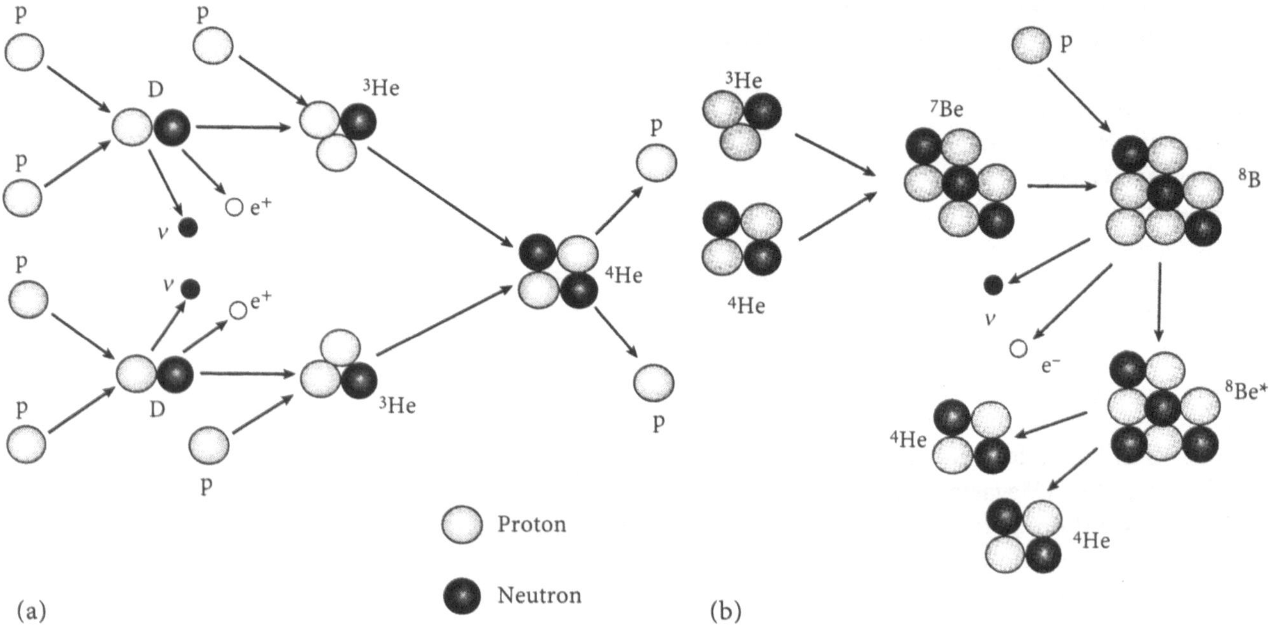


*Abb. 2.3.* (*a*) Skizze der Proton-Proton-Reaktionskette für die Bildung von Helium aus Protonen. Zu beachten ist das niederenergetische Antineutrino $\nu$, das in dem wesentlichen ersten Schritt der Reaktionskette ausgestrahlt wird, der zur Bildung von Deuterium führt. (*b*) Die zur Hauptkette der Proton-Proton-Reaktion parallel stattfindende Nebenreaktion ist für die Entstehung der hochenergetischen Neutrinos aus dem Zerfall von $^8$B verantwortlich.

kannt. Was ist ein Neutrino? Neutrinos sind Teilchen, die bei einer besonderen Art von Kernreaktion entstehen, der schwachen Wechselwirkung. Ihre Existenz wurde 1931 von W. Pauli theoretisch vorhergesagt, weil nur mit ihnen gewisse Besonderheiten der schwachen Wechselwirkung erklärt werden konnten. Der Nachweis von Neutrinos ist ausgesprochen schwierig, weil sie kaum mit Materie wechselwirken. C. Cowan und F. Reines entdeckten die Neutrinos 1956 dadurch, daß sie riesige Neutrinodetektoren unter Kernreaktoren aufstellten. Durch die Kernreaktionen, die im Inneren der Sonne ablaufen, werden gewaltige Mengen von Neutrinos freigesetzt. Weil sie aber nur sehr schwach mit anderer Materie wechselwirken, gehen sie mehr oder weniger direkt von ihrem Entstehungsort aus ohne von der übrigen in der Sonne enthaltenen Materie absorbiert zu werden. An der Erdoberfläche treten in jeder Sekunde etwa $10^{15}$ Neutrinos durch jeden Quadratmeter, doch ist auch hier ihre Wechselwirkung mit Materie so schwach, daß wir ihr Vorkommen nicht wahrnehmen können.

Weil aber Neutrinos einen direkten Nachweis für die Gültigkeit unserer kernphysikalischen und astrophysikalischen Modellvorstellung von den Kernverbrennungsprozessen im Inneren der Sonne darstellen, ist die Entdeckung des solaren Neutrinostromes von so herausragender Bedeutung. Schauen wir uns den Prozeß der Produktion von Neutrinos deswegen etwas genauer an: In der Sonne geschieht die Bildung von Helium aus vier Protonen durch eine Folge von Kernreaktionen, die mit Proton-Proton-Reaktion oder (p-p)-Reaktion bezeichnet werden. Diese Folge von Reaktionen ist in Abb. 2.3 dargestellt. Als erstes vereinigen sich zwei Protonen zu einem Deuteriumkern, auch Deuteron genannt, der aus einem Proton und einem Neutron besteht. Diese Reaktion ist eine sehr seltene schwache Wechselwirkung und der wesentliche erste Schritt in der Proton-Proton-Reaktion. Bei der Bildung eines Deuterons werden ein positives Elektron, Positron genannt, und ein Antineutrino freigesetzt. Bemerkenswert ist, daß es sich um ein Antineutrino und nicht um ein Neutrino handelt. Alle in der Natur vorkommenden Teilchen besitzen Gegenstücke mit entgegengesetztem Vorzeichen – sie bilden eine andere Art von Materie, die Antimaterie genannt wird. So ist beispielsweise das Positron, das eine positive Ladung besitzt, das Gegenstück zum Elektron mit seiner negativen Ladung. Auf die gleiche Weise gehören Antineutrino und Neutrino zusammen, und das Antineutrino wird eben bei der Bildung des Deuterons freigesetzt. Wir werden der Antimaterie in Kap. 5 erneut begegnen, wenn wir die Physik des frühen Universums besprechen. Die höchste Energie, die ein Antineutrino besitzen kann, das bei dieser Kernreaktion gebildet wird, beträgt ungefähr 0,4 MeV (Megaelektronenvolt). Im nächsten Schritt der Proton-Proton-Reaktion wird dem Deuteron ein weiteres Proton zugefügt, wodurch ein Heliumisotop mit drei Nukleonen entsteht. Dieser Kern wird Helium-3 genannt und mit $^{3}He$ bezeichnet. Schließlich bilden zwei $^{3}He$-Kerne einen Heliumkern, $^{4}He$, wobei zwei überflüssige Protonen abgestoßen werden.

Im Jahre 1955 kam R. Davis auf den Gedanken, daß Neutrinos mit einer Kernreaktion nachweisbar sein müßten, die mit den Kernen des Chloratoms stattfindet. Wenn ein Neutrino mit dem Kern eines Chloratoms zusammentrifft, dann wird dieser in einen radioaktiven Argonkern umgewandelt. Auf diese Weise läßt sich die Zahl der Neutrinos durch die Anzahl der radioaktiven Argonkerne messen, die in einem derartigen Chlordetektor entstehen. Die Schwierigkeit bei diesem Gedanken besteht jedoch darin, daß die Neutrinos mindestens eine Energie von 0,814 MeV besitzen müssen, bevor sie einen Chlorkern in einen Argonkern umwandeln können. Deshalb kann man ausgerechnet die Neutrinos, die bei der Bildung von Deuterium freigesetzt werden, auf diese Weise nicht nachweisen. Im Jahre 1958 wiesen dann A. Cameron und W. Fowler darauf hin, daß die Proton-Proton-Reaktion eine Nebenreaktion besitzt, bei der Neutrinos sehr viel höherer Energie gebildet werden (Abb. 2.3b). Ab und zu wird Beryllium-7, $^{7}Be$, ein Kern aus vier Protonen und drei Neutronen, durch den Zusammenstoß der Kerne Helium-3 und Helium-4 gebildet. Wenn man zu dem Kern Beryllium-7 ein weiteres Proton hinzufügt, dann entsteht der instabile Kern Bor-8, $^{8}B$, der wiederum unter Emission eines hochenergetischen Neutrinos und eines Elektrons in den instabilen Kern Beryllium-8, $^{8}Be$, zerfällt. Die dabei entstehenden Neutrinos haben eine Energie bis zu 14,06 MeV und können deswegen mit dem Chlordetektor nachgewiesen werden.

R. Davis und seine Mitarbeiter bauten in den späten 60er Jahren einen großen unterirdischen Chlordetektor im Goldbergwerk Homestake in South Dakota, USA (s. Abb. 2.4b). Er besteht aus einem Tank mit 400 000 Litern Perchlorethylen, $C_2Cl_4$, das normalerweise zur Textilrei-

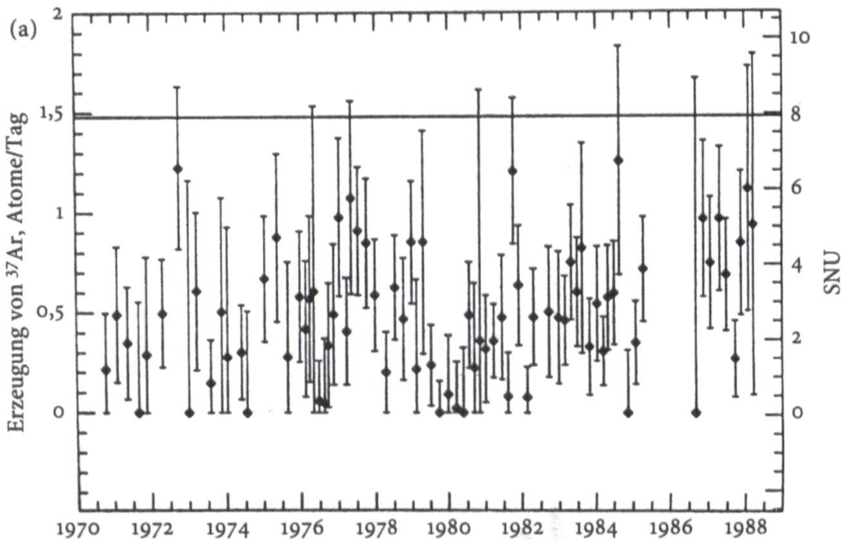

*Abb. 2.4.* (*a*) Darstellung des beobachteten Stromes von solaren Neutrinos beim Experiment im Goldbergwerk Homestake zwischen 1970 und 1988. Die mittlere Produktionsrate von radioaktivem Argon ist mit 0,462 $^{37}$Ar-Atomen pro Tag signifikant kleiner als die theoretisch erwartete Produktionsrate von 1,5 Atomen pro Tag. (*b*) Der von R. Davis Jr. und seinen Mitarbeitern entwickelte $^{37}$Cl-Detektor. Die Fotografie zeigt den Tank, der 400 000 Liter Perchloräthylen enthält, in 1 500 m Tiefe unter Tage im Goldbergwerk Homestake.

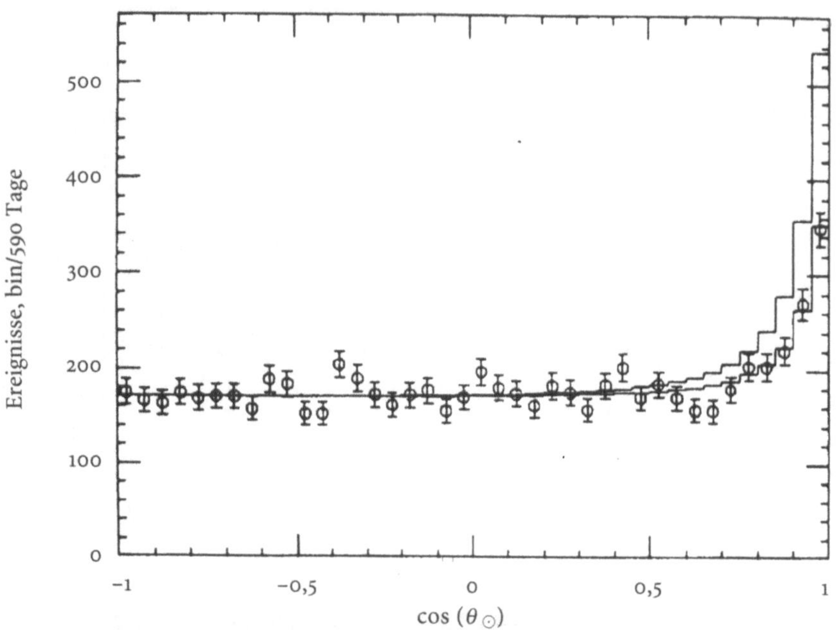


*Abb. 2.5.* Die Winkelverteilung hochenergetischer Neutrinos aus den Experimenten Kamiokande II und III. Es wurden nur Neutrinos aus dem Energiebereich von 7 bis 20 MeV registriert und die Ergebnisse über 1667 Beobachtungstage gesammelt. Die Abszisse stellt den Kosinus des Winkels zwischen der Richtung der einfallenden Neutrinos und der Richtung der Sonne dar. Die durchgezogene Treppenlinie zeigt die theoretisch vorhergesagte Winkelverteilung nach dem solaren Standardmodell. Man sieht deutlich, daß etwas mehr Neutrinos aus der Richtung der Sonne kommen, doch entspricht ihre Anzahl nur etwa dem halben Strom, den man nach dem solaren Standardmodell erwarten müßte.

nigung benutzt wird, das aber hier wegen seiner großen Anzahl von Chloratomen eingesetzt wird. Die Experimente dauerten 20 Jahre und brachten das erfreuliche Ergebnis, daß die Sonnenneutrinos aus dem Zerfall des instabilen $^{8}$B-Kernes nachgewiesen werden konnten. Weniger erfreulich an dem Ergebnis war, daß nur etwa ein Viertel der zu erwartenden Neutrinos gefunden wurden (Abb. 2.4a). Das ist das berühmte *Problem der Sonnenneutrinos*, und es ist immer noch eines der größten Probleme der modernen Astronomie.

Die Bestätigung, daß der Strom hochenergetischer Neutrinos tatsächlich von der Sonne kommt, brachte das japanische Neutrinostreuexperiment Kamiokande II. Mit diesem groß angelegten unterirdischen Experiment in dem Erzbergwerk Kamiokande in den japanischen Alpen sollte ursprünglich nach den Zerfallsprodukten des Protons gesucht werden, später wurde es aber zu einem Richtungsdetektor für Neutrinos mit Energien über 7,5 MeV weiterentwickelt. Wenn ein hochenergetisches Neutrino mit einem Elektron zusammenstößt, dann wird die Rückstoßrichtung des Elektrons gemessen, weil sie eine Information darüber enthält, welche Richtung das ankommende Neutrino gehabt hat. Die japanischen Wissenschaftler fanden einen kleinen, aber signifikanten Überschuß im Strom der Neutrinos, der aus der Richtung der Sonne kam (Abb. 2.5). Damit konnte zwar bestätigt werden, daß die Neutrinos in der Sonne entstehen, aber wieder war der Strom kleiner als theoretisch erwartet. Er betrug nur 50% des vorhergesagten Stromes nach den theoretischen solaren Standardmodellen.

Der Hauptbeweis für die Existenz der Kernreaktionen, die für die Energieversorgung der Sonne sorgen, ist der Nachweis der niederenergetischen Antineutrinos, die bei dem ersten Schritt der Proton-Proton-Reaktion entstehen. Dieser Nachweis ist eine technische Herausforderung, weil dazu eine beträchtliche Menge des Metalls Gallium, welches das geeignetste Detektormaterial ist, in hochgereinigtem Zustand benötigt wird. Sobald ein solares Antineutrino mit einem Galliumkern reagiert, wird ein radioaktives Isotop des Metalls Germanium gebildet. Deshalb ist die Anzahl der Germaniumatome, die in dem Galliumdetektor gebildet werden, ein Maß für den Strom der solaren Antineutrinos. Glücklicherweise beträgt die Schwellenenergie für diese Wechselwirkung nur 0,23 MeV, und daher lassen sich die Antineutrinos der Sonne hiermit nachweisen. Mit dem Galliumdetektor wurden zwei Experimente ausgeführt. Eines davon ist das GALLEX-Projekt (Gallium Experiment), das in erster Linie ein europäisches Projekt in Zusammenarbeit mit den USA und israelischer Beteiligung ist und das in dem unterirdischen Gran Sasso Laboratorium in Italien durchgeführt wird. Das andere Experiment ist das sowjetisch-amerikanische Galliumexperiment SAGE, das vorwiegend von der ehemaligen Sowjetunion mit amerikanischer Beteiligung gefördert wurde und im Kaukasus im Baksantal abläuft. In beiden Experimenten wurden die niederenergetischen Neutrinos entdeckt, die aus der Proton-Proton-Kette stammen. Die beobachteten Neutrinoflüsse sind 79 ± 10 (stat) ± 6 (syst) SNU (GALLEX) und 69 ± 11 (stat)$^{+5}_{-7}$ (syst) SNU, wobei SNU die solare Neutrinoeinheit bezeichnet. Diese beiden Zahlenwerte können nun mit dem vorhergesagten Gesamtfluß niederenergetischer Neutrinos verglichen werden, der je nach dem verwendeten solaren Standardmodell zwischen 120 und 130 SNU liegt. Die beiden zuletzt genannten Werte schließen auch die Neutrinos aus dem Kohlenstoff-Stickstoff-Sauerstoff-Zyklus ein. Die niederenergetischen Neutrinos aus der Proton-Proton-Kette allein würden 79 SNU betragen. Dies ist also ein zuverlässiger unterer Grenzwert für den vorhergesagten Neutrinofluß nach dem solaren Standardmodell, weil er direkt mit der Leuchtkraft der Sonne verknüpft ist. Es handelt sich um ein entscheidendes Ergebnis, obwohl immer noch eine Diskrepanz besteht: Ein Neutrinofluß von grob gerechnet der erwarteten Intensität für die wesentliche Erstreaktion der Proton-Proton-Kette, die für den größten Teil der Energieausbeute der Heliumsynthese verantwortlich ist, wurde gefunden.

Damit ist zwar der beobachtete Strom von hochenergetischen Neutrinos im Vergleich zu den theoretischen Vorhersagen des Standardmodells der Sonne immer noch zu niedrig, doch möglicherweise sind die Unterschiede nicht so groß, wie zuvor befürchtet wurde. Die Erklärung der Ursache dieser Unterschiede bleibt jedoch eine wissenschaftliche Herausforderung.

Die zweite bemerkenswerte Entwicklung der letzten 15 Jahre betrifft eine vollkommen neue Methode zur Erforschung der inneren Struktur der Sonne und der Sterne. Wir alle sind vertraut mit den wohlklingenden Tönen von Musikinstrumenten wie Glocken, Gongs und Xylophonen.

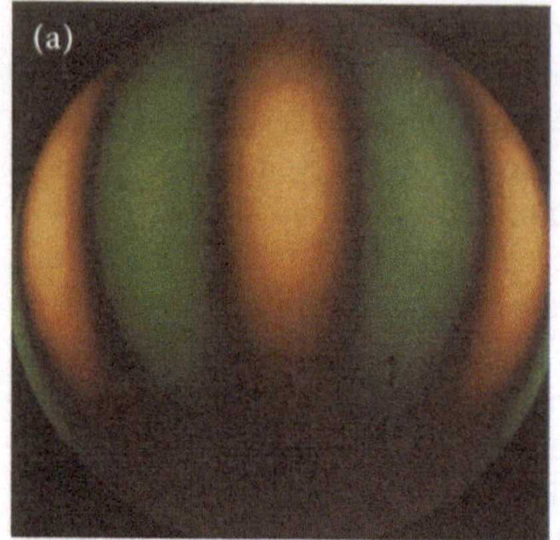


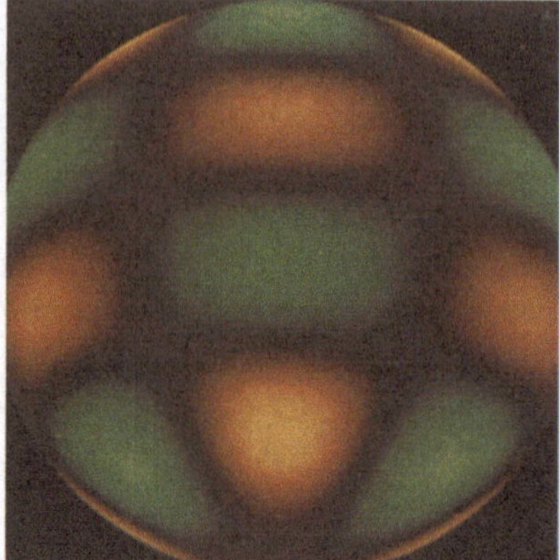

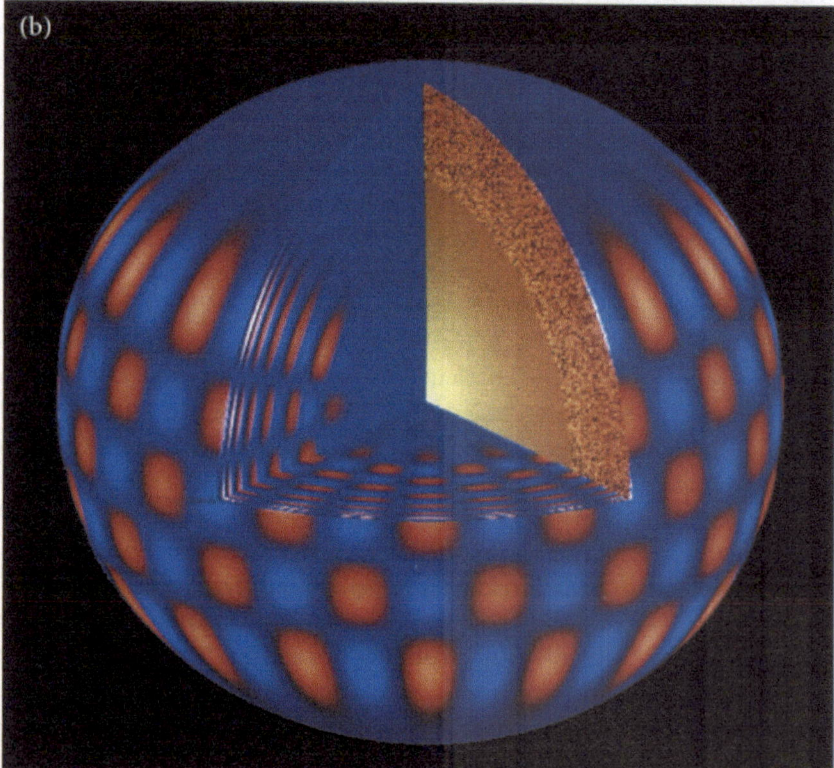


*Abb. 2.6.* (*a*) Schematisches Bild der einfachsten Moden der akustischen Schwingungen der Sonne. In dieser Darstellung bewegen sich die grünen Bereiche nach außen und die gelben nach innen. (*b*) Schematisches Bild der höheren Schwingungsmoden der Sonne, das auch gleichzeitig zeigt, wie die Schallwellen in das Innere der Sonne eindringen. Die blauen Bereiche bewegen sich dabei nach außen, die roten nach innen. Mit den unterschiedlichen Schwingungsmoden werden die physikalischen Bedingungen in verschiedenen Tiefen der Sonne erforscht.

Diese Töne entstehen durch das Zusammenwirken von Schallschwingungen unterschiedlicher Frequenzen, die den natürlichen Schwingungsfrequenzen des Instrumentes entsprechen. Wenn man die relativen Intensitäten der Schwingungen und die zugehörigen Frequenzen mißt, dann kann man hieraus ein Menge Einzelheiten über die physikalische Struktur der Instrumente herausfinden. So erzeugen z. B. kleine Glocken hohe spitze Töne, große Glocken hingegen tragende tiefe Klänge. Aus der Analyse dieser Klänge kann man die Größe und Struktur der Glocken abschätzen. In genau derselben Weise kann die Sonne in ihren natürlichen

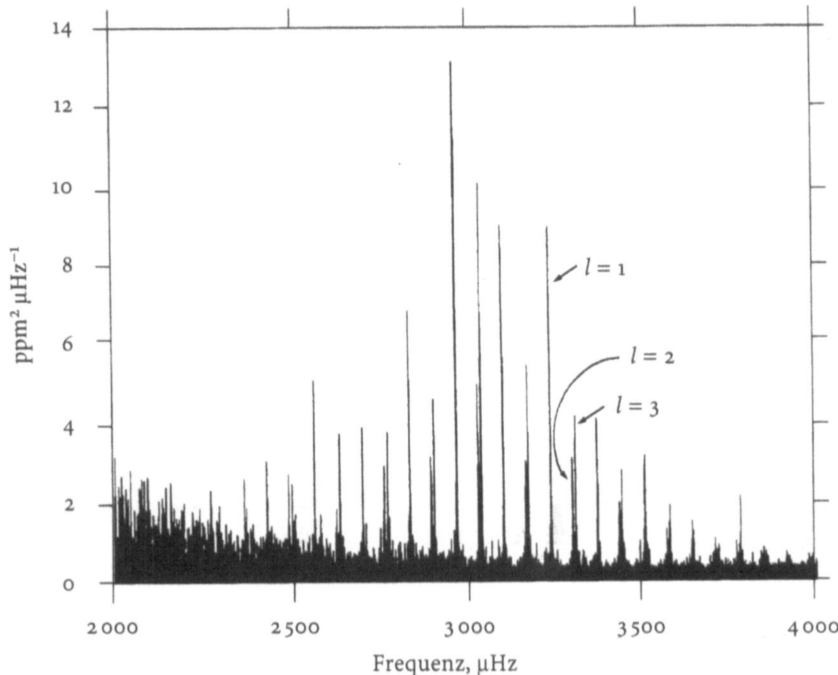


*Abb. 2.7.* Ein Beispiel für das Spektrum der Sonnenschwingungen mit der Aufspaltung in Feinstrukturen, das viele Informationen über den inneren Aufbau der Sonne enthält.

Schwingungsfrequenzen »erklingen«, wovon einige einfache in Abb. 2.6a dargestellt sind. In der Tat wird die Sonne ununterbrochen durch Turbulenzen und Konvektionsbewegungen zu Schwingungen angeregt, die ihren Ursprung im äußeren Teil der Sonne haben. In Abb. 2.6b wird dargestellt, wie sich eine bestimmte Schwingungsmode hoher Ordnung in die Tiefe der Sonne ausbreitet.

Die Sonnenschwingungen sind allerdings sehr klein. Typischerweise erreichen sie Bewegungsgeschwindigkeiten von höchstens 0,4 $\mathrm{km\,s^{-1}}$, und es sind außerordentlich anspruchsvolle Instrumente erforderlich, um derart minimale Bewegungen der Sonnenoberfläche zu erfassen. Die Resonanzschwingungen der Sonne konnten nun vermessen werden, und das neue Forschungsgebiet, die *Sonnenseismologie* oder *Helioseismologie*, wurde damit einer der aufregendsten Bereiche der modernen astronomischen Forschung. Ein Beispiel für die Resultate von Messungen der Resonanzschwingungen der Sonne zeigt Abb. 2.7. Dieses bemerkenswerte Bild eines Schwingungsspektrums stammt von T. Toutain und C. Fröhlich, die einen helioseismographischen Detektor für das sowjetische Raumschiff Phobos gebaut haben. Die Messungen wurden in einer Zeitspanne von 160 Tagen gemacht, in denen sich das Raumschiff in der Nähe des Mars befand. In dem Schwingungsspektrum der Sonne kann man Resonanzen und einen beträchtlichen Anteil der Feinstruktur erkennen. Durch die Untersuchung von Einzelheiten dieser Sonnenresonanzen lassen sich Merkmale der inneren Struktur der Sonne herleiten.

Ein Beispiel für die Genauigkeit, mit der diese Technik die Bestimmung von inneren Strukturen der Sonne erlaubt, ist in Abb. 2.8 darge-

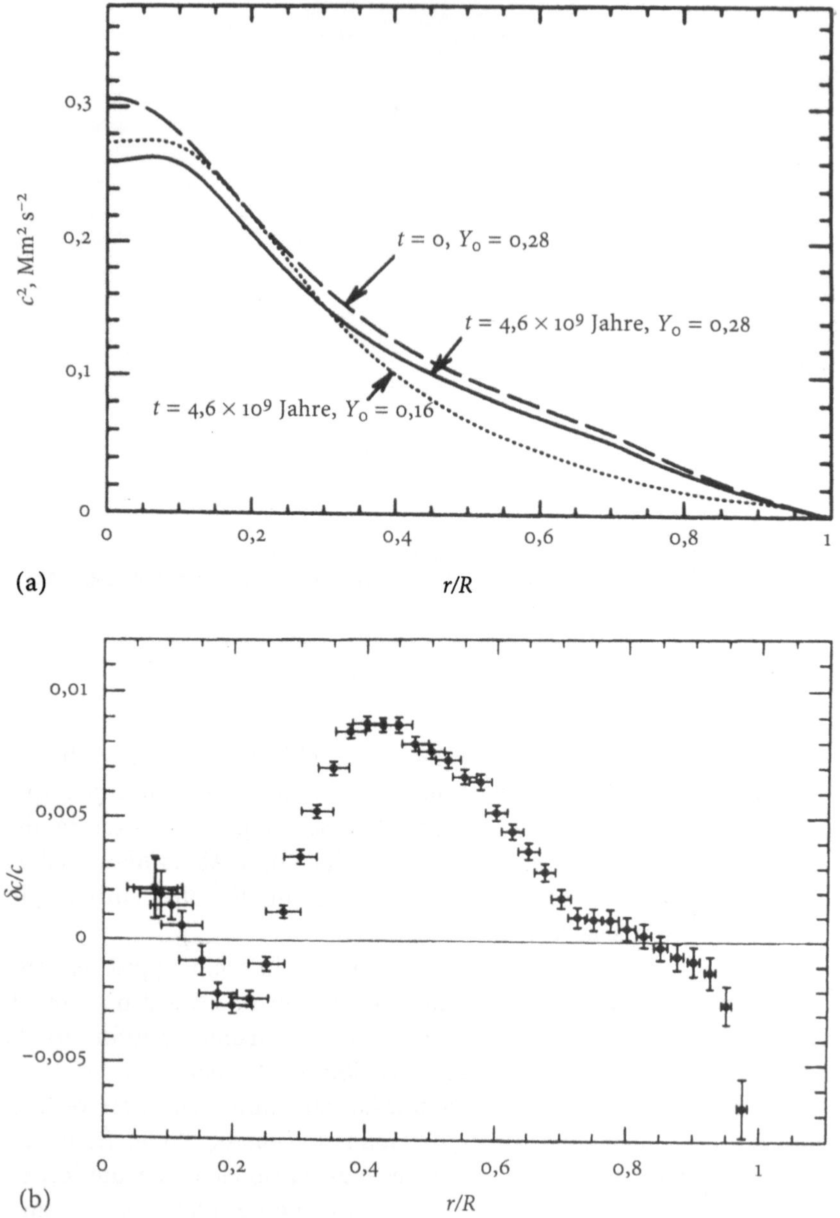


*Abb. 2.8.* (*a*) Theoretische Modelle zur Beschreibung der Veränderung der Schallgeschwindigkeit innerhalb der Sonne in Abhängigkeit vom Radius. Der Massenanteil des Heliums ist dabei mit $Y_0$ und das Alter im Sonnenmodell mit $t$ bezeichnet. Die Beobachtungen stimmen für $Y_0 = 0{,}28$ und $t = 4{,}6 \times 10^9$ Jahre innerhalb einer Strichbreite mit der Theorie überein. (*b*) Die prozentualen Abweichungen der gemessenen Schallgeschwindigkeiten in Abhängigkeit vom Radius für das am besten übereinstimmende Modell. Die Punkte mit den Streuungsbalken zeigen die Werte der Schallgeschwindigkeit, die aus der Umkehrung der helioseismischen Daten abgeleitet wurden. Man kann klar erkennen, daß die Übereinstimmung mit dem Standardmodell der Sonne über den gesamten Bereich des Sonnenradius besser als 1% ist.

stellt. Es stellte sich heraus, daß die einfachste Eigenschaft des Sonneninneren, die fast direkt aus helioseismischen Beobachtungen hergeleitet werden kann, die Änderung der Schallgeschwindigkeit längs des Sonnenradius ist. Die Schallgeschwindigkeit ist mit dem Verhältnis von Druck zu Dichte auf jedem Punkt des Sonnenradius verknüpft und damit eine bequeme physikalische Eigenschaft, die sich mit den theoretischen Vorhersagen des Standardmodells der Sonne vergleichen läßt. Die Schallgeschwindigkeit ist aber auch mit der Wurzel aus der Temperatur der Sonnenmaterie verbunden. Ein Blick auf Abb. 2.8 zeigt, daß es die helioseismischen Meßdaten erlauben, die Schallgeschwindigkeit bis in den inneren Bereich der Sonne hinein zu bestimmen. In Abb. 2.8a ist die erwartete Abhängigkeit des Quadrates der Schallgeschwindigkeit vom Radius für verschiedene Annahmen von Eigenschaften der Sonne dargestellt, hier unter Annahmen ihres Alters und ihres Gehaltes an Helium. Das mit $Y_0 = 0{,}28$ und $t = 4{,}6 \times 10^9$ Jahre gekennzeichnete Modell stimmt innerhalb einer Strichdicke mit den Beobachtungen überein, wobei $Y_0 = 0{,}28$ einen Heliumanteil von 28% bedeutet. Ein etwas detaillierterer Vergleich ist in Abb. 2.8b zu sehen, die die Abweichungen der gemessenen Schallgeschwindigkeit von den erwarteten Werten des solaren Standardmodells aufgetragen über den gesamten Sonnenradius zeigt. Man kann deutlich erkennen, daß Theorie und Messung über den gesamten Sonnenradius besser als 1% übereinstimmen. Die Theoretiker arbeiten intensiv daran, die Übereinstimmung zwischen Theorie und Beobachtung weiter zu verbessern. Das Faszinierende an diesen Untersuchungen ist, daß nicht nur die inneren Eigenschaften der Sonne in bisher nicht vorstellbaren Einzelheiten bestimmt, sondern auch Einblicke in das Verhalten der Materie bei Temperaturen und Dichten gewonnen werden können, wie sie eben nur in der Sonne vorzufinden sind. In neuesten Untersuchungen wurde das Spektrum der Sonnenschwingungen dazu verwendet, die innere Rotationsgeschwindigkeit an verschiedenen Radien und Breitengraden der Sonne herzuleiten. Diese Resultate sind nicht nur für das Verständnis der Eigenschaften äußerer Konvektionsbereiche der Sonne wichtig, sondern auch für das Verständnis der Entstehung ihres Magnetfeldes und ihres Elfjahreszyklus.

Mit den hier geschilderten Verfahren kann man neben unserer eigenen Sonne auch die hellen benachbarten Sterne untersuchen. Die Astronomen versuchen dies bereits mit Hilfe der größten erdgebundenen Teleskope. Auch für den Weltraum werden Observatorien geplant, um Langzeitmessungen durchführen zu können. Sie sind erforderlich, um die langsamen Schwingungen der benachbarten hellen Sterne unter den vollkommen ungestörten Verhältnissen des Weltraumes beobachten zu können. Man muß allerdings hervorheben, daß die stellare Seismologie oder *Astroseismologie* selbst bei benachbarten Sternen äußerst schwierig ist, sehr große Teleskope voraussetzt und lange Beobachtungszeiten erfordert. Andererseits ist sie das Verfahren der Zukunft, um die Entwicklung und innere Struktur der Sterne zu untersuchen.

Die große Errungenschaft der Helioseismologie besteht darin, daß die theoretischen astrophysikalischen Modelle, die zur Beschreibung der inneren Struktur der Sonne eingesetzt werden, in ausgezeichneter Übereinstimmung mit den Beobachtungen stehen. Dies ist auch ein sehr wichtiges Ergebnis für das Verständnis des Problems der solaren Neutrinos, weil daraus geschlossen werden kann, daß die Astronomen darauf vertrauen können, den Kernphysikern die zutreffenden physikalischen Bedingungen vorgelegt zu haben, mit denen dieses Problem gelöst werden muß.

## 2.3 Die Entwicklung der Sterne und der grosse kosmische Zyklus

Die Erforschung der Astrophysik der Sonne ist von zentraler Bedeutung für die gesamte Astronomie. Die Sonne ist der bei weitem hellste und am nächsten gelegene Stern, den man erforschen kann. Eine Theorie vom Aufbau der Sterne muß erst einmal für die Eigenschaften der Sonne gelten, denn sonst wäre es nicht besonders sinnvoll, die Eigenschaften weiter entfernt liegender Sterne untersuchen zu wollen. Die Theorie der Sonne ist jedoch mittlerweile für die Bereiche der Physik ausreichend gut verstanden, die auch verwendet werden, um die Strukturen und Entwicklungen anderer Sterntypen zu verstehen. Sterne wie die Sonne sind äußerst stabil in dem Sinne, daß sie ihren nuklearen Brennstoff stetig in ihrem Inneren verbrennen und die dabei freiwerdende Energie an die Oberfläche wandert, von wo aus sie schließlich als Licht abgestrahlt wird. Die meisten sichtbaren Sterne des Universums befinden sich in einem ähnlichen Zustand der stationären Wasserstoffverbrennung. In Sternen mit weniger als ungefähr dem anderthalbfachen der Sonnenmasse ist die Proton-Proton-Reaktion die Hauptenergiequelle, für massereiche Sterne hingegen findet die Umwandlung von Wasserstoff in Helium über eine andere Folge von Kernreaktionen statt, über den Kohlenstoff-Stickstoff-Sauerstoff-Zyklus oder CNO-Zyklus. In dieser Kette von Kernfusionsprozessen dient der Kohlenstoff als Katalysator für die Bildung von Helium durch aufeinanderfolgende Anlagerungen von Protonen an den Kohlenstoffkern, wobei in diesem Prozeß einige der selteneren Isotope von Kohlenstoff, Stickstoff und Sauerstoff gebildet werden. Diese Periode der stationären Verbrennung von Wasserstoff zu Helium ist die bei weitem längste Phase in dem aktiven Leben eines Sternes. In diesem Zustand verbringen Sterne wie die Sonne etwa 10 Mrd. Jahre.

Um die Theorie der Struktur und Entwicklung von Sternen mit ihren beobachtbaren Eigenschaften zu vergleichen, bedient man sich eines höchst aufschlußreichen Diagrammes, das zum erstenmal von dem dänischen Astronomen E. Hertzsprung und dem amerikanischen Astronomen H. N. Russell gezeichnet wurde. In diesem Diagramm, das als Hertzsprung-Russell-Diagramm oder H-R-Diagramm bekannt ist, wird die Helligkeit der Sterne gegen ihre Oberflächentemperatur aufgezeichnet. In der Praxis ist es allerdings bequemer, anstatt der Temperatur des Sternes seine *Farbe* aufzutragen. Aus den Überlegungen in Abschn. 1.5 ist ersichtlich, daß man eine Information über die Oberflächentemperatur des Sternes erhält, wenn man das Verhältnis der Strahlungsintensitäten in zwei verschiedenen Wellenlängenbereichen bestimmt, beispielsweise im roten und blauen Bereich des sichtbaren Spektrums. Die Astronomen bezeichnen dieses Verhältnis als die Farbe eines Sternes. Eine der für die gesamte Astronomie wichtigsten neueren Weltraumunternehmungen war das HIPPARCOS-Projekt (High Precision Parallax Collecting

*Abb. 2.9.* (*a*) Helligkeit-Farbindex-Diagramm der benachbarten Sterne, auch als Hertzsprung-Russell-Diagramm (H-R-Diagramm) bekannt. Auf der vertikalen Achse ist die absolute Größe der Helligkeit $M_V$ in den violetten Standardspektralbereich aufgetragen. Der Farbindex wird durch die Differenz der scheinbaren Helligkeiten im blauen und violetten Spektralbereich gebildet. Dieses Diagramm wurde aus den Beobachtungen des HIPPARCOS-Satelliten der europäischen Raumfahrtbehörde von 2927 Sternen in der Nachbarschaft der Sonne zusammengestellt. Die Entfernungen der aufgezeichneten Sterne wurden mit einer Fehlergrenze unterhalb von 10% bestimmt. Die Sterne treten nicht in allen Bereichen des Diagrammes auf, sondern bilden verschiedene Zweige und Äste. (*b*) Schematische Darstellung des H-R-Diagrammes mit verschiedenen Zweigen und Ästen. Die meisten Sterne gehören zu dem Band, das sich von rechts unten nach links oben erstreckt und Hauptreihe genannt wird. Die jeweiligen Massen der Sterne auf der Hauptreihe sind in Vielfachen der Sonnenmasse angegeben. Der Riesenast erstreckt sich von der Hauptreihe in den rechten Teil des Diagrammes. Der Horizontalast aus Werten, die in alten Sternhaufen beobachtet wurden, und der Bereich, in dem die weißen Zwerge gefunden wurden, sind zusätzlich eingezeichnet. (*c*) Dies ist der astronomische HIPPARCOS-Satellit der europäischen Raumfahrtbehörde, der die genauen Positionen und die Entfernungen von mehr als 100 000 Sternen vermessen hat, die zur Zeichnung der Abb. 2.9 a verwendet wurden. ▷

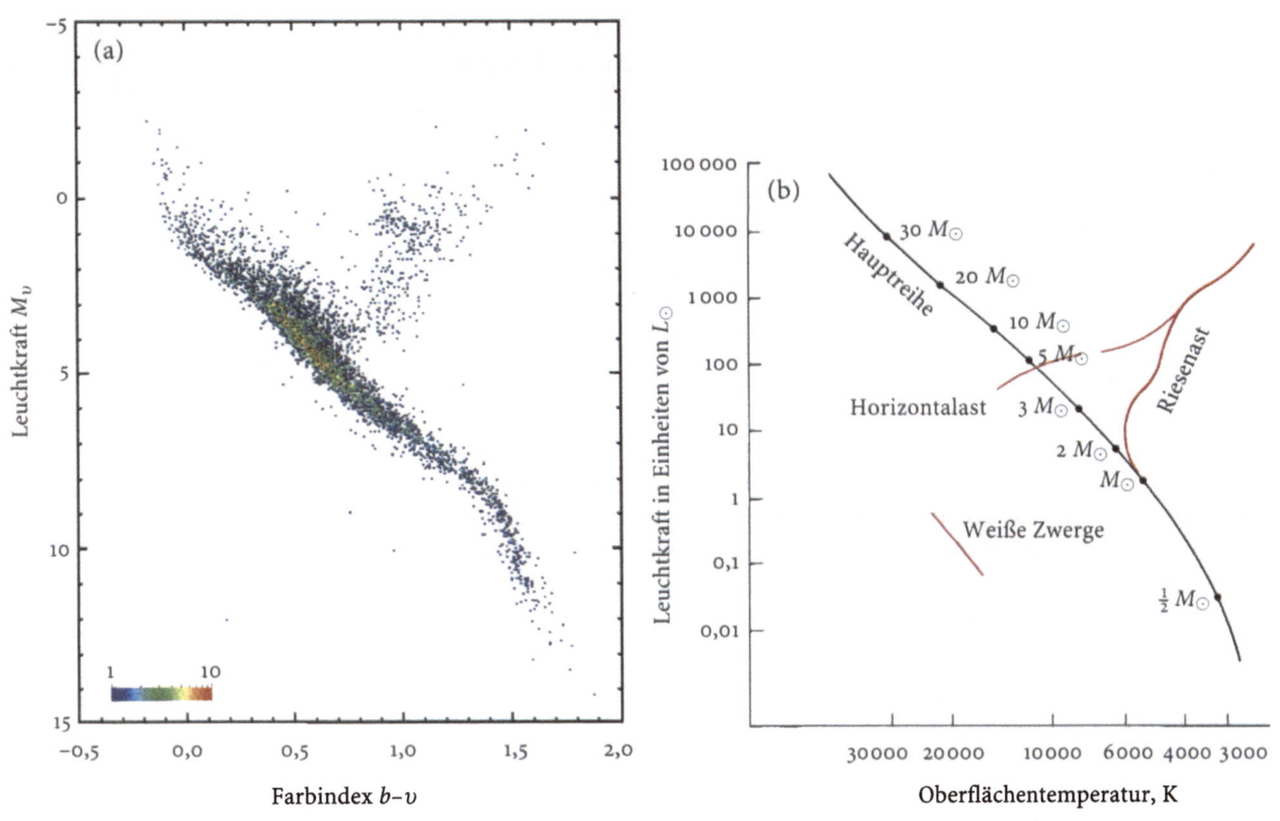
(a)
Leuchtkraft $M_v$
Farbindex $b-v$
-5
0
5
10
15
-0,5
0,0
0,5
1,0
1,5
2,0
1
10
(b)
Leuchtkraft in Einheiten von $L_\odot$
Oberflächentemperatur, K
100 000
10 000
1 000
100
10
1
0,1
0,01
30000
20000
10000
6000
4000
3000
Hauptreihe
30 $M_\odot$
20 $M_\odot$
10 $M_\odot$
5 $M_\odot$
3 $M_\odot$
2 $M_\odot$
$M_\odot$
$\frac{1}{2}$ $M_\odot$
Horizontalast
Riesenast
Weiße Zwerge

(c)

Satellite) der europäischen Raumfahrtbehörde, bei dem die Orte, die Entfernungen und die Farben der hellen Sterne sehr präzise vermessen wurden (Abb. 2.9c). Zum erstenmal wurde das H-R-Diagramm für die nähergelegenen Sterne aus genauen Entfernungen und deshalb genauer Helligkeit mit nur geringfügigen Fehlern aufgezeichnet. Daraus ergab sich das H-R-Diagramm, das in Abb. 2.9a dargestellt ist.

Man sieht in Abb. 2.9a, daß die meisten Sterne in einer kontinuierlichen Reihe liegen, die sich von rechts unten nach links oben zieht. Diese Reihe ist als die *Hauptreihe* bekannt, und die Sterne, die zu ihr gehören, heißen *Hauptreihensterne*. Sie alle befinden sich in dem zeitlich ausgedehnten Zustand der stationären Verbrennung von Wasserstoff zu Helium, so wie es weiter oben beschrieben wurde. In Abb. 2.9b ist ein mehr schematisches H-R-Diagramm dargestellt, in dem die Helligkeit gegen die Oberflächentemperatur aufgezeichnet wurde und die bereits in Abb. 2.9a erkennbaren Linien mit ihren Namen gekennzeichnet sind. Auf der Hauptreihe sind zusätzlich die jeweiligen Massen der Sterne angegeben, die systematisch von rechts unten nach links oben zunehmen. Unsere Sonne ist ein sehr durchschnittlicher Stern, der etwa in der Hälfte der Hauptreihe liegt.

Eine andere Linie von Sternen erstreckt sich von der Hauptreihe in die rechte obere Ecke des H-R-Diagrammes. Dies ist der *Riesenast*, dessen Sterne zwar sehr hell, aber dennoch ziemlich kalt sind. Um aber dennoch derartig viel Energie abstrahlen zu können, müssen diese Sterne eine beachtliche Größe besitzen. Für alte Sternhaufen gibt es eine weitere Linie, die sich bei großer Helligkeit quer durch das H-R-Diagramm erstreckt und die als der *Horizontalast* bekannt ist. Unter der Hauptreihe liegen einige sehr kompakte, aber schwach leuchtende Sterne, die *weißen Zwerge*, die in Kap. 3 näher besprochen werden.

Das H-R-Diagramm ist eines der wichtigsten Untersuchungsinstrumente für den Entwicklungszustand der Sterne; seine Einzelheiten werden ausgezeichnet durch die Theorie der Sternstrukturen wiedergegeben. Die Sterne auf der Hauptreihe haben Massen zwischen einem Zehntel und dem Sechzigfachen der Sonnenmasse, ein bemerkenswert enger Bereich verglichen mit den Helligkeiten, die sich vom 100 000fachen bei den massereichen bis hin zu einem Tausendstel der Helligkeit der Sonne bei den Sternen niedrigster Massen erstrecken. Hierfür gibt es gute astrophysikalische Gründe. Die Temperaturen auf der Abszisse von Abb. 2.9b beziehen sich auf die Oberflächen der Sterne, aber, wie auch im Falle der Sonne, diese Werte werden von den jeweiligen Kerntemperaturen erheblich übertroffen. Modelle vom inneren Aufbau der Sterne deuten an, daß die Oberflächentemperaturen mehr oder weniger proportional zu den Kerntemperaturen sind. Die Sterne mit niedriger Masse am rechten unteren Ende der Hauptreihe haben eine viel geringere Oberflächentemperatur als die Sonne und auch eine entsprechend geringere Kerntemperatur. Daraus kann man schließen, daß, wenn die Sterne eine zu kleine Masse haben, auch die Kerntemperatur zu niedrig ist, um Wasserstoff in Helium zu verbrennen. Theoretisch wird erwartet, daß Sterne mit Massen unterhalb eines Fünfzehntels der Sonnenmasse in ihrem Zentrum zu weit abgekühlt sind, um die Umwandlung von Wasserstoff in Helium in Gang zu halten. Diese Himmelsobjekte geringer Masse sind erwartungsgemäß ziemlich reaktionsträge Körper, ähnlich Planeten, Planetoiden oder großen Steinbrocken. Als Gruppe werden sie *braune Zwerge* genannt. Eines der wesentlichen ungelösten Probleme der Astronomie ist die Frage, welcher Anteil der Masse von Galaxien und des gesamten Universums in Himmelsobjekten wie diesen braunen Zwergen gebunden ist. Im Prinzip könnte ein beträchtlicher Anteil der Materie in dieser Form von Himmelskörpern vorliegen, doch ihre Beobachtung ist sehr schwierig, weil sie keine inneren Energiequellen besitzen. Man hält sie für schwach leuchtende, infrarote Himmelsobjekte, deren einzige Energiequelle ihr Vorrat an thermischer Energie ist, mit dem sie entstanden sind. Wir werden auf das Problem der braunen Zwerge in Kap. 4 zurückkommen.

Am linken, oberen Ende der Hauptreihe bei den hohen Massen liegen die instabilsten Sterne, deren Masse 50- bis 100mal größer ist als die Masse der Sonne. Es handelt sich dabei um extrem helle Sterne, die ungefähr 100 000mal heller strahlen als unsere Sonne. Daher resultiert der größte Anteil ihres inneren Druckes aus dem Strahlungsdruck und ein weitaus geringerer aus dem Druck der heißen Gase. Wenn der Strahlungsdruck zu groß wird, werden die äußeren Schichten des betreffenden Sternes weggesprengt. Diese Instabilität begrenzt die Massen der Sterne auf der Hauptreihe auf Werte von 50 bis 100 Sonnenmassen. Diese massereichen Sterne leuchten so stark, daß sie ihren Kernbrennstoff sehr schnell verbrauchen, und ihre Lebensdauern betragen deswegen nicht mehr als 1 bis 10 Mio. Jahre. Es gibt also ausgezeichnete physikalische Gründe dafür, daß alle Sterne, die wir im Universum beobachten, Massen von einem Zehntel bis zum Fünfzigfachen der Sonnenmasse besitzen müssen.

Während der langen Zeitdauer, die ein Stern in seinem Leben im stationären Zustand auf der Hauptreihe verbringt, verbrennt sein Kern stetig Wasserstoff zu Helium. Doch wenn etwa 12% seiner Masse durch diese Kernfusion in seinem Inneren zu Helium umgewandelt sind, dann wird der Stern instabil. Die inneren Bereiche des Sternes ziehen sich zusammen, während die äußeren sich ausdehnen. Während sich die inneren Bereiche immer weiter zusammenziehen und sich dabei aufheizen, dehnen sich die äußeren Umhüllungen zu ungeheurer Größe aus. Dadurch entsteht ein Stern mit einem vieltausendfach größeren Radius als er ihn ursprünglich besessen hat. Diese Ausdehnung kommt erst dann zum Stillstand, wenn die äußere Umhüllung vollkommen konvektiv geworden ist und der Stern sich in einen *roten Riesen* verwandelt hat. In roten Riesen von ungefähr der Sonnenmasse findet die Verbrennung von Wasserstoff zu Helium in einem schalenförmigen Bereich um einen reaktionsträgen inneren Kern aus Helium statt. In massereicheren Sternen kann die Innentemperatur so hoch werden, daß eine Verbrennung von Helium in Kohlenstoff abläuft. Die genaue Aufeinanderfolge der geschilderten Ereignisse hängt in einem bestimmten Ausmaß von der Masse ab, doch das allgemeine Bild zeigt, daß sich der Stern von der Hauptreihe im H-R-Diagramm nach rechts entfernt und sich dem Ast der roten Riesen nähert.

Ein wichtiger Aspekt dieses Bildes der Sternentwicklung besteht darin, daß alle Stadien, die auf den langen Zeitraum folgen, in dem sich der Stern auf der Hauptreihe aufhält, zeitlich viel kürzer sind. Der physikalische Grund hierfür liegt darin, daß der Stern sehr viel größer geworden ist, wenn er sich auf dem Riesenast bewegt, und damit der Kernbrennstoff sehr viel schneller verbraucht wird. Wenn sich also ein Sternhaufen in einer früheren Zeit gebildet hat und zu einer späteren Zeit beobachtet wird, beispielsweise 100 Mio. Jahre danach, dann kann man erwarten, daß alle Sterne mit Lebenszeiten unter 100 Mio. Jahren das Hauptreihenstadium verlassen haben und zu Riesensternen geworden sind. Deswegen sollte sich auch die Hauptreihe nur bis zu der Masse und der Helligkeit des Sternes erstrecken, dessen Lebensdauer im Hauptreihenstadium dem Alter des Sternhaufens entspricht. Die Abb. 2.10 zeigt ein H-R-Diagramm für Sternhaufen unterschiedlichen Alters, und man sieht deutlich, daß der sogenannte *Hauptreihenendpunkt* eine Möglichkeit bietet, das Alter des Sternhaufens abzuschätzen. Ein nützlicher Be-

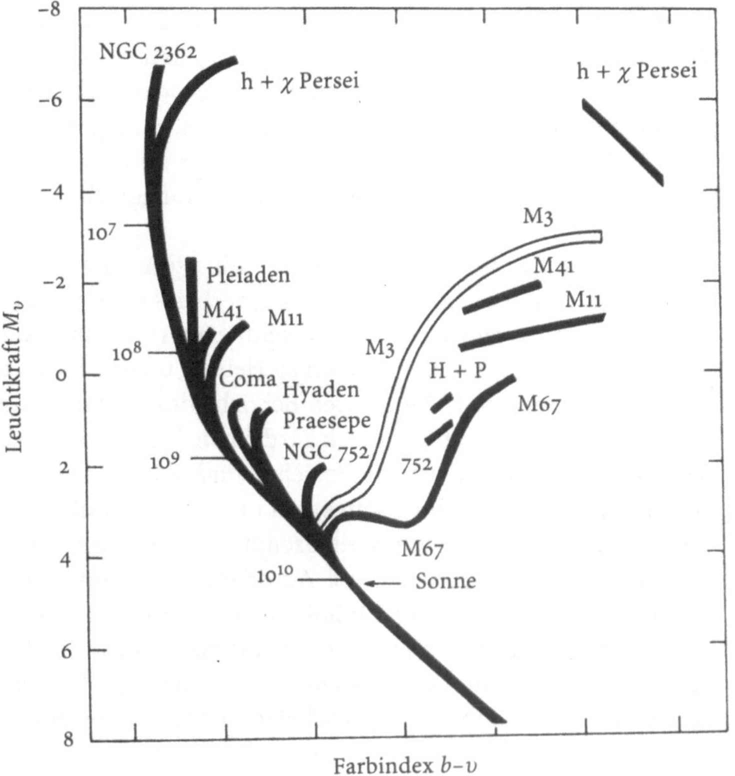


*Abb. 2.10.* H-R-Diagramm für Sternhaufen verschiedenen Alters. Die Unterschiede der Sternhaufen im H-R-Diagramm können ihrem unterschiedlichen Alter zugeschrieben werden. Die dem Alter entsprechenden Endpunkte auf der Hauptreihe für die Sterne verschiedener Massen sind in Jahren angegeben. Der jüngste Sternhaufen ist NGC 2362, der älteste M 67.

zugspunkt ist dabei, daß der Sonne eine Lebensdauer von 10 Mrd. Jahren im Hauptreihenstadium vorhergesagt wird. Da das Universum etwa genauso alt ist, folgt daraus, daß für alle älteren Systeme sich der Endpunkt der Hauptreihe zu Massen entwickelt hat, die ungefähr der Sonnenmasse entsprechen.

Die wichtigsten Sternhaufen, die mit diesen Methoden untersucht werden können, sind die Kugelsternhaufen. Ein Beispiel, der Kugelsternhaufen 47 Tucanae, wird in Abb. 2.11a gezeigt. Kugelsternhaufen sind mit die ältesten Sternsysteme und bilden einen Teil des alten Sternbestandes im ausgewölbten Teil unserer Galaxie. Typischerweise enthalten die Kugelsternhaufen etwa 1 Mio. Sterne. Das H-R-Diagramm für den Kugelsternhaufen 47 Tucanae ist in Abb. 2.11b dargestellt. Man erkennt, daß das H-R-Diagramm für die Sterne dieses Sternhaufens sehr gut definiert ist und einen präzisen Vergleich zwischen den beobachteten Werten und den Vorhersagen theoretischer Modelle für die Entwicklung der Sterne im Sternhaufen ermöglicht. Eine derartige Analyse wurde von J. Hesser und seinen Mitarbeitern durchgeführt. Einige Beispiele für die Anpassung der vorhergesagten Verteilungen der Sterne an die Daten zeigt Abb. 2.11b. Es stellte sich heraus, daß das H-R-Diagramm vereinbar ist mit einem Sternhaufen, dessen Anteil an Elementen wie Kohlenstoff und Sauerstoff nur ungefähr 20% des entsprechenden Anteiles der Sonne beträgt und der etwa 12 bis 14 Mrd. Jahre alt ist. Die neuesten Untersuchungen lassen vermuten, daß die ältesten Sternsysteme nur wenig älter sind, etwa 16 Mrd. Jahre. Für die Kosmologie ist dies ein sehr wichtiges Ergebnis, weil es eine untere Grenze für das Alter unseres Universums ist.

In massereichen Sternen sind die Kerntemperaturen größer als die der Sonne. Deswegen kann der Erschöpfung des Kernbrennstoffes und der damit verbundenen Kontraktion ein neuer Prozeß der Energiegewinnung folgen, bei dem schwerere Elemente wie z. B. Kohlenstoff, Sauerstoff bis hin zu Silizium entstehen können. In den Sternen mit den größten Massen kann der kernenergetische Verbrennungsprozeß sogar bis zur Bildung von Eisen gehen, zu dem stabilsten aller chemischen Elemente. Beim Einsetzen einer jeden Phase des kernenergetischen Verbrennungsprozesses wird der Stern einer wesentlichen Umordnung seiner inneren Struktur unterworfen. Auf diese Weise bewegt sich der Stern allmählich auf dem Riesenast weiter, der in Abb. 2.9a eingezeichnet ist, wobei auch kurze Abweichungen quer über das H-R-Diagramm auftreten können, wenn die verschiedenen kernenergetischen Verbrennungsprozesse anlaufen.

Weiterhin wird noch angenommen, daß die Sterne bei ihrer Entwicklung entlang des Riesenastes aus ihren Oberflächenschichten Masse verlieren, weshalb sich diese Sterne im H-R-Diagramm nach links verschieben. Im Fall von Sternen mit ungefähr der Sonnenmasse glaubt man, daß dieser Mechanismus für den Ursprung der Sterne auf dem Horizontalast verantwortlich ist, der in Abb. 2.9b eingezeichnet wurde

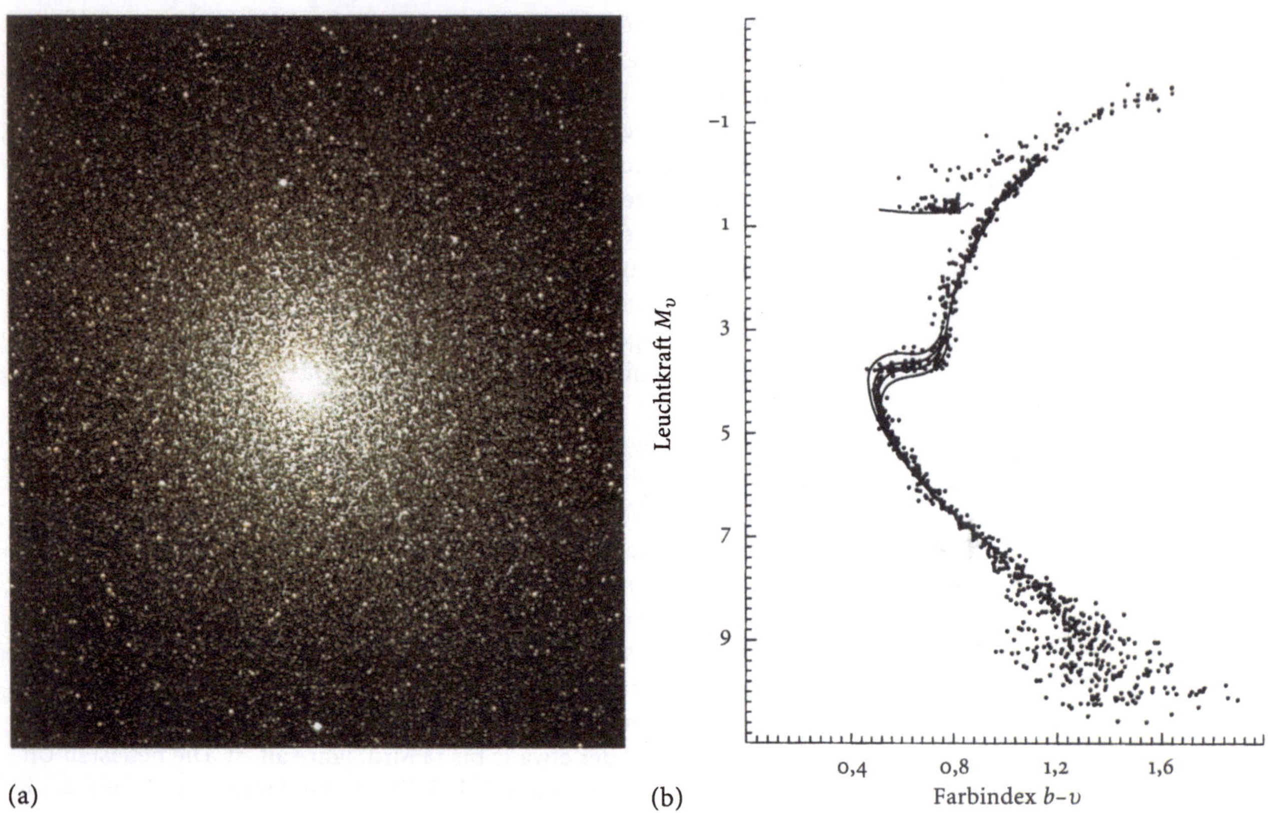


und der auch in dem H-R-Diagramm Abb. 2.11b des Kugelsternhaufens 47 Tucanae zu sehen ist. Diese Sterne entwickeln sich dann rückwärts an die Spitze des Riesenastes durch einen Bereich, der mit langzeitlich veränderlichen und instabilen Sternen belegt ist. Bei massereichen Sternen kann der Masseverlust so groß sein, daß die Sterne eine weite Strecke über das H-R-Diagramm bis in die Nachbarschaft der Hauptreihe verschoben werden. Es wurde beobachtet, daß die Sterne mit der allergrößten Helligkeit im Bereich der roten Riesen nicht auftreten. Dies kann man durch die Auswirkung des Masseverlustes der Riesensterne mit den höchsten Massen einleuchtend erklären.

Irgendwann ist der Kernbrennstoff der Sterne verbraucht, und ihre inneren Bereiche fallen zusammen. Bei den massereichsten Sternen handelt es sich wahrscheinlich um ein sehr heftiges Zusammenfallen, das in einer gewaltigen Explosion endet, nach der der Stern in der Gestalt eines toten Sternes vorliegt – entweder als *weißer Zwerg*, als *Neutronenstern* oder als ein *schwarzes Loch*. In weniger massereichen Sternen, wie beispielsweise der Sonne, ist der Todeskampf erwartungsgemäß weniger dramatisch. Sobald diese Sterne den Anfangspunkt des Riesenastes erreichen, werden sie instabil und sprengen ihre äußeren Schichten ab. Diese bilden dann Himmelsobjekte, die als *planetarische Nebel* bekannt sind, während der Kern der Sterne weiter schrumpft, um

*Abb. 2.11.* (*a*) Bild des Kugelsternhaufens 47 Tucanae. Dieser Sternhaufen enthält ungefähr 1 Mio. Sterne und gehört zu den Himmelsobjekten in der mittleren Ausbuchtung unserer Galaxie. Die räumliche Verteilung der Sterne besitzt Kugelsymmetrie. (*b*) H-R-Diagramm für den Kugelsternhaufen 47 Tucanae. Die ausgezogenen Linien zeigen verschiedene »Isochoren« von theoretischen Modellen der Sternverteilungen im H-R-Diagramm. Die Bezeichnung »Isochoren« deutet dabei an, daß die theoretische Verteilung die ist, die man erwarten würde, wenn man das H-R-Diagramm zu einem festen Zeitpunkt nach der Entstehung des Sternhaufens beobachtet. Der Anteil an schweren chemischen Elementen beträgt nur 20% ihres Anteiles in der Sonne, und die Isochoren wurden für das Alter von 10, 12, 14 und 16 Mrd. Jahren ausgerechnet.

*Abb. 2.12.* Bild eines planetarischen Nebels, des Helixnebels. Wenn ein Stern stirbt, sprengt er seine äußere Schale als Gaswolke ab, wohingegen sein Kern zusammenfällt und ein kompakter Heliumstern wird. Der Heliumstern ist äußerst heiß, und seine ultraviolette Strahlung beleuchtet die abgesprengten Gaswolken. Der Heliumstern entwickelt sich rasch zu einem weißen Zwerg.

dann letztlich einen weißen Zwerg zu bilden (Abb. 2.12). Die Physik der verschiedenen Arten toter Sterne werden wir im einzelnen im nächsten Kapitel besprechen. Für den Augenblick ist es nur wichtig zu wissen, daß sterbende Sterne einen beträchtlichen Teil ihrer Masse in den Raum zwischen den Sternen zurückschleudern – in das *interstellare Medium.* So wird im Laufe der Sternentwicklung Wasserstoff in schwere Elemente umgewandelt, der Stern entwickelt sich dann auf dem Riesenast weiter, und schließlich, wenn er stirbt, wird seine Materie an das interstellare Medium zurückgegeben. Die massereichsten Sterne, die ihren Kernbrennstoff bis hin zu schweren Elementen wie Kohlenstoff, Silizium und Eisen verbrennen, sind deshalb mit ihren Explosionen für die Anreicherung des interstellaren Mediums mit diesen schweren Elementen verantwortlich. Die nächste Generation von Sternen wird dann aus einem interstellaren Gas gebildet, das mit den Endprodukten der stellaren Nukleosynthese versetzt ist.

Wir werden in Abschn. 2.4 darlegen, daß sich Sterne in dunklen, dichten Bereichen des interstellaren Gases bilden. Die Geburt, das Leben und das Sterben der Sterne können wir uns bildlich als einen Kreislauf vorstellen, den ich den *großen kosmischen Zyklus* nennen will. Dieser kosmische Zyklus ist in Abb. 2.13a von der Geburt des Sternes in einer dichten Staub-

und Gaswolke bis hin zu seinem Ende in der Gestalt eines toten Sternes aufgezeichnet. Man muß diese Abbildung als einen Zeitrafferfilm verstehen, vergleichbar mit denen, die uns eine Pflanze vom Austreiben bis zum Verblühen in wenigen Sekunden zeigen. Der Trick dabei ist, den Kameraverschluß nur etwa einmal pro Stunde zu öffnen. In Abb. 2.13a wurde der Verschluß nur alle paar Mio. Jahre einmal geöffnet. Der Stern kondensiert rasch aus einer interstellaren Gaswolke und wechselt dann in die lang andauernde Periode eines Hauptreihensternes mit stationärer Wasserstoffverbrennung über, wie bei unserer Sonne. Mit ihrem Alter von 4,6 Mrd. Jahren als Hauptreihenstern hat unsere Sonne etwa die Hälfte von den ungefähr 10 Mrd. Jahren ihres gesamten Lebens hinter sich. Wir können also beruhigt sein: Die Quelle der Sonnenenergie wird in nächster Zeit nicht versiegen. Man kann aber in der Abbildung auch sehen, daß die Endstadien der Sternentwicklung, verglichen mit seiner Lebensdauer als Hauptreihenstern, sehr rasch ablaufen, sobald er sich erst einmal auf dem Riesenast befindet. Da ihre Lebenszeit so kurz ist, sind Riesensterne in der Volumeneinheit viel seltener vertreten als Hauptreihensterne. Weil sie aber so hell strahlen, sind sie leicht zu finden und erscheinen in beträchtlicher Anzahl in jedem Himmelsbild. Der Ent-

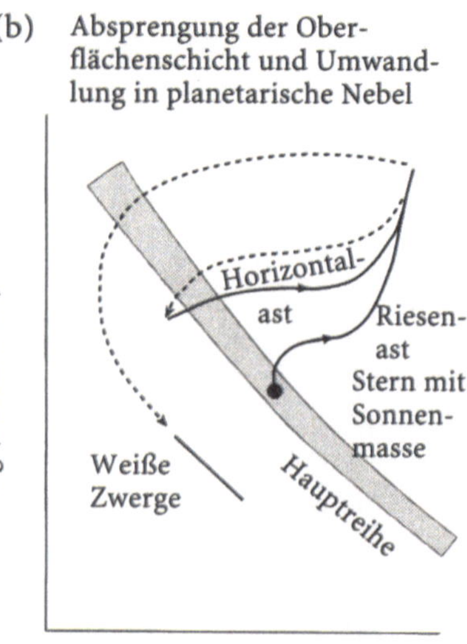

◁ *Abb. 2.13.* (*a*) Zeitrafferbild der Entwicklung eines Sternes von seiner Geburt aus einer riesigen Molekülwolke über den größten Teil seines Lebens als Hauptreihenstern bis hin zu seinem Anwachsen zu einem roten Riesen und anschließendem Ende in Form eines toten Sterns. Das Zeitintervall zwischen den einzelnen Momentaufnahmen des Sternes beträgt einige Mio. Jahre. (*b*) Schematische Darstellung des Entwicklungsweges eines Sternes von Sonnenmasse im H-R-Diagramm. Die Entwicklungsstadien mit starkem Massenverlust aus den Oberflächenschichten sind durch gestrichelte Linien gekennzeichnet.

wicklungsweg, den ein Stern mit Sonnenmasse im H-R-Diagramm nimmt, ist schematisch in Abb. 2.13b dargestellt, in der die Bereiche mit starkem Massenverlust durch gestrichelte Linien angedeutet sind.

## 2.4 Die Beobachtung der Sternentstehung

Das zentrale Problem der Astronomie und der Kosmologie ist das physikalische Verständnis der Entstehung der Galaxien und der Globalstrukturen unseres Universums. Nur wenn wir den Ablauf der Ereignisse verstehen, mit dem sich Sterne aus dem prägalaktischen und interstellaren Gas herausbilden, können wir uns auch vorstellen, wie sich Galaxien zum erstenmal gebildet haben. Wenn sich erst einmal Sterne in einer jungen Galaxie zu formen beginnen, so beeinflußt dieser Vorgang bereits die Fähigkeit der Galaxie, weitere Sterne auf andere Weisen hervorzubringen. Die Entstehung der Sterne verringert nämlich die Gasmenge in Galaxien, über die sie danach zur Bildung weiterer Sterne verfügen können. Ist erst einmal eine Generation massiver Sterne entstanden, die sich bis zu ihrem Lebensende weiterentwickelt hat, dann wird das schon einmal verwendete Gas mit schweren Elementen angereichert an das interstellare Medium zurückgegeben. So kann das Gas leichter abkühlen, und die nächste Generation von Sternen kann geboren werden. Aus diesen Gründen ist das Verständnis des Ablaufes einer Sternentstehung auch so vielfältig mit dem Verständnis von Ursprung und Entwicklung der Galaxien verknüpft. Die größte Herausforderung der modernen Astronomie ist dementsprechend die Entwirrung der verschiedenen Prozesse der Sternentstehung und die Suche nach Erklärungen, von welchen physikalischen Bedingungen diese Prozesse im einzelnen abhängen. In den letzten 10 bis 15 Jahren haben wir hierüber eine ganze Menge gelernt, weil wir heute gerade die frühesten Stadien der Sternentwicklung mit völlig neuen Methoden studieren können, beispielsweise mit der Astronomie im Bereich der Millimeter- und Submillimeterwellen.

Bei der Betrachtung der Abb. 2.13a springt einem sofort ins Auge, daß die Sternentstehung im Vergleich zur Lebensdauer von Hauptreihensternen sehr rasch abläuft. Also muß man Himmelsobjekte möglichst unmittelbar bei ihrer Entstehung beobachten. Das beste Verfahren, um die allerjüngsten Sterne zu finden, besteht darin, die Umgebung der Himmelsbereiche abzusuchen, von denen man weiß, daß sich dort junge Sterne befinden. Die der Erde am nächsten gelegene Kinderstube für kompakte Sterne liegt im Sternbild Orion, einem der bekanntesten Sternbilder des Himmels. Unterhalb der drei Gürtelsterne des Orion erblickt man bei klarer Sicht einen diffusen Lichtfleck, den Orionnebel (s. Abb. 2.19). Für Beobachtungen mit einem großen Fernrohr ist der Orionnebel eines der schönsten Himmelsobjekte (Abb. 2.14). Von der Entstehung der Sterne her gesehen, verdient der Orionnebel besondere

*Abb. 2.14.* Der Orionnebel ist der optisch auffälligste Teil eines riesigen Gebietes mit Sternentstehung im Sternbild Orion. Die heißen Gaswolken in dieser Aufnahme werden von den vier blauen jungen Sternen beleuchtet, die als Trapezsterne bekannt sind und im hellsten Teil des Nebels liegen.

Aufmerksamkeit, weil wir wissen, daß dort die Entstehung von Sternen vor etwa 1 Mio. Jahren begonnen hat. Einige der jungen Sterne sind dort leicht zu identifizieren. Die vier strahlend blauen Sterne im hellsten Teil des Orionnebels, die bekannten Trapezsterne, sind nicht wesentlich älter als 1 Mio. Jahre. Sie sind auch die Ursache für die Beleuchtung der streifenförmigen Strukturen um sie herum. Obwohl diese Sterne im Vergleich zum Alter unserer Galaxie jung sind, sind sie doch schon ziemlich weit entwickelt. Uns muß daher mehr an der Beobachtung von Sternen gelegen sein, deren Entwicklung noch nicht so weit fortgeschritten ist. Der Idealfall für uns wären Sterne, die wir in dem Stadium beobachten, das zeitlich vor dem Einsatz der Kernreaktionen in ihrem Inneren liegt.

In Abb. 2.14 sehen wir eine Besonderheit: Es handelt sich zwar um ein sehr schönes Bild, aber es besitzt viele diffuse Anteile. Überall in der

Umgebung des Orionnebels hängt Staub herum und verwehrt uns den Einblick in die Bereiche, in denen die jungen Sterne entstehen. Beim ersten Hinsehen scheint dieser Staub nichts weiter als eine Plage für die Astronomen zu sein, doch bei näherer Betrachtung stellt sich heraus, daß er bei der Entstehung von Sternen eine entscheidende Rolle spielt. Wir wissen, daß sich auch eine erhebliche Menge von Staub in unserer Galaxie befindet, die uns daran hindert, in bestimmten Richtungen weit in den Weltraum hineinzusehen (s. Abb. 1.7). Ähnliche Staubwolken treten auch in anderen Galaxien auf (s. Abb. 1.9). Oft verdecken diese Staubwolken ausgerechnet die interessantesten Himmelsbereiche, die wir gerne sehen würden, wie etwa den Mittelpunkt unserer eigenen Galaxie. Physikalisch gesehen bewirken die Staubkörner eine Absorption oder Streuung der Strahlung, die auf sie fällt. Aus Untersuchungen der optischen Eigenschaften von Staubkörnern wissen wir aber, daß die Abschirmung des optischen Spektralbereiches durch kleine feste Partikel mit ungefähr 1 μm Durchmesser erfolgt, wie sie beispielsweise im Zigarettenrauch enthalten sind. Hauptbestandteil dieser Staubteilchen ist Kohlenstoff, doch auch Silizium kann manchmal darin vorkommen.

Glücklicherweise gibt es heute ein Verfahren, mit dem man durch den Staub hindurchsehen kann, und das sind Beobachtungen bei größeren Wellenlängen. Dafür kommt der infrarote Bereich des elektromagnetischen Spektrums mit Wellenlängen größer als 1 μm in Betracht. In diesem Spektralbereich ist die Wellenlänge größer als der Durchmesser der Staubkörner, und die Strahlung wird weder absorbiert noch gestreut, denn nur wenn die Partikel größer sind als die Wellenlänge der Strahlung kommt es zu einer merklichen Absorption. Um zu sehen, wie sich ein derartiger Wechsel der Wellenlänge auf das Bild einer Sternentwicklung auswirkt, braucht man nur die Beobachtungen des Orionnebels im optischen und im infraroten Spektralbereich zu vergleichen.

Bis vor kurzem war die Infrarotastronomie äußerst schwierig, weil es keine Photoplatten für Aufnahmen von Himmelsbildern in diesem Spektralbereich gab. Seit 1987 stehen aber den Astronomen elektronische Infrarotbildwandler sehr hoher Empfindlichkeit zur Verfügung, mit denen erstmalig Bilder im infraroten Spektralbereich aufgenommen werden konnten (Abb. 2.16b).

Dazu sehen wir uns jetzt eine Aufnahme des Orionnebels im infraroten Spektralbereich an. Abbildung 2.15 zeigt zunächst einen mittleren Ausschnitt des Orionnebels als Aufnahme im optischen Spektralbereich. Man erkennt deutlich die vier oben erwähnten Trapezsterne. Der Wellenlängenbereich, in dem diese Aufnahme gemacht wurde, liegt bei rund 0,5 μm, also etwa in der Mitte des sichtbaren Spektrums. Diese Aufnahme vergleichen wir mit einer anderen, die in einem Bereich mit drei- bis viermal größeren Wellenlängen gemacht wurde. Die Abb. 2.16a ist ein zusammengesetztes Bild, das aus drei Aufnahmen bei 1,2 μm, 1,65 μm und 2,2 μm Wellenlänge entstand. Man hat den Eindruck, als sei ein

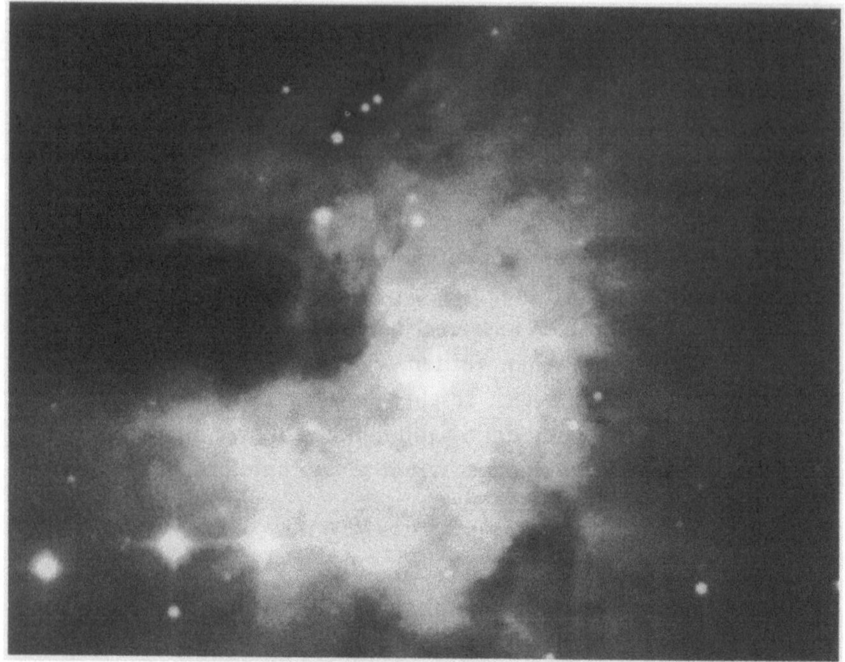

*Abb. 2.15.* Ein optisches Bild des zentralen Gebietes im Orionnebel mit den vier hellen Trapezsternen in der Mitte und der fleckigen Verdeckung durch Staub.

Schleier von diesem Himmelsabschnitt weggezogen worden. Die fleckige Verdunklung ist verschwunden, und dadurch wird eine Menge junger Sterne sichtbar, die sich um die vier hellsten mittleren Sterne verteilen. Diese vier hellen blauen Trapezsterne, die wir schon aus der Aufnahme im optischen Spektralbereich kennen, sind immer noch vorhanden. Es gibt aber zahlreiche Himmelsobjekte, die in der Aufnahme im optischen Bereich nicht zu sehen sind und die deswegen noch interessanter sind.

Abbildung 2.16a wurde mit einer Farbkodierung versehen, so daß nur die Objekte sichtbar sind, die im infraroten Spektralbereich strahlen. Die rötesten Stellen sind die mit den stärksten Infrarotstrahlern, während die interessantesten Merkmale dieses Bildes die gelben und roten Bereiche nördlich der Trapezsterne sind. Dort wurden ganz besonders starke Strahlungsquellen für infrarotes Licht gefunden. Die hellsten Objekte sind das Becklin-Neugebauer-Objekt (im Norden) und der Kleinmann-Low-Nebel (südlich des Becklin-Neugebauer-Objektes), die beide in den 60er Jahren von den Pionieren der Infrarotastronomie entdeckt wurden. Das hervorstechende Merkmal dieser Strahlungsquellen in sehr staubhaltiger Umgebung besteht in ihrer gewaltigen Intensität im fernen Infrarot, die tief im Inneren der Staubwolken erzeugt werden muß. Die Strahlungsquellen nördlich der Trapezsterne haben Leuchtkräfte, die 100 000mal größer sind als die der Sonne, doch all diese Strahlung wird als infrarote Strahlung bei Wellenlängen von mehr als 2 μm ausgesandt und nicht im Wellenlängenbereich des sichtbaren Lichtes.

*Abb. 2.16.* (*a*) Ein zusammengesetztes Bild des Orionnebels, aufgenommen vom Anglo-Australian Telescope. (*b*) Ansicht des britischen Infrared Telescope (UKIRT), des ersten 4-Meter-Dünnspiegelteleskopes. Die Infrarotkamera ist im Cassegrainfokus hinter dem Primärspiegel angebracht.

Man fragt sich natürlich, warum diese Strahlung im fernen Infrarot so intensiv ist. Die Antwort ist einfach: Es handelt sich um sehr junge Sterne, möglicherweise sogar um Sterne, die gerade angefangen haben sich zu entwickeln, die als *Protosterne* bekannt und tief in den dichten Staubwolken des Orionnebels verborgen sind. Solche Himmelsobjekte sind auch Strahlungsquellen im optischen und ultravioletten Spektralbereich, doch sind sie eben von so dichten Staubwolken umgeben, daß alle ihre Strahlung von den Staubkörnern absorbiert wird. Durch diesen Absorptionsprozeß werden die Staubkörner aufgeheizt und die dabei aufgenommene Wärme dann in Form von Temperaturstrahlung für die Temperaturen wieder abgegeben, die in den Staubwolken vorherrschen. Diese Temperaturen liegen in der Regel zwischen 30 und 300 K. Die bekannte Beziehung zwischen Temperatur und Wellenlänge (Abb. 1.20) kann hier zur Bestimmung der Wellenlängen verwendet werden, bei denen die meiste Strahlung emittiert wird. Man findet leicht, daß diese Wellenlängen zwischen 10 und 100 μm liegen müssen. Dies entspricht genau dem infraroten und fernen infraroten Spektralbereich, für dessen Strahlung die Staubpartikel transparent sind. Wir können uns den Staub deswegen als eine Art Transformator vorstellen, der es den jungen Sternen oder Protosternen ermöglicht, ihre intensive Strahlung aus dem optischen und ultravioletten Spektralbereich in Form von gewaltigen In-

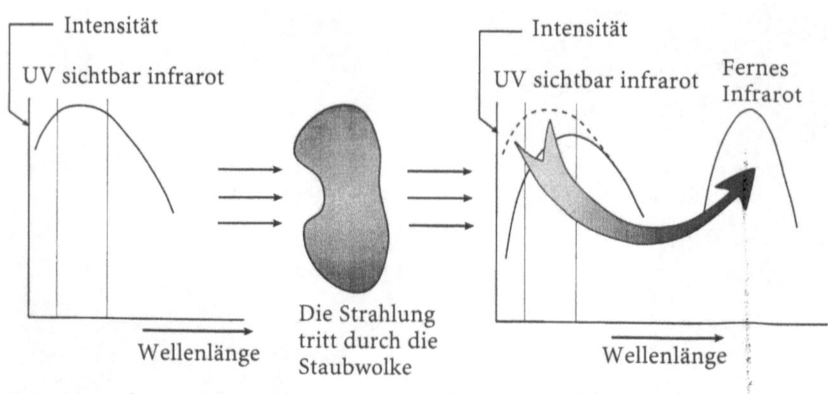


*Abb. 2.17.* Veranschaulichung der Absorption von optischer und ultravioletter Strahlung durch Staubkörner und ihre Reemission als Wärmestrahlung im fernen infraroten Wellenlängenbereich des Spektrums für die Temperatur, auf die die Staubkörner aufgeheizt wurden.

tensitäten bei infraroten Wellenlängen loszuwerden, für die die Strahlung auch ungehindert entweichen kann. Schematisch läßt sich dieser Vorgang wie in Abb. 2.17 darstellen.

Diese Überlegungen lassen die wunderschöne Abbildung unserer Galaxie durch die Strahlung aus dem fernen infraroten Spektralbereich in einem völlig neuen Licht erscheinen (Abb. 1.28). Bereiche, in denen Sterne entstehen, liefern die Hauptbeiträge zu diesem Bild unserer Galaxie, und der physikalische Prozeß, der dahintersteht, ist die Absorption und Wiederausstrahlung der optischen und ultravioletten Wellen durch den interstellaren Staub. Aus den Beobachtungen des IRAS-Satelliten wissen wir ferner, daß dieser Prozeß auch in allen anderen Galaxien stattfindet, in denen eine Entwicklung von Sternen zu beobachten ist. Es gibt einige ganz besonders strahlungskräftige Galaxien, die *Starburst-Galaxien* genannt werden, in denen die Geburt neuer Sterne schlagartig erfolgt und die dabei ungeheuer große Strahlungsintensitäten aussenden.

## 2.5 Die Rätsel der Sternentstehung

Im letzten Abschnitt haben wir neue Beobachtungsmöglichkeiten beschrieben, die zwar die Untersuchung der physikalischen Prozesse in den Himmelsgebieten mit Sternentwicklungen revolutioniert haben, doch sind damit die neuen Beobachtungen noch nicht mit der Theorie der Sternentstehung in Übereinstimmung gebracht. Es fängt damit an, daß man verstehen muß, wie ein äußerst diffuses Gas, wie man es im Weltraum vorfindet, zu kompakten Sternen kondensieren kann, deren typische Dichte rund $10^{24}$ mal größer ist als die des Gases. Dies liegt jedoch daran, daß das interstellare Gas gegenüber Störungen in großem Maßstab instabil ist. Es ist allen möglichen Einflüssen unterworfen, die es nicht in einem gleichbleibenden Zustand belassen. Der wichtigste störende Einfluß ist die Gravitation, und deswegen haben wir uns erst einmal mit dem Verhalten von Gaswolken unter der Einwirkung der Schwerkraft zu befassen.

Wir beginnen mit einer isolierten Gaswolke. Wenn sie ausreichend Masse besitzt, dann zieht sie sich durch ihre eigene Gravitation zusammen. Genauer gesagt, wenn die Schwerkraft die abstoßenden Kräfte überschreitet, die infolge des inneren Druckes und der turbulenten Bewegung in der Gaswolke entstehen, dann fällt sie *exponentiell* in sich zusammen. Damit wird ausgesagt, daß die Wolke fortlaufend in gleichen Zeiten ihren Durchmesser unter der Wirkung der Gravitation halbiert, so daß die Dichte des Gases in endlichen Zeiten auf sehr große Werte anwachsen kann. Diese berühmte Instabilität wurde von J. Jeans im Jahre 1902 entdeckt und nach ihm *Jeanssche Instabilität* genannt.

Das exponentielle Zusammenschrumpfen unter dem Einfluß der Schwerkraft, der Gravitationskollaps, läßt sich mit einem einfachen Bild verdeutlichen. Angenommen wir stellen einen Pfeil mit seiner Spitze sehr sorgfältig auf eine ebene Fläche. Auch wenn wir uns noch so große Mühe geben, wird er nur einen kurzen Augenblick stehen bleiben und dann sicher umfallen, selbst wenn er nicht angestoßen wird. Während des Umfallens messen wir den Winkel zwischen der Vertikalen und dem Pfeil in gleichen Zeitabständen. Wir finden dann, daß der Winkel stets um einen größeren Betrag zunimmt, so wie es in Abb. 2.18 dargestellt ist. Einen solchen Vorgang nennt man *exponentielles Wachstum*. Er besitzt das erstaunliche Merkmal, daß der Winkel des Pfeiles (oder die Dichte der Gaswolke) in gleichen Zeiten ständig zunehmende Werte durchläuft und schnell sehr groß wird, selbst wenn er mit einem unvorstellbar kleinen Zuwachs beginnt.

Sind also die Gaswolken in einer Galaxie groß genug, dann kann man auch damit rechnen, daß sie sich zusammenziehen. Dabei ist es aber nicht klar, wie ein solcher Prozeß beginnt, weil er auf verschiedene Ursachen zurückgeführt werden kann. Beispielsweise wissen wir von den Armen in Spiralgalaxien, daß sie gewaltige Mengen Staub und Gas enthalten und die Gravitation die Verteilung von Staub und Gas kräftig durcheinanderbringen kann. Die Spiralarme können das interstellare Gas zu hohen Dichten zusammenballen, und dann kann die Jeanssche Instabilität einsetzen. Dichte Gaswolken können aber auch dann entstehen, wenn eine diffuse Gaswolke von der sich ausdehnenden Hülle eines explodierenden Sternes getroffen wird. Kurz, es gibt eine ganze Reihe von Ursachen, auf die man eine erhebliche lokale Verdichtung weit über die mittlere Dichte einer Gaswolke hinaus zurückführen kann.

Diese dichten Gaswolken kann man natürlich auch beobachten. In der typischen interstellaren Gaswolke kommt sowohl Staub als auch Gas vor, und genau diese Zusammensetzung ist besonders wirksam zur Abkühlung auf tiefe Temperaturen. Der Mechanismus, nach dem die Abkühlung erfolgt, ist derselbe wie bei Protosternen und jungen Sternen, die durch ihre Einbettung in Staubwolken ihre Energie verlieren, nämlich über die Wiederabstrahlung von aufgeheiztem Staub. Die Wolken

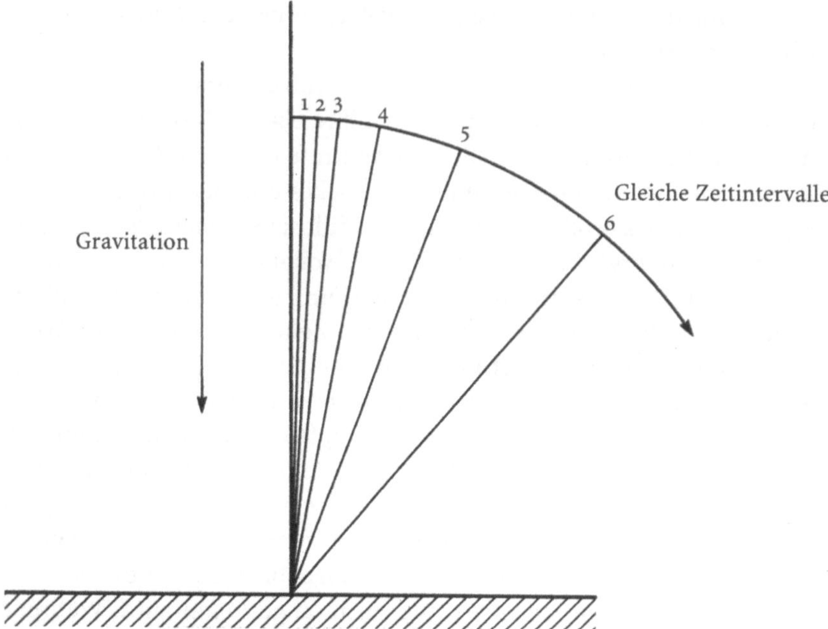


*Abb. 2.18.* Illustration zum Prozeß des exponentiellen Zusammenfallens durch einen kippenden Pfeil unter der Einwirkung der Schwerkraft. Die relative Änderung des Winkels zur Vertikalen ist proportional zur Zeit.

kühlen sich bis auf 10 bis 30 K ab, so daß das Gas wohl eher in Molekülen als in Atomen vorliegt. Infolgedessen kann man nach den charakteristischen Linienspektren dieser Moleküle im Millimeter- und Submillimeterbereich suchen, wie sich auch aus der Abb. 1.20 herleiten läßt.

Der bedeutendste Fortschritt der modernen Astronomie war die Entdeckung der *Riesenmolekülwolken* in unserer Galaxie. Abbildung 2.19 ist eine Photographie des Sternbildes Orion, in die Kurven gleicher Intensität des Molekülspektrums von interstellarem Kohlemonoxid (CO) im Millimeterbereich eingezeichnet sind. Wären unsere Augen nicht für Licht, sondern für die elektromagnetische Strahlung im Bereich von Millimeterwellen empfindlich, so würden wir an der Stelle des Sternbildes Orion am Himmel einen riesigen leuchtenden Fleck sehen. Wir wissen heute, daß in der Scheibe unserer Galaxie ebenso viel Gas in Form von atomarem Wasserstoff zu finden ist wie in Form von molekularem Wasserstoff. Das Vorkommen der Moleküle ist aber auf die Riesenmolekülwolken beschränkt, so wie man sie im Sternbild Orion vorfindet. Die typische Dichte in den Riesenmolekülwolken ist 100- bis 1 000mal so groß wie im interstellaren Gas. Staub spielt eine entscheidende Rolle in der Abschirmung der Moleküle von der interstellaren optischen und ultravioletten Strahlung, die anderenfalls die Moleküle in ihre atomaren Bestandteile zerlegen würde. Ferner gibt es im Inneren der Riesenmolekülwolken viele unterschiedliche Feinstrukturen. Die aktivsten Bereiche der Sternentwicklung liegen dabei in den dichtesten Teilen der Wolken, wie man Abb. 2.19 entnehmen kann.

Nach diesen mehr allgemeinen Überlegungen können wir nun darangehen, uns mit Detailproblemen der Sternentstehung zu befassen. Da

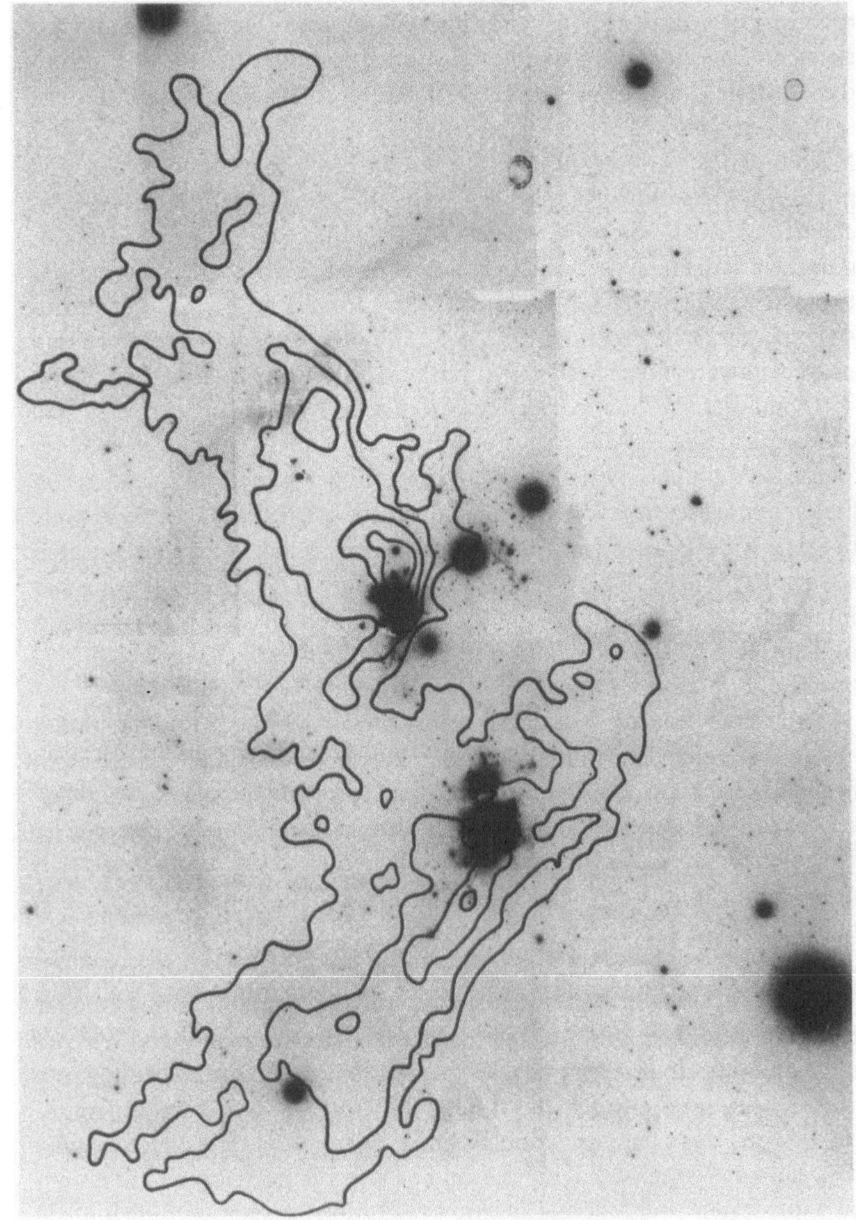

*Abb. 2.19.* Eine zusammengesetzte Aufnahme des Sternbildes Orion. Unterhalb der drei Gürtelsterne befindet sich der Orionnebel. In diese Aufnahme sind die Linien gleicher Intensität des molekularen Emissionsspektrums von Kohlenmonoxid CO im Millimeterbereich eingezeichnet. Die Riesenmolekülwolken haben eine gewaltige Ausdehnung und die millionenfache Masse der Sonne. In den dichtesten Gebieten der Molekülwolken entstehen besonders viele neue Sterne.

wäre zunächst die Frage, wie Sterne überhaupt entstehen können, wenn sich erst einmal in den Riesenmolekülwolken Gebiete mit verdichtetem interstellaren Gas gebildet haben. Von einer vollständigen Antwort auf diese Frage ist man zwar noch weit entfernt, doch liegt eine Reihe von Anhaltspunkten darüber vor, was dann ablaufen muß. Drei umfangreiche Problemkreise müssen bearbeitet werden, wenn man zuverlässige Lösungen erhalten will. Als erstes muß man daran denken, daß die Gaswolke die Energie loswerden muß, die sich durch die Verdichtung angesammelt hat, denn sonst kann ein Stern nicht entstehen. Bei der Verdichtung der Gaswolke heizt sich ihr Inneres durch die zunehmende kinetische Energie der Moleküle und Atome solange auf, bis der thermodynamische Druck eine weitere Verdichtung nicht mehr zuläßt. Das ist als die *Energiefrage* bezeichnet worden. Es muß also ein wirkungsvoller Mechanismus vorhanden sein, durch den die Wärmeenergie abtransportiert wird, wenn sich der Stern allmählich verdichtet. In diesem Mechanismus spielt Staub die entscheidende Rolle, weil er bei der Beseitigung der Wärme außerordentlich wirksam ist, die sich im Inneren des Protosternes gebildet hat. Während seiner Erwärmung fängt der Protostern an, optische und ultraviolette Strahlung auszusenden, die von den umgebenden Staubkörnern absorbiert und in Wärmestrahlung umgesetzt wird. Auf diese Weise wird der Protostern seine Wärmeenergie los. Genau dies ist auch der Vorgang, der in Abb. 2.17 verdeutlicht wurde. Obwohl der Staub uns daran hindert, optische Beobachtungen in den verdichteten Gebieten der Riesenmolekülwolken zu machen, spielt er eine zentrale Rolle bei dem Übergang von diffuser interstellarer Materie zu Kondensaten sehr hoher Dichte. Man kann fast sicher sein, daß dies die Lösung der Energiefrage ist, weil damit gleichzeitig auch erklärt wird, warum man in den Gebieten der Sternentstehung eine so außergewöhnlich intensive Strahlung im fernen infraroten Wellenlängenbereich vorfindet.

Die Energiefrage mag damit gelöst sein, doch die innere Dynamik einer zusammenschrumpfenden Molekülwolke ist dabei noch nicht berücksichtigt worden. Der zweite Problemkreis ergibt sich aus der Tatsache, daß dort, wo sich Sterne herauszubilden beginnen, umfangreiche Turbulenzen auftreten müssen. Jeder einzelne Teil der Wolke, der sich unter dem Einfluß der Schwerkraft zusammenzuziehen beginnt, gerät dabei fast unausweichlich in Rotation. Je weiter die Wolke sich verdichtet, desto stärker wird die Rotation. Es handelt sich dabei um denselben Vorgang, den eine Eisläuferin ausnutzt, um eine Pirouette mit schneller Drehung auszuführen. Zunächst dreht sie sich mit ausgestreckten Armen langsam um ihre vertikale Körperachse. Je mehr sie dann die Arme an den Körper heranführt, desto schneller wird ihre Drehung. Ein anderes Beispiel zur Demonstration dieses Vorganges ist eine Versuchsperson, die mit Hanteln in der Hand und ausgestreckten Armen auf einem reibungsfreien Drehschemel sitzend in Rotation versetzt wird. Bringt sie dann die Hanteln durch Armbeugung in Körpernähe, so erhöht sich die Rotationsgeschwindigkeit.

Genau der gleiche Vorgang, eine Verschiebung von Masse an die Drehachse heran, findet auch in zusammenfallenden Sternen statt. Die Rotationsgeschwindigkeit wird infolge des *Satzes von der Erhaltung des Drehimpulses* beträchtlich erhöht. Dieser Erhaltungssatz ist das physikalische Gesetz, das auch bei der Erhöhung der Drehgeschwindigkeit der Eisläuferin und der Versuchsperson auf dem Drehschemel wirksam wird. Bei der Verdichtung der Materie des jungen Sternes kommt außerdem noch hinzu, daß ein weiteres Zusammenfallen angehalten werden kann, sofern die Rotationsgeschwindigkeit zu groß wird. Wenn man auf-

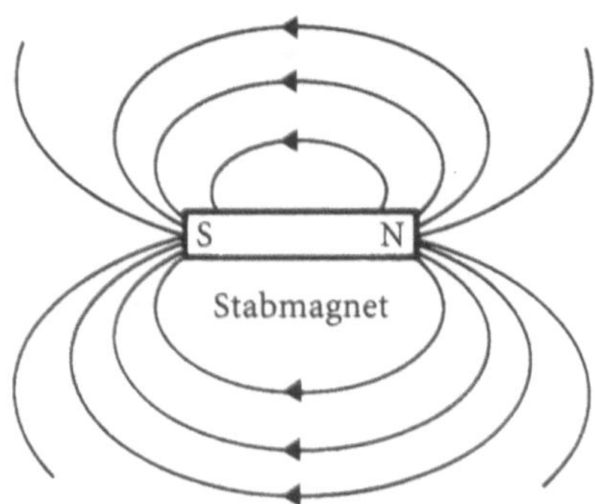


*Abb. 2.20.* Veranschaulichung der Vorstellung Faradays vom Verlauf der magnetischen Feldlinien um einen Stabmagneten. Die Feldstärke ist proportional zur Anzahl der Feldlinien, die eine vorgegebene Fläche senkrecht durchsetzen.

recht auf einem laufenden Karussell steht, so verspürt man eine Kraft, die einen nach außen zieht – dies ist eine scheinbare Kraft, die nur wegen der Drehbewegung des Karussells auftritt und Zentrifugalkraft genannt wird. Bei entstehenden Sternen kann die Rotationsgeschwindigkeit während der Schrumpfungsprozesse so groß werden, daß die Zentrifugalkraft die weitere Verdichtung des Protosternes anhält und so die Entstehung eines Sternes verhindert. Wenn aber dennoch ein Stern entsteht, dann muß es auch einen Prozeß geben, durch den der Protostern seine Rotation los wird, genauer gesagt seinen Drehimpuls. Das nennt man die *Drehimpulsfrage*.

Der dritte Problemkreis, der der Drehimpulsfrage in gewisser Weise verwandt ist, betrifft die Tatsache, daß in zusammenfallenden und sich verdichtenden Molekülwolken ein schwaches Magnetfeld vorhanden ist. Von verschiedenen Beobachtungen her ist bekannt, daß es im interstellaren Raum schwache Magnetfelder gibt. Ihre Feldstärke beträgt zwar nur 1/100 000 der erdmagnetischen Feldstärke, doch hat es sich erwiesen, daß man die Auswirkung eines Magnetfeldes auf die Dynamik des interstellaren Mediums nicht außer acht lassen darf. Ähnliche schwache Magnetfelder wurden in den Gebieten gemessen, in denen Sterne entstehen.

Das Verhalten von Magnetfeldern kann man am besten durch ihre Beschreibung mit Feldlinien verstehen, die auf M. Faraday zurückgeht. Abbildung 2.20 zeigt das weithin bekannte Bild der Feldlinien eines Stabmagneten. Nach der Darstellung von Faraday ist die Stärke eines Magnetfeldes der Anzahl der Feldlinien proportional, die eine vorgegebene Flächeneinheit durchsetzen. Das Magnetfeld in Abb. 2.20 ist demnach an den Polen am stärksten und am Äquator am schwächsten.

Magnetische Felder spielen eine bedeutende Rolle bei der Sternentstehung, da die Materie der Wolke fest an die magnetischen Feldlinien gebunden ist. Ein wichtiges Resultat der Plasmaphysik besagt, daß Elektronen an magnetische Feldlinien gekettet sind, sobald ein Gas, das von einem magnetischen Feld durchsetzt wird, ausreichend freie Elektronen enthält. Auf ein geladenes Teilchen, wie beispielsweise ein Elektron, das sich in einem magnetischen Feld bewegt, wirkt eine Kraft (Lorentzkraft), die es auf Spiralbahnen um die Richtung des Magnetfeldes zwingt. Bewegen sich magnetische Feldlinien, so bewegen sich auch die Elektronen mit ihnen. Es stellt sich bei näherer Betrachtung heraus, daß bereits eine sehr geringe Anzahl freier Elektronen in einer interstellaren Gaswolke ausreicht, um das magnetische Feld an das Gas der Wolke zu binden. Wir wissen, daß in den Gaswolken freie Elektronen enthalten sind, die wahrscheinlich bei Stößen zwischen Teilchen mit hoher Energie und Molekülen und Atomen in den Wolken freigesetzt werden. Darüber hinaus ist das neutrale Gas über Stöße zwischen neutralen und geladenen Partikeln an die Elektronen und Ionen der Wolke gebunden. Wie das Gas sich auch bewegt, die magnetischen Feldlinien werden immer mitgezogen. Diese Vorstellungen werden formal in einer sehr schönen Theorie behandelt, nach der wir uns bildlich die magnetischen Feldlinien im Gas festgefroren vorstellen können, ein Phänomen, das als *eingefrorener Magnetfluß* bekannt ist.

Die Ausbildung magnetischer Felder in sich verdichtenden Sternen wird mit der Abb. 2.21 erläutert. Die magnetischen Feldlinien sind in der Scheibe aus Staub und Gas fest eingefroren. Würde die Scheibe als ein fester Körper rotieren, so bliebe das in Abb. 2.21a gezeichnete Muster der Feldlinien erhalten. Dreht sich nämlich ein starrer Körper mit einer bestimmten Rotationsgeschwindigkeit, so wächst die Bahngeschwindigkeit eines jeden Volumenelementes des starren Körpers exakt proportional zur Entfernung von der Drehachse an. In der Gaswolke hingegen ist es wahrscheinlich so, daß weiter außen gelegene Teile nicht so rasch rotieren und sich so eine andere Geschwindigkeitsverteilung als beim starren Körper ausbildet, bei der die äußeren Anteile der Gaswolke hinter den inneren zurückbleiben. In Abb. 2.21b ist aufgezeichnet, was man zu erwarten hat, wenn beispielsweise die Bahngeschwindigkeit für alle Entfernungen von der Drehachse gleich groß sein sollte. Man erkennt deutlich, daß dann die Bahnen der einzelnen Volumenelemente in tangentialer Richtung gestreckt werden und sich in Spiralen umwandeln. Ferner erkennt man, daß die Verteilung des magnetischen Feldes gewissermaßen auf die Drehachse aufgewickelt wird. Da die magnetische Feldstärke aber proportional zur Anzahl der Feldlinien ist, die eine vorgegebene Fläche durchsetzen, und die Anzahl der Feldlinien durch die Rotation zunimmt, steigt auch die Feldstärke in der Gaswolke unaufhaltsam an. Dabei kann so viel magnetische Energie angesammelt werden, daß die Verdichtung der Gaswolke stehenbleibt. Dieser Vorgang ist als die *Magnetfeldfrage* bekannt.

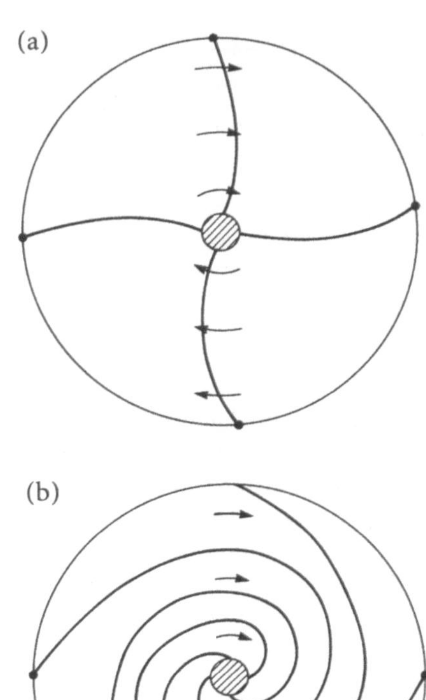


*Abb. 2.21.* Veranschaulichung der Verstärkung von Magnetfeldern durch den eingefrorenen Magnetfluß. (*a*) Die anfängliche Verteilung der magnetischen Feldlinien in einer rotierenden Scheibe. (*b*) Die Verteilung der magnetischen Feldlinien bei eingefrorenem Magnetfluß in der rotierenden Scheibe. Die Bahngeschwindigkeit der einzelnen Teilchen der Scheibe ist vom Radius unabhängig konstant angenommen. Die Feldlinien wickeln sich auf, die magnetische Feldstärke nimmt zu.

Es herrscht keine einhellige Meinung darüber, auf welche Weise ein Protostern seinen Drehimpuls und sein magnetisches Feld wieder loswerden kann, jedoch wurde eine bemerkenswerte Entdeckung gemacht, die einen wichtigen Beitrag zur Beantwortung dieser beiden Fragen leisten könnte. Völlig überraschend wurden nämlich »Jets« (Molekularströme) aus molekularer Materie beobachtet, die aus Himmelsgebieten hervortraten, die sehr junge Sterne und Protosterne enthalten. Abbildung 2.22 zeigt zwei Aufnahmen aus dem Spektralbereich der Millimeterwellen mit solchen Molekularströmen, die als *entgegengesetzte Ströme molekularen Gases* bekannt geworden sind. Überraschend war an dieser Beobachtung, daß die molekulare Materie sich nicht auf das zentrale Objekt zu bewegte, sondern mit hoher Geschwindigkeit in entgegengesetzten Richtungen von einem kompakten inneren Bereich ausgestoßen wurde, in dem ein Stern entstand. Die Dopplerverschiebungen in den molekularen Linienspektren haben überzeugend dargelegt, daß einer der beiden Molekularströme auf uns zu, der andere von uns hinweg gerichtet ist. Eine schematische Zeichnung der beobachteten entgegengesetzten Ströme aus molekularem Gas ist in Abb. 2.23 dargestellt.

Diese entgegengesetzten Ströme aus molekularem Gas treten überall dort auf, wo junge Sterne entstehen. Die genaue Struktur dieser Gas-

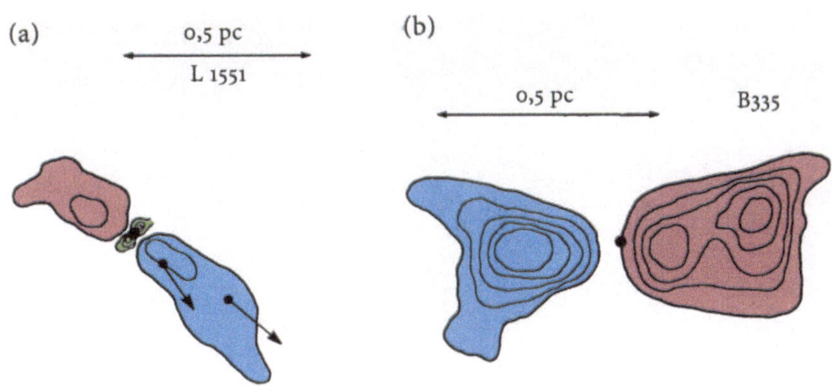


*Abb. 2.22.* Zwei Beispiele von entgegengesetzten Strömen molekularen Gases, die bei sehr jungen Sternen auftreten. Die jungen Sterne oder Protosterne sind als schwarze Punkte gezeichnet. Der rote keulenförmige Strom entfernt sich vom Beobachter, während der blaue sich auf ihn zu bewegt. (*a*) Die entgegengesetzten Ströme molekularen Gases bei dem Objekt L 1551. Hier gibt es die Andeutung einer Scheibe dichten molekularen Gases senkrecht zu den Strömungsrichtungen. (*b*) Die entgegengesetzten Ströme molekularen Gases beim Objekt B 335.

ströme ist nicht bekannt. In manchen Fällen sind sie dünn und lang, und dann sagt man, sie seien parallel ausgerichtet. In anderen Fällen sind die beiden entgegengesetzten Gasströme weniger parallel ausgerichtet und haben die Gestalt eines Uhrenglases. Möglicherweise besteht auch eine Beziehung zu den keulenförmigen Gaswolken, die auf dem bemerkenswerten Bild des jungen Sternes $\eta$-Carinae zu sehen sind, das von dem Hubble Space Telescope aufgenommen wurde (Abb. 2.24).

Die Herkunft der entgegengesetzten Ströme molekularen Gases ist ungewiß, doch ist es recht verführerisch, sie mit den spiralförmig aufgewickelten magnetischen Feldlinien eines zusammenfallenden rotierenden Protosternes zu verbinden. Die Drehbewegung der Gaswolke hat die Entstehung eines »magnetischen Kamins« in Richtung der Drehachse des Protosternes zur Folge, und dieser bildet einen natürlichen Weg, auf dem Materie ausgeworfen werden kann. Wenn das magnetische Feld mit den spiralförmig aufgewickelten magnetischen Feldlinien zu stark geworden ist, kann es sein, daß sich die »eingefrorenen« Feldlinien neu zu ordnen beginnen und dadurch die starken magnetischen Spannungen herabsetzen. Bei einem derartigen Vorgang wird magnetische Energie in

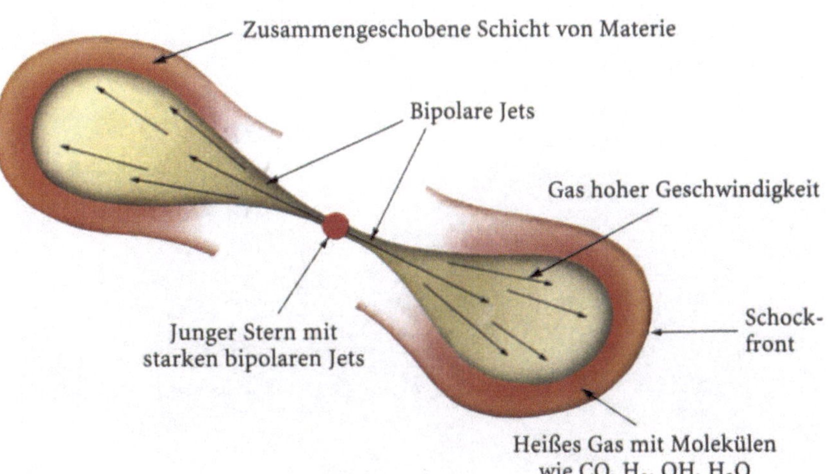


*Abb. 2.23.* Modell der entgegengesetzten Ströme molekularen Gases bei einem neu entstehenden Stern. Das ausströmende Gas bewegt sich mit Überschallgeschwindigkeit und schiebt das umgebende molekulare Gas vor sich her. Die Gasströme werden durch die Emission des molekularen Linienspektrums der aufgeheizten Moleküle beobachtet. Auch molekularer Wasserstoff wurde in den Gasströmen durch seine infraroten Emissionslinien festgestellt, ein Hinweis darauf, daß Bereiche der Gasströme eine Temperatur von mindestens 2 000 K erreicht haben.

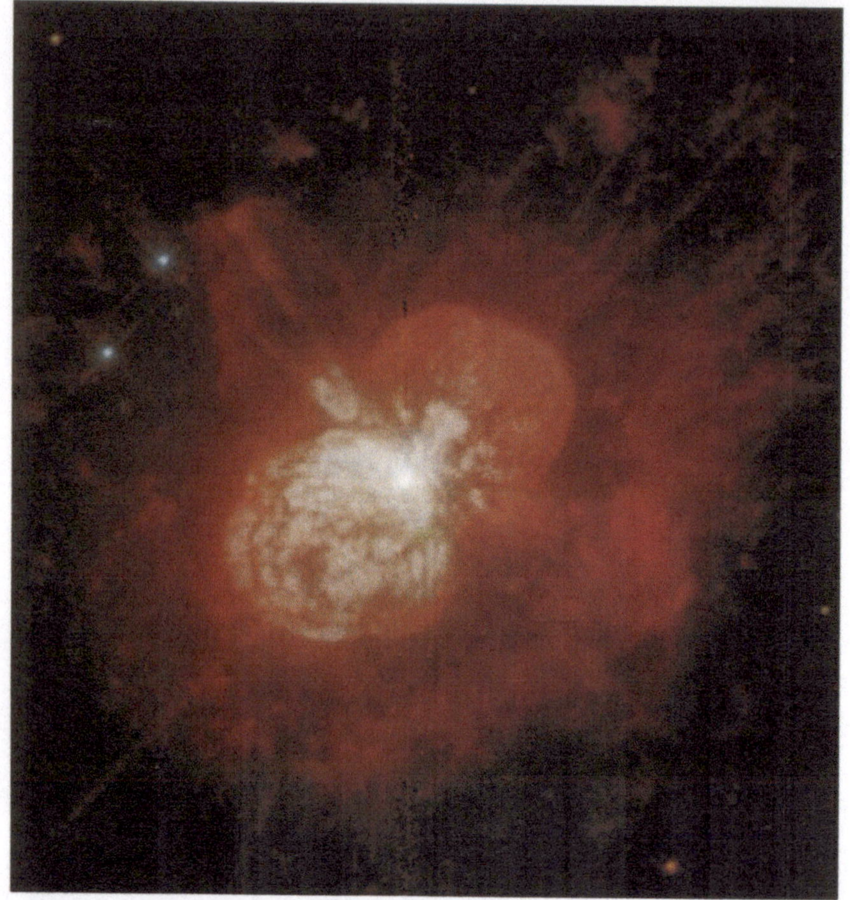

*Abb. 2.24.* Der massereiche junge Stern $\eta$-Carinae, eine Aufnahme des Hubble Space Telescope. Dieser junge Stern scheint gewaltige keulenförmige Wolken herausgeblasen zu haben, die an die entgegengesetzten Ströme molekularen Gases erinnern, wie sie bei jungen Sternen beobachtet werden.

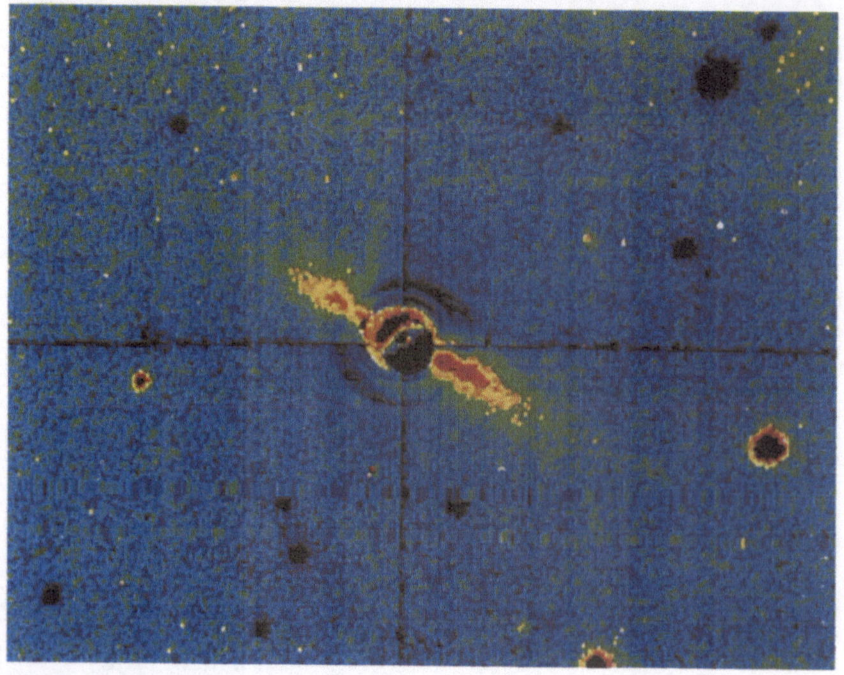

*Abb. 2.25.* Aufnahme der Staubscheibe um den hellen Stern $\beta$-Pictoris bei einer Wellenlänge von 3,5 μm. Sie stammt von B. Smith und R. Terrile vom Las Companas Observatory in Chile. Der Stern ist so hell, daß eigens eine Maske angefertigt wurde, um zu verhindern, daß die Scheibe von dem Licht des Sternes überstrahlt wurde.

Wärmeenergie umgewandelt, und die Gebiete, in denen sich die magnetischen Feldlinien umordnen, werden aufgeheizt. Dies kann die Ursache für die Entstehung der entgegengesetzten Ströme molekularen Gases sein.

Die Drehbewegung eines Protosternes erzeugt aber nicht nur eine Vorzugsrichtung, in der Materie abgestoßen werden kann, sie definiert auch eine Ebene senkrecht zur Drehachse, in der eine rotierende Scheibe aus Staub und Gas entstehen kann. Die Drehbewegung kann das Zusammenfallen der Gaswolke senkrecht zur Drehachse verhindern, doch es besteht kein Grund zu der Annahme, daß das Gas auf seinem Weg in das Innere des Protosternes nicht eine zusätzliche Scheibe bilden sollte, wenn es sich parallel zur Drehachse nach innen bewegt. Ein Beweis für die Existenz solcher Scheiben aus molekularer Materie kann in der Beobachtung gesehen werden, die man auf einem Bild des Objektes L1551 in der Umgebung des Zentrums der entgegengesetzten Gasströme gemacht hat (Abb. 2.22a). Die Wärmestrahlung des aufgeheizten Staubes in solchen Scheiben läßt sich im Submillimeterbereich nachweisen. Wirklich überzeugende Beweise für die Existenz solcher Scheiben wurden von dem IRAS-Satelliten gefunden. Im Falle des recht hellen Sternes Vega dehnen sich die Scheiben aus Staub bis zu Entfernungen von mehrfacher Größe unseres Sonnensystems aus. Ein eindrucksvolles Bild dieser Staubscheibe um den Stern β-Pictoris, aufgenommen bei einer Wellenlänge von 3,5 μm, erhielt man durch die Abdeckung der intensiven Strahlung des hellen Sternes (Abb. 2.25). Ähnliche Scheiben aus Staub und Gas wurden in der Umgebung einer Reihe von anderen Sternen gefunden, die Vega ähneln.

Eine der großen Überraschungen des Hubble Space Telescope Programmes war der direkte Nachweis von Staubscheiben um Sterne geringer Masse, die sich im Gebiet des Orionnebels fanden. R. O'Dell bemerkte auf den ersten Bildern, die von dem reparierten Hubble Space Telescope aufgenommen wurden, bei einigen Sternen des Orionnebels einen Hof (Abb. 2.26). Diesen Hof deutete er als Scheibe aus Staub, die als Silhouette gegen den hellen Hintergrund der von dem Nebel ausgehenden Strahlung gesehen wird. Die Entdeckung konnte nur von dem Hubble Space Telescope gemacht werden, denn die Winkelgröße dieser Scheiben beträgt etwa 1 Bogensekunde, die von erdgebundenen Teleskopen kaum noch aufgelöst werden kann.

Eine etwas gewagte Interpretation dieser Beobachtungen besteht darin, daß man in diesen Scheiben aus staubförmiger Materie die allerfrühesten Stadien der Entstehung von Planetensystemen um die jungen Sterne sieht. Wenn sich erst einmal eine Scheibe aus staubförmiger Materie gebildet hat, so schieben sich die Staubpartikel immer weiter zu immer größeren Körpern zusammen, bis schließlich Objekte von Planetengröße entstanden sind. Mit der nächsten Generation von großen erdgebundenen Fernrohren verbindet sich die Aussicht, daß solche vorplanetarischen Scheiben bei nahgelegenen Sternen in allen Einzelheiten zugänglich werden. Viele von uns Astronomen hoffen, daß es dann end-

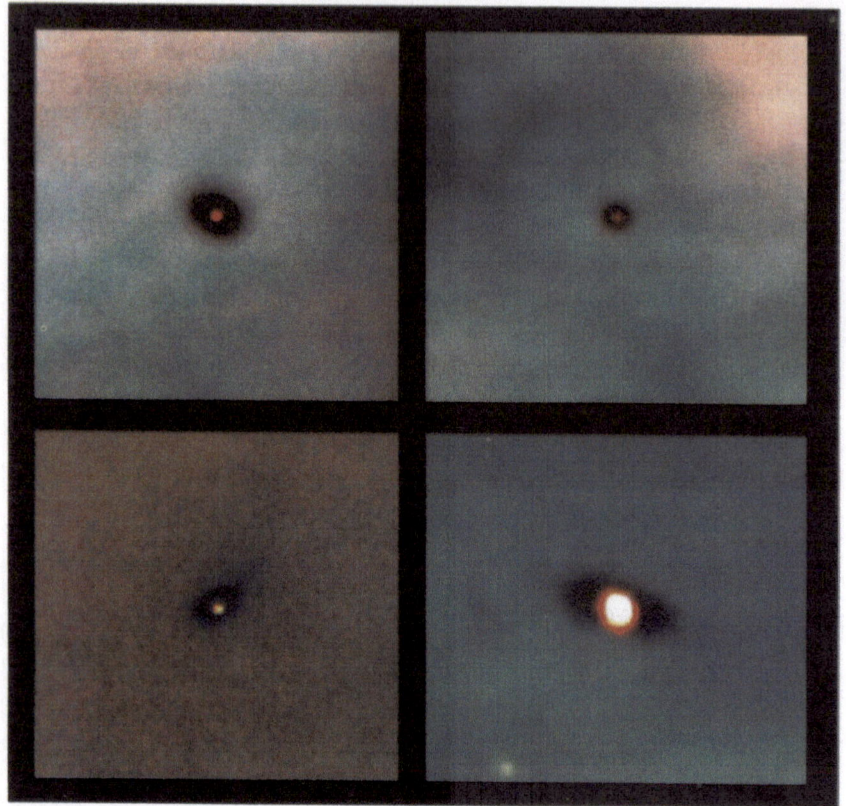

*Abb. 2.26.* Optische Bilder von Staubscheiben um Sterne geringer Masse im Orionnebel. Die Staubscheiben erscheinen als Silhouette gegen den hellen Hintergrund der diffusen Strahlung aus dem Orionnebel. Die beiden rechten, von der Kante her gesehenen Bilder, stellen dieselbe Staubscheibe dar. Im oberen Bild, bei Linienemission, wird der Stern vollständig verdeckt. Im unteren Bild sieht man den zentralen Stern, weil das Licht an den inneren Bereichen der Staubscheibe gestreut wird.

lich möglich wird, die verschiedenen Stadien der Entstehung von Planeten durch direkte Beobachtung zahlreicher solcher Scheiben in der Umgebung von jungen Sternen zu untersuchen.

Ein wichtiger Aspekt dieser Staubscheiben, die um die Protosterne herum entstehen, ist in der Möglichkeit zu sehen, die Drehimpulsfrage beantworten zu können. Wenn sich eine Staubscheibe aus der sich nach innen strebenden Materie des rotierenden Protosternes bildet, muß sie sich wegen der Erhaltung des Drehimpulses in einem bestimmen Rotationszustand befinden. Sobald die Staubscheibe aber entstanden ist, ergibt sie ein wirksames Mittel, um den Protostern von seinem Drehimpuls zu befreien. Wenn nämlich die Materie des Protosternes mit der Staubscheibe durch Magnetfelder verbunden ist, kann Drehimpuls durch mechanische Spannungen im Magnetfeld nach außen transportiert werden, und die Materie kann in den Protostern hineinfallen. Es gibt Ähnlichkeiten zwischen der Anwendung dieses Vorganges auf die Staubscheiben von Protosternen und der Physik von Akkretionsscheiben, die für das Verständnis von Röntgendoppelsternen und aktiven galaktischen Kernen wichtig sind – sie werden in Kap. 3 behandelt.

F. Shu und seine Mitarbeiter haben aus diesen Vorstellungen ein Standardbild der Sternentstehung zusammengesetzt (Abb. 2.27). In diesem Bild beginnt die Sternentstehung mit Dichteinhomogenitäten, die

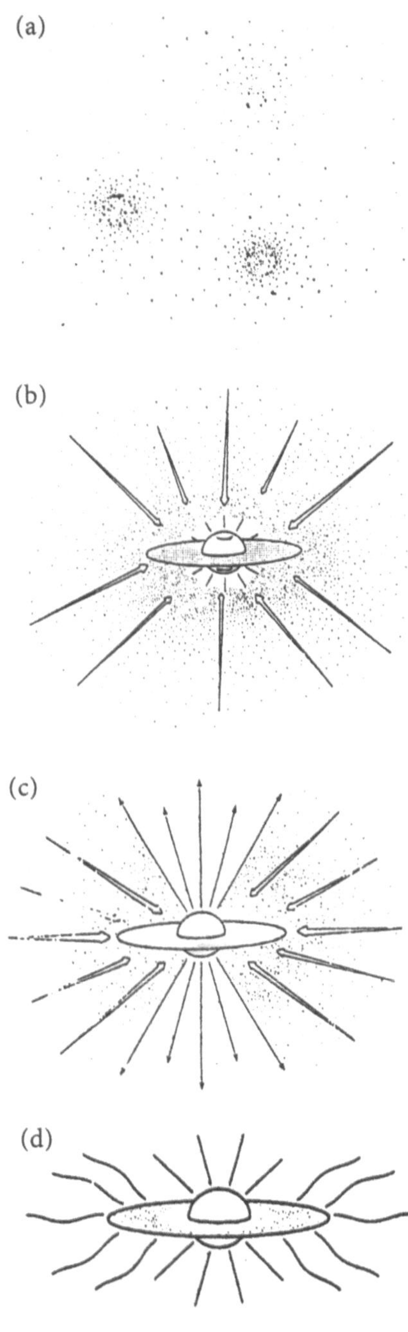


*Abb. 2.27.* Die schematische Darstellung von F. Shu und Mitarbeitern vom möglichen Ablauf der Ereignisse, die zur Entstehung von Sternen mit Planetensystemen führen könnten. Die verschiedenen Stadien der Sternentstehung werden im Text beschrieben.

sich innerhalb einer Riesenmolekülwolke aufgrund der Schwerkraft herausbilden (Abb. 2.27a). Man kann dann zeigen, daß bei kugelsymmetrisch zusammenschrumpfenden Wolken die inneren Regionen rasch eine hohe Dichte erreichen und so einen zentralen Kern bilden. Der Rest der Materie regnet dann gewissermaßen auf den zentralen Kern herab und formt mit ihm zusammen die Masse des Protosternes. Diese Phase der Sternentstehung wird als Akkretionsphase bezeichnet, während der die kinetische Energie der auf den kompakten Kern herabstürzenden Materie die Energiequelle des Protosternes ist. Die Energie, die durch die eingefangene Materie freigesetzt wird, kann über den Prozeß der Absorption von optischer und ultravioletter Strahlung im Staub und als Reemission in Form von Wärmestrahlung im fernen infraroten Wellenlängenbereich beseitigt werden. Während dieser Entstehungsphase beginnt sich auch eine rotierende Scheibe aus Materie in einer Ebene zu bilden, die senkrecht auf der Drehachse des Protosternes steht. Die Akkretion von Materie läuft weiter, und zu einem bestimmten Zeitpunkt brechen die beiden entgegengesetzten Ströme molekularen Gases aus, die Jets, die bei Protosternen und jungen Sternen beobachtet wurden (Abb. 2.27c). Die Masse des Protosternes und seine innere Temperatur wachsen dann durch die fortgesetzte Akkretion von Materie weiter an, bis schließlich die Temperatur erreicht ist, bei der die kernphysikalische Verbrennung von Wasserstoff zu Helium im Zentrum des Protosternes einsetzen kann und der Stern seinen weiteren Lebenslauf als Hauptreihenstern beginnt. Dann hört die Ansammlung von Materie auf, und es bleibt ein junger Stern mit Wasserstoffverbrennung und einer Wolke mit kaltem Staub und Gas übrig, aus der ein Planetensystem entstehen kann (Abb. 2.27d).

Zu den beeindruckenden Entdeckungen des IRAS-Unternehmens gehören die Beobachtungen von charakteristischen spektralen Eigenschaften, die jedem einzelnen Stadium der Sternentstehung zugeschrieben werden können. Man muß allerdings betonen, daß dieses Bild noch viele Unbekannte enthält und die Einzelheiten von manchen der beteiligten physikalischen Prozesse noch wenig verstanden sind. So wissen wir z. B., daß ein großer Anteil der Sterne in unserer Galaxie aus Doppelsternsystemen besteht und nicht nur aus Einzelsternen. Eine Theorie der Sternentstehung muß deswegen auch berücksichtigen, daß sich während der Ansammlung von Materie Doppelsterne bilden. Dennoch ist das Bild von F. Shu und seinen Mitarbeitern ein brauchbares Modell für die Art der Prozesse, die während der Sternentstehung ablaufen müssen.

Eine weitere Beobachtung mit dem Hubble Space Telescope erbrachte eine schöne Veranschaulichung des Stadiums (*c*) aus dem Szenario der Abb. 2.27. Es wurde nämlich ein Protostern mit einem molekularen Gasstrom senkrecht zur Akkretionsscheibe gebunden. Ch. Burrows und seine Mitarbeiter haben das protostellare Objekt HH30 aufgenommen, in dem die Akkretionsscheibe um den rudimentären Stern

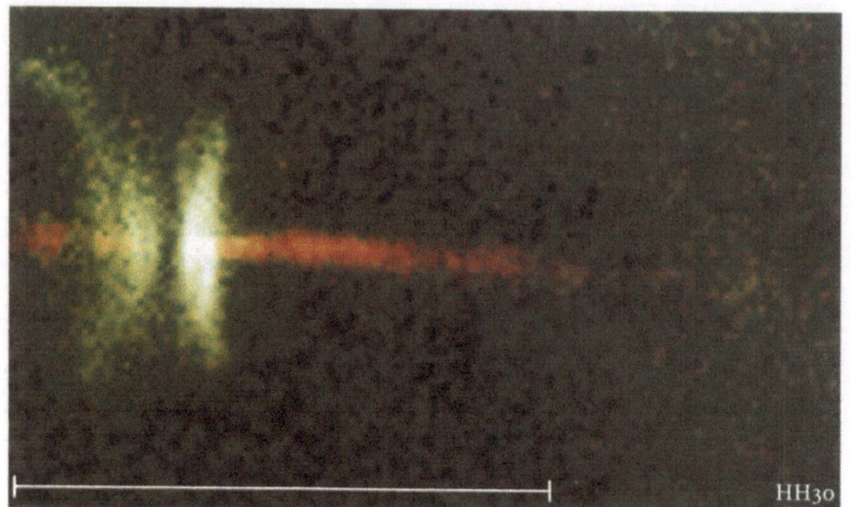


*Abb. 2.28.* Aufnahme des protostellaren Objektes HH 30 von Ch. Burrows und Mitarbeitern mit dem Hubble Space Telescope. Die Akkretionsscheibe ist von der Kante her zu sehen, wodurch der Stern selbst verdeckt wird. Der rötliche Strahl wird mit einer Geschwindigkeit von 250 $km\,s^{-1}$ vom Protostern ausgestoßen. Der Strich am unteren Bildrand entspricht 1 000 astronomischen Einheiten, also der 1 000fachen Entfernung der Erde von der Sonne.

unmittelbar von der Seite her zu sehen ist (Abb. 2.28). Wegen der Sicht von der Seite her verdeckt die Akkretionsscheibe den jungen Stern. Sein Licht aber beleuchtet die Ober- und Unterfläche der Akkretionsscheibe und macht sie damit deutlich sichtbar. Ein rötlicher Strahl wird von den inneren Bereichen der Akkretionsscheibe ausgestoßen, möglicherweise sogar von dem Protostern selbst. Beobachtungen dieses Strahles über ein Jahr haben ergeben, daß sich dieses Gebilde mit einer Geschwindigkeit von etwa 250 $km\,s^{-1}$ von dem Protostern entfernt.

## 2.6 Interstellare Chemie und der Ursprung des Lebens

Ein faszinierender Aspekt der Staubwolken um junge Sterne liegt in dem Vorkommen von Molekülen, die an der Entstehung von biologischem Leben beteiligt sind. Die bedeutendste Entdeckung, die mit dem Einsatz der Astronomie im Bereich der Millimeterwellen gemacht wurde, betrifft die enorme Vielfalt von Molekülarten, die in den dichten Molekülwolken vorgefunden wurden. Bisher konnten über 100 unterschiedliche Moleküle im interstellaren Gas identifiziert werden, angefangen von einfachen wie molekularem Wasserstoff $H_2$, Kohlenmonoxid CO, und dem Hydroxylradikal OH bis hin zu komplexen Molekülen wie Äthanol $C_2H_5OH$, langen Azetylenketten, Ringmolekülen wie $H_3^+$, $SiC_2$, $C_3H_2$ und so fort. Die Existenz dieser Moleküle gab den Anlaß zur Bildung einer neuen wissenschaftlichen Fachrichtung, der *interstellaren Chemie*. Die Bedingungen im interstellaren Raum unterscheiden sich erheblich von denen in einem chemischen Laboratorium. So wurden im interstellaren Raum einige Molekülarten vorgefunden, die sich im Laboratorium nur schwer herstellen lassen, weil sie äußerst reaktionsfreudig sind und unter Laborbedingungen nur kurze Lebensdauern haben. Daraus ergibt sich, daß eine Reihe von Ionen und Radikalen, die man in

Laboratorien nicht beobachten kann, an der Emission ihrer Molekülspektren im interstellaren Raum erkannt wurden.

Da man solche Moleküle nun in den Molekülwolken beobachten kann, ist die Untersuchung von Molekülreaktionen bei den sehr geringen Dichten der Wolken ein wesentlicher Bestandteil der Erforschung des interstellaren Raumes geworden. Die Untersuchungen der Reaktionen erlauben die Bestimmung der physikalischen Bedingungen in den Gebieten der Sternentstehung und in Riesenmolekülwolken. Von besonderem Interesse sind dabei natürlich die chemischen Prozesse, durch die eine so erstaunliche Vielfalt von verschiedenen Molekülen entstehen kann, wie sie im interstellaren Raum vorgefunden wird. In einigen Gebieten werden Gasreaktionen für vorherrschend angesehen, von vielen der komplexeren Moleküle hingegen nimmt man an, daß ihre Synthese in Reaktionen auf der Oberfläche von Staubkörnern abläuft.

Die vollständige Liste aller bisher bekannten Moleküle schließt auch solche mit ein, die zum Beginn einer biologischen Synthese nötig sind. Im interstellaren Medium gibt es bereits eine reichhaltige Mischung von Substanzen, aus denen die biochemischen Moleküle hergestellt werden können, die für die Schöpfung von primitiven Lebensformen erforderlich sind. Die einfachste Aminosäure Glycin (Aminoessigsäure) wurde 1994 im interstellaren Raum nachgewiesen. Ob solche Beobachtungen die Erforschung des Ursprunges von biologischem Leben auf der Erde weiterführen oder nicht, ist noch nicht entschieden. Zumindest sind diese Moleküle, wenn die Biologen sie je brauchen sollten, in ausreichenden Mengen im interstellaren Raum zu finden.

# Die Entstehung der Quasare

## 3.1 DIE ANFÄNGE DER HOCHENERGIE-ASTROPHYSIK

Die mächtigsten Energiequellen, die wir im Universum kennen, befinden sich im Inneren von Galaxien. Sie werden als *aktive galaktische Kerne* bezeichnet. Auf den ersten Blick erscheint es unsinnig, die aktiven galaktischen Kerne zu besprechen, bevor man sich mit gewöhnlichen Galaxien befaßt hat. Doch wie wir schon im letzten Kapitel angedeutet haben, stammen viele Hinweise auf die Physik der aktiven Galaxien und Quasare aus den Untersuchungen von Himmelskörpern, die am Ende der Sternentwicklung stehen.

Um wieder ins Bild zu kommen, erinnern wir uns, daß die Hauptkomponenten normaler Galaxien Sterne und Gas sind. Auch der Hauptanteil des Lichtes der Galaxien kommt von Sternen, und damit ist die Gesamterscheinung einer Galaxie festgelegt. Bei elliptischen Galaxien beobachtet man eine ellipsoidförmige Sternverteilung, und die Galaxie wird durch die gegenseitigen Gravitationskräfte der Sterne zusammengehalten. In Spiralgalaxien findet man einen verdickten Zentralkörper, der in manchen Punkten einer elliptischen Galaxie ähnelt, und eine Scheibe aus Sternen, die sich dreht. Infolge dieser Drehung wirken Zentrifugalkräfte auf Sterne und Gas, und die Scheibe wird durch das Gleichgewicht zwischen den Gravitationskräften der Materie in der Galaxie und den Zentrifugalkräften zusammengehalten. Die Scheibe der Spiralgalaxie kann einen bedeutenden Anteil an Gas enthalten, in elliptischen Galaxien jedoch kommt praktisch kein Gas vor. Viele dieser grundlegenden Eigenschaften der Galaxien wurden von Hubble in den Jahren 1920 bis 1930 nachgewiesen, bald nachdem er im Jahre 1925 zeigen konnte, daß außerhalb unserer eigenen Galaxie auch noch andere Galaxien im Universum vorkommen.

Bis zum Jahre 1945 schien damit alles gesagt zu sein – die Galaxien stellten sich als einfache Systeme aus sehr vielen Sternen und Gas dar. Nach dem Zweiten Weltkrieg jedoch wurde allmählich bekannt, daß sich hinter dieser einfachen Vorstellung eine Fülle von weiteren Tatsachen verbarg. In den 30er Jahren wurde K. Jansky, der damals bei den Bell Telephone Laboratories in Holmdel, New Jersey, beschäftigt war, mit der Aufgabe betraut, die natürlichen Quellen von Radiowellen zu identifizieren, die mit den künstlichen Rundfunkwellen interferierten. Er verkündete im Mai 1933 die Entdeckung einer Radiostrahlung aus unserer Galaxie. Seine Untersuchung kann heute als eine klassische Beobachtungsreihe der Radiowellen von 14,6 m Wellenlänge (20,5 MHz) gelten. Seine Messungen wurden von dem Rundfunkingenieur und Amateurastronomen G. Reber bestätigt, der 1941 eine Himmelskarte nach Radiowellen veröffentlichte. Die Herkunft der Radiostrahlung in unserer Galaxie blieb allerdings vorerst noch ein Rätsel.

Als Folge der Entwicklung des Radar im Zweiten Weltkrieg hatte die gesamte Rundfunktechnik gewaltige Fortschritte gemacht, und als der Krieg vorüber war, wandte sich ein Teil der Physiker, die führend an der Radarentwicklung beteiligt waren, der galaktischen Radiostrahlung zu, die K. Jansky entdeckt hatte. Nach kurzer Zeit fanden sie heraus, daß zusätzlich zu der Radiostrahlung aus unserer eigenen Galaxie weitere »Punktquellen« für Radiostrahlung außerhalb unserer Galaxie vorhanden waren. Einige dieser Strahlungsquellen waren mit massereichen Galaxien verbunden, von denen sogar viele zu den bekannten massereichsten überhaupt gehörten. Die Spektren der Radiowellen aus diesen Strahlungsquellen waren denen in unserer eigenen Galaxie recht ähnlich, und, im Unterschied zu den Sternspektren, waren diese Radiospektren kontinuierlich und ohne besondere Merkmale. Sie besaßen auch keine Ähnlichkeit mit den Spektren schwarzer Strahler.

Die Natur der galaktischen Radiostrahlung wurde schließlich in den 50er Jahren verstanden. Sie ist auf einen physikalischen Prozeß zurückzuführen, der als *Synchrotronstrahlung* bekannt ist. Er wird durch äußerst energiereiche Elektronen verursacht, die sich auf Spiralbahnen im Magnetfeld des interstellaren Mediums bewegen. Wie bereits im Abschn. 2.5 beschrieben wurde, ist es eine allgemeine Eigenschaft geladener Teilchen, sich in einem Magnetfeld auf Spiralbahnen um die Richtung der magnetischen Feldlinien zu bewegen. Ein anderes Grundgesetz der Physik sagt aus, daß geladene Teilchen eine elektromagnetische Welle aussenden, wenn sie beschleunigt werden. Elektronen, die sich in einem Magnetfeld auf Spiralbahnen bewegen, werden aber ständig auf den Mittelpunkt ihrer Bahn zu beschleunigt, und deswegen strahlen sie elektromagnetische Wellen ab. Bei den Elektronen, die für die Radiostrahlung aus unserer Galaxie verantwortlich sind, handelt es sich jedoch um sehr energiereiche Elektronen – ihre kinetische Energie $E$ überschreitet die Energie ihrer Ruhemasse $E_0 = m_e c^2$ beträchtlich. Solche Elektronen werden allgemein als *ultrarelativistische Elektronen* bezeichnet, weil ihre Bewegungsgeschwindigkeit in der Nähe der Lichtgeschwindigkeit liegt. Die Strahlung, die sie aussenden, ist stark in die Bewegungsrichtung der Elektronen gebündelt. Wenn man die Strahlung derartiger Elektronen näher untersucht, dann erweist sich ihr Spektrum als glatt und stetig (Abb. 3.1a). Diese Art von Strahlung wird auch in mächtigen Teilchenbeschleunigern beobachtet, in *Synchrotrons*, und so entstand die Bezeichnung *Syn-*

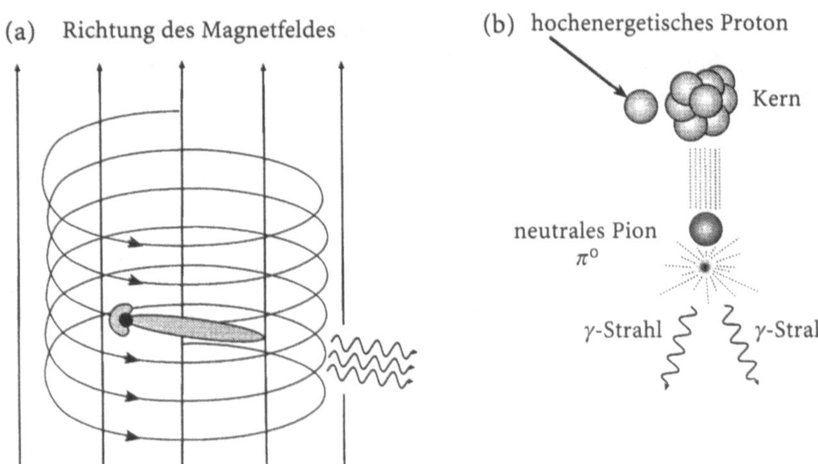


*Abb. 3.1.* Illustration zu dem Prozeß, mit dem hochenergetische Teilchen in der Astronomie aufgespürt werden. (*a*) Ultrarelativistische Elektronen emittieren einen scharf gebündelten Strahl elektromagnetischer Strahlung, wenn sie sich auf Spiralbahnen in einem Magnetfeld bewegen. Diese Art von Strahlung nennt man Synchrotronstrahlung. Die Synchrotronstrahlung ist für die Radiostrahlung in unserer Galaxie verantwortlich. (*b*) Wenn hochenergetische Protonen oder Kerne mit den Atomen oder Molekülen des interstellaren Gases zusammenstoßen, dann entstehen instabile Teilchen, die Pionen. Das neutrale Pion $\pi^0$ zerfällt sehr schnell unter Aussendung hochenergetischer Röntgenstrahlung. Diese Röntgenstrahlung kann von Röntgenteleskopen empfangen werden, etwa dem NASA Compton Gamma-Ray Observatory.

*chrotronstrahlung.* Ihre Intensität hängt von der Anzahl der ultrarelativistischen Elektronen und von der Stärke des galaktischen Magnetfeldes ab.

Daß dieser Prozeß für die galaktische Radiostrahlung verantwortlich ist, steht fest. Die Stärke des interstellaren Magnetfeldes wurde gemessen. Bei Satellitenexperimenten, die weit oberhalb der Erdatmosphäre stattfanden, wurde ein Strom von hochenergetischen Elektronen gefunden, der seinen Ursprung im örtlichen interstellaren Medium hat. Wenn man diese beiden Ergebnisse zusammen betrachtet, dann kann die beobachtete Intensität der galaktischen Radiostrahlung erklärt werden. So ermöglicht uns die Beobachtung der Radiowellen der Galaxien eine örtliche Bestimmung der hochenergetischen Elektronen und der Magnetfelder. Das Vorkommen starker Radiosignale hat überzeugend dargelegt, daß außer den Sternen und dem Gas in Galaxien noch zwei weitere Komponenten enthalten sein müssen, nämlich *sehr hochenergetische Teilchen* und *Magnetfelder.* Aus der Abb. 1.31a läßt sich entnehmen, daß hochenergetische Elektronen und Magnetfelder überall in der Scheibe unserer Galaxie vorhanden sein müssen. Die Synchrotronstrahlung hat sich als ein wichtiges Werkzeug zur Aufspürung von hochenergetischen Elektronen und Magnetfeldern erwiesen, wo immer man sie im Universum findet. Was heute *Hochenergie-Astrophysik* genannt wird, ist hauptsächlich vom Gedanken an Auswirkung und Vorkommen der Synchrotronstrahlung beherrscht.

Die Beobachtungen der Synchrotronstrahlung liefern auch einen wichtigen Hinweis auf den Ursprung der Teilchen, die wir als *kosmische Strahlen* kennen. Im Jahre 1913 stellte V. Hess fest, daß die obere Erdatmosphäre ständig von einem Strom hochenergetischer Teilchen bombardiert wird. Da sie offensichtlich die Erdatmosphäre von außen erreichen, nennt man sie kosmische Strahlen. In den 30er Jahren machten W. Baade und F. Zwicky die geniale Annahme, daß diese Teilchen in Supernova-Explosionen beschleunigt werden, doch gab es zu dieser Zeit dafür keinen überzeugenden Beweis. Die kosmischen Strahlen bestehen hauptsächlich aus hochenergetischen Protonen und Kernen, deren chemische Zusammensetzung erst bestimmt werden konnte, als in den 60er Jahren Teleskope für kosmische Strahlen in Satelliten eingesetzt wurden. Aus der Sicht der Astronomie enthalten die kosmischen Strahlen aber nur Informationen über die unmittelbare Nachbarschaft der Erde. Radio- und $\gamma$-Strahlung jedoch lieferten ergänzende Informationen über die Verteilung der hochenergetischen Teilchen in der gesamten Galaxie. Die Strahlungskarte der Synchrotronstrahlung aus hochenergetischen Elektronen im interstellaren Medium (Abb. 1.31a) zeigt uns, daß ein Strom von hochenergetischen Elektronen in der ganzen galaktischen Ebene vorhanden ist und dem ähnelt, den wir am oberen Ende der Erdatmosphäre beobachten können. Wenn die hochenergetischen Protonen und Kerne mit den Atomkernen und Molekülen des interstellaren Gases zusammenstoßen, entstehen Pionen, $\pi$. Pionen sind instabile Teilchen, und die neutralen Pionen $\pi^0$ zerfallen fast augenblicklich in hochenergetische $\gamma$-Strahlen (Abb. 3.1b). Die $\gamma$-Strahlung tritt also in unserer Galaxie immer dort in Erscheinung, wo kaltes Gas, hochenergetische Protonen und Kerne anzutreffen sind. Die Ähnlichkeit der Himmelskarten für Radiostrahlung und $\gamma$-Strahlung verdeutlicht, daß die ganze galaktische Ebene von hochenergetischen Protonen, Kernen und Elektronen durchströmt wird.

## 3.2 Radiogalaxien und die Entdeckung der Quasare

Die Galaxien, in denen Quellen intensiver Ausstrahlung von Radiowellen liegen, heißen *Radiogalaxien*. Überraschenderweise haben einige von ihnen eine gewaltige Leuchtkraft für Radiowellen. 1954 wurde die zweitstärkste Radioquelle des nördlichen Himmels, Cygnus A, in Verbindung mit einer sehr weit entfernten Galaxie gefunden. Ihre Leuchtkraft ist 100-Mio.-mal größer als die unserer eigenen Galaxie. Es muß dort also kaum vorstellbar große Ströme von hochenergetischen Teilchen und, im Vergleich zu unserer Galaxie, viel stärkere Magnetfelder geben. Woher kommen diese riesigen Ströme von relativistischen Teilchen und großen magnetischen Feldenergien?

Waren diese Ergebnisse schon bemerkenswert genug, so wurde das Interesse an der Radiostrahlung noch dadurch gesteigert, daß die elektromagnetischen Wellen gar nicht aus der Galaxie selbst hervordringen, sondern ihren Ursprung in zwei gewaltigen keulenförmigen Ausbuchtungen an den Seiten der Galaxie haben (Abb. 3.2). Es sieht so aus, als hätte die Galaxie zwei große Wolken strahlenden Materials aus ihrem Kern ausgeworfen. Als diese Erscheinung erst einmal entdeckt war, gab es viele Untersuchungen solcher Objekte mit fortschrittlichen Radioteleskopen, wie z. B. das Very Large Array (VLA) in der Wüste von New Mexiko in den USA (Abb. 3.3b). Jetzt weiß man, daß die Ursache für die

*Abb. 3.2.* Die Struktur der sehr hellen Radioquelle Cygnus A, farbig, einem Bild der gleichen Himmelsregion überlagert. Eine massive Galaxie im Zentrum eines galaxienreichen Haufens liegt zwischen zwei riesigen Radiokeulen. Der Kern dieser Galaxie ist die Energiequelle für die ausgedehnte Radiostruktur.

gewaltigen Ausbuchtungen mit Radiostrahlung in Magnetfeldern und der ständigen Zulieferung eines Stromes hochenergetischer Teilchen zu sehen ist, der seinen Ursprung im Kern der Galaxie hat. Das herrliche Bild der Radioquelle Cygnus A (Abb. 3.3a) wurde von der VLA gemacht und zeigt diesen Prozeß in aller Klarheit. Es muß also etwas Bemerkenswertes im Kern der Radiogalaxien vor sich gehen, wenn sie derartig große Mengen von Energie erzeugen können, die in Form von Jets (Materieströmen) herausgeschleudert wird und die seitlichen radiostrahlenden keulenförmigen Ausbuchtungen versorgt, die sich weit über die Grenzen der eigentlichen Galaxie hinaus ausdehnen. Nichts dergleichen war theoretisch erwartet, und nichts dergleichen war an einer anderen Stelle des Universums je gesehen worden.

Die wissenschaftlichen Arbeiten an diesen Fragestellungen begannen sich in den frühen 60er Jahren gerade so richtig zu entfalten, als eine noch ungewöhnlichere Entdeckung bekannt wurde. Eines der anregendsten Arbeitsgebiete der damaligen Zeit, an dem ich mich als Doktorand beteiligen konnte, war die Aufspürung von fernen Galaxien mit Radioquellen. Viele der zu den Radioquellen gehörigen Galaxien leuchteten jedoch sehr schwach, und daher konnte nur eine sehr genaue Positionsbestimmung die Zusammengehörigkeit einer Radioquelle und einer entfernt liegenden Galaxie sicherstellen. Anfang der 60er Jahre ließen sich die Positionen der extragalaktischen Radioquellen genauer festlegen, und es wurden viele weit entfernte Radiogalaxien dadurch gefunden, daß man in Aufnahmen hoher Güte, die im sichtbaren Licht angefertigt waren, in der Nähe der bekannten Radioquellen

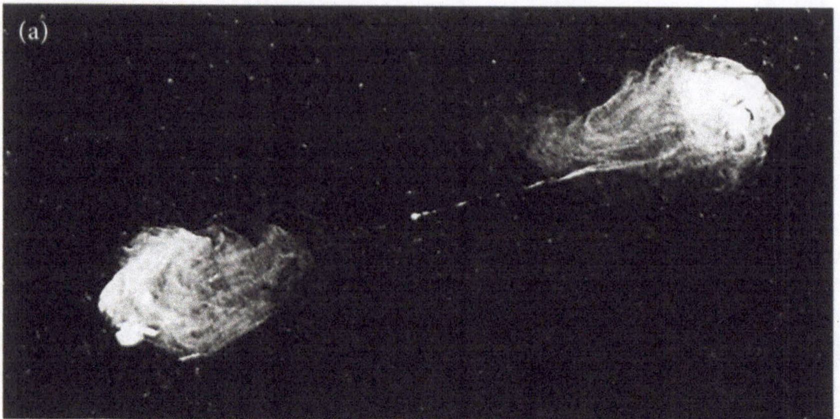

*Abb.3.3.* (*a*) Die detaillierte Struktur der Radioquelle in Cygnus A nach Beobachtungen des VLA. Zusätzlich zu den Radiokeulen mit ihrer bemerkenswerten Feinstruktur sind intensive »hot spots« an den Kanten zu erkennen, in denen eine besonders hohe Strahlungsdichte vorherrscht. Eine weitere kompakte Radioquelle befindet sich im Kern der Radiogalaxie. Ebenfalls erkennbar sind die Radiojets, auf denen die Energie vom Kern zu den »hot spots« wandert. (*b*) Das Very Large Array (VLA) des US National Radio Astronomy Observatory, das Radioteleskop mit der weltgrößten Apertur.

nach ihnen suchte. 1960 wurde so die entfernteste Galaxie der damaligen Zeit, die Radiogalaxie 3C295 von R. Minkowsky entdeckt. Dieses Vorgehen bei der Suche nach weit entfernt liegenden Radiogalaxien ist immer noch ein wirksames Werkzeug der Kosmologie - auch die am weitesten entfernten Galaxien, die wir kennen, die ihr Licht ausstrahlten, als das Universum nur ein Fünftel seines jetzigen Alters hatte, wurden mit dieser Technik der Identifizierung durch eine Radioquelle aufgespürt.

1960 fand man dann heraus, daß einige Radioquellen, die mit dieser genauen Methode aufgespürt worden waren, eher Sternen als ganzen Galaxien zugeordnet werden mußten. Die optischen Spektren dieser Objekte enthielten zwar hervorstechende Emissionslinien, doch konnte, anders als bei den üblichen Sternspektren, keine dieser Linien einem bekannten chemischen Element zugeordnet werden. Erst 1962 gelang es M. Schmidt vom California Institute of Technology, die Ursache dafür zu

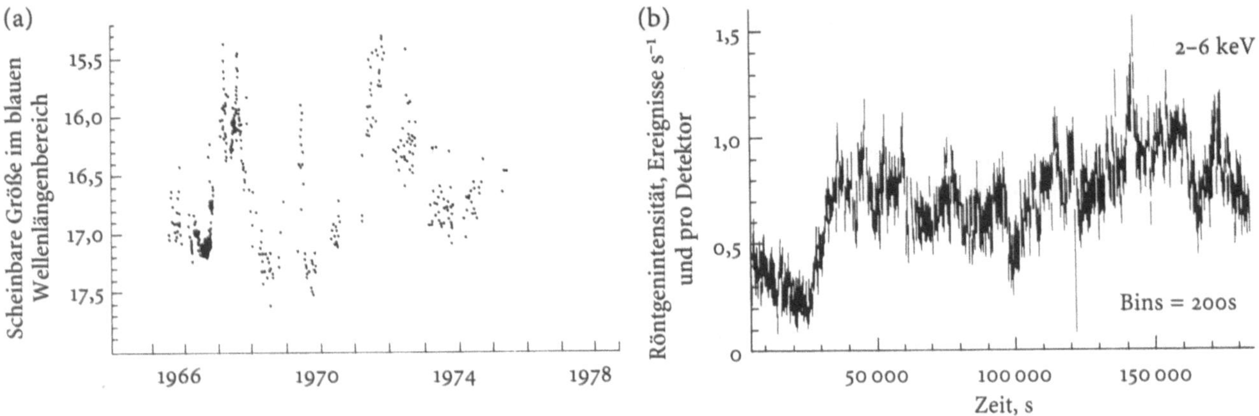


*Abb. 3.4.* Beispiele für die Schwankungen in der Emission aktiver galaktischer Kerne. (*a*) Die Schwankungen in der sichtbaren Strahlung aus dem Radioquasar 3C 345 im blauen Wellenlängenbereich. (*b*) Schwankungen in der Emission von Röntgenstrahlung der Seyfert-Galaxie MCG-6-30-15 im Wellenlängenband von 2 bis 6 keV.

finden: Alle Spektrallinien waren zum roten Ende des optischen Spektrums hin verschoben. Als man die gemessenen Spektren dann zu kürzeren Wellenlängen versetzte, konnte die Balmerserie des Wasserstoffes im Spektrum des Quasars 3C 273 identifiziert werden. Die volle Bedeutung der Rotverschiebung des Spektrums werden wir im nächsten Kapitel behandeln – für den Augenblick genügt die Feststellung, daß die Verschiebung eines Spektrums nach größeren Wellenlängen als *Rotverschiebung* bekannt und ein Maß für die Rezessionsgeschwindigkeit eines astronomischen Objektes bei der Entfernung von unserer Galaxie ist. In dem sich ausbreitenden Universum ist die Rezessionsgeschwindigkeit eines Objektes proportional zu seiner Entfernung von unserer Galaxie. Sehr bald nach dieser Entdeckung wurden bei anderen sternähnlichen Objekten noch größere Rezessionsgeschwindigkeiten gemessen. Bemerkenswert an diesen Entdeckungen war, daß diese Objekte genau so weit entfernt waren, wie die damals bekannten entferntesten Galaxien. Diese Objekte konnten also keine normalen Sterne sein.

Das außergewöhnliche Objekt 3C 273 war das erste *quasistellare Objekt* oder der erste *Quasar*, der entdeckt wurde (Abb. 1.14). Das Licht seines Kernes überstrahlt das Licht der Galaxie um das Tausendfache. Drei Galaxien in gleicher Entfernung wie der Quasar sind am unteren Bildrand von Abb. 1.14 zu sehen. Jede einzelne von ihnen wäre völlig unauffindbar, wenn sie einen solchen aktiven galaktischen Kern enthalten würde – das Licht der Galaxie würde durch das Licht des Kernes vollkommen überstrahlt. In der Abb. 1.14 kann man auch einen der Jets sehen, der von dem Quasar wegzeigt, so wie er auch bei Radioquellen wie Cygnus A für Radiowellenlängen gefunden wird (Abb. 3.3a).

Die Entdeckung der Quasare war an sich schon auffallend genug, wirklich aufregend war aber die Tatsache, daß sich die Intensitäten ihrer Strahlung im sichtbaren Licht in bemerkenswert kurzen Zeitabständen änderten. In Abb. 3.4 sind die Intensitätsvariationen der Strahlung von zwei aktiven galaktischen Kernen gezeigt, in einem Fall die Variabilität des Quasars 3C 345 im sichtbaren Licht, im anderen Fall die Variabilität der Seyfert-Galaxie MCG-6-30-15 bei Röntgenwellenlängen. Es fällt auf, daß die Änderung der Intensitäten innerhalb von Tagen oder noch weniger stattfinden kann.

Warum sind derartige Beobachtungen eigentlich so wichtig? Angenommen, eine Strahlungsquelle hat einen Durchmesser $D$ und leuchtet in kurzen Zeitabständen auf. Der Einfachheit halber nehmen wir an, daß die Strahlungsquelle eine kugelförmige Gestalt hat und $D$ der Durchmesser der Kugel ist. Was sieht ein entfernt stehender Beobachter? Das Licht von der Vorderseite der Strahlungsquelle, die dem Beobachter zugewandt ist, kommt zuerst bei ihm an und das Licht von der Rückseite um eine Zeit $t$ später. Diese Zeit vergeht, während das Licht durch die Strahlungsquelle hindurchtritt. Es ist also $t = D/c$, wobei $c$ die Lichtgeschwindigkeit ist. Der Strahlungsausbruch kann eine sehr kurze Zeit dauern, aber die endlichen Dimensionen der Strahlungsquelle und die Tatsache, daß die Lichtgeschwindigkeit konstant ist, ergeben zusammen eine Pulsdauer von grob gerechnet $D/c$. Beobachtet man also eine Strahlungsquelle, deren Intensität sich innerhalb einer bestimmten Zeitspanne signifikant verändert, dann weiß man, daß sie aus einem Bereich kommt, dessen räumliche Abmessungen *kleiner* als etwa $D = ct$ sein müssen.

Was wir soeben beschrieben haben, ist ein Beispiel für die *Kausalität* in der Relativitätstheorie. Wenn wir beobachten, daß sich die Intensität einer Strahlungsquelle innerhalb eines Tages ändert, dann kann der Bereich, aus dem diese Strahlung stammt, nicht größer als ein Lichttag sein. Auf diese Weise erhalten wir aus den Zeitvariationen brauchbare Abschätzungen für die Größe der Bereiche, aus denen die intensive Strahlung der aktiven galaktischen Kerne kommt. Diese Bereiche müssen kleiner als ein Lichtjahr sein, und das ist im Vergleich zur Größe der Galaxien sehr klein. Die gewaltige Leuchtkraft der Quasare muß mitten im Zentrum der Muttergalaxie entstehen – daher kommt auch die Bezeichnung *aktiver galaktischer Kern*. Quasare müssen eine völlig neue Art von Energiequellen enthalten, in denen riesige Ströme von Strahlungen in den Wellenlängenbereichen des sichtbaren Lichtes, der Radiowellen und der Röntgenstrahlen in ungeheuer kompakten Regionen erzeugt werden. Wir müssen uns eine Leuchtkraft vorstellen, die etwa 1000mal größer als die gesamte Leuchtkraft unserer eigenen Galaxie ist, die aus einer Region hervortritt, die kleiner als die typische Entfernung zweier Sterne in der Milchstraße und häufig genug sogar noch kleiner ist.

Dem soeben vorgetragenen Gedankengang kann man jedoch nicht immer ganz vorbehaltlos folgen. Die Grenzabschätzungen räumlicher Größen der Strahlungsquellen sind nur dann gut, wenn die Quellen nicht mit allzugroßen Geschwindigkeiten expandieren oder sich bewegen, und das bedeutet, ihre Geschwindigkeiten liegen nicht in der Nähe der Lichtgeschwindigkeit. Wir werden noch sehr deutliche Hinweise darauf finden, daß sich einige der hellsten Strahlungsquellen doch mit nahezu Lichtgeschwindigkeit bewegen (Abschn. 3.7). Solche Überlegungen ändern zwar die räumlichen Größen und die Zeitmaßstäbe, aber nicht in dem Ausmaß, daß der mit den aktiven galaktischen Kernen verknüpfte obige Gedankengang völlig unbrauchbar würde.

In mancher Hinsicht wurden die Quasare zu früh bemerkt. Seit ihrer Entdeckung in den frühen 60er Jahren wurden noch viele Beispiele von aktiven galaktischen Kernen gefunden, und meistens sind sie nicht annähernd so extrem wie die Quasare. So enthält z.B. die Galaxie NGC 4151, die in Abb. 1.12 und Abb. 1.13 gezeigt wird und die eine verhältnismäßig nahe gelegene Galaxie ist, einen aktiven galaktischen Kern mit vielen für Quasare üblichen Eigenschaften – der Kern ist besonders leuchtkräftig im Bereich der sichtbaren Wellenlängen und Röntgenstrahlen, und seine Intensität ändert sich mit einer Periode von einigen Tagen. Wahrscheinlich gibt es in den gewöhnlichen Galaxien wie der unseren auch noch kleinere Exemplare aktiver galaktischer Kerne, die manchmal Miniquasare genannt werden. Es wird heute allgemein angenommen, daß wahrscheinlich in allen Galaxien aktive galaktische Kerne anzutreffen sind. Sicher aber ist es beruhigend, daß die extremsten Beispiele aktiver galaktischer Kerne, die Quasare, sehr seltene Objekte sind, doch sie stellen die Astrophysiker vor sehr ernsthafte Probleme.

Als die Quasare entdeckt waren, standen die Theoretiker wieder vor schwierigen Fragen. Einige Astronomen fanden die Eigenschaften der Quasare so absonderlich, daß sie deren Rotverschiebung nicht mehr auf die allgemeine Expansion des Universums zurückführen wollten. Doch innerhalb von 10 Jahren nach ihrer Entdeckung stellte sich heraus, daß alle Arten von aktiven galaktischen Kernen aufgrund der energetischen Prozesse verstanden werden können, die sich in der Umgebung schwarzer Löcher abspielen. Der Hinweis zur Klärung der Physik der aktiven galaktischen Kerne kam schließlich von zwei völlig unerwarteten Entdekkungen – der Entdeckung der Radioquasare und der Röntgen-Doppelsterne.

## 3.3 DIE ENTDECKUNG DER PULSARE

Die 60er und die frühen 70er Jahre waren für die Astronomie, Astrophysik und Kosmologie erstaunliche Jahre. Für die Astrophysik als Ganzes gab es keine wichtigeren Entdeckungen als 1967 die der Pulsare und 1972 die der Röntgen-Doppelsterne. Es mag abwegig erscheinen, Pulsare und Röntgen-Doppelsterne mitten in der Diskussion der Physik der Quasare einzuführen, doch liefern gerade sie entscheidende Hinweise auf den Prozeß der Energieerzeugung in kompakten Himmelsobjekten. Die Überlegungen hierzu können mit einigen Erfolgsaussichten auch auf die Physik der extremsten aktiven galaktischen Kerne angewendet werden.

(a)

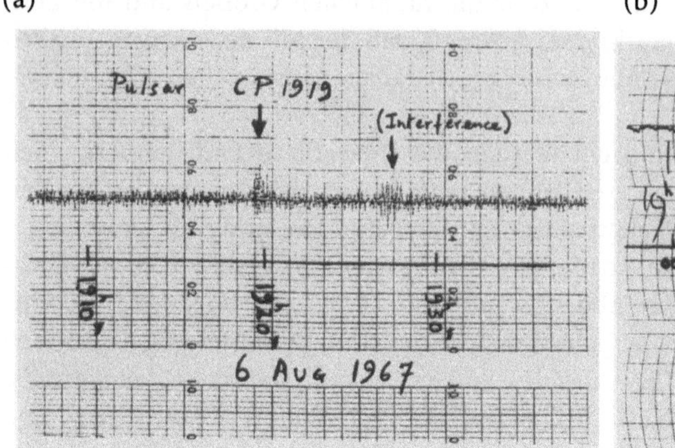


(b)

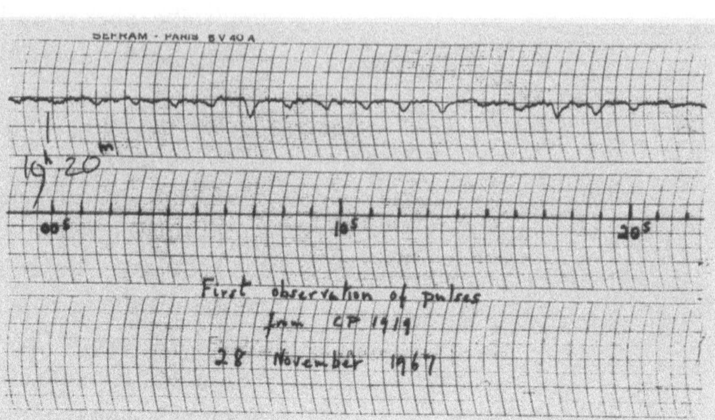


(c)

*Abb. 3.5.* Die Aufzeichnung der Meßdaten, die zur Entdeckung des ersten Quasars PSR 1919 + 21 führten. (*a*) Die ersten Aufzeichnungen der merkwürdig szintillierenden Quelle, bezeichnet mit CP 1919. Auffallend sind die kaum bemerkbaren Unterschiede des Signals von der Radioquelle im Vergleich zu den Störsignalen infolge der terrestrischen Interferenzen. (*b*) Die Signale von PSR 1919 + 21 mit einer kürzeren Zeitkonstante aufgenommen als bei der Entdeckung. Das Signal besteht aus regelmäßig wiederkehrenden Impulsen mit der Periode 1,33 s. (*c*) Die 4 acres große Anordnung von Antennen, die von A. Hewish und seinen Mitarbeitern in Cambridge gebaut wurde. Mit dieser Antennenanordnung wurden die Radioquasare entdeckt. Das Bild zeigt Jocelyn Bell(-Burnell) vor einem kleinen Ausschnitt der abgestimmten Antennen.

Die Radioquasare, die 1967 von A. Hewish und J. Bell(-Burnell) entdeckt wurden, waren für die Astronomen eine mehr oder weniger große Überraschung. Es begann damit, daß einige Jahre zuvor Hewish die Untersuchung des »Flimmerns« von Radioquellen bei niedrigen Frequenzen vorbereitete. Genau wie die Sterne bei der Beobachtung im sichtbaren Licht, flimmern auch die Radioquellen bei niedrigen Frequenzen. 1964 hatte Hewish bestätigen können, daß die Intensitätsfluktuationen von kompakten Radioquellen auf die Streuungen der Radiowellen an Unregelmäßigkeiten des aus der Sonne austretenden Gases zurückgeführt werden können, das als *Sonnenwind* bekannt ist. Hewish und seine Mitarbeiter wiesen nach, daß diese Erscheinung, die als interplanetarisches Flimmern bekannt war, sowohl zur Untersuchung der Eigenschaften des Sonnenwindes als auch der Strukturen von Radioquellen dienen konnte. Die kräftigsten flimmernden Radioquellen waren meist kompakte Quellen, und diese waren dann häufig Quasare.

Im Jahre 1964 erhielt Hewish Forschungsmittel, um eine Anordnung von Dipolantennen zu entwerfen und zu bauen, mit denen sich ins einzelne gehende Untersuchungen aller Aspekte des interstellaren Flimmerns durchführen ließen. Um eine hohe Empfindlichkeit bei den niedrigen Frequenzen von 81,5 MHz (3,7 m Wellenlänge) zu erhalten, mußte eine sehr große Anordnung von Antennen gebaut werden, die schließlich eine Fläche von 1,8 ha (4,5 acres) bedeckte (Abb. 3.5 c). Damit hatte er den Schlüssel zu weiteren Entdeckungen in der Hand, denn das Flimmern der Radioquellen mußte mit einer Genauigkeit von einer zehntel Sekunde aufgezeichnet werden. 1965 schloß sich J. Bell als Hewishs Doktorandin dem Forschungsprogramm an. Die erste Durchmusterung des Himmels wurde im Jahre 1967 vorgenommen, und J. Bell entdeckte alsbald eine merkwürdige Radioquelle, die nur flimmernde Radiosignale abzustrahlen schien (Abb. 3.5a). Diese Radioquelle war auch nicht immer in Tätigkeit, und ihre Beschaffenheit blieb ein Geheimnis. Im November 1967 wurde ein Aufzeichnungsgerät mit einer kurzen Zeitkonstanten zu diesen Messungen eingesetzt, und dabei ergab sich, daß die Radiosignale aus einer Reihe von regelmäßigen Impulsen mit einer Periodendauer von etwa 1,33 sec bestanden (Abb. 3.5b). In den nächsten Monaten wurden drei weitere derartige Radioquellen entdeckt, wobei eine von ihnen eine Periodendauer von einer viertel Sekunde besaß. Kurz darauf wurde der Name *pulsierende Radioquelle* mit *Pulsar* abgekürzt. In diesen frühen Tagen wurden auch die Radioquellen LGM1, LGM2, LGM3 und LGM4 aufgefunden. Die Buchstaben LGM bedeuten dabei »Little Green Men« (kleine grüne Männer), denn was man da gemessen hatte, war völlig unerwartet und schien eine Art himmlischer Morsekode zu sein, und es war nur denkbar, daß die Impulsfolgen Botschaften von außerirdischen Lebewesen waren. Ich erinnere mich an eine Weihnachtskarte, die J. Bell Weihnachten 1967 an A. Hewish schickte – sie bestand nur aus einer Reihe von Impulsen, aus denen man einen Weihnachtsgruß entziffern konnte.

Bald danach wurde bestätigt, daß die einzigen Himmelskörper, die derartig regelmäßige Impulsfolgen mit Periodendauern von weniger als einer Sekunde erzeugen konnten, *Neutronensterne* sind. In Abb. 3.6 ist aufgezeichnet, wie ein rotierender magnetisierter Neutronenstern gepulste Radiostrahlung erzeugen kann. Neutronensterne sind sehr kompakte Himmelskörper, und sie besitzen außerdem ein sehr starkes Magnetfeld. Man nimmt an, daß die magnetisierten Neutronensterne einen Radiostrahl in die Richtung der Pole ihres Dipol-Magnetfeldes aussenden. Um einen Pulsar zu erhalten, muß die Achse des magnetischen Dipoles mit der Drehachse des Neutronensternes einen Winkel bilden. Damit werden die Pole des magnetischen Dipoles im Takt der Rotationsfrequenz des Neutronensternes um seine Drehachse geschwenkt. Die Rotationsfrequenz des Neutronensternes muß danach eine Sekunde oder etwas mehr betragen, für ein Himmelsobjekt von etwa der Sonnenmasse ist das eine recht ungewöhnliche Rotationsfrequenz. Eine derar-

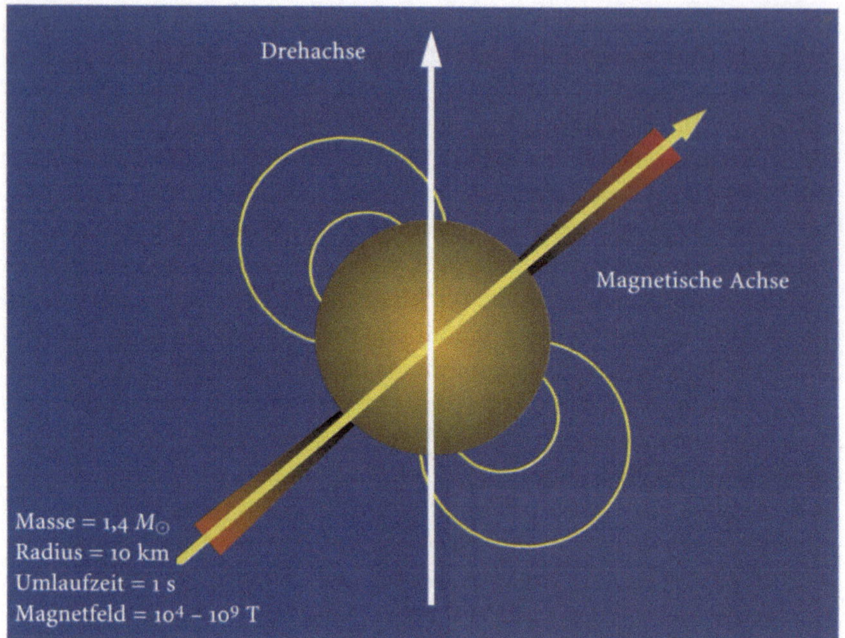


*Abb. 3.6.* Schematische Modellzeichnung eines Pulsars als rotierender magnetisierter Neutronenstern, bei dem die magnetische Achse und die Rotationsachse nicht übereinstimmen. Die Radioemission wird in Richtung der Magnetpole des Neutronensternes abgestrahlt. Infolgedessen sieht man in einer gewissen Entfernung einmal in jeder Rotationsperiode des Neutronensternes einen hellen Impuls von Radiostrahlung, sofern der Strahl die Sichtlinie des Beobachters schneidet. Typische Eigenschaften von Neutronensternen sind in der Zeichnung angegeben. Das Magnetfeld wird in Tesla (T) gemessen. Das magnetische Feld der Erde beträgt zum Vergleich ungefähr 0,00005 T.

tige Rotationsgeschwindigkeit ist nur für äußerst kompakte Sterne vorstellbar, größere Sterne würden durch die Zentrifugalkräfte zerrissen.

Was ist ein Neutronenstern? Wir rufen uns das Ende des letzten Kapitels ins Gedächtnis zurück. Wenn ein Stern all seinen Kernbrennstoff verbraucht hat, dann gibt es keine Energiequelle mehr, die dafür sorgen kann, daß der thermische Druck dem Druck der Gravitationskräfte widerstehen kann - der Stern fällt in sich zusammen. Ein Druck gegen den Druck der Gravitationskräfte kann nur noch durch die quantenmechanische Erscheinung entstehen, daß in einer Ansammlung von Teilchen wie Protonen, Neutronen und Elektronen nicht zwei Teilchen den gleichen Energiezustand besetzen dürfen. Dieses quantenmechanische Prinzip hat keine Entsprechung in der klassischen Physik. Es handelt sich um genau dasselbe Prinzip, nach dem in einem Atom jeder mögliche Energiezustand von jeweils nur einem Elektron besetzt werden darf, woraus letztlich die ungeheure Vielfalt der Erscheinungen entsteht, die man in der Chemie vorfindet. Dieses quantenmechanische Prinzip verhindert, daß die Teilchen zu dicht zusammengedrückt werden. Der Druck, der durch diese abstoßenden Kräfte entsteht, wird *Entartungsdruck* genannt.

*Weiße Zwerge* lassen sich überzeugend mit dem Ende der Sternentwicklung verbinden, das den Sternen wie der Sonne bevorsteht. Hierbei sind die Elektronen für die Entstehung des Entartungsdruckes verantwortlich, der den weißen Zwergen zum Widerstand gegen den Gravitationskollaps verhilft. Die Theorie dieser Sterne wurde ausgearbeitet, als 1920 das Pauliprinzip bekannt und der Begriff des Entartungsdruckes geprägt wurde. Weiße Zwerge sind kompakte Sterne mit Radien von

1/100 des Sonnenradius ohne innere Energiequelle. Sie sind darüber hinaus sehr schwach leuchtende Sterne, und drei von ihnen kann man im H-R-Diagramm Abb. 2.9a rechts unten neben der Hauptreihe finden. In unserer Galaxie muß eine erhebliche Anzahl von ihnen vorhanden sein, denn sie bilden das natürliche Ende der Entwicklung der Sterne mit etwas Sonnenmasse, nachdem sie die Spitze des Riesenastes im H-R-Diagramm erreicht haben. Dann werden die Sterne instabil und werfen ihre äußeren Hüllen ab, aus denen die planetarischen Nebel entstehen (Abb. 2.12). Zur gleichen Zeit ziehen sich ihre Kerne zusammen, bis der Entartungsdruck der Elektronen dies verhindert. Der kompakte Rest wird anschließend zu weißen Zwergen, wie es in dem Lebenslauf normaler Sterne in Abb. 2.13b angedeutet ist.

Neben diesem gibt es einen weiteren Endzustand eines Sternes mit noch größerer Dichte bei dem der Entartungsdruck der Neutronen das weitere Zusammenschrumpfen unter dem Einfluß der Gravitation aufhält. Es erscheint schwer verständlich, daß auch Neutronen den Entartungsdruck aufbringen können, weil freie Neutronen mit einer Halbwertszeit von rund 11 Minuten in Protonen, Elektronen und Neutrinos zerfallen. Wenn das Gas aber sehr dicht wird, dann ist der Entartungsdruck der Elektronen so groß, daß sie relativistische Energien aufnehmen können. Falls die Energie eines Elektrons größer als 1,29 MeV wird, dann kann es mit einem Proton in Wechselwirkung treten und nach der Gleichung

$$p + e^- \rightarrow n + \nu_e$$

ein Neutron bilden. Normalerweise würden die Neutronen zerfallen, aber das Gas ist hoch entartet, und für die Elektronen sind keine Energiezustände frei, die sie einnehmen könnten, wenn sie einen Teil ihrer Energie als elektromagnetische Welle abstrahlen würden. Die Entartung des sehr dichten Gases stabilisiert also die Neutronen gegen den Zerfall. Ein solcher Prozeß findet aber nur bei Dichten oberhalb von $10^{10}$ kg m$^{-3}$ statt, also bei Dichten, die 10-Mio.-mal größer sind als die Dichte des Wassers.

Neutronensterne sind also äußerst kompakte Himmelsobjekte. Der Radius eines typischen Neutronensternes beträgt ungefähr 10 bis 15 km, und seine Masse entspricht etwa der Sonnenmasse. Damit besitzt er eine Dichte von $10^{17}$ bis $10^{18}$ kg m$^{-3}$. Vergleichbare Dichten kommen sonst nur noch im Inneren von Atomkernen vor. Neutronensterne kann man sich demnach als riesige Atomkerne vorstellen, die aus etwa $10^{60}$ Nukleonen bestehen – alle $10^{60}$ Nukleonen sind dicht aufeinander gepackt und werden durch die Gravitationskraft zusammengehalten. Die physikalischen Bedingungen im Inneren von Neutronensternen sind sehr extrem und mit keinem Zustand vergleichbar, den man in irdischen Laboratorien herstellen kann. Abbildung 3.7 vermittelt einen Eindruck von den außergewöhnlichen Prozessen, die im Inneren eines Neutronensternes ablaufen.

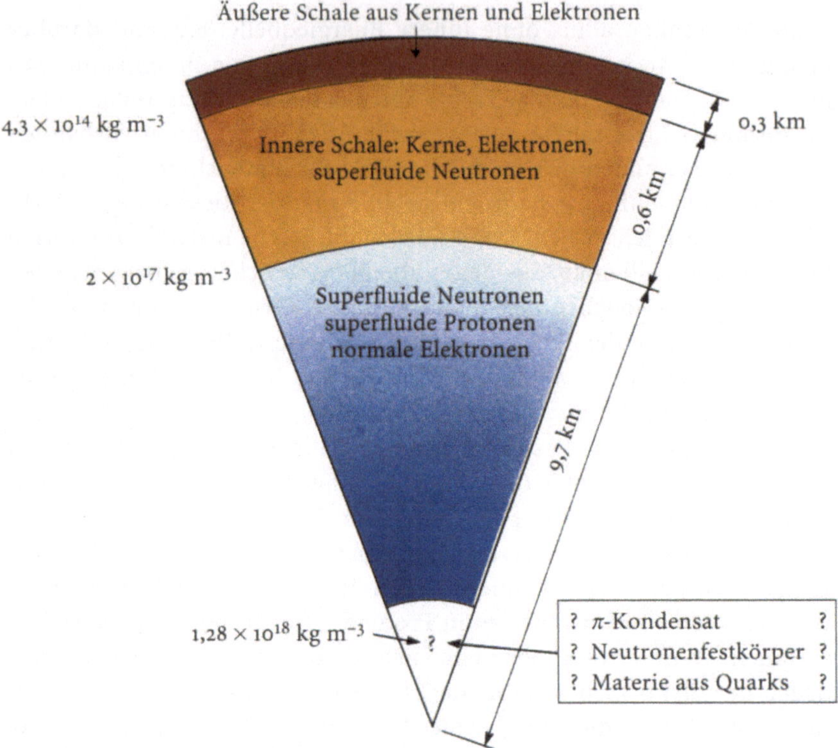


*Abb. 3.7.* Das repräsentative Modell der inneren Struktur eines Neutronensternes mit der 1,4fachen Sonnenmasse.

Die Existenz von Neutronensternen wurde zuerst im Jahre 1934 von W. Baade und F. Zwicky vorgeschlagen, nur einige Jahre nach der Entdeckung des Neutrons durch J. Chadwick. W. Baade und F. Zwicky stellten sich vor, daß Neutronensterne in den Explosionen am Ende eines Sternenlebens entstehen und daß sie die Quelle der hochenergetischen Teilchen sind, aus denen die *kosmischen Höhenstrahlen* bestehen. Wir lassen F. Zwicky seine weit vorausschauenden Vermutungen in eigenen Worten beschreiben:

> In der *Los Angeles Times* vom 19. Januar 1934 erschien eine Beilage zu den Comic-Geschichten »Sei gelehrt mit Ol'Doc Dabble«, in der ich folgendermaßen zitiert werde:
>
> Kosmische Strahlen werden von explodierenden Sternen verursacht, die mit dem Feuer von 100 Mio. Sonnen brennen und dann von 1/2 Mio. Meilen Durchmesser zu kleinen, nur 14 Meilen dicken Kugeln zusammenschrumpfen, sagt Prof. Fritz Zwicky, ein Schweizer Physiker.
>
> In aller Bescheidenheit behaupte ich, daß dies die exakteste dreifache Voraussage der Wissenschaft ist, die je gemacht wurde. Mehr als 30 Jahre mußten vergehen, bis nachgewiesen werden konnte, daß diese Feststellung in jeder Beziehung richtig ist.

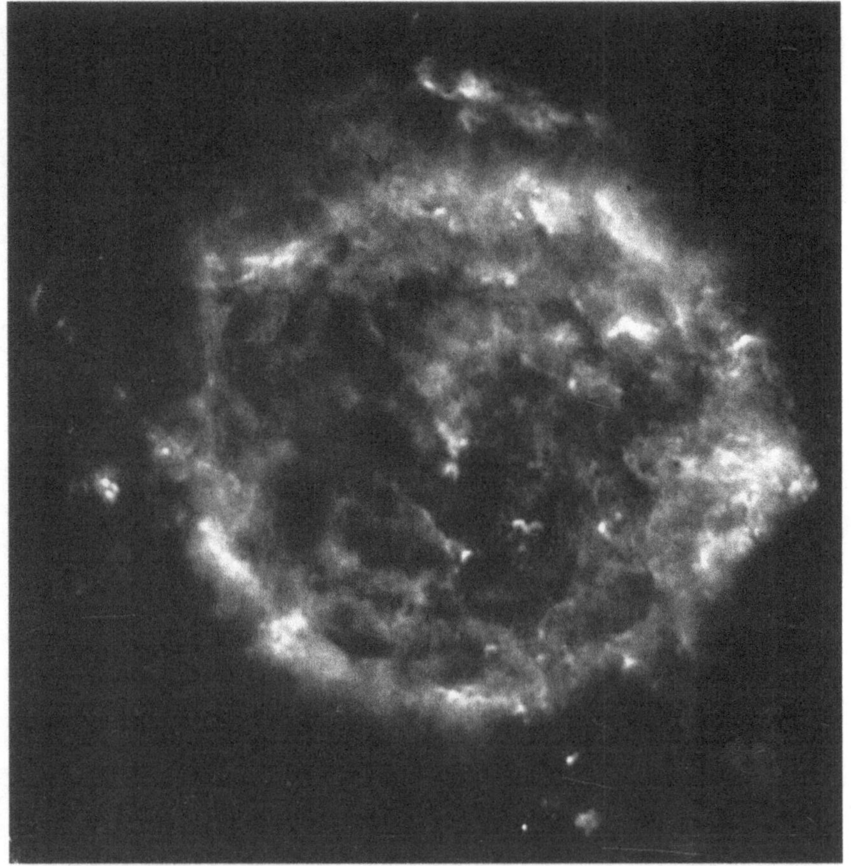

*Abb. 3.8.* Bild des Supernovarestes Cassiopeia A, aufgenommen mit dem Ryle Telescope in Cambridge. Die Radiostrahlung ist hier die Synchrotronstrahlung ultrarelativistischer Elektronen, die in dem Supernovarest beschleunigt werden. Man sollte dieses Bild mit den Aufnahmen derselben Strahlungsquelle im optischen Bereich (Abb. 1.24) und im Röntgenbereich (Abb. 1.25) vergleichen.

Zwicky war eine außergewöhnliche Persönlichkeit, und man muß seine bemerkenswerte Einsicht bewundern. Die Bildung von Neutronensternen in Supernovaexplosionen wurde durch die Entdeckung der jungen Radiopulsare im Vela-Supernovarest und im Supernovarest des Krebsnebels eindeutig bestätigt. Es wird allgemein angenommen, daß sich die Neutronensterne bei der Explosion massiver Sterne herausbilden und die Statistik der Pulsare mit diesem Bild einigermaßen verträglich ist. Um Zwickys Erfolgsliste vollständig zu machen – Supernovareste gehören zu den galaktischen Radioquellen größter Intensität. Beispielsweise ist das Radiobild des Supernovarestes Cassiopeia A (Abb. 3.8) mehr oder weniger identisch mit dem Bild der Röntgenstrahlung aus derselben Region (Abb. 1.25), doch Radiostrahlung beruht auf der Synchrotronstrahlung sehr energiereicher Elektronen. Daher können sicherlich Teilchen mit den Energien der kosmischen Höhenstrahlen auch in Supernovaresten beschleunigt werden. Die überzeugendste Theorie der Entstehung des Teilchenstromes der kosmischen Höhenstrahlung, der im interstellaren Medium an seiner Radio- und $\gamma$-Emission erkannt werden kann, beruht auf der Vorstellung der Teilchenbeschleunigung in Supernovaexplosionen, wie etwa der von Cassiopeia A.

*Abb. 3.9.* Das Umfeld der Supernova SN 1987A in der großen Magellanschen Wolke, vor und nach der Explosion, die zuerst am 24. Februar 1987 beobachtet wurde.

## 3.4 Die Supernova SN 1987A

Einen direkten Beweis für die Prozesse, die beim Sterben eines massiven Sternes ablaufen, lieferte die Explosion einer Supernova im Februar 1987 in der großen Magellanschen Wolke. Die Supernova wurde als SN 1987A bekannt (Abb. 3.9). Diese Supernovaexplosion war eines der aufregendsten und wichtigsten Ereignisse in der Astronomie dieses Jahrhunderts. SN 1987A war die hellste Supernova seit Keplers Supernova aus dem Jahre 1604 und gleichzeitig die erste helle Supernova, die mit der geballten Kraft der modernen astronomischen Instrumente beobachtet wurde. Ihre Position stimmt genau mit der Position des strahlend blauen Überriesen Sanduleak -69 202 überein, der im Anschluß an die Supernovaexplosion auch verschwunden war. Modellrechnungen der Supernovaexplosion deuten darauf hin, daß dieser Stern ungefähr die 20fache Sonnenmasse gehabt haben muß.

Als einen besonderen Glücksumstand kann man es betrachten, daß gerade zur Zeit der Supernovaexplosion die Neutrinodetektoren des Kamiokande-Experimentes in Japan und des Irvine-Michigan-Brookhaven-Experimentes (IMB) in einem Salzbergwerk in Ohio, USA in Betrieb waren. Beide Experimente hatten einen vollkommen anderen Zweck, nämlich nach einem Beweis für den Zerfall des Protons zu suchen. Beide Experimente entdeckten jedoch kurz vor der Beobachtung der Supernovaexplosion am 24. Februar 1987 einen kurzen Ausbruch von Neutrinos. Im Kamiokande-Experiment wurden 12, und im IMB-Experiment 8 Neutrinos registriert, und zwar gleichzeitig in beiden Detektoren. Alle 20 Neutrinos trafen innerhalb von 12 Sekunden ein. Die erste Beobachtung der Supernova im sichtbaren Licht erfolgte einige Stunden nach der Registrierung der Neutrinos, in völliger Übereinstimmung mit dem theoretischen Bild, nach dem die Neutrinos direkt vom Ort ihrer Entstehung im kollabierenden Kern des Präsupernovasternes entkommen können, während das sichtbare Licht erst einmal durch die äußere Umhüllung der Supernova diffundieren mußte.

Die Registrierung der Neutrinos aus der Supernova ist für die Theorie der Sternentwicklung von einmaliger Bedeutung. Vom astronomischen Standpunkt aus gesehen war die Position der Supernova ideal, weil die Entfernung der großen Magellanschen Wolke exakt bekannt ist, und deswegen die Neutrinoleuchtkraft der Supernova bestimmt werden kann. Es stellte sich heraus, daß die Neutrinoleuchtkraft und die Energie der Neutrinos von SN 1987A genau den für die Bildung eines Neutronensternes erwarteten Werten entsprachen. Obwohl in den Resten dieser Supernova noch kein Pulsar wahrgenommen wurde, stimmten die Neutrinoströme aus dem Zusammenbruch des Vorläufersternes mit dem überein, was man erwarten würde, wenn sich ein Neutronenstern bildet. Alle diese Beobachtungen ergaben zusammen, daß unser Verständnis von den Endstadien der Sternentwicklung im wesentlichen richtig sein muß.

Andere sehr schöne Messungen an dieser Supernova betreffen die Abnahme der Lichtintensität und die Bildung von schweren Elementen. Wie bei den meisten Supernovae ist auch bei dieser die exponentielle Abnahme der Lichtintensität mit einer Halbwertszeit von ungefähr 77 Tagen eine besonders bemerkenswerte Eigenschaft (Abb. 3.10). Eine vielversprechende Theorie für diesen exponentiellen Abfall sagt voraus, daß in dem kollabierenden Kern des Vorläufersternes der Supernova die Synthese der schweren Elemente bis zum Eisen hin abläuft und daß zusätzlich zu den stabilen Formen des Eisens und der Metalle aus der Eisengruppe auch instabile Kerne erzeugt werden. Diese werden zusammen mit anderen Syntheseprodukten bei der Supernovaexplosion ausgeworfen. Die wichtigste radioaktive Zerfallskette ist die des radioaktiven Nickelisotopes $^{56}$Ni zum radioaktiven Kobalt $^{56}$Co und anschließend zum stabilen Isotop Eisen $^{56}$Fe. Der erste radioaktive Zerfall hat eine Halbwertszeit von nur 6,1 Tagen, der zweite Zerfall von $^{56}$Co hat genau die erforderliche Halbwertszeit von 77,1 Tagen, um die Abnahme der Leuchtkraft der Supernova im sichtbaren Bereich des Lichtes zu erklären. Wenn dies aber die richtige Erklärung des zeitlichen Intensitätsverlaufes der Supernova ist, dann muß ungefähr 0,07mal die Sonnenmasse an $^{56}$Ni bei der Explosion entstanden sein. Damit besteht dann

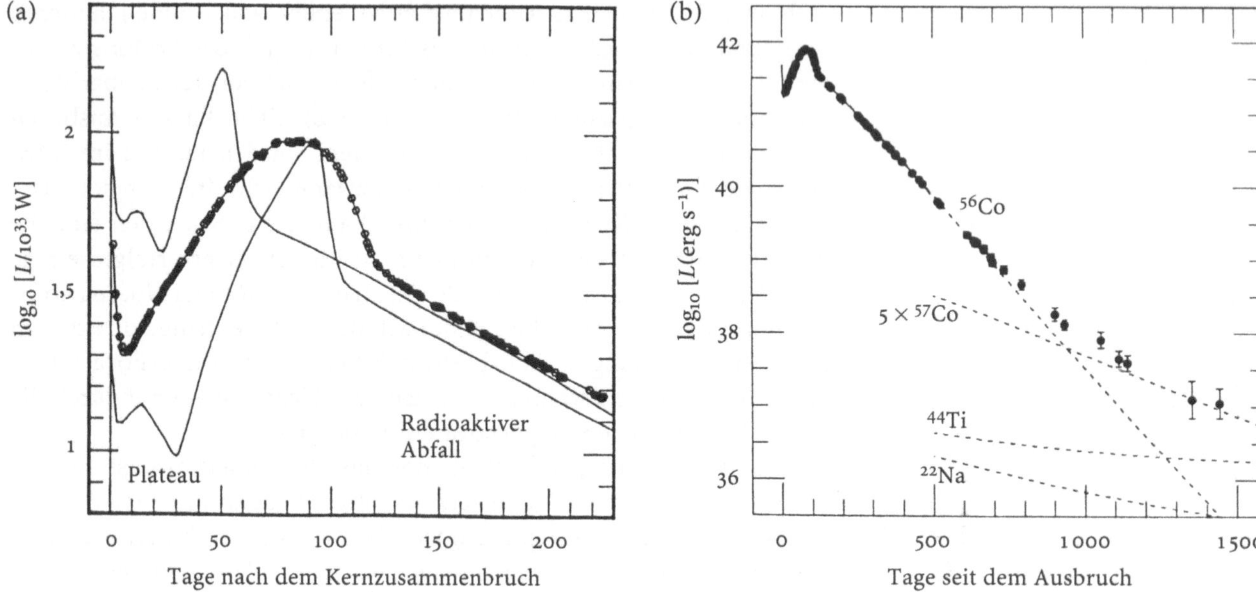


*Abb. 3.10.* Die Leuchtkraftkurven der Supernova SN 1987 A für die ersten fünf Jahre ihres Bestehens. Die Leuchtkraftkurven lassen erkennen, wie die gesamte Leuchtkraft im Bereich der optischen, ultravioletten und infraroten Wellenlängen während der ersten fünf Jahre nach der Explosion im Februar 1987 abnimmt. (*a*) Die dünnen Linien stellen die Ergebnisse einiger theoretischer Modellrechnungen für die frühen Leuchtkraftkurven der Supernova dar. (*b*) Die gestrichelten Linien zeigen, welche Abnahme der Leuchtkraft erwartet wird, wenn verschiedene radioaktive Substanzen ins Spiel kommen. Die in den radioaktiven Nukliden abgelegten Energien beruhen auf den folgenden Anfangsmassen: 0,075 $M_\odot$ $^{56}Ni$, $10^{-4}$ $M_\odot$ $^{44}Ti$, $2 \times 10^{-6}$ $M_\odot$ $^{22}Na$ und 0,009 $M_\odot$ $^{57}Co$. Die letzte Angabe entspricht dem fünffachen des Vorkommens von $^{57}Fe/^{56}Fe$ in der Sonne.

eine gute Übereinstimmung mit den Erwartungen theoretischer Modelle für die Prozesse der Nukleosynthese.

Als Folge dieser Modellvorstellung sollte sich das sichtbare Spektrum der Supernova während des Abfalles der Helligkeit ändern. Die Absorptionslinien, die zu den radioaktiven Isotopen $^{56}Ni$ und $^{56}Co$ gehören, müßten in der Intensität relativ zu den Linien von $^{56}Fe$ abnehmen. Diese Abnahme der relativen Intensität der Ni- und Co-Linien wurde auch tatsächlich beobachtet. Die Summe aller dieser Beobachtungen liefert einen direkten Beweis dafür, daß die Helligkeitsabnahme der Supernova auf den radioaktiven Zerfall zurückzuführen ist, bei der Supernovaexplosion Elemente der Eisengruppe gebildet werden und die so gebildete Materie in den interstellaren Raum ausgeworfen wird.

## 3.5 Die Entdeckung der Röntgen-Doppelsterne

Die Entdeckung der Neutronensterne als Vorläufer der Pulsare war ein besonderer Glücksumstand. Er ergab sich aus der Erforschung eines Parameterbereiches, der zuvor den Astronomen nicht zugänglich war, nämlich der Kurzzeitastronomie bei den langen Radiowellen. Die Entdeckung der Pulsare eröffnete vollkommen neue Einblicke für die Astronomie. Die Neutronensterne waren bis 1968 weitgehend theoretische Konstrukte, und wegen ihrer winzigen Größe bestand auch wenig Hoffnung auf ihre Entdeckung. Die einzige Hoffnung wurde darin gesehen, daß sie als Röntgenquellen wahrgenommen werden könnten, sofern sie eine heiße Oberfläche besitzen würden, doch die Röntgenastronomie steckte noch in den Kinderschuhen.

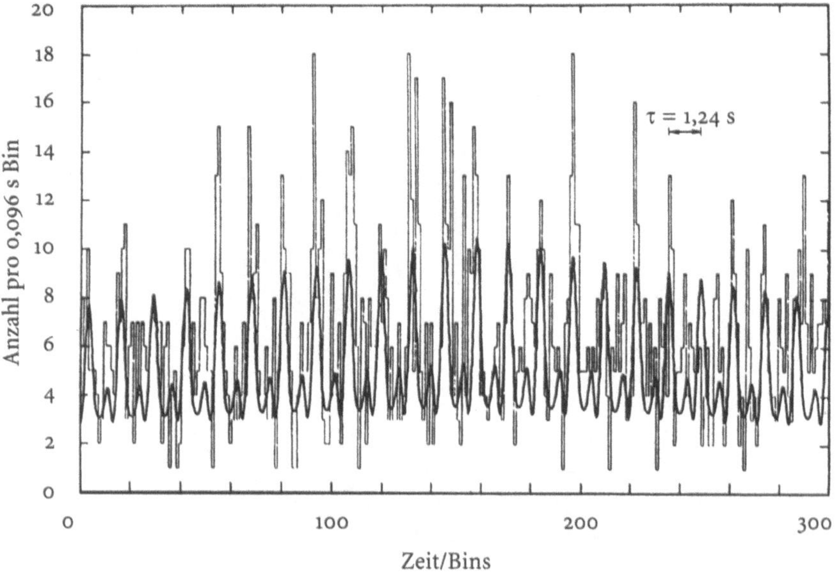


*Abb. 3.11.* Mit dieser Aufzeichnung wurde die pulsierende Röntgenquelle Hercules X-1 (Her X-1) von dem Uhuru-Satelliten entdeckt. Die Röntgenstrahlen werden als regelmäßige Impulse mit einer Periode von etwa 1 s ausgestrahlt, ähnlich den Perioden, die bei den Radiopulsaren gefunden wurden.

Die nächste weiterführende Entdeckung kam 1971 aus der Röntgenastronomie, die sich als ein eigenständiges Fach zu entwickeln begann, jedoch nicht so, wie es erwartet wurde. Bis 1970 wurde Röntgenastronomie nur von Raketen aus betrieben, die lediglich Beobachtungen von 5 Minuten Dauer zuließen, solange eben, wie sich die Rakete außerhalb der Erdatmosphäre befand, bevor die Nutzlast wieder zur Erde zurückfiel. Die Experimente von Raketen aus zeigten zunächst, daß es stark veränderliche Röntgenquellen gab. Während der 60er Jahre waren die Röntgenastronomen noch dadurch verwirrt, daß Radioquellen an- und ausgingen, daß sie mal zu beobachten waren und mal nicht und daß es schwierig zu entscheiden war, ob sie real waren oder nicht. 1970 wurde dann der Uhuru-Röntgensatellit ins All geschossen, der nur zu Röntgenmessungen gedacht war, die auch manche in den 60er Jahren offen gebliebene Frage klären konnten. Eine seiner wichtigsten Entdeckungen waren galaktische Röntgenquellen, die sehr rasch pulsierende Röntgenstrahlen aussandten. Abbildung 3.11 zeigt die Aufzeichnungen der pulsierenden Strahlung aus der Röntgenquelle Hercules X-1. Die Periodendauern der Röntgenimpulse sind recht kurz, sonst aber denen der Radioquellen ziemlich ähnlich. Dies führte zu der Vermutung, daß in den Röntgenquellen ein Neutronenstern vorhanden sein könnte. Der Prozeß jedoch, mit dem die Röntgenstrahlen ausgesandt werden, mußte ein vollkommen anderer sein.

Strahlenquellen würden dann Röntgenstrahlen emittieren können, wenn ein Gas mit Temperaturen von 10 Mio. K oder mehr vorhanden wäre, wie man aus der Abb. 1.20 erkennen kann. Ein wichtiger Hinweis auf den Prozeß kam aus der Beobachtung, daß viele pulsierende Radioquellen zu Doppelsternsystemen gehören. In diesen ist einer der Sterne, der Primärstern, ein normaler Stern, sein Begleiter jedoch ist im sicht-

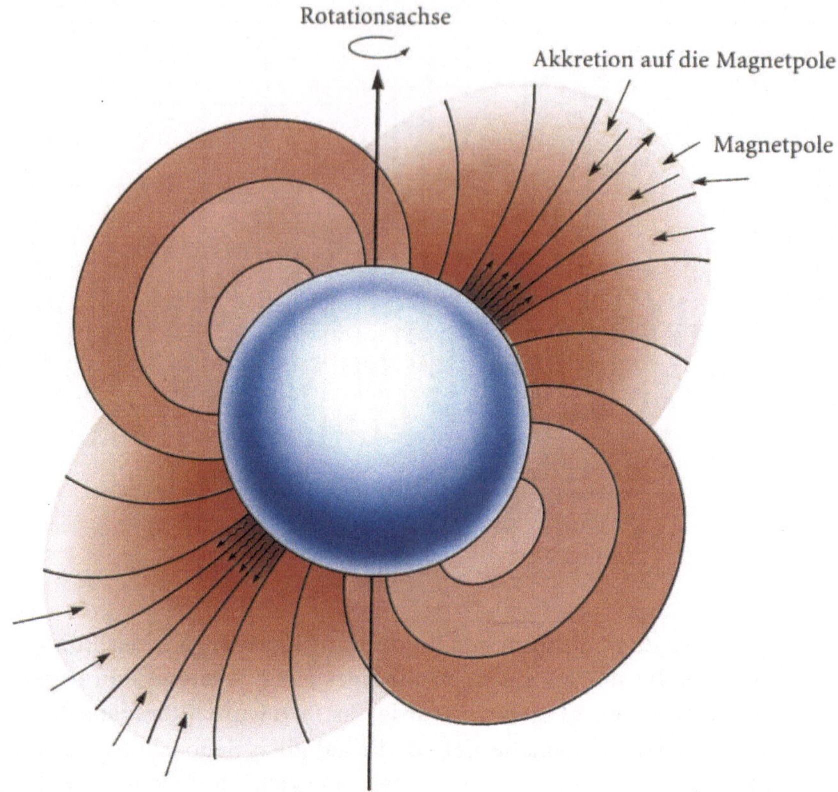


*Abb. 3.12.* Schematische Modellzeichnung zur Erläuterung, wie die Akkretion von Materie auf einen Neutronenstern mit einem Magnetfeld, das nicht in die Richtung der Rotationsachse weist, zu einer Akkretionssäule führen kann. Die Rotation des Neutronensternes ist die Ursache für die gepulste Röntgenemission, die man aus einer gewissen Entfernung beobachten kann. Die angezogene Materie wird auf den Feldlinien des Magnetfeldes zu den Magnetpolen des Neutronensternes transportiert.

baren Licht nicht wahrzunehmen. In einigen Fällen verschwand die Röntgenquelle für einen Tag und erschien dann wieder, mit derselben Periode wie die Umlaufbahn des Doppelsternes. Dies ist als ein Beweis für die Verschattung der Röntgenquellen durch den Primärstern zu werten, die dann eintritt, wenn die Ebene der Doppelsternumlaufbahn etwa senkrecht auf dem Himmelsäquator steht.

Sobald gesichert war, daß den Röntgenquellen ein Doppelsternsystem zugeschrieben werden muß, brauchten die Theoretiker nicht mehr lange für die Ausarbeitung einer Vorstellung, wie in diesen Systemen heißes Gas entstehen kann. Wenn das Doppelsternsystem aus einem normalen und einem Neutronenstern besteht und Materie von dem normalen Stern zu dem kompakten Neutronenstern hinwandert, dann wird diese Materie auf eine sehr hohe Temperatur aufgeheizt, wenn sie auf die Oberfläche des Neutronensternes herabfällt. Dieser Prozeß heißt *Akkretion* und ist auf die eine oder andere Weise für die intensive Röntgenstrahlung der Röntgen-Doppelsterne verantwortlich. Die Materie, die von dem Begleiter zu dem Neutronenstern hingezogen wird, wird durch das Magnetfeld des kompakten Sternes gebündelt auf seine Magnetpole geleitet, so daß um die Magnetpole des rotierenden Neutronensternes äußerst heiße Gebiete entstehen müssen. Wenn diese heißen Gebiete durch die Rotation des Neutronensternes herumgeschwenkt werden, dann wird auch in der Rotationsfrequenz des Neutronensternes gepulste Röntgenstrahlung zu beobachten sein (Abb. 3.12). Wie wir noch zeigen werden, ergeben die Untersuchungen der Pulsare und Röntgen-Doppelsterne wichtige Hinweise für ein Verständnis dafür, wie Energie in einem derartig enormen Ausmaß erzeugt werden kann, das nötig ist, um die aktiven galaktischen Kerne in Betrieb zu halten.

Ein schwerwiegendes Problem kann hierbei jedoch nicht außer acht gelassen werden – Neutronensterne sind nur dann stabil, wenn ihre Masse etwas unterhalb der zweifachen Sonnenmasse liegt. Das gilt auch für die weißen Zwerge. Für eine Anzahl von Neutronensterne sind nun zuverlässige Massenabschätzungen mit dem Ergebnis durchgeführt worden, daß ihre Masse tatsächlich etwa das 1,4fache der Sonnenmasse beträgt. Das ist sehr erfreulich, weil es mit der Theorie so gut übereinstimmt. Uns aber bleibt die Frage, was mit den Überresten eines toten Sternes geschieht, wenn seine Masse größer war als das Zweifache der Sonnenmasse. Dann kann keine physikalische Kraft den Gravitationskollaps dieser Himmelsobjekte mehr aufhalten, es entstehen schwarze Löcher. Also wird unsere nächste Aufgabe das Studium der schwarzen Löcher sein, doch dabei kommen wir nicht umhin, uns die allgemeine Relativitätstheorie anzusehen, die relativistische Theorie der Gravitation.

## 3.6 DIE ALLGEMEINE RELATIVITÄTSTHEORIE UND DIE SCHWARZEN LÖCHER

Mehr als 130 Jahre vor Einsteins Relativitätstheorie wurde das erste Mal von dem gesprochen, was wir heute schwarze Löcher nennen. 1783 hielt der Pfarrer J. Michell vor der Royal Society of London einen Vortrag, in dem er die folgende Frage stellte: »Angenommen, ein Stern hat die Masse $M$. Wie groß muß sein Radius sein, wenn die Fluchtgeschwindigkeit von seiner Oberfläche so groß ist wie die Lichtgeschwindigkeit?« Als *Fluchtgeschwindigkeit* sehen wir heute die Geschwindigkeit an, auf die eine Rakete an der Erdoberfläche beschleunigt werden muß, um der Anziehungskraft der Erde zu entkommen. Mit anderen Worten, die Fluchtgeschwindigkeit muß erreicht werden, wenn die Rakete die Erde verlassen und in der Unendlichkeit mit der Geschwindigkeit Null ankommen soll. Falls die Geschwindigkeit der Rakete kleiner ist als die Fluchtgeschwindigkeit, dann erhebt sie sich zwar, fällt aber nach einer gewissen Zeit wieder auf die Erde zurück. Genau diese Frage stellte J. Michell, doch jetzt ist die Fluchtgeschwindigkeit die Lichtgeschwindigkeit. Seine eigenen Worte sind:

> ... all light emitted from such a body should be made to return towards it, by its own proper gravity.

Erstaunlicherweise fand er die gleiche Antwort auf diese Frage wie die Relativitätstheorie heute - kein Licht kann aus dem Inneren eines bestimmten Umfanges dieses Körpers entweichen.

J. Michell hat seine Überlegungen lange vor der Entdeckung der speziellen und allgemeinen Relativitätstheorie angestellt. Beide sind moderne Theorien und greifen Probleme auf, die entstehen, wenn die Geschwindigkeit von bewegten Körpern in die Nähe der Lichtgeschwindigkeit gerät. Einstein entwickelte nicht nur eine, sondern gleich zwei Relativitätstheorien. Die *spezielle Relativitätstheorie* wurde 1905 veröffentlicht, und sie beschreibt die Änderungen an den Newtonschen Bewegungsgleichungen, die erforderlich sind, wenn sich Körper mit einer sehr großen Geschwindigkeit bewegen. Das bedeutendste Ergebnis dieser Theorie ist die Äquivalenz von Masse und Energie, $E = mc^2$, das wir bereits im Abschn. 2.1 besprochen haben. Noch grundlegender ist die Erkenntnis, daß Raum und Zeit nicht voneinander unabhängige Größen sind, wie wir es im täglichen Leben erfahren. Die Zeit und den dreidimensionalen Raum können wir nicht länger als voneinander getrennt betrachten, wir müssen in einer vierdimensionalen Raumzeit denken. Die spezielle Relativitätstheorie wurde äußerst rigorosen experimentellen Prüfungen unterworfen, die sie in allen Fällen glänzend bestanden hat.

Die *allgemeine Relativitätstheorie* ist die relativistische Theorie der Gravitation. Das Newtonsche Gravitationsgesetz ist natürlich im Sonnensystem äußerst genau, doch wenn alle unsere Theorien mit der speziellen Relativitätstheorie vereinbar sein sollen, dann muß auch das Newtonsche Gravitationsgesetz modifiziert werden. Die Ausarbeitung der allgemeinen Relativitätstheorie erwies sich als sehr viel schwieriger als die der speziellen Relativitätstheorie, und Einstein mußte sich viele Jahre beharrlich abmühen, bevor er 1915 die vollständige Theorie veröffentlichen konnte. Die allgemeine Relativitätstheorie berücksichtigt die Tatsache, daß wir in der Raumzeit leben, nicht in Raum und Zeit, und daß die Gravitationsfelder die Ausbreitung der Lichtstrahlen beeinflussen, wie es schon von J. Michell vorweggenommen wurde. Der wesentliche Inhalt der allgemeinen Relativitätstheorie kann in zwei Feststellungen zusammengefaßt werden:

- Materie verformt die Raumzeit.
- Materie bewegt sich auf gekrümmten Bahnen in der Raumzeit.

Einsteins große Leistung war die Formulierung einer mathematischen Theorie, aus der sich die beiden genannten Feststellungen zwingend ergaben. Genau eine solche Theorie ist erforderlich, um das Verhalten der Materie unter dem Einfluß sehr starker Gravitationsfelder zu verstehen, wie sie bei Neutronensternen und schwarzen Löchern auftreten.

Doch bevor wir diese Theorie auf unsere Probleme anwenden, fragen wir, wie weit wir ihr vertrauen können. Die meisten Überprüfungen der allgemeinen Relativitätstheorie erfordern Beobachtungen von astronomischen Objekten, und hier wurden auch die wesentlichen Fort-

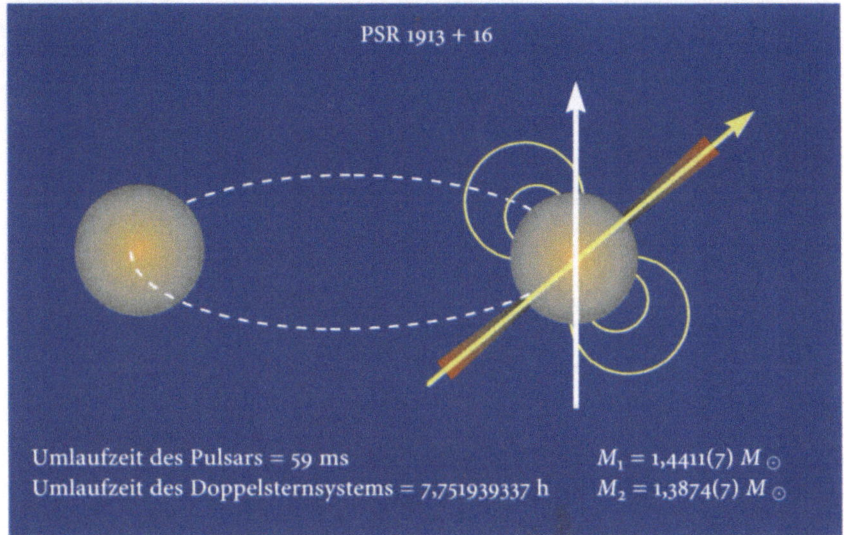


*Abb. 3.13.* Schematische Darstellung des Doppelpulsares PSR 1913 + 16. Die Massen der beiden Neutronensterne konnten mit einer sehr hohen Genauigkeit bestimmt werden, weil sich mit der ultrapräzisen Zeitmessung viele Parameter der wechselseitigen Umlaufbahnen genau erfassen ließen.

schritte in der Überprüfung der Theorie gemacht. Hierzu gehört die Messung der Ablenkung elektromagnetischer Wellen, die von weit entfernten astronomischen Objekten abgestrahlt und von der Sonne verdeckt werden, und der »vierte Test« der allgemeinen Relativitätstheorie, die zeitliche Verzögerung elektromagnetischer Strahlung ferner Objekte durch ein Gravitationsfeld, wie z. B. das der Sonne, der von I. Shapiro entdeckt wurde.

Die spektakulärsten Bestätigungen der allgemeinen Relativitätstheorie kamen jedoch aus der Beobachtung der Radiostrahlung von Radiopulsaren. J. Taylor und seine Mitarbeiter benutzten das Radioteleskop in Arecibo um vorzuführen, daß die Pulsare die stabilsten Uhren sind, über die das Universum verfügt. Bei ihren Messungen an den stabilsten Pulsaren haben sie Schwankungen in der Ganggenauigkeit unserer besten Laboruhren feststellen können, indem sie die an zwei Pulsaren gemessenen Zeiten mit der eines Zeitnormals verglichen.

Für die Überprüfung der allgemeinen Relativitätstheorie sind solche Pulsare am besten geeignet, die einem Doppelsternsystem angehören. Mehr als 20 dieser Systeme sind bekannt. Unter ihnen bestehen die zwei wichtigsten aus zwei Neutronensternen, die ein sehr eng zusammenhängendes Doppelsternsystem bilden. Das erste dieser Systeme wurde von R. Hulse und J. Taylor im Jahre 1974 aufgefunden. Es ist als Pulsar PSR 1913 + 16 bekannt und in Abb. 3.13 schematisch dargestellt. Das System hat eine Umlaufdauer von nur 7,75 Stunden und die große Bahnexzentrizität von $e = 0{,}617$. Für die Theoretiker ist dieses System ein echtes Geschenk! Um die allgemeine Relativitätstheorie zu überprüfen, brauchen wir nämlich eine perfekte Uhr in einem rotierenden Bezugssystem, und für diesen Zweck ist ein System wie PSR 1913 + 16 ideal. Die Neutronensterne sind so träge und kompakt, daß das Doppelsternsystem als sehr »sauber« gilt und für die empfindlichsten Überprü-

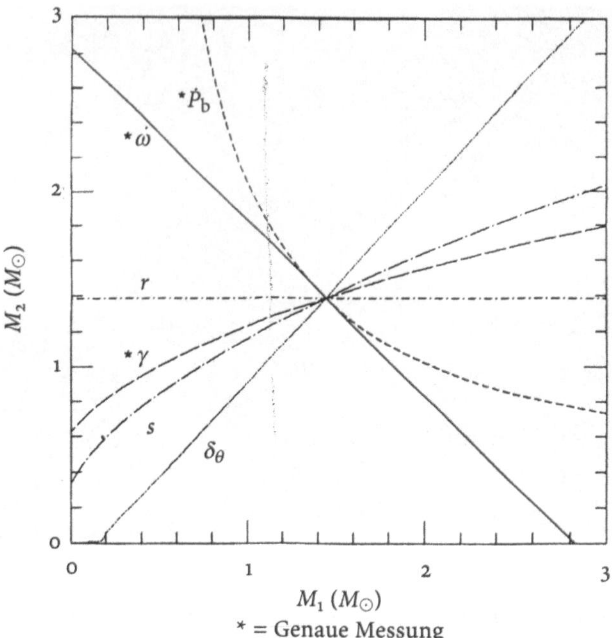


*Abb. 3.14.* Die Ermittlung der Massen der beiden Neutronensterne in dem Doppelpulsar PSR 1913 + 16 aus den sehr genau gemessenen Ankunftszeiten der Strahlungsimpulse auf der Erde. Verschiedene Parameter der Umlaufbahnen der Neutronensterne hängen von den verschiedenen Kombinationen der Massen $M_1$ und $M_2$ der Neutronensterne ab. In dem $M_1$-$M_2$-Diagramm schneiden sich die verschiedenen Linien immer genau im Mittelpunkt.

fungen der allgemeinen Relativitätstheorie genutzt werden kann, die jemals ausgedacht wurden.

In Abb. 3.14 sind die Ergebnisse der Massenbestimmung der beiden Neutronensterne in dem Doppelsternsystem PSR 1913 + 16 dargestellt. Die allgemeine Relativitätstheorie wurde dazu als gültige Theorie angenommen. Verschiedene Parameter der Umlaufbahn, die von den Massen $M_1$ und $M_2$ der beiden Neutronensterne abhängen, können sehr genau gemessen werden. Daraus kann man dann unterschiedliche Abschätzungen von Funktionen dieser beiden Massen ableiten. In der Abb. 3.14 sind einige der Parameter der Umlaufbahnen eingezeichnet, und die mit einem Stern gekennzeichneten Meßpunkte konnten mit besonders hohen Genauigkeiten ermittelt werden. Die verschiedenen Kurven in dieser Darstellung schneiden sich präzise in einem Punkt des Diagrammes. Ein Maß für die Präzision, mit der die Theorie als zutreffend angesehen werden darf, läßt sich aus der Genauigkeit herleiten, mit der die Massen der beiden Neutronensterne bestimmt wurden, so wie es in der Abb. 3.13 angedeutet ist.

Die zweite bemerkenswerte Beobachtung war die Messung des Verlustes an Rotationsenergie des Neutronensternpaares durch die Emission von Gravitationswellen. Die Gravitationswellen lassen sich mit den elektromagnetischen Wellen vergleichen – wenn elektrische Ladungen beschleunigt werden, dann strahlen sie elektromagnetische Wellen ab, und wenn Massen relativ zu einander durch das Einwirken der Gravitation beschleunigt werden, dann emittieren sie Gravitationswellen. Bis heute konnten die von einem astronomischen Objekt ausgehenden Gravitationswellen noch nicht direkt beobachtet werden, die Empfindlich-

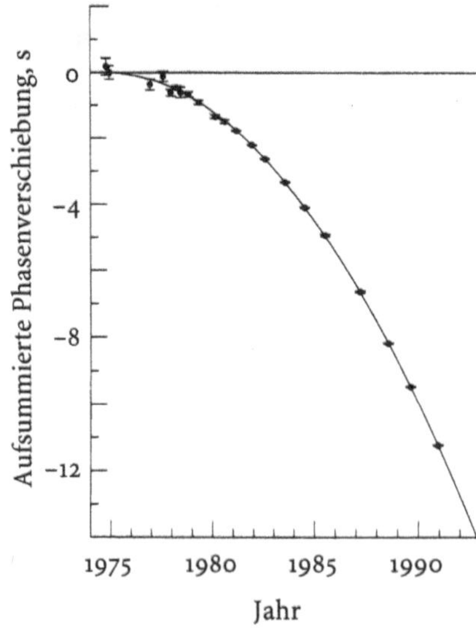


*Abb. 3.15.* Die Punkte mit den Fehlerbalken stellen die beobachtete Änderung der Umlaufphase als Funktion der Zeit für den Neutronendoppelstern PSR 1913 + 16 dar, die ausgezogene Linie kennzeichnet die Veränderung, die aufgrund des Energieverlustes durch die Ausstrahlung von Gravitationswellen erwartet wird.

keit der zur Zeit verwendeten Detektoren ist noch zu gering. Nahe beieinander liegende Doppelsterne verlieren durch die Emission von Gravitationswellen Energie. Die zeitliche Abnahme der Energie kann präzise gemessen werden, sobald die Massen der beiden Neutronensterne und die Parameter ihrer gemeinsamen Umlaufbahn bekannt sind. Die Phasenverschiebungen der Pulsarbahnen wurden über einen Zeitraum von 17 Jahren aufgezeichnet, und sie stimmen genau mit den Vorhersagen der allgemeinen Relativitätstheorie überein (Abb. 3.15). Obwohl die Gravitationswellen selbst noch nicht aufgespürt werden konnten, ließ sich dennoch der zeitliche Energieverlust des Doppelsternsystems messen – ein überzeugender Beweis für die Existenz der Gravitationswellen. Künftigen Entwürfen von Detektoren für Gravitationswellen können diese Messungen als Leitlinie dienen. Die Bedeutung der Ergebnisse liegt insbesondere darin, daß eine Anzahl von anderen Gravitationstheorien hierdurch ausgeschlossen werden können. Die allgemeine Relativitätstheorie hat daher jeder bisher ausgeführten Überprüfung standgehalten, und wir können uns darauf verlassen, daß sie eine ausgezeichnete Beschreibung der relativistischen Gravitationserscheinungen ist.

Ein letzter Punkt ist für die Überlegungen wichtig, die wir in Kap. 4 und 5 anstellen wollen. Die gleichen Verfahren wie zur präzisen Messung des Zeitverhaltens der Pulsare können auch eingesetzt werden, um nachzuprüfen, ob sich die Gravitationskonstante im Laufe der Zeit verändert hat. Diese Untersuchungen hängen etwas von der Zustandsgleichung ab, die den Zustand im Inneren der Neutronensterne beschreibt, aber, den gesamten Umfang möglicher Zustandsgleichungen in Rechnung gestellt, die Grenzen für die Änderung der Gravitationskonstanten entsprechen weniger als einem in $10^{11}$ Teilen pro Jahr. Daher kann sich auch in typischen kosmologischen Zeiten, die zwischen 10 und 20 Mrd. Jahren liegen, der Wert der Gravitationskonstanten nur wenig geändert haben. Für die Konstruktion von kosmologischen Modellen ist dies außerordentlich bedeutsam.

Die Eigenschaften der schwarzen Löcher leiten sich aus den Untersuchungen kollabierter Massen nach den Erkenntnissen der allgemeinen Relativitätstheorie ab. Die einfachsten schwarzen Löcher sind die *kugelsymmetrischen* oder *Schwarzschildschen schwarzen Löcher*, die allein durch ihre Masse $M$ gekennzeichnet sind. Diese Objekte ähneln den Sternen, an die schon J. Michell gedacht hat. Der Radius, bei dem die Fluchtgeschwindigkeit gleich der Lichtgeschwindigkeit ist, heißt *Schwarzschildradius* $R_S$. Man erhält ihn aus der einfachen Formel:

$$R_S = \frac{2GM}{c^2} = 3\,\frac{M}{M_\odot}\,[\mathrm{km}]\ ,$$

worin $G$ die Gravitationskonstante und $c$ die Lichtgeschwindigkeit, $M$ die Masse des schwarzen Loches und $M_\odot$ die Sonnenmasse ist. Der Schwarzschildradius eines schwarzen Loches von Sonnenmasse $M = M_\odot$

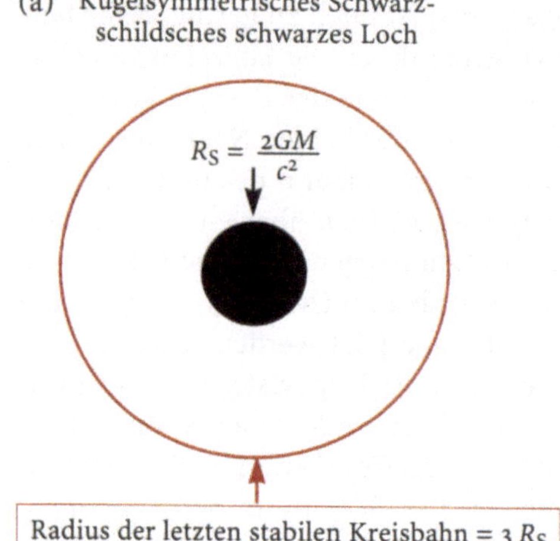


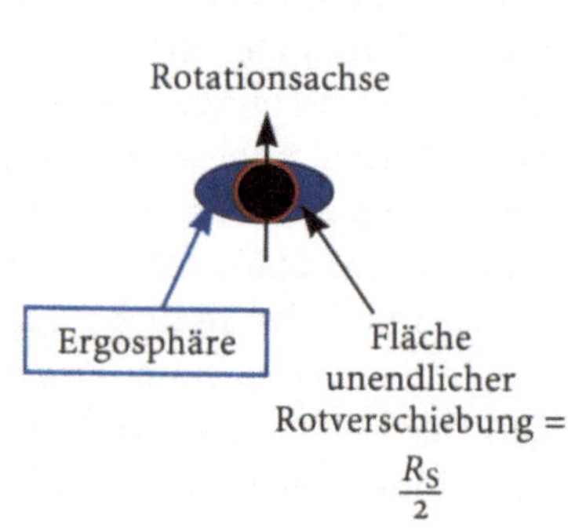


*Abb. 3.16.* Erläuterung zu den Strukturen von (*a*) einem kugelsymmetrischen schwarzen Loch (Schwarzschildsches schwarzes Loch), und (*b*) einem rotierenden schwarzen Loch (Kerrsches schwarzes Loch). Das rotierende schwarze Loch dreht sich so schnell, wie es möglich ist.

beträgt also 3 km. Der Schwarzschildradius spielt eine ähnliche Rolle wie der von J. Michell erwähnte kritische Radius – Strahlung kann über den Schwarzschildradius zwar in das Innere des schwarzen Loches gelangen, nicht aber von innen nach außen. Aus genau diesem Grund wird ein solches Objekt auch *schwarzes Loch* genannt – nach der allgemeinen Relativitätstheorie kann es keine Strahlung emittieren.

Ein solches Objekt wird *Loch* genannt, weil alle Materie und alle Strahlung, die in seine Nähe kommen, unausweichlich in dieses Objekt hineingezogen werden, gleichgültig ob noch ein Drehimpuls vorhanden ist oder nicht. Gemäß den Erkenntnissen der allgemeinen Relativitätstheorie wird Materie, die zu nahe an ein schwarzes Loch gerät, in seinen Mittelpunkt gezogen, und auch eine Eigenrotation kann diese Materie nicht vor diesem Schicksal bewahren, im Gegenteil, Rotation unterstützt den Vorgang eher. Wir können uns das so vorstellen, daß nach der speziellen Relativitätstheorie die Rotationsenergie der Materie noch zu ihrer Masse beiträgt ($E = mc^2$) und so die Gravitationskraft auf die Materie größer wird, als nur der reinen Massenanziehung entspricht. Aus astrophysikalischer Sicht besteht die entscheidene Tatsache darin, daß es um ein Schwarzschildsches schwarzes Loch eine *letzte stabile Kreisbahn* gibt und diese bei einem Radius $r$ liegt, der den dreifachen Wert des Schwarzschildradius $r = 3\,R_s$ hat. Auf Kreisbahnen um das schwarze Loch, deren Radius größer ist als dieser Wert, sind stabile Bewegungen für die Materie möglich, sobald aber der Radius einer Kreisbahn den Wert von $3\,R_s$ oder weniger hat, wird die Materie unaufhaltsam in das schwarze Loch hineingezogen (Abb. 3.16a).

Es ist schon auffallend, daß der Radius eines Neutronensternes von Sonnenmasse nur rund 10 km beträgt. Der Schwarzschildradius eines schwarzen Loches der gleichen Masse beträgt nur 3 km und der Radius der letzten stabilen Umlaufbahn nur 9 km – mit anderen Worten, die

Neutronensterne kommen so nahe an die schwarzen Löcher heran, wie es gerade noch geht, ohne daß die Materie weiter kollabiert. Es entstehen im Laufe einer Sternentwicklung also Objekte, die kurz davor stehen, sich in ein schwarzes Loch zu verwandeln, und die nur noch durch den Entartungsdruck der Neutronen, eine Folge des quantenmechanischen Ausschließungsprinzips, daran gehindert werden. Dies habe ich stets als ein besonders plausibles Argument für die Existenz der schwarzen Löcher angesehen - nicht alle kollabierenden Sterne sind in ihrer Masse so fein abgestimmt, daß sie als Neutronensterne enden und nicht als schwarze Löcher. Wenn außerdem Masse auf die Oberfläche eines Neutronensternes angehäuft wird, so wie es bei Röntgen-Doppelsternen vorkommt, die Neutronensterne enthalten, dann kann die Masse allmählich den Grenzwert für die Stabilität des Neutronensternes übersteigen, der dann zu einem schwarzen Loch kollabieren muß.

Eine andere Form von schwarzen Löchern sind die *rotierenden* oder die *Kerrschen schwarzen Löcher*. Im allgemeinen muß man annehmen, daß die schwarzen Löcher auch eine Drehbewegung ausführen - genauer gesagt, daß sie einen Drehimpuls besitzen -, weil die Materie, aus der sie schließlich gebildet werden, auch nicht vollkommen frei von Rotation sein kann, aus dem gleichen Grund also, aus dem auch Protosterne einen Drehimpuls haben (s. Abschn. 2.5). Die schwarzen Löcher nehmen daher mit der einfallenden Materie auch Drehimpuls auf, und dadurch wird die Drehbewegung des schwarzen Loches beschleunigt. Es gibt aber einen maximalen Drehimpuls, den ein schwarzes Loch besitzen kann. Sollte es mehr Drehimpuls besitzen, so wäre es erst gar nicht entstanden - die Zentrifugalkräfte hätten es zerrissen. Dieser obere Grenzwert des Drehimpulses $J$, den ein schwarzes Loch haben kann, ist $J = GM^2/c$.

Die rotierenden schwarzen Löcher sind eher noch merkwürdiger als die kugelsymmetrischen schwarzen Löcher. Es bildet sich eine »Oberfläche unendlicher Rotverschiebung«, aus deren Innerem weder Strahlung noch Materie entweichen kann. Im Falle der schwarzen Löcher, die mit dem größtmöglichen Drehimpuls rotieren, ist der Radius der Oberfläche unendlicher Rotverschiebung kleiner als der Radius der nicht rotierenden schwarzen Löcher, er ist halb so groß wie der Schwarzschildradius. Außerhalb von dieser Fläche gibt es ein Teilvolumen mit einer ellipsenförmigen Außenschale, die *Ergosphäre* des schwarzen Loches, in der Teilchen mit dem schwarzen Loch zusammen rotieren müssen (Abb. 3.16b). Der wichtigste Punkt aus der Sicht der Energieerzeugung ist, daß der Radius der letzten stabilen Umlaufbahn um ein rotierendes schwarzes Loch gleich dem Radius für die Fläche der unendlichen Rotverschiebung ist und beide Radien halb so groß sind wie der Schwarzschildradius $R_S$. Infolgedessen kann die Materie ein schwarzes Loch diesen Typs auf sehr viel kleineren Bahnen umlaufen als ein schwarzes Loch mit Kugelsymmetrie, bevor sie die letzte stabile Umlaufbahn erreicht. Daher kann, wie wir zeigen werden, aus der Bewegung der Materie sehr viel mehr Energie herausgezogen werden, wenn sie in ein maximal rotierendes schwarzes Loch fällt, als wenn sie in einem nicht rotierenden schwarzen Loch verschwinden würde.

## 3.7 DIE ASTROPHYSIK DER SCHWARZEN LÖCHER

Die Eigenschaften von schwarzen Löchern haben wir als bemerkenswerte theoretische Ergebnisse kennengelernt, wie aber können sie uns helfen, die Astrophysik der Quasare und aktiven galaktischen Kerne zu verstehen? Auf den ersten Blick sieht es so aus, als hätten wir uns Objekte ausgedacht, die weitaus besser im Verbrauch als in der Erzeugung von Materie und Strahlung sind. Der Schlüssel zum Verständnis der schwarzen Löcher ist in den Röntgen-Doppelsternen verborgen. Die Quelle der Energieerzeugung in diesen Systemen ist die Akkretion von Materie aus einem normalen Primärstern auf einen kompakten Sekundärstern hoher Dichte. Die Akkretion hat sich als ein äußerst wirksames Verfahren der Energieerzeugung erwiesen, vorausgesetzt, der Sekundärstern ist kompakt genug. Offenbar muß man lediglich Materie aus sehr großer Höhe auf die Oberfläche eines Neutronensternes fallen lassen. Mit einer einfachen Rechnung findet man heraus, daß die Materie einen beträchtlichen Bruchteil der Lichtgeschwindigkeit erreicht hat, wenn sie auf der Oberfläche des Neutronensternes angekommen ist. Dort wird sie dann abrupt abgebremst, und ihre gesamte kinetische Energie, die sie aus dem freien Fall gewonnen hat, wird in Wärme umgewandelt. Auf diese Weise werden 5% des Energieäquivalents der Ruhemasse der herabfallenden Materie als Wärme frei. Dies ist eine kaum vorstellbare Menge, und es bietet sich geradezu an, diese Form der Energiegewinnung mit der zu vergleichen, die in den Kernreaktionsprozessen stattfindet, aus denen die Sonne ihre Energie bezieht. Bei der Verbrennung von Wasserstoff zu Helium wird 0,7% des Energieäquivalentes der Ruhemasse des Wasserstoffatoms, bei der Akkretion auf Neutronensternen aber 5% des Energieäquivalentes der Ruhemasse der einfallenden Materie in Wärme verwandelt – Akkretion ist also bei der Energiegewinnung siebenmal wirksamer als Kernreaktionen.

Bei dem soeben besprochenen Beispiel wurde die Materie durch Akkretion auf der Oberfläche eines Neutronensternes angesammelt. Was aber geschieht, wenn diese Materie stattdessen in ein schwarzes Loch fällt? Anders als ein Neutronenstern hat das schwarze Loch keine feste Oberfläche, und es fragt sich, wie dann die kinetische Energie der einfallenden Materie in Wärme umgewandelt werden soll. Auf den ersten Blick könnte man denken, »wenn die Materie in das schwarze Loch fällt, dann ist das nicht gerade gut – wir haben einfach alle Materie verloren und aus dem Verlust keine Energie gewonnen«. Doch genau hier liefern die Beobachtungen an Röntgen-Doppelsternen entscheidende Hinweise, daß das folgenlose Verschwinden der Materie direkt im schwarzen Loch eigentlich sehr unwahrscheinlich ist. Es handelt sich hier

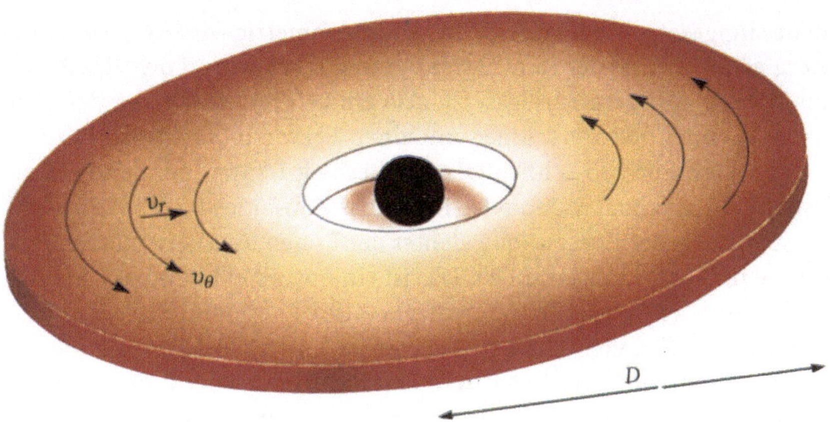


*Abb. 3.17.* Illustration der Struktur einer dünnen Akkretionsscheibe um ein schwarzes Loch. Die Materie in der Scheibe rotiert um das schwarze Loch und driftet, wegen der Reibung in der Scheibe, mit einer Geschwindigkeit $v_r$ auf das schwarze Loch zu. Die Energiedissipation, die mit dem Transfer des Drehimpulses nach außen verbunden ist, nimmt in Richtung auf die inneren Bereiche der Scheibe zu. Im Falle eines kugelsymmetrischen schwarzen Loches wird der letzte stabile Umlauf bei $r = 3 \times R_s$ erreicht, wobei $R_s$ der Schwarzschildradius ist. Wenn die Materie einen Kreis mit diesem Radius überschreitet, dann fällt sie unaufhaltsam in das schwarze Loch.

um fast die gleiche Fragestellung wie bei der Bildung von neuen Sternen. Wenn die einfallende Materie in großer Entfernung vom schwarzen Loch nur einen winzig kleinen zusätzlichen Drehimpuls aufnimmt, dann ist das mit einer Vergrößerung der Rotationsenergie verbunden, so daß der Kollaps in das schwarze Loch verhindert wird. Genau wie im Falle der Bildung der neuen Sterne muß es eine Möglichkeit geben, daß die Materie die Rotationsenergie wieder los wird, damit sie die letzte stabile Umlaufbahn um das schwarze Loch erreichen kann.

Es gibt aber einen überzeugenden Vorgang, mit dem man sich einen Verlust der Rotationsenergie erklären kann, und der besteht in der Ausbildung der *Akkretionsscheibe* um das schwarze Loch. Akkretionsscheiben scheinen sich auf ganz natürliche Weise zu bilden, weil die Materie parallel zur Rotationsachse des herabfallenden Materials zusammenschrumpfen kann, so wie wir es bei der Ausbildung der Protosternscheiben beschrieben haben. Die Materie kann nur auf eine weiter innen gelegene Umlaufbahn um das schwarze Loch gelangen, wenn sie dabei Rotationsenergie verliert. In natürlicher Weise geschieht das durch Reibung, kinetische Energie wird in Wärmeenergie der Materie in der Akkretionsscheibe um das schwarze Loch umgewandelt. Dies ist eine schöne physikalische Erklärung, und man erreicht damit zweierlei: Erstens entsteht durch die Viskosität in der Akkretionsscheibe Reibungswärme, die die Akkretionsscheibe aufheizt, die wiederum diese Energie von ihrer Oberflächenschicht abstrahlt. Zweitens wird der Drehimpuls durch die Reibungskräfte nach außen transportiert, und so kann die Materie sich allmählich an das schwarze Loch heranschieben, immer schneller rotieren und auf ihrem Weg zur letzten stabilen Umlaufbahn immer heißer und heißer werden (Abb. 3.17). Dies ist der Weg, auf dem die Materie einen großen Teil ihrer Ruhemasse in Wärmeenergie verwandeln kann, bevor sie vom schwarzen Loch verschluckt wird.

Wir können jetzt den maximalen theoretischen Wirkungsgrad angeben, mit dem die kinetische Energie in der Akkretionsscheibe eines Schwarzschildschen und eines maximal rotierenden Kerrschen schwarzen

Loches umgesetzt wird. Im Falle der Kugelsymmetrie wird bis zu 6% des Energieäquivalentes der Ruhemasse der in das schwarze Loch einfallenden Materie als Energie freigesetzt, also ein Wirkungsgrad, der den der entsprechenden Kernreaktionen um einen Faktor 10 übertrifft. Rotiert das schwarze Loch so schnell wie es überhaupt kann, handelt es sich also um ein maximal rotierendes Kerrsches schwarzes Loch, dann werden sogar 42% des Energieäquivalentes der Ruhemasse der einfallenden Materie in Wärme umgewandelt. Das ist ein unvorstellbar großer Betrag an Energie – er entspricht dem 50fachen des Energiebetrages, der bei Kernfusionsreaktionen aus der Ruhemasse entstehen kann. Damit ist die Akkretion von Materie auf schwarze Löcher der wirksamste Energieerzeugungsprozeß, der für die Energieversorgung eines astronomischen Objektes überhaupt verfügbar ist. Eine weitere Energiequelle entsteht durch die Rotation des schwarzen Loches. Im Prinzip kann auch diese Energiequelle angezapft werden, um die beobachtete Aktivität eines aktiven galaktischen Kernes in Betrieb zu halten, vorausgesetzt, es gibt eine Möglichkeit, die Rotation des schwarzen Loches auf seine Umgebung zu übertragen. Eine theoretische Behandlung dieser Frage liefert die Antwort, daß im Prinzip bis zu 29% des Energieäquivalentes der Ruhemasse eines maximal rotierenden schwarzen Loches für das äußere Universum verfügbar gemacht werden können.

Obwohl diese Ergebnisse schon eindrucksvoll genug sind, so haben wir doch weit mehr erhalten als eine außergewöhnlich mächtige Energiequelle. Wir haben eine Energiequelle gefunden, die Energie innerhalb der *kürzest möglichen Zeit* für ein Objekt gegebener Masse freisetzen kann. Dies folgt aus der Tatsache, daß grob gesprochen die meiste Energie an der letzten stabilen Umlaufbahn erzeugt wird. Daher können Änderungen in der Strahlungsintensität aus den inneren Regionen der Akkretionsscheibe in Zeitmaßen auftreten, die der Laufzeit des Lichtes über Wege von einigen Schwarzschildradien entsprechen. Weil der Schwarzschildradius $R_S$ das kürzeste physikalisch sinnvolle Maß ist, das man mit einer Masse $M$ verbinden kann, können wir das Kausalitätsargument aus Abschn. 3.2 verwenden, um zu schließen, daß $R_S/c$ ungefähr das kleinste Zeitmaß ist, über das die von einem schwarzen Loch erzeugte Energie schwanken kann. Aus schwarzen Löchern erhalten wir daher zweierlei – unvorstellbar mächtige Energiequellen in dem Sinne, daß ein bedeutender Anteil des Energieäquivalentes der Ruhemasse der in das schwarze Loch einfallenden Materie für den Betrieb des aktiven galaktischen Kernes freigesetzt werden kann und daß diese Freisetzung von Energie innerhalb des kürzest möglichen Zeitmaßes für ein Objekt dieser Masse erfolgen kann.

Bevor wir uns nun der realen Welt der aktiven galaktischen Kerne zuwenden, müssen wir uns noch eine wichtige Tatsache aus der Astrophysik klarmachen. Strahlung transportiert Energie und Impuls, und deswegen übt eine Strahlung, die aus einem astronomischen Objekt entweicht, einen nach außen gerichteten Druck aus. Wenn die Leucht-

*Abb. 3.18.* Erläuterung zur Entstehung der Eddingtongrenze der Leuchtkraft. Das Bild zeigt schematisch, wie eine Wolke aus ionisiertem Gas durch die Gravitationskraft der Strahlungsquelle angezogen und durch den Strahlungsdruck abgestoßen wird.

kraft einer Strahlungsquelle zu groß wird, so sprengt der damit verbundene Strahlungsdruck die umgebende Materie weg, insbesondere also die Materie, die den Neutronenstern oder das schwarze Loch mit Energie versorgt (Abb. 3.18). Diese berühmte Berechnung wurde zuerst von A. Eddington als Nachweis durchgeführt, daß es für jede Strahlungsquelle eine maximale Leuchtkraft gibt, bevor sie die umgebende Materie absprengt, und daß diese Grenzleuchtkraft nur von der Masse des Objektes abhängt. Die Formel für die *Eddingtongrenze* der Leuchtkraft ist:

$$L_{\mathrm{Edd}} = 10^{31} \frac{M}{M_\odot} \,[\mathrm{W}] \; .$$

Die Leuchtkraft der Sonne beträgt zum Vergleich $3{,}9 \times 10^{26}$ W, und damit strahlt sie weit unterhalb der Eddingtongrenze für einen Stern von Sonnenmasse. Andererseits reichen die Röntgenleuchtkräfte der galaktischen Röntgenquellen bis an die Eddingtongrenze heran, vorausgesetzt daß die Massen der Mutterobjekte der Röntgenquellen Massen zwischen 1 und 10 $M_\odot$ haben. Dies ist für den Fall der Röntgenquellen wenigstens ein sehr guter Beweis, daß Objekte existieren, die ihre Energie aus der Akkretion erhalten und die mehr oder weniger an der oberen Grenze der theoretisch zugelassenen Leuchtkraft strahlen.

## 3.8 Kann man schwarze Löcher beobachten?

Gibt es einen Beweis für die Existenz von schwarzen Löchern in astronomischen Systemen? Isolierte schwarze Löcher sind sehr schwer zu entdecken, man findet sie höchstens durch die Auswirkung ihrer Gravitation auf ihre Umgebung. Der beste Weg zur Aufspürung eines schwarzen Loches von stellarer Masse besteht darin, es in Röntgen-Doppelsternen mit unsichtbarem Begleiter zu suchen, dessen Masse nachgewiesenermaßen größer als 3 $M_\odot$ ist. Derartige unsichtbare Begleiter können ein schwarzes Loch sein. Es wurde viel Mühe auf die Analyse verwendet, ob eine der bekannten Röntgen-Doppelquellen ein schwarzes Loch enthält oder nicht. Bis heute sind 10 gesicherte Fälle bekannt, in denen die Röntgenquelle äußerst kompakt sein und eine Masse von mehr als 3 $M_\odot$ haben muß. Die Suchkriterien für diese Objekte sind: leuchtkräftige Röntgenquelle, keine kohärente pulsierende Strahlung, steil ansteigende Spektren bei niedrigen Röntgenenergien und Leuchterscheinungen im Bereich der Röntgenwellenlängen. Diese Röntgen-Doppelsterne, die schwarze Löcher enthalten, gliedern sich in zwei Klassen. Drei der gesicherten Quellen, Cygnus X-1, LMC X-1 und LMC X-3, kommen mit massiven OB-Sternen zusammen vor, und diese sind beständige hochvariable Röntgenquellen. Die Begleiter der sieben anderen Röntgenquellen sind G-K-Sterne mit geringer Masse und unverwechselbarem Leuchtverhalten. Sie zeigen eine schnelle Veränderlichkeit oder ein »Flimmern« ihrer Strahlungsintensität von Röntgenstrahlen, das mit der Emission von Röntgenstrahlen aus schwarzen Löchern verträglich ist, weil das minimale Zeitmaß für diese Variationen grob $t \sim R_S/c \sim 0{,}01\ (M/M_\odot)$ Millisekunden beträgt. Flimmern im Bereich von Millisekunden wurde in mehreren Strahlungsquellen beobachtet.

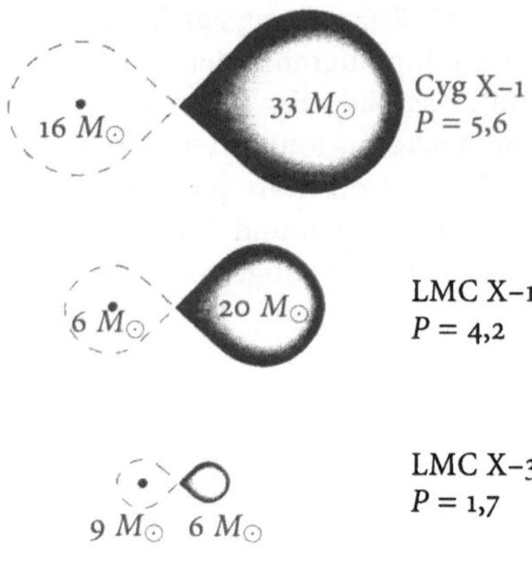


*Abb. 3.19.* Maßstabsgerechte Zeichnungen von plausiblen Modellen für vier Röntgendoppelsterne, in denen der unsichtbare Begleiter wahrscheinlich ein schwarzes Loch mit etwa Sternenmasse ist.

Die Massen der unsichtbaren Begleiter werden mit den Methoden der klassischen Astronomie aus den Daten der Umlaufbahnen hergeleitet. Die Massen aller 10 Röntgenquellen wurden abgeschätzt, und alle Massen sind signifikant größer als die Massengrenze von 3 $M_\odot$ für Neutronensterne. Beispiele für die relativen Größen dieser Doppelsternsysteme sind in Abb. 3.19 dargestellt, in die die drei massivsten Systeme aufgenommen wurden, obwohl Systeme mit geringerer Masse, wie A0612-00, zu den häufiger vorkommenden Objekten gehören. Der Schätzwert der Massen für die Komponenten der Doppelsternsysteme hängt vom Modell, ganz besonders aber von der Kenntnis der Neigung der Doppel-Umlaufbahn zur Himmelsebene und der Masse des sichtbaren Begleiters ab. Die Massen der Primärsterne und der schwarzen Löcher, die in Abb. 3.19 angegeben sind, stellen die besten Abschätzungen dar, die genauen Werte jedoch sind ungewiß. Wir befinden uns hier in einem wichtigen und spannenden Teilgebiet der Astrophysik, und eine Bestätigung dafür, daß diesen Doppelsternsystemen schwarze Löcher angehören, ist dringend erforderlich. Diese Strahlungsquellen geben uns die einzigartige Möglichkeit, das Verhalten von Materie in sehr starken Gravitationsfeldern zu untersuchen.

Die anderen Himmelsobjekte, die überzeugende Beispiele für die Anwesenheit eines schwarzen Loches sein könnten, sind aktive galaktische Kerne. Die genauen Untersuchungen, die wir in den Abschn. 3.6 und 3.7 durchgeführt haben, zeigen die Abhängigkeit vieler Eigenschaften der Strahlungen in der Nachbarschaft von schwarzen Löchern von deren Masse. Hier sehen wir uns wirklich schöne Beispiele dazu an, wie man die Massen von aktiven galaktischen Kernen bestimmen kann. Das erste dieser Beispiele ist die Galaxie NGC 4151 (Abb. 1.12 und 1.13). Diese Galaxie enthält einen nahegelegenen aktiven galaktischen Kern, der nahe am Kern von recht dichten Gaswolken umgeben ist, die sich durch starke breite Emissionslinien im sichtbaren Spektrum auszeichnen. Die Eigenschaften des aktiven Kernes und der umgebenden Wolken wurden in einer sehr schönen Beobachtungsreihe durch das Raumteleskop für ultraviolette Strahlung IUE (International Ultraviolett Explorer) untersucht. Dabei fand sich ein überzeugender Beweis dafür, daß die Gaswolke von der ultravioletten Strahlung aus dem aktiven Kern aufgeheizt und angeregt wird. Der besondere Wert der Untersuchungen lag darin, daß die Zeitverzögerung zwischen einem Ausbruch von ultravioletter Strahlung aus dem Kern und der Emission von Spektrallinien aus den umgebenden Wolken gemessen werden konnte. Physikalisch gesehen werden die Atome in den umgebenden Wolken von der ultravioletten Strahlung aus dem galaktischen Kern ionisiert und angeregt. Die Ausstrahlung der Emissionslinien erfolgt dann durch Rekombination. Aus diesen Beobachtungen ergab sich eine Abschätzung des Abstandes der Wolken vom galaktischen Kern, da Strahlung diese Entfernung mit Lichtgeschwindigkeit zurücklegt. Die Geschwindigkeit der Wolken um den Kern folgt aus der Dopplerverschiebung der breiten Emissionslinien. Beide Beobachtungen zusammen führten zur Abschätzung der Masse innerhalb der Umlaufbahnen der Gaswolken. Genau dieselbe Beobachtung ermöglicht auch die Bestimmung der Sonnenmasse, wenn die Entfernung der Erde von der Sonne und ihre Umlaufgeschwindigkeit um diese bekannt sind. Wie auch in dieser Berechnung bringen wir die Zentrifugalkraft auf eine Wolke der Masse $m$ in der Entfernung $R$ vom Kern mit der Anziehungskraft des Kernes von der Masse $M$ ins Gleichgewicht und finden:

$$\frac{mv^2}{R} = \frac{GMm}{R^2}$$

und hieraus ergibt sich für die Masse des aktiven galaktischen Kernes

$$M = \frac{v^2 R}{G} .$$

Mit den Daten aus den Beobachtungen stellt sich heraus, daß in dem Kern der Galaxie NGC 4151 ein kompaktes Himmelsobjekt mit einer Masse

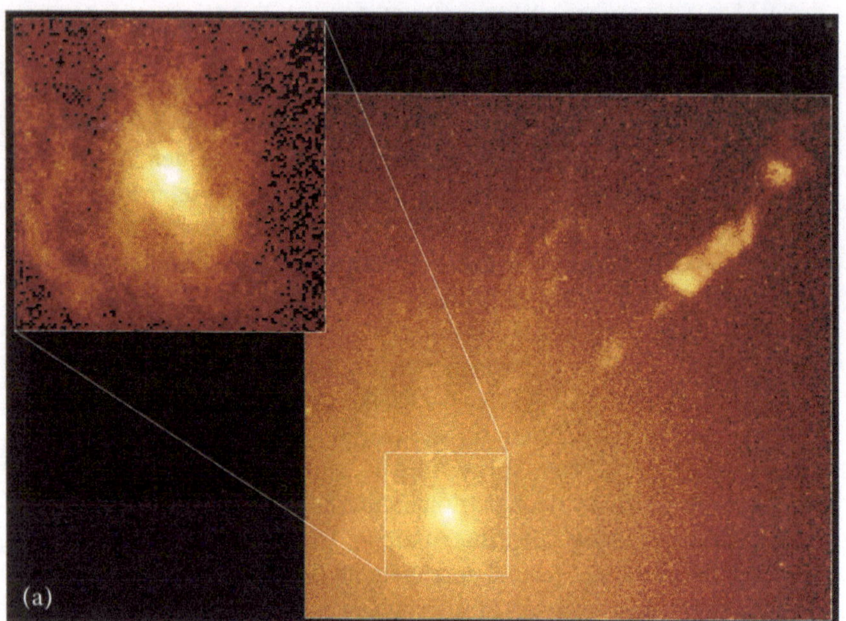


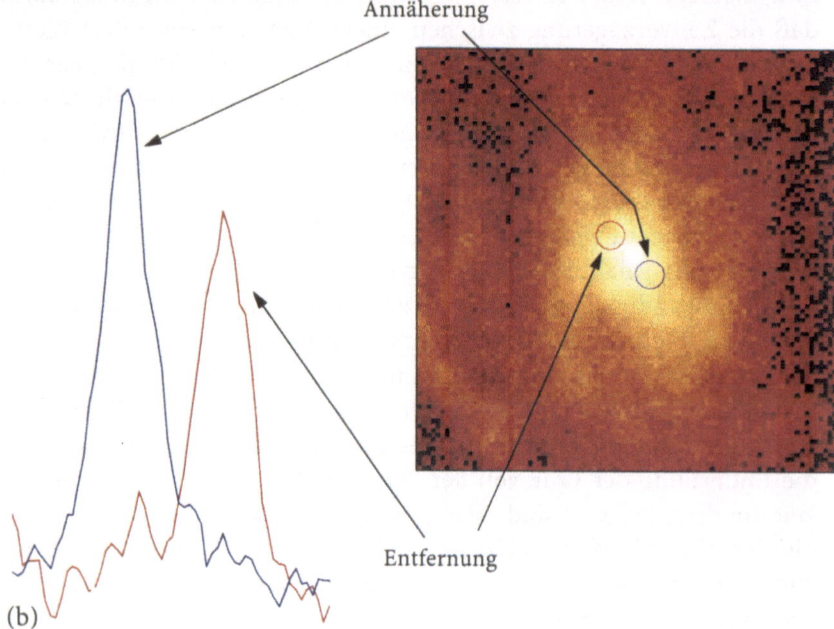


*Abb. 3.20.* (*a*) Bilder des zentralen Bereiches der aktiven Galaxie M 87, aufgenommen von der Wide Field Planetary Camera 2 des Hubble Space Telescope. Das große Bild zeigt den Kernbereich mit dem auffallenden optischen Jet, das kleine Bild mehr Einzelheiten des Kernes und der zentralen Gasscheibe der Galaxie. (*b*) Die Emissionsspektren des Gases im Zentrum der Galaxie zu beiden Seiten des Kernes an den angedeuteten Punkten. Die Strahlung aus dem Gas an der einen Seite der Galaxie hat eine starke Rotverschiebung erfahren, an der anderen Seite eine starke Blauverschiebung. Daraus ergibt sich an den beiden Punkten der Scheibe eine Bahngeschwindigkeit von etwa 550 km $s^{-1}$.

von mindestens $10^8$ $M_\odot$ vorhanden sein müßte. Ähnliche Beobachtungen an anderen aktiven galaktischen Kernen folgten nach – die Kerne haben Massen zwischen $10^6$ und $10^9$ $M_\odot$.

Ein anderes schönes Beispiel sind die Beobachtungen an der nahegelegenen aktiven Galaxie M 87 vom Hubble Space Telescope aus. Abbildung 3.20a ist ein Bild des zentralen Bereiches von M 87, einer der hellsten elliptischen Riesengalaxien im nahegelegenen Galaxienhaufen Virgo. Der Kern, der intensiv sichtbares Licht abstrahlt, ist im unteren linken Teil des Bildes zu sehen, und der berühmte Jet erstreckt sich rechts oben auf dem Bild. Er wurde zuerst von H. Curtis 1918 bemerkt. Das wichtigste Merkmal auf dem vom Hubble Space Telescope aufgenommenen Bild ist die Anwesenheit von Gaswolken in der zentralen Region der Galaxie, obwohl sie als eine elliptische Galaxie eingestuft werden muß. Im Detail gesehen findet man das Gas, das starke Emissionslinien ausstrahlt, in der Form einer Scheibe in der Nachbarschaft des Kernes. Die Geschwindigkeit des Gases an beiden Seiten des Kernes wurde gemessen (Abb. 3.20b). Die spektroskopischen Beobachtungen haben ergeben, daß sich das Gas auf einer Seite der Scheibe auf uns zu bewegt, sich auf der anderen Seite aber von uns entfernt. Daraus konnte abgeleitet werden, daß sich die Scheibe mit einer Bahngeschwindigkeit von 500 $\mathrm{km\,s^{-1}}$ um den Kern von M 87 bewegt und daß der Kern eine Masse von rund $3 \times 10^9\,M_\odot$ haben muß. Es handelt sich um eine weit größere Masse als die Sterne im inneren Kern der Galaxie besitzen, und deswegen ist es einleuchtend, daß sie einem supermassiven schwarzen Loch zugeschrieben wird.

Noch bemerkenswerter waren Untersuchungen der zentralen Gebiete der nahegelegenen Galaxie NGC 4258 mit der radioastronomischen Interferometertechnik mit weit auseinanderliegenden Antennen (VLBI). Diese Technik ermöglicht die Auflösung von Radiostrukturen bis hin zu $10^{-3}$ Bogensekunden. Die Kernbereiche der Galaxie sind als Quelle einer intensiven Maserstrahlung des Hydroxylmoleküls bekannt, und damit läßt sich das Geschwindigkeitsfeld in der engeren Umgebung des Kernes aufzeichnen. Für die Masse des kompakten Objektes im Kern findet sich ein Wert von $3{,}6 \times 10^7\,M_\odot$, zwar geringer als die Masse des schwarzen Loches in M 87, jedoch bemerkenswert durch die ungewöhnlich hohe Dichte, die man für den Kern der Galaxie ableiten konnte. Die Massendichte ergab sich zu $4 \times 10^9\,M_\odot\,\mathrm{pc}^{-3}$. Dies ist bei weitem die größte Massendichte, die je in einem galaktischen Kern gefunden wurde. Sie läßt sich ohne weiteres mit der Massendichte der Sterne in den dichtesten Sternsystemen, den Kugelsternhaufen, vergleichen. Dort treten Massendichten von $10^5\,M_\odot\,\mathrm{pc}^{-3}$ auf, und damit ist die Massendichte von NGC 4258 wenigstens 40 000mal größer als in den dichtesten Sternsystemen, die wir kennen. Wäre eine solche Masse in Gestalt eines Sternhaufens anzutreffen, dann wäre die Dichte der Sterne bereits so groß, daß sie sowieso zusammenfallen und sich zu einem schwarzen Loch vereinigen würden. Aus diesem Grund ist der Fall des supermassiven schwarzen Loches im Kern von NGC 4258 der am ehesten überzeugende von allen aktiven Galaxien. So besteht allgemeine Übereinstimmung darin, daß in allen massiven Galaxien massive schwarze Löcher enthalten sind, die typischerweise etwa 0,5% der Gesamtmasse der Galaxie ausmachen.

Wir haben drei wichtige Beziehungen für die Eigenschaften von schwarzen Löchern als Energiequellen für aktive galaktische Kerne hergeleitet, und aus diesen folgen erhebliche Einschränkungen für Berechnungsmodelle:

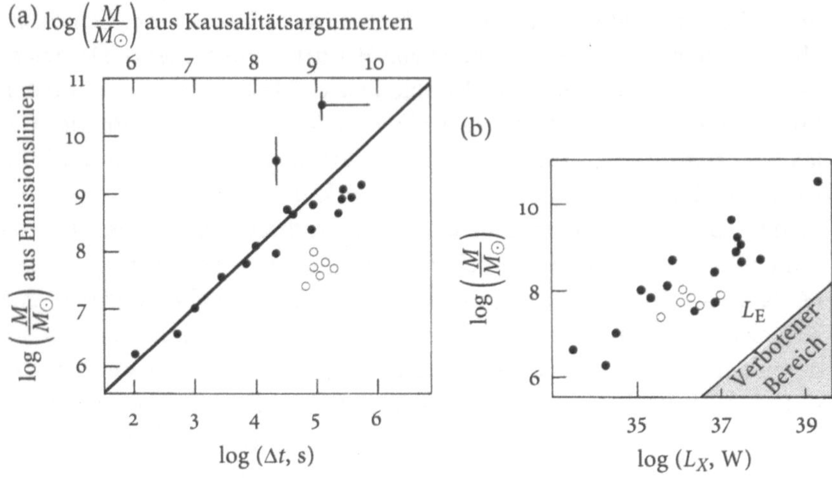


*Abb. 3.21.* (*a*) Vergleich der Massenabschätzungen für aktive galaktische Kerne aus der Veränderlichkeit ihrer Röntgenstrahlungsemission mit den dynamischen Abschätzungen nach Wandel u. Mushotzky. Die vollen Punkte gehören zu Quasaren und Seyfert-I-Galaxien, die Kreise zu Seyfert-II-Galaxien. (*b*) Vergleich der abgeleiteten Massen und Leuchtstärken aktiver galaktischer Kerne mit der Eddingtongrenze der Leuchtkraft. Alle Punkte liegen in ausreichender Entfernung von der Eddingtongrenze.

- Akkretion ist ein äußerst wirksames Verfahren der Energieerzeugung mit einem Wirkungsgrad zwischen 5 und 40% des Energieäquivalentes der Ruhemasse der einfallenden Materie.
- Der kürzeste Zeitmaßstab für die Veränderlichkeit des Objektes der Masse $M$ ist:

$$t = \frac{R_s}{c} = 10^{-5} \frac{M}{M_\odot} \text{ [s]} .$$

Das ist die Zeit, die das Licht braucht, um eine Entfernung von der Größe des Schwarzschildradius zu durcheilen.

- Die maximale Leuchtkraft einer Strahlungsquelle wird durch den Strahlungsdruck begrenzt. Hierfür gilt die Eddingtongrenze:

$$L < 10^{31} \frac{M}{M_\odot} \text{ [W]} .$$

Erfüllen nun aktive galaktische Kerne dieser Kriterien? Eine Antwort finden wir in Abb. 3.21, in der Massenabschätzungen für den Bereich von aktiven galaktischen Kernen aus dynamischen Überlegungen und aus der Variabilität der Strahlung der Kerne dargestellt sind (Abb. 3.21a). Wie man sieht, stimmen beide Massenabschätzungen einigermaßen überein. Dann kann man diese Massen dazu benutzen, jeden aktiven Kern in ein Masse-Leuchtkraft-Diagramm einzutragen, um zu sehen, ob der jeweilige aktive galaktische Kern in den Bereich des Diagrammes fällt, der infolge der Eddingtongrenze verboten ist. In der Abb. 3.21b sieht man, daß keiner der aktiven galaktischen Kerne in den verbotenen Bereich fällt. Beide Diagramme zeigen, daß selbst die extremsten Quasare in den einfachsten Modellen für die aktiven galaktischen Kerne untergebracht werden können.

## 3.9 UNBEANTWORTETE FRAGEN

Aus meiner Sicht liefert die obige Analyse überzeugende Argumente für die Vorstellung, daß in den aktiven galaktischen Kernen supermassive schwarze Löcher vorhanden sein müssen. Man muß aber einschränkend anmerken, daß sich die Argumente auf ganz allgemeine Eigenschaften der aktiven galaktischen Kerne beziehen und nicht so sehr auf einzelne Eigenschaften von besonderen Objektklassen. Hierin aber liegt die Stärke dieser Art von Argumentation. Können wir nun dieses Bild der supermassiven schwarzen Löcher als Erklärung für die vielen verschiedenen Phänomene ansehen, die wir in den aktiven Galaxien beobachtet haben? Eine ehrliche Antwort wäre: »Eigentlich nicht!« Sicher ist eine ins einzelne gehende Darstellung der Vorgänge in der Hochenergie-Astrophysik, die in den aktiven galaktischen Kernen beobachtet wurden, eine sehr viel kompliziertere Angelegenheit. Wir wollen einige relevante Informationen zusammenstellen, die Beobachtungen aus den verschiedenen Wellenlängenbereichen zu wesentlichen Anteilen eines erfolgreichen Modelles beitragen:

(1) Neben der Grundinformation, die man aus der zeitlichen Veränderlichkeit der Strahlung der aktiven galaktischen Kerne im sichtbaren, infraroten und ultravioletten Licht erhält, gibt es noch eine ganze Menge spektroskopischer Information über starke Emissionslinien von Gaswolken in der Nachbarschaft des Kernes und der darunterliegenden kontinuierlichen Strahlung, die sich von ultravioletten bis hin zu infraroten Wellenlängen erstreckt. Die kontinuierliche Strahlung hat nicht die spektrale Verteilung der Wärmestrahlung, sondern beruht wahrscheinlich auf der Synchrotronstrahlung hochenergetischer Elektronen, die in den starken Magnetfeldern der aktiven Kerne strahlen. Der Nachweis aktiver Galaxien, wie etwa der Galaxie NGC 4151, die im Abschn. 3.8 beschrieben wurde, deutet darauf hin, daß die starke kontinuierliche ultraviolette Strahlung für die Ionisierung und Anregung der umgebenden Gaswolken verantwortlich ist. Die Untersuchung der Spektren aktiver galaktischer Kerne zeigt, daß sich Gaswolken mit einem Bereich verschiedener Dichten in der Nachbarschaft des Kernes aufhalten. In der unmittelbaren Nähe des Kernes gibt es dichte Gaswolken, die die Quelle der breiten variablen Emissionslinien sind, die man in den galaktischen Kernen wie NGC 4151 zu sehen bekommt. Etwas weiter außerhalb bewegen sich diffusere Wolken mit geringeren Geschwindigkeiten um den Kern. Die Entstehung dieser Gaswolken ist noch nicht verstanden, doch ist es klar, daß eine Gasquelle erforderlich ist, um den aktiven galaktischen Kern mit Energie zu versorgen.

(2) Ein weiteres wichtiges Ergebnis aus Beobachtungen im sichtbaren Licht betrifft die am heftigsten veränderlichen aktiven galaktischen Kerne, die mit Strahlungsquellen verbunden sind, die BL-Lac-Objekte oder Blasare genannt werden. Diese Objekte verändern ihre Strahlungs-

intensität im Zeitmaßstab von Tagen oder weniger, und einige von ihnen sind so weit entfernt wie Quasare. Eines ihrer Erkennungsmerkmale sind optische Spektren ohne jegliche Struktur, sie bestehen ausschließlich aus einer stetigen kontinuierlichen Strahlung, die auch häufig stark polarisiert ist.

(3) Die Radiobeobachtungen zeigen einen bemerkenswerten Bereich von Aktivität mit energiereichen Jets, die weit außerhalb gelegene Radiokomponenten mit Energie versorgen. Das Beispiel von Cygnus A ist von besonderem Interesse (Abb. 3.3), weil man hier sehen kann, daß die äußeren Bereiche von einem sehr langen, schmalen Jet aus radiowellenemittierender Materie mit Energie versorgt werden. Diese Jets sind für die Energieversorgung sogenannter »hot spots« (heiße Flecken) wesentlich, die an den äußeren Kanten der Radiokomponenten beobachtet werden. Die Radiojets können bis in den Kern der Muttergalaxien zurückverfolgt werden. Interferometertechniken mit weit auseinanderliegenden Antennen wurden dazu verwendet, um die Struktur des Jets von Cygnus A mit einer Genauigkeit von 0,001 Bogensekunden zu untersuchen, und selbst mit diesem feinen Raster zeigt der Jet in Richtung der äußeren »hot spots«. Diese Art von Gestalt findet man bei den meisten starken Radiogalaxien und Radioquasaren. Ein wesentlicher Bestandteil der Prozesse der Kernregion ist also ein Vorgang, der einen stark gebündelten, radiowellenemittierenden Jet erzeugt, der letztendlich die äußeren keulenförmigen Radioausbuchtungen mit Energie versorgt.

(4) Als ob es nicht schon genug offene Fragen gäbe, eines der erstaunlichsten Ergebnisse der modernen Astrophysik war die Entdeckung, daß einige Radiojets, die man genau im Zentrum kompakter Radioquasare beobachtete, mit Geschwindigkeiten ausgestoßen wurden, die die Lichtgeschwindigkeit zu überschreiten scheinen. In Abb. 3.22a sind Radiokarten von zentralen Bereichen des Radioquasars 3C 273 gezeigt, und man kann sehen, daß sich die Radiokomponenten in nur drei Jahren um 25 Lichtjahre voneinander getrennt haben, was einer Trennungsgeschwindigkeit von der achtfachen Lichtgeschwindigkeit entspricht. Diese Geschwindigkeiten heißen *Überlichtgeschwindigkeiten*. Es handelt sich um übliche Erscheinungen bei kompakten leuchtenden Radioquellen. Nach der speziellen Relativitätstheorie von Einstein sind solche Geschwindigkeiten nicht erlaubt. Man kann aber mit ziemlicher Sicherheit annehmen, daß sich die Jets aus radiowellenemittierender Materie mit einer sehr hohen Geschwindigkeit, die aber immer unter der Lichtgeschwindigkeit liegt, in einem schmalen Winkel zur Sichtlinie bewegen. Wie man auf diese Weise Überlichtgeschwindigkeiten erklären kann, ist in Abb. 3.22b dargestellt. Diese Darstellung ist maßstabsgetreu gezeichnet, und der Jet aus Materie wird unter einem Winkel von 11,5° mit einer Geschwindigkeit von 0,98mal der Lichtgeschwindigkeit in Sichtrichtung ausgestrahlt. Wie in diesem Diagramm dargestellt, entfernt sich diese Komponente von dem stationären Kern

*Abb. 3.22.* (*a*) VLBI-Bilder (Very Long Baseline Interferometry) des Kernes des Radioquasars 3C 273 über die Zeit von 1977 bis 1980. Die Strahlungskomponente rechts scheint in drei Jahren eine Entfernung von 25 Lichtjahren zurückgelegt zu haben, was auf eine achtfache Lichtgeschwindigkeit schließen läßt. (*b*) Ein maßstabsgetreues Diagramm der Komponente einer Radioquelle, die unter einem Winkel von 11,5° zur Sichtlinie mit der 0,98fachen Lichtgeschwindigkeit ausgestoßen wird. Die scheinbare Überlichtgeschwindigkeit der Komponente ist auf die Tatsache zurückzuführen, daß sie die Strahlung, die zu früherer Zeit emittiert wurde, fast eingeholt hat. ▷

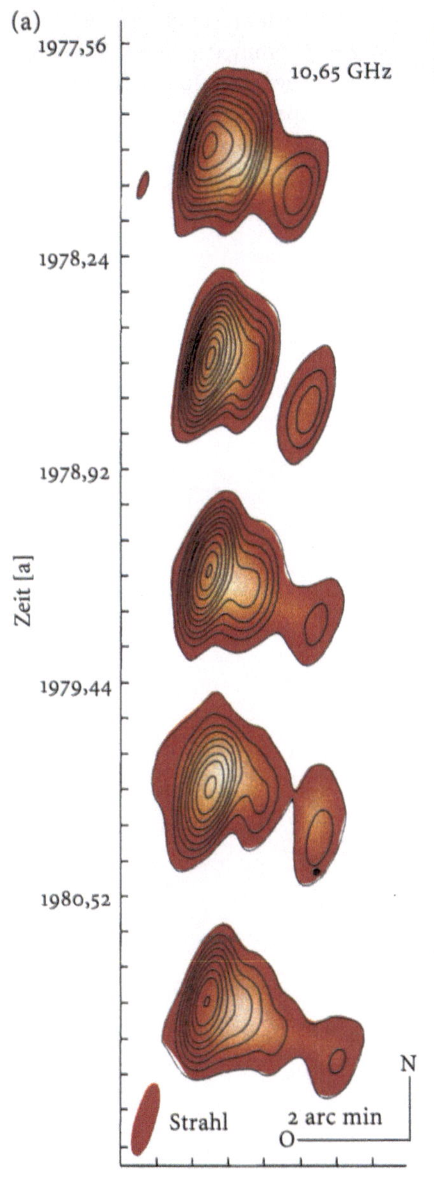


mit der fünffachen Lichtgeschwindigkeit. Auf diese Weise kann die seitliche Geschwindigkeit des Jets die Lichtgeschwindigkeit überschreiten, ohne die Regeln der speziellen Relativitätstheorie zu verletzen. Die Folge ist allerdings, daß die Jets mit sehr großer Geschwindigkeit aus den Kernen hervorbrechen müssen. Dies ist eine gute Nachricht, da es zeigt, daß die Jets Materie mit sehr hohen Geschwindigkeiten aus den Kernen transportieren und auch die ausgedehnten keulenförmigen Radioausbuchtungen mit Energie versorgen können, wie man es am Beispiel der mächtigen Radioquasare sieht.

(5) Auch die Intensitäten der Röntgen- und $\gamma$-Strahlung aktiver galaktischer Kerne sind variabel, und diese Kenntnis wurde benutzt, um die Dimensionen ihrer Emissionsbereiche zu bestimmen. Das neueste Beispiel von der Bedeutung relativistischer Bewegung in aktiven galaktischen Kernen stammt aus der Beobachtung mit dem Compton Gamma-Ray Observatory. Dieses Teleskop für hochenergetische Röntgenstrahlung hat die Emission von $\gamma$-Strahlung aus einer Anzahl der am stärksten leuchtenden kompakten Radioquasare aufgespürt, insbesondere von solchen, bei denen nachweislich eine Bewegung mit Überlichtgeschwindigkeit festgestellt wurde. Das ist ein faszinierendes Ergebnis, weil bei gebündelter Strahlung die Energiedichte der $\gamma$-Emission in der Region der Quelle so groß sein würde, daß alle $\gamma$-Strahlen zu Elektron-Positron-Paaren zerfallen wären, bevor sie die Quelle verlassen könnten. Wenn sich das Material, das für die Emission von $\gamma$-Strahlung verantwortlich ist, mit der gleichen relativistischen Geschwindigkeit aus dem

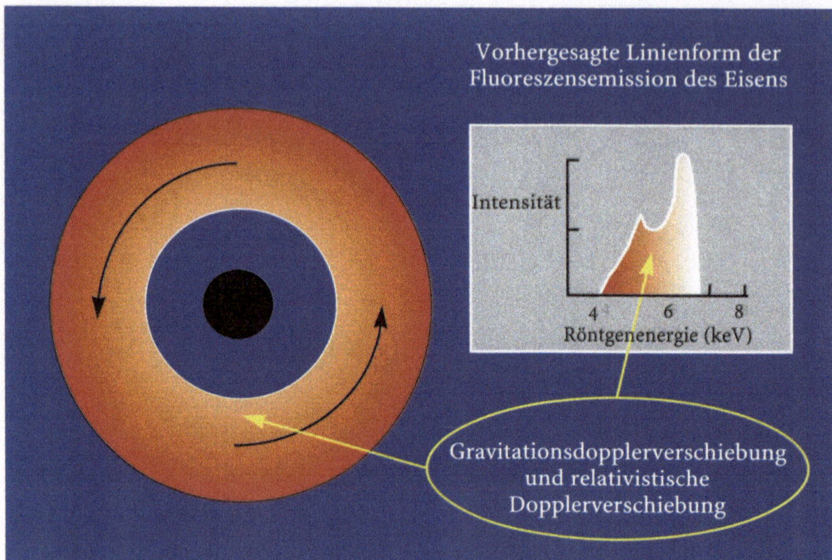


*Abb. 3.23.* Erläuterungen zu der starken Asymmetrie in der Fluoreszenzlinie des Eisenions aus dem Röntgenspektrum der aktiven Galaxie MCG-6-30-15.

Kern herausbewegt wie bei den Radiojets, dann kann dieses Problem gelöst werden. Es scheint, daß »relativistic beaming« ein wesentlicher Bestandteil der meisten aktiven galaktischen Kerne ist.

(6) Eine der wichtigsten Entwicklungen für die Untersuchung der innersten Bereiche der Akkretionsscheiben um massive schwarze Löcher war die Röntgenspektroskopie. Hierfür ist das Beispiel der leuchtstarken Röntgengalaxie MCG-6-30-15 besonders interessant, weil aus der raschen Veränderlichkeit der Röntgenstrahlung aus dieser Quelle geschlossen werden kann, daß sie sehr kompakt sein muß. Bis vor kurzem besaßen die Röntgenteleskope weder die Empfindlichkeit, noch die spektrale Auflösung, um ins einzelne gehende Untersuchungen an der Dynamik der inneren Bereiche aktiver Galaxien vorzunehmen. Mit dem Start der Röntgenteleskope, wie beispielsweise des japanischen ASCA X-ray Observatory, setzte jedoch eine Änderung ein. Es war bekannt, daß in dem Spektrum der Galaxie MCG-6-30-15 eine starke Röntgenemissionslinie enthalten ist, die der Fluoreszenzemission von Eisenionen in der Akkretionsscheibe um das schwarze Loch zugeschrieben wird. Die bemerkenswerte Entdeckung in den Messungen des ASCA-Satelliten war die auffallende Asymmetrie dieser Emissionslinie in bezug auf die erwartete Energie im Röntgenspektrum. Es fand sich eine hornförmige Intensitätserhöhung auf der niederenergetischen Seite der Linie, wie es in Abb. 3.23 angedeutet ist. Diese Veränderung der Linienform findet eine natürliche Erklärung, wenn man annimmt, daß die Strahlung aus dem innersten Bereich einer Akkretionsscheibe stammt, aus der Nähe der letzten stabilen Umlaufbahn um ein schwarzes Loch. Betrachten wir die Akkretionsscheibe in Draufsicht, dann lassen sich zwei Gründe für die Verschiebung der Strahlung aus den innersten Bereichen der Akkretionsscheibe nach niedrigeren Energien finden. Als erstes bewirkt die

Gravitationsrotverschiebung der Photonen, die von einem derartig tiefen Gravitationspotential ausgestrahlt werden, daß man sie auf der Erde mit einer Energie beobachtet, die geringer als die Ausstrahlungsenergie ist. Zum zweiten hat nach Einsteins spezieller Relativitätstheorie die relativistische Transversalbewegung der Materie eine weitere Herabsetzung der Energie der ausgestrahlten Photonen zur Folge, was als transversaler Dopplereffekt bekannt ist. Wie es in Abb. 3.23 angedeutet ist, sind diese beiden Effekte für das veränderte Profil der Fluorenszenzlinie des Eisenions verantwortlich. Diese Beobachtung ist deswegen so wichtig, weil damit ein Verfahren für die Untersuchung des Verhaltens der Materie in der Nähe der letzten stabilen Umlaufbahn um ein schwarzes Loch gefunden wurde.

Es ist offensichtlich, daß einige der oben genannten Eigenschaften aktiver galaktischer Kerne als vorläufige Merkmale gedacht und andere eine Folge der Wechselwirkung dieser vorläufigen Merkmale mit der Umgebung des Kernes und der Muttergalaxie sind. Zum einen scheint es wesentlich zu sein, daß die kontinuierliche Strahlung des infraroten, sichtbaren und ultravioletten Spektralbereiches ganz in der Nähe des aktiven Kernes entsteht. Gleichermaßen muß die Materie, die für die vom Kern ausströmenden kosmischen Jets verantwortlich ist, zu den primären Bestandteilen gerechnet werden. Die Wechselwirkung dieser beiden Komponenten mit den Wolken in der Nachbarschaft des Kernes und mit dem umgebenden interstellaren und intergalaktischen Medium ist die Ursache für einige der oben beschriebenen Vorgänge. In Abb. 3.24 habe ich, wenn auch sehr schematisch, in einer Skizze zusammengestellt, wie der Kernbereich eines Quasars oder eines aktiven galaktischen Kernes aussehen könnte. Einfache dünne Akkretionsscheiben sind in Abb. 3.17 gezeigt, und diese können die Eigenschaften bestimmter Typen galaktischer Kerne erklären, z. B. die von Röntgen-Doppelsternen und verschiedenen anderen Typen weniger extremer Formen binärer galaktischer Quellen, wie etwa die kataklysmischen Veränderlichen. Das Problem der aktiven galaktischen Kerne liegt darin, daß die Leuchtkräfte wirklich sehr groß sind und deswegen das Maß dafür, wie Materie akkretiert wird, viel größer ist als im Falle der galaktischen Quellen. Die Strahlung, die aus den inneren Bereichen der Akkretionsscheibe ausgestrahlt wird, ist derartig intensiv, daß der Strahlungsdruck diese Bereiche zu einer dicken Akkretionsscheibe aufbläst. Eine schematische Skizze davon ist in Abb. 3.24 dargestellt, und es gibt Trichter oder Schornsteine entlang der Rotationsachse, die für die Bündelung der Materie in den Jets aus dem Kern verantwortlich sein könnten. Unglücklicherweise legen Stabilitätsuntersuchungen an diesen dicken Akkretionsscheiben nahe, daß es sich um instabile Konfigurationen handelt.

Es ist klar, einige dieser beobachteten Eigenschaften aktiver galaktischer Kerne, wie z. B. die Überlichtgeschwindigkeit in Jets, hängen von

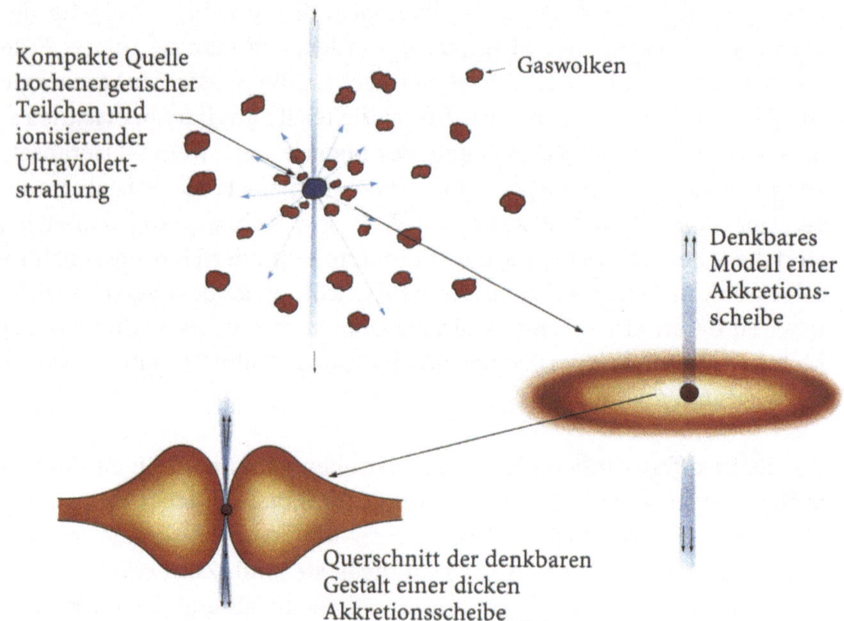


*Abb. 3.24.* Schematische Zeichnung mit den notwendigen Bestandteilen eines Modelles für Quasare oder aktive galaktische Kerne. In dem Kern muß es eine Quelle für Strahlung und hochenergetische Teilchen geben. Der Kern ist von Gaswolken umgeben, die aufgeheizt und von der ultravioletten Strahlung aus dem Kern angeregt werden. Die beiden Einfügungen zeigen eine mögliche Struktur der Akkretionsscheibe und eine dicke Scheibe um das schwarze Loch. Diese beiden können für die Kollimation der Strahlung aus hochenergetischen Teilchen verantwortlich sein. Ob das Modell einer dicken Akkretionsscheibe überhaupt zutrifft, ist noch recht ungewiß.

dem Winkel ab, unter dem die Quelle relativ zur Blickrichtung beobachtet wird. Hieraus ergibt sich die faszinierende Frage, in welchem Ausmaß Orientierungseffekte das Erscheinungsbild der aktiven galaktischen Kerne im allgemeinen beeinflussen. Mit einer gewissen Berechtigung kann man behaupten, daß die mächtigen Radiogalaxien und Radioquasare zu derselben Gruppe von Objekten gehören, die aber jeweils aus einer anderen Blickrichtung beobachtet werden. Das gleiche trifft für Unterscheidung von aktiven Galaxien wie Seyfert-I- und Seyfert-II-Galaxien zu. Die Vorstellung ist, daß ein verdeckender Ring um die Kernregion der Galaxie liegt, der die Beobachtung des intensivsten Lichtes verhindert, wenn die Achse dieses Ringes einen großen Winkel mit der Blickrichtung bilden sollte. Andererseits, wenn wir den Ring unter einem kleinen Winkel zur Achse beobachten, dann sehen wir einen unverdeckten Quasar in dem Kern der Galaxie. Dann ist natürlich anzunehmen, daß die Jets von Materie, die für die Energieversorgung der Radioquelle verantwortlich sind, parallel zur Achse des Systems ausgeschleudert werden. Diese Jets bewegen sich an der Achse der Quelle entlang mit Geschwindigkeiten ganz nahe bei der Lichtgeschwindigkeit und können so für die Radioemission mit Überlichtgeschwindigkeit und die intensive $\gamma$-Emission verantwortlich sein. Die Schlußfolgerung, daß die Emissionen stark gebündelt sind, was als *relativistic beaming* bezeichnet wird, hat erhebliche Konsequenzen für die Interpretation ihrer extremen Eigenschaften. Es ist beispielsweise durchaus plausibel, daß BL-Lac-Objekte ihre extremen Eigenschaften deswegen haben, weil die Radio- und optische Emission von Materie in der Richtung des Auswurfes eines relativistischen Jets beobachtet wird. Ein schematisches

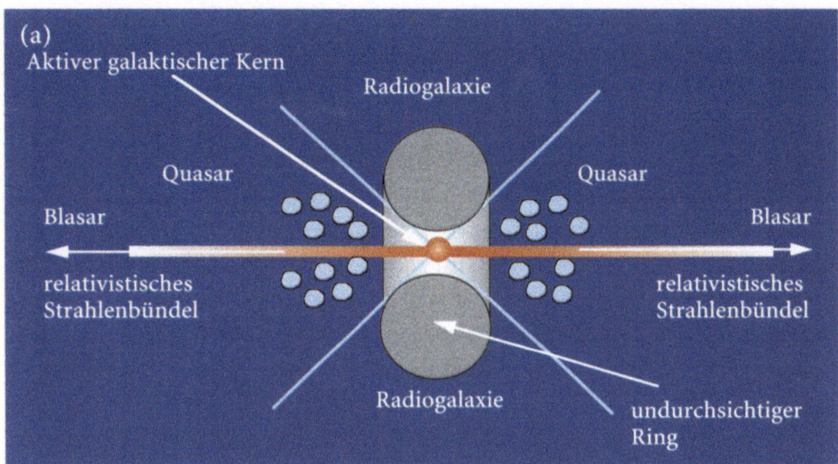


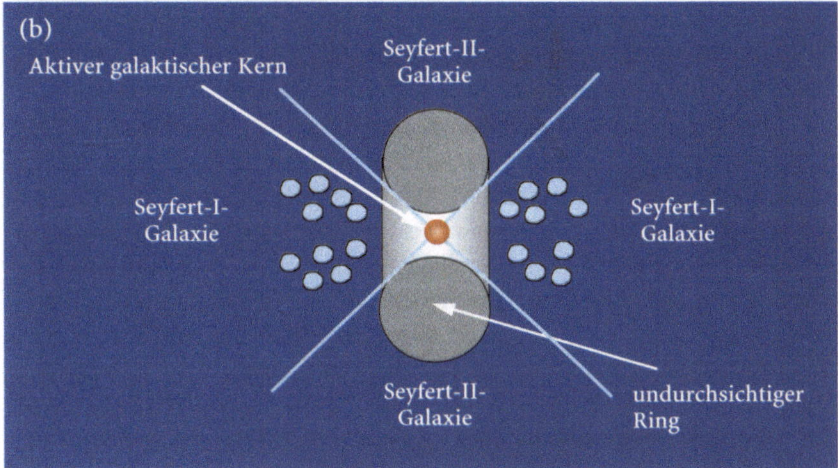


*Abb. 3.25.* Skizzen von Modellen, mit denen gezeigt werden soll, daß sich mehrere Typen aktiver Galaxien an ein einheitliches Schema anpassen lassen, wenn man die Unterschiede zwischen ihnen auf die Beobachtung unter verschiedenen Winkeln zur Sichtlinie zurückführt. Es wird angenommen, daß die Radiogalaxien und Radioquasare mit riesigen elliptischen Galaxien verbunden sind, während die Seyfert-Galaxien grundsätzlich Spiralgalaxien sind. (*a*) Ein einheitliches Bild für Radiogalaxien, Quasare und Blasare. (*b*) Ein einheitliches Bild für Seyfert-I- und Seyfert-II-Galaxien. In den Seyfert-I-Galaxien werden Regionen mit breiten und schmalen Emissionslinien beobachtet, wobei die breiten Emissionslinien nahe am Kern entstehen. In den Seyfert-II-Galaxien werden nur Regionen mit schmalen Emissionslinien gefunden.

Bild, wie diese Merkmale zu einem einheitlichen Modell für Radio-Galaxien, Quasare, BL-Lacs (Blasare), Seyfert-I- und Seyfert-II-Galaxien zusammengefügt werden könnten, ist in Abb. 3.25 dargestellt. Wir müssen abwarten, wie gut dieses Bild die vielen auseinanderstrebenden Aspekte der aktiven galaktischen Kerne erklären kann.

Wie entstehen nun supermassive schwarze Löcher in den Kernen aktiver Galaxien? Es ist wahrscheinlich unausweichlich, daß sie sich auf die eine oder andere Weise bilden. Die zahlenmäßige Dichte der Sterne nimmt bei der Annäherung an das Zentrum der Galaxie drastisch zu, und den zentralen Bereich kann man sich als eine Art kompakten Sternhaufen denken. In einem solchen Haufen führen Begegnungen auf Grund der gegenseitigen Massenanziehung dazu, daß der Haufen seine energiereichsten Mitglieder verliert, der Haufen schrumpft und die Sterne so nahe zueinander kommen, daß sie zusammenstoßen und verschmelzen, um ein massives System zu bilden, das anschließend zu einem schwarzen Loch kollabiert. Alles Gas, das in einer Galaxie freigesetzt wird, neigt dazu, genau in ihr Zentrum zu fallen. Auf diese Weise kann sich die Materie im Zentrum der Galaxie ansammeln, vorausgesetzt sie wird ihren Drehimpuls los. Diese Materie kann auf ein bereits existierendes schwarzes Loch akkretiert werden und so dessen Masse vergrößern. In dem Maße, in dem die Masse des schwarzen Loches anwächst, kann es anfangen, die Sterne zu zerstückeln, die sich nahe daran vorbeibewegen, einiges von ihrer Materie aufnehmen und so seine Masse weiter vergrößern. Allmählich wird dann die Masse des schwarzen Loches groß genug geworden sein, um ganze Sterne zu verschlucken. So gibt es überzeugende Gründe, warum sich supermassive schwarze Löcher in den Kernen der Galaxien bilden können, aber welcher von diesen unterschiedlichen Prozessen schließlich der wesentliche ist, das ist bei weitem noch nicht klar. Gewiß ist nur, daß Quasare zu den am weitesten entfernten Objekten gehören, die wir im Universum kennen. Von diesen wiederum emittierten die am weitesten entfernten ihr Licht, als das Universum erst 1/5 seines augenblicklichen Alters besaß. Daher muß die Entstehung von supermassiven schwarzen Löchern bereits möglich gewesen sein, als das Universum sehr viel jünger war als es heute ist.

Was wissen wir jetzt und was nicht? Es scheint sehr wahrscheinlich zu sein, daß supermassive schwarze Löcher in den aktiven galaktischen Kernen vorkommen – schwarze Löcher haben genau die richtigen Eigenschaften, mit denen wir die extremen Leuchtkräfte und die Veränderlichkeit mit kurzen Zeitskalen erklären können. Wir haben daher die Gelegenheit, das Verhalten von Materie in so starken Gravitationsfeldern zu studieren, wie wir sie in Laboratorien nie erzeugen können. Für die vielen anderen Facetten der aktiven galaktischen Kerne gibt es aber keine einfachen Erklärungen. Eine wirklich erfolgreiche Theorie müßte den Ursprung der relativistischen Jets ebenso erklären können wie die Herkunft der Materie in den Akkretionsscheiben und den verdeckenden Ringen. Nach mehr als 30 Jahren scheint es so zu sein, daß die Probleme um so komplizierter werden, je mehr man sich mit den aktiven galaktischen Kernen beschäftigt. Keine Überraschung wird es jedoch sein, daß das Verständnis ihrer Eigenschaften keine triviale Angelegenheit ist. Sie sind in den Zentren der Galaxien verborgen, in einer Umgebung, von der wir wissen, daß sie komplex ist, und es ist vielleicht keine Überraschung, daß die supermassiven schwarzen Löcher mit ihrer Umgebung in unerwarteter Weise wechselwirken. Es gibt sowohl theoretisch als auch beobachterisch noch viel zu tun. Eigentlich eine frohe Nachricht, denn so gibt es auch für die kommende Generation von Astronomen noch Forschungsarbeit zu leisten.

# KAPITEL 4

# Die Entstehung der Galaxien

## 4.1 DIE ENTWICKLUNG VON GALAXIEN – STARK VEREINFACHT

Die Entstehung und Entwicklung von Galaxien verläuft ganz anders als die Entwicklung und Entstehung von einzelnen Sternen, die wir in Kap. 2 besprochen haben. In diesem Kapitel haben wir den Lebenszyklus der Sterne behandelt – ihre Geburt in den Staubwolken des interstellaren Raumes, ihr langes Leben als Hauptreihensterne und ihren gewaltsamen Tod – all dies habe ich den großen kosmischen Zyklus von Geburt, Leben und Tod der Sterne genannt. Damit haben wir einen gewissen Überblick über die Prozesse gewonnen, die im Inneren der Himmelsobjekte ablaufen, aus denen die Galaxien zusammengesetzt sind. Es findet ein ständiger Austausch von Materie zwischen den Sternen und dem interstellaren Gas statt. In den Bereichen dichten interstellaren Gases bilden sich die Sterne, und wenn sie sterben, dann geben sie die angesammelte Materie in umgewandelter Form wieder zurück und füllen so das interstellare Medium wieder auf. Hieraus ergibt sich die abwechslungsreiche Struktur des interstellaren Mediums mit einem weiten Bereich von verschiedenen Temperaturen, von sehr kühlem Gas in den Staubwolken bis hin zu dem sehr heißen Gas, das durch die Explosion der Sterne aufgeheizt wurde. Großräumige Störungen durch Gravitationskräfte und dynamische Prozesse, wie beispielsweise Supernovaexplosionen, können die Ausbildung und Abkühlung von riesigen Molekülwolken zur Folge haben, in denen neue Generationen von Sternen entstehen. Woraus die einzelnen Galaxien bestehen, hängt insgesamt betrachtet von der jeweiligen Entwicklungsgeschichte der Sterne in ihnen ab.

Einen Eindruck von der Auswirkung verschiedener Sternentwicklungsgeschichten auf die Erscheinungsform einer Galaxie erhält man aus Hertzsprung-Russell-Diagrammen der Sternhaufen unterschiedlichen Alters, die wir in Abschn. 2.3 eingeführt haben. Das H-R-Diagramm des alten Kugelsternhaufens 47 Tucanae ist in Abb. 2.11b zu sehen. In diesem Sternhaufen brach die Sternentstehung vor sehr langer Zeit ab, kurz nachdem er entstanden war. Alle Sterne mit ungefähr der Sonnenmasse haben sich seitdem von der Hauptreihe weg entwickelt. Sterne mit etwa der Sonnenmasse entwickeln sich fortlaufend von der Hauptreihe weg, und dies sind dann die Sterne, aus denen der Riesenast zusammengesetzt ist, wie man in der Abb. 2.11b schön sehen kann.

Alles Licht des Sternhaufens kommt von den leuchtstarken roten Riesen des Riesenastes, und so erscheint der Sternhaufen als Ganzes in rotem Licht.

Ein H-R-Diagramm für jüngere Sternhaufen ist in Abb. 2.10 dargestellt. Der Endpunkt der Hauptreihe verschiebt sich mit abnehmendem Alter immer weiter auf der Hauptreihe nach oben, weil in den jüngeren Sternhaufen die Sterne mit mehr als der Sonnenmasse ihre Entwicklung auf der Hauptreihe noch nicht abgeschlossen haben. Das Licht dieser Sternhaufen wird deswegen mehr und mehr durch das blaue Licht der massereichen Sterne auf der Hauptreihe bestimmt. Je jünger also ein Sternhaufen ist, desto blauer wird seine Farbe, weil die massereichen jungen Sterne mehr zu seinem Licht beitragen.

Auch die Farben der Galaxien können in weitem Sinne auf der Grundlage der verschiedenen Sternentwicklungsgeschichten verstanden werden. In elliptischen Galaxien findet kaum eine Sternentwicklung statt. Das von ihnen abgestrahlte Licht stammt im wesentlichen von alten Sternen, vergleichbar mit den Sternen, die auch für die Farben von alten Kugelsternhaufen verantwortlich sind, wie etwa 47 Tucanae. Bei Spiralgalaxien hingegen findet in den Spiralarmen eine lebhafte Sternentwicklung statt, und infolgedessen ist ihr Licht viel blauer gefärbt als das Licht von elliptischen Galaxien. Die kräftigste Blaufärbung findet man an den Stellen der Spiralgalaxien, an denen auch die Ansammlungen von jüngsten Sternen anzutreffen sind. Echtfarbenbilder einer elliptischen und einer Spiralgalaxie sind in Abb. 4.1 gezeigt, in der die rote Färbung der alten Kugelsternhaufen und die blaue Färbung in den Armen der Spiralgalaxien deutlich zu erkennen sind. Auf diese Weise läßt sich der gesamte Farbeindruck der Spiralgalaxien erklären, wenn man eine mehr oder weniger konstante zeitliche Entwicklungsrate während der Lebensdauer der Galaxie annimmt.

Die Konstruktion von Modellen für die Entwicklung der Sterne von ihrer Geburt in den verschiedenartigen Galaxien bis zum heutigen Tag ist ein wachsendes Arbeitsgebiet in der Astrophysik der Galaxien. Zunächst muß man die Entwicklungsgeschichten einzelner Sterne aller Massen kennen, dann kann man auf der Basis verschiedener Annahmen über die Sternentwicklungsgeschichten der Komponenten einer Galaxie auch die Entwicklungsgeschichte der gesamten Galaxie herausarbeiten. Solche Modelluntersuchungen sind für das Verständnis der Eigenschaften nicht nur nahgelegener Galaxien äußerst wichtig, sondern auch sehr weit entfernter, die sich noch in den frühen Stadien ihrer Geschichte befinden und die wegen ihrer weiten Entfernung und daher schwachen Leuchtkraft erst neuerdings beobachtet werden können.

In diesen Modellen der Galaxienentwicklung wird angenommen, daß Galaxien abgeschlossene Systeme sind. Das bedeutet, daß die Sterne innerhalb der Galaxie nach dem Muster des großen kosmischen Zyklus entstehen, so wie er oben beschrieben wurde, aber ohne daß weiteres Gas oder andere Sterne von außerhalb in die Galaxie aufgenommen

*Abb. 4.1.* Echtfarbenbilder von: (*a*) der elliptischen Riesengalaxie M 87 (NGC 4486) in dem nahegelegenen Galaxienhaufen Virgo. Diese Galaxie ist von einer Wolke von Kugelsternhaufen umgeben, (*b*) der Spiralgalaxie M 100 (NGC 4321) mit den Farbunterschieden zwischen den alten roten Sternpopulationen der kugelförmigen Komponenten der beiden Typen von Galaxien und den jungen blauen Sternpopulationen in den Bereichen der Spiralarme der Spiralgalaxie.

werden - eine unrealistische Annahme, wie wir heute wissen. Viele Galaxien zeigen deutliche Anzeichen des Einflusses der Schwerkraft anderer nahgelegener Galaxien und der dynamischen Wechselwirkung mit ihnen sowie mit dem Gas zwischen ihnen, dem *intergalaktischen Medium*. Es gibt klare Beweise dafür, daß diese Wechselwirkung mit anderen Galaxien die Rate der Sternentstehung zu erhöhen vermag. Wenn ganze Galaxien zusammenstoßen, dann findet auch ein Zusammenstoß der interstellaren Gaswolken statt, wodurch Gebiete mit dichtem Gas und Staub gebildet werden, in denen die Rate der Sternentstehung erhöht ist. Dieser Vorgang wird sehr schön durch die Aufnahmen von zusammenstoßenden und miteinander in Wechselwirkung stehenden Galaxien bestätigt, die von dem IRAS-Satelliten gemacht wurden. Diese Aufnahmen zeigen, daß die im Spektralbereich des fernen Infrarot am kräftigsten leuchtenden Galaxien sehr häufig zusammenstoßende und miteinander in Wechselwirkung stehende Galaxien sind. Weil die Emission von Strahlung im fernen Infrarot das Kennzeichen einer aktiven Sternentstehung ist, wie es in Abschn. 2.4 und 2.5 beschrieben wurde, weisen diese Beobachtungen darauf hin, daß Zusammenstöße zwischen Galaxien einen explosionsartigen Anstieg der Sternentwicklung bewirken

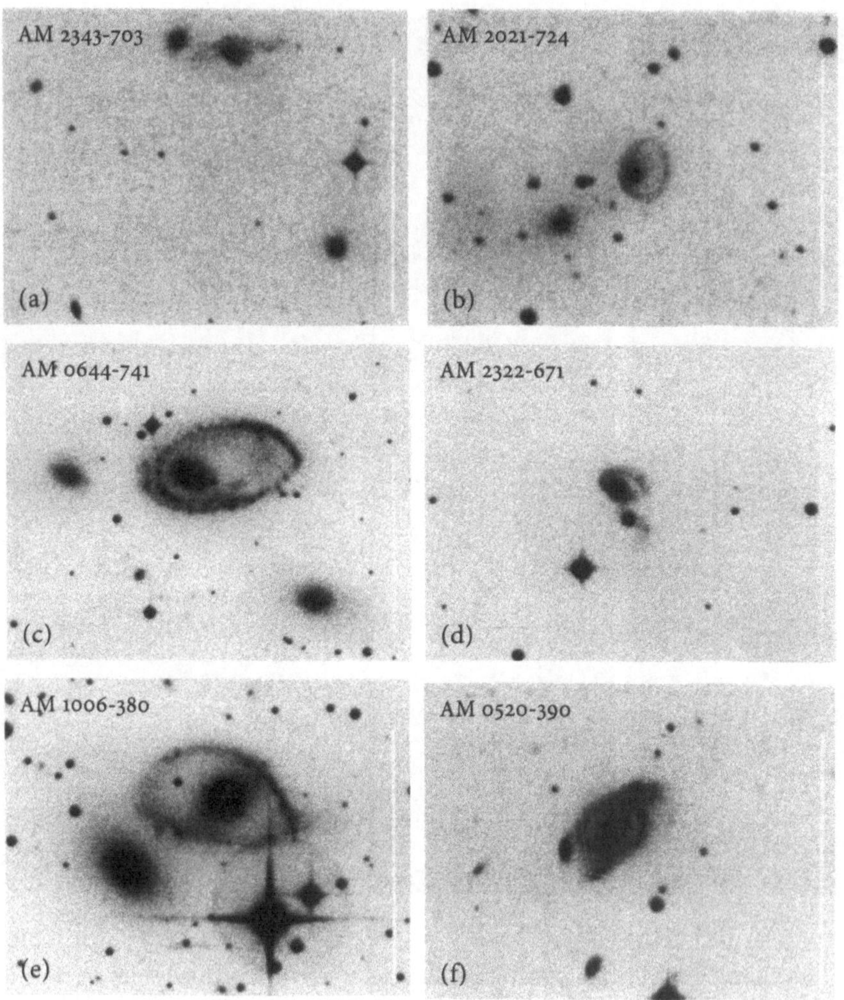


*Abb. 4.2.* Beispiele für miteinander wechselwirkende oder zusammenstoßende Galaxien aus dem Catalogue of Southern Peculiar Galaxies and Associations von H. Arp und B. Madore.

können. Deswegen heißen diese stark im Infraroten leuchtenden Galaxien auch *Starburst-Galaxien*.

Obwohl sich die meisten Galaxien mühelos als spiralige, elliptische oder linsenförmige Galaxien einordnen lassen, findet man außerdem auch Galaxien in sehr merkwürdigen Erscheinungsformen. Einige Beispiele dieser »Galaxien in Wechselwirkung« sind in Abb. 4.2 zu sehen, die aus dem Katalog von Galaxien in Wechselwirkung stammen, der von H. Arp und B. Madore für die südliche Hemisphäre zusammengestellt wurde. Es kann als sicher gelten, daß gegenseitige Gravitationskräfte für einige dieser merkwürdigen Strukturen verantwortlich sind. Das bekannteste Beispiel für Galaxien in Wechselwirkung sind die sogenannten Antennae (Abb. 4.3a). Dieses System scheint durch den Zusammenstoß zweier Galaxien entstanden zu sein, doch das erstaunlichste Merkmal sind die zwei riesigen »Fühler«, die offenbar bei dem Zusammenstoß entstanden sind. Auf den ersten Blick kann man sich nur schwer vorstellen, wie sich eine derartig seltsame Gestalt aus dem Zusammen-

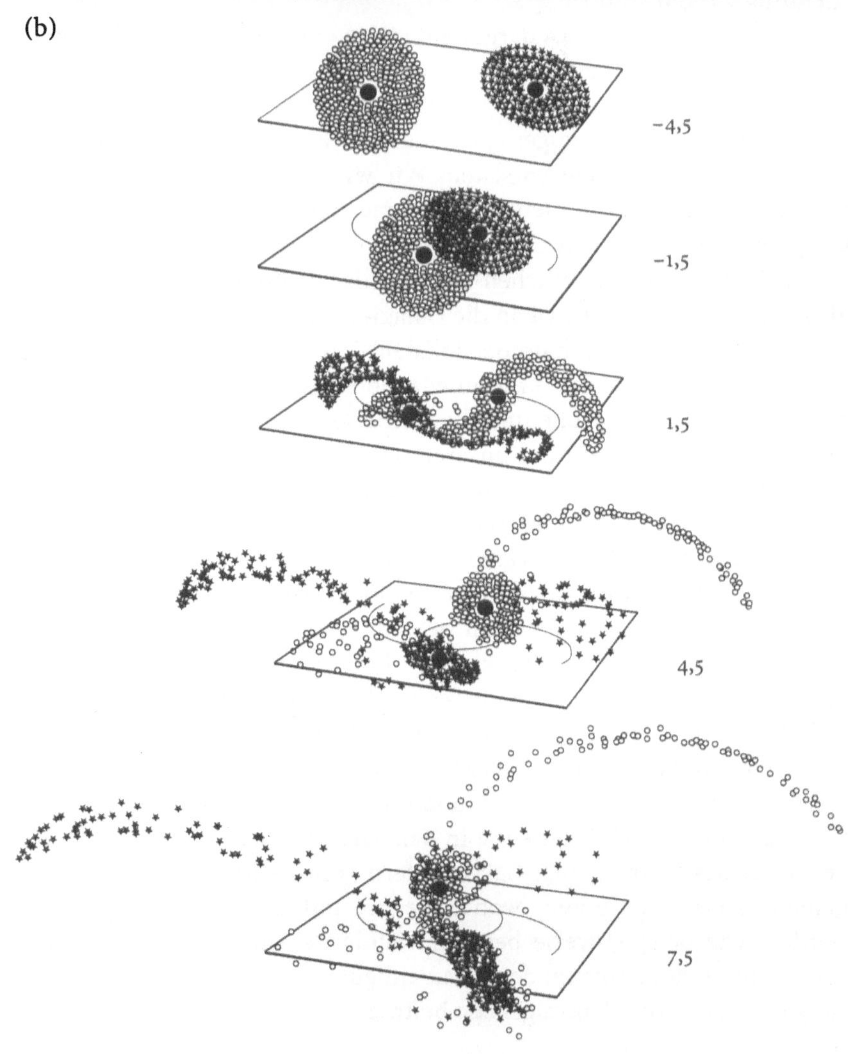


*Abb. 4.3.* (*a*) Die »Fühler«, ein System von wechselwirkenden Galaxien. (*b*) Computersimulation des Zusammenstoßes von zwei Spiralgalaxien, durchgeführt von A. und Y. Toomre. Der Zusammenstoß findet so statt, daß die gekrümmten Bahnen der beiden Galaxien den gleichen Drehsinn haben wie die beiden Sternscheiben. Die äußeren Ringe aus Sternen werden bei dem Zusammenstoß von den Galaxien abgerissen und bilden die beiden langen »Fühler«.

stoß zweier Galaxien bilden kann, doch A. und Y. Toomre konnten durch eine Computersimulation sehr eindrucksvoll zeigen, wie so etwas möglich ist. In ihrer Simulation haben sie die beiden zusammenstoßenden Spiralgalaxien als rotierende Scheiben von Sternen dargestellt und auf dem Bildschirm verfolgt, wie sich die Sterne in einer jeden Scheibe unter dem Einfluß der gegenseitigen Gravitationskräfte zwischen allen Sternen der Galaxien verhalten. Bei der Durchführung vieler Simulationen von Zusammenstößen zwischen diesen beiden Modellgalaxien fanden A. und Y. Toomre heraus, daß die äußeren Sternringe beider Galaxien aus dem Verbund herausgerissen wurden, sobald ihre gekrümmten Bahnen denselben Drehsinn hatten wie die Galaxien selbst. Dann entstanden diese ungewöhnlichen »Schweife«, die den »Fühlern« der Antennae so ähnlich sind. Der Grund für die Ausbildung dieser außergewöhnlichen Strukturen liegt darin, daß auf die Sterne in den äußeren Ringen beider Modellgalaxien bei einem derartigen Zusammentreffen dieselben nach außen gerichteten Kräfte eine längere Zeit in dieselbe Richtung wirken können.

Die in Abb. 4.2 und 4.3 dargestellten Systeme sind spektakuläre Beispiele für den Zusammenstoß zweier Galaxien, oder genauer für die Wirkung von Gravitationskräften zwischen beiden. Ähnliche Zusammenstöße, wenn auch in weniger spektakulären Erscheinungsformen, sind wahrscheinlich gar nicht so selten. Wir wissen nämlich, daß isolierte Galaxien kaum vorkommen und die meisten von ihnen zu kleinen Gruppen oder zu Galaxienhaufen gehören. Die Wahrscheinlichkeit für einen Zusammenstoß zwischen Galaxien ist dadurch natürlich größer als man erwarten würde, wenn die Galaxien zufällig im Universum verteilt wären. Selbst innerhalb der lokalen Gruppe von Galaxien, zu der die Milchstraße und der Andromedanebel als beherrschende Anteile gehören, werden die große und die kleine Magellansche Wolke ständig durch die Gravitationskräfte unserer Galaxie auseinandergerissen und einige der dabei entstandenen Bruchstücke schließlich auch unserer Galaxie einverleibt. In dem entgegengesetzten Extrem, den galaxienreichen Haufen, wie z. B. dem Galaxienhaufen Pavo, hat sich eine gigantische elliptische Galaxie im Zentrum gebildet. Wahrscheinlich haben Zusammenstöße zwischen Galaxien bei der Entstehung solcher massiver aufgeblähter Strukturen eine wichtige Rolle gespielt. Zusammenstöße infolge gegenseitiger Anziehungskräfte betreffen die massereicheren Anteile des Haufens und führen zu Energieverlusten, nach denen sie in das Zentrum des Haufens absinken. Dort treten sie miteinander in Wechselwirkung, vereinigen sich und bilden die typischen gigantischen Galaxien, die man üblicherweise in den galaxienreichen Haufen vorfindet. Überdies können auch Galaxien fern vom Zentrum des Galaxienhaufens zusammenstoßen, wobei Sterne und Gaswolken abgerissen werden, wie beispielsweise bei den »Fühlern«, und ein Anteil davon sinkt dann in das Zentrum des Galaxienhaufens ab, wo er zur Vergrößerung der Masse der Zentralgalaxie beiträgt.

Das Verständnis der Entwicklung der Galaxien und Galaxienhaufen hat in den letzten Jahren erhebliche Fortschritte gemacht, doch viele Fragen sind noch unbeantwortet geblieben. Beispielsweise wissen wir nicht, mit welcher Rate sich die schweren Elemente in den Galaxien herausbilden und in welcher Weise dieser Prozeß vom Ort innerhalb der Galaxie abhängt. Wie bedeutend ist wohl der Einfall von Materie aus dem intergalaktischen Raum, und wie bedeutsam ist die Rolle der Zusammenstöße unter dem Einfluß der Gravitation auf die Entwicklung von elliptischen und spiraligen Galaxien? Diese und viele weitere Fragen zur Astrophysik der Galaxien sind von einer Beantwortung noch weit entfernt, aber alle sind zur Zeit Gegenstand intensiver Forschungstätigkeit.

Die wirklich grundlegende Frage, der Gegenstand dieses Kapitels, ist jedoch: »Wie fing alles an?« Was brachte das Gas zusammen, aus dem sich die Galaxien herausbildeten, so daß der Prozeß der Sternentwicklung und der große kosmische Zyklus überhaupt beginnen konnten? Man kann davon ausgehen, daß sich die Galaxien so entwickelten, wie es oben beschrieben wurde. Sobald erst einmal Sterne entstanden waren, konnte sich auch die Vielfalt von Strukturen herausbilden, die wir bei den Galaxien beobachten können. Auf den ersten Blick sieht unser Unterfangen nicht gerade ehrgeizig aus. Wir erinnern uns an die auffällige Wirksamkeit, mit der die Jeanssche Instabilität, die wir in Kap. 2 besprochen haben, sehr kleine Störungen in der Gasdichte einer Wolke in endlichen Zeiten unter dem Einfluß der Gravitation zu großen Dichten anwachsen läßt. Es hat den Anschein, als müßten wir lediglich infinitesimal kleine Dichtestörungen im Maße von Galaxien oder Galaxienhaufen im frühen Universum erzeugen können, und dann besorgt die Gravitation alles weitere, genauso wie bei der Entstehung von Sternen. Das scheint eine einfache Angelegenheit zu sein, aber in Wirklichkeit trügt der Schein, wie wir zeigen werden. Wir werden nämlich bald auf die vier fundamentalen Probleme der modernen Kosmologie stoßen.

Um uns den ganzen Umfang des Problems bewußt zu machen, müssen wir zunächst den Hintergrund verstehen, gegen den kleine Inhomogenitäten in der Verteilung der Materie im Universum anwachsen müssen. Im besonderen ist es die Tatsache, daß sich das Universum als Ganzes ausdehnt, die das Bild vollständig verändert. Es wird also höchste Zeit, daß wir uns mit den Beweisen für die Ausdehnung der Galaxienverteilung befassen, mit einer der größten Entdeckungen des 20. Jahrhunderts.

## 4.2 Hubbles Gesetz und die Expansion des Universums

Unsere Kenntnis, daß die Galaxien extragalaktische Systeme sind, ist gerade einmal 70 Jahre alt, für mich eine bemerkenswerte Tatsache. Astronomen und Philosophen des 18. und 19. Jahrhunderts haben Überlegungen angestellt, ob die Spiralnebel ferne »Weltinseln« seien, ähnlich

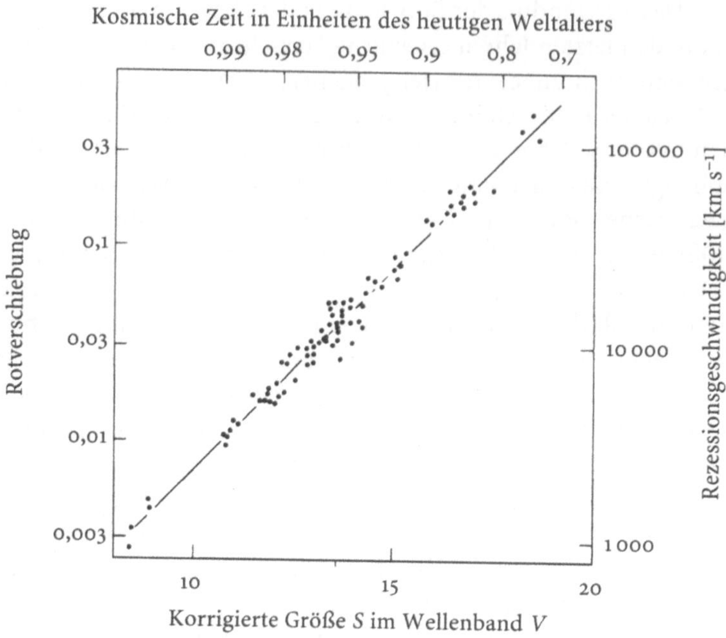


*Abb. 4.4.* Eine moderne Ausführung der Darstellung, die häufig »Hubble-Diagramm« der hellsten Galaxien in Galaxienhaufen genannt wird. In dieser semilogarithmischen Darstellung wird die korrigierte scheinbare Größe *V* gegen die Rotverschiebung *z* aufgetragen. Die scheinbare Größe ist definiert als $V = \text{const} - 2.5 \times \log S$, wobei *S* die Flußdichte der Strahlung oder die beobachtete Intensität in dem Wellenband *V* ist. Die ausgezogene Linie entspricht dem erwarteten Verlauf des Zusammenhanges $S \propto z^{-2}$. Die geringe Streuung der Meßdaten um diese Linie zeigt, daß die hellsten Galaxien in Galaxienhaufen bemerkenswert einheitliche Eigenschaften haben müssen und daß die Entfernungen der Galaxien proportional zu ihrer Rezessionsgeschwindigkeit oder Rotverschiebung sind.

unserer Milchstraße, doch es gab keine Beobachtungen, die dieses Bild hätten stützen können – die Entfernungen bis zu ihnen konnten noch nicht gemessen werden. Erst in den beiden ersten Dekaden unseres Jahrhunderts begannen die Astronomen die systematische quantitative Untersuchung unserer Galaxie. Zwischen 1915 und 1925 erhob sich eine heftige Kontroverse, die heutzutage als die »Große Debatte« bezeichnet wird. Sie rankte sich im wesentlichen um zwei Fragen: Erstens, was ist die räumliche Größe unserer Galaxie, und zweitens, gehören die Spiralnebel zu unserer Galaxie oder sind sie extragalaktische Systeme? Der Streit über diese Fragen war endgültig beigelegt, als E. Hubble im Jahre 1925 überzeugende Messungen der Distanz zu unserem nächsten Nachbarn im Weltraum, dem Andromedanebel oder M 31, ankündigte (Abb. 1.6), die er unter Verwendung der Chephei-Veränderlichen durchgeführt hatte. Seine Ergebnisse zeigten, daß M 31 tatsächlich ein extragalaktisches Objekt ist, und damit begann die extragalaktische Forschung und die beobachtende Kosmologie. Innerhalb eines Jahres beschrieb Hubble in einer umfassenden Arbeit die Eigenschaften verschiedener Galaxientypen mit einer ersten Abschätzung der Massendichte des Universums aus Galaxien. Er erkannte die Auswirkung seiner Messungen auf die Kosmologie und verglich sie mit Einsteins statischem Modell des Universums, das dieser 1917 veröffentlicht hatte. Die Bedeutung von Einsteins Veröffentlichung aber lag darin, daß es sich um das erste in sich geschlossene Modell der großräumigen Struktur des Universums handelte. Es beruht auf seiner allgemeinen Relativitätstheorie, die er erst 1915 fertiggestellt hatte. Von nun an war Hubbles wissenschaftliches Leben der Untersuchung der Galaxien und ihrer großräumigen Verteilung im Universum gewidmet.

Im Jahre 1929 entdeckte Hubble das berühmte Gesetz, das seinen Namen trägt, das *Hubblesche Gesetz.* Aus der Bearbeitung einer Stichprobe von 24 nahegelegenen Galaxien in Entfernungen bis zu etwas weniger als 6 Mio. Lichtjahren von unserer eigenen Galaxie leitete er ab, daß sich die Galaxien mit einer um so größeren Geschwindigkeit von unserer Galaxie fortbewegen, je weiter sie von ihr entfernt sind. Diese Geschwindigkeiten heißen *Rezessionsgeschwindigkeiten*, und sie werden durch die Dopplerverschiebung der Spektrallinien am roten Ende des Spektrums gemessen. Hubbles Meßdaten legten die Vermutung nahe, daß die Rezessionsgeschwindigkeit einer Galaxie proportional zu ihrer Entfernung ist. Innerhalb weniger Jahre bewiesen E. Hubble und M. Humason, daß die gleiche Proportionalität auch für sehr viel größere Entfernungen gültig ist. Abbildung 4.4 ist eine moderne Darstellung bahnbrechender Beobachtungen von A. Sandage aus der Mitte der 70er Jahre, die zeigt, wie gut das Hubblesche Gesetz, das die Rotverschiebung mit den Entfernungen verknüpft, für die hellsten Galaxien in galaxienreichen Haufen gilt. Auf der horizontalen Achse ist die scheinbare Größe der Galaxien aufgetragen. *Scheinbare Größe* ist ein logarithmisches Maß für die Strahlungsintensität einer Galaxie. Wenn alle Galaxien die gleichen Leuchtkräfte hätten, würden die beobachteten Intensitäten umgekehrt quadratisch mit der Entfernung abnehmen, und damit wären die scheinbaren Größen proportional zum Logarithmus der Entfernung der Galaxien. Der Logarithmus der Rezessionsgeschwindigkeit der Galaxien ist auf der vertikalen Achse aufgetragen. Alle Meßpunkte liegen schön auf einer Geraden unter 45° zu den Achsen, entsprechend der Erwartung, daß die Rezessionsgeschwindigkeit genau proportional zur Entfernung ist. Kein Zusammenhang in der Kosmologie ist besser dokumentiert als dieser. Alle extragalaktischen Objekte - Galaxien, Radiogalaxien, Quasare, Galaxienhaufen - unterliegen der gleichen Beziehung zwischen Entfernung und Geschwindigkeit. Traditionell wird das Hubblesche Gesetz in der Form

$$v = H_0 r$$

geschrieben, worin $v$ die Geschwindigkeit der Galaxien und $r$ ihr Abstand von unserer Galaxie ist. Die Größe $H_0$ ist die *Hubblesche Konstante.*

Um das Hubblesche Gesetz richtig interpretieren zu können, brauchen wir noch eine weitere Information. Wir müssen wissen, ob unser Universum in allen Winkelrichtungen gleich aussieht. In Kap. 1 haben wir uns den Kopf darüber zerbrochen, warum die Verteilung der Galaxien höchst unregelmäßig ist - es gibt große Löcher oder Leerräume, flächige und fadenförmige Gebilde aus Galaxien. Die Frage ist, ob die Verteilung der Galaxien schließlich doch stetig wird, wenn man nur genügend viele Bereiche des Universums hinzuzieht, oder ob die Unregelmäßigkeiten auch großräumig bestehen bleiben. Abbildung 1.16 zeigt die Galaxienverteilung in der nördlichen Hemisphäre, und wenn man die Bereiche fern der Kanten untersucht, dann sieht jeder Teil des Bildes

*Abb. 4.5.* Die Verteilung der bei der Wellenlänge von 6 cm hellsten 31 000 Radioquellen über die nördliche Hemisphäre aus dem Greenbank Catalogue of Radio Sources. In dieser flächengleichen Projektion befindet sich der nördliche Himmelspol in der Mitte des Diagrammes und der Himmelsäquator im Umfang des Kreises. Das Gebiet um den nördlichen Himmelspol wurde nicht durchmustert. In der Verteilung um die hellen Radioquellen Cygnus A und Cassiopeia A gibt es Löcher und eine leicht erhöhte Verteilungsdichte in der galaktischen Ebene. In allen anderen Gebieten zeigt diese Verteilung der Radioquellen keine Abweichung von einer zufälligen Verteilung.

trotz aller Unregelmäßigkeiten so aus wie alle anderen. Deshalb scheint die Galaxienverteilung in genügend großen Maßen betrachtet überall die gleichen mittleren Eigenschaften zu haben, wohin man auch sehen mag. Die Verteilung ist in kleinen Dimensionen sicher nicht einheitlich, doch sie besitzt den gleichen Grad an Unregelmäßigkeit in allen Bereichen, die man aus großen Volumina herausgreifen kann. Denken wir an das Modell des Schwammes, das wir in Abschn. 1.2 eingeführt haben, dann finden wir auch dort fadenförmige und flächige Strukturen ebenso wie große Löcher, solange wir kleine Volumina des Schwammes betrachten. Blicken wir jedoch auf größere Stücke, so sieht jedes Teil dem anderen gleich. Das Universum der Galaxien hat genau die gleiche Eigenschaft.

Heute gibt es natürlich viel mehr Beweise für die Gleichförmigkeit der Verteilung von Materie und Strahlung in den größten denkbaren Dimensionen. Wir können beispielsweise die am weitesten entfernten Objekte herausgreifen und umfangreiche Stichproben der am stärksten strahlenden Radioquellen untersuchen, die wir bereits in Kap. 3 besprochen haben. Abbildung 4.5 zeigt die Positionen der 31 000 am kräftigsten strahlenden Radioquellen des nördlichen Himmels, die im *Greenbank Catalogue of Radio Sources* aufgelistet sind. Die Koordinaten wurden so verformt, daß gleiche Flächen des Himmels gleiche Flächen in der zweidimensionalen Darstellung entsprechen. Das auffällige Loch in der Mitte der Verteilung beruht darauf, daß dieser Teil des Himmels nicht untersucht wurde. Wenn wir also das große Loch in der Mitte und zwei kleine Löcher in der Gegend der sehr hellen Radioquellen Cygnus A und Cassiopeia A ausnehmen, dann ist die Verteilung der Punkte völlig übereinstimmend mit der Aussage, daß die Radioquellen zufällig über den Himmel verteilt sind. Irgendwelche »Konstellationen« oder

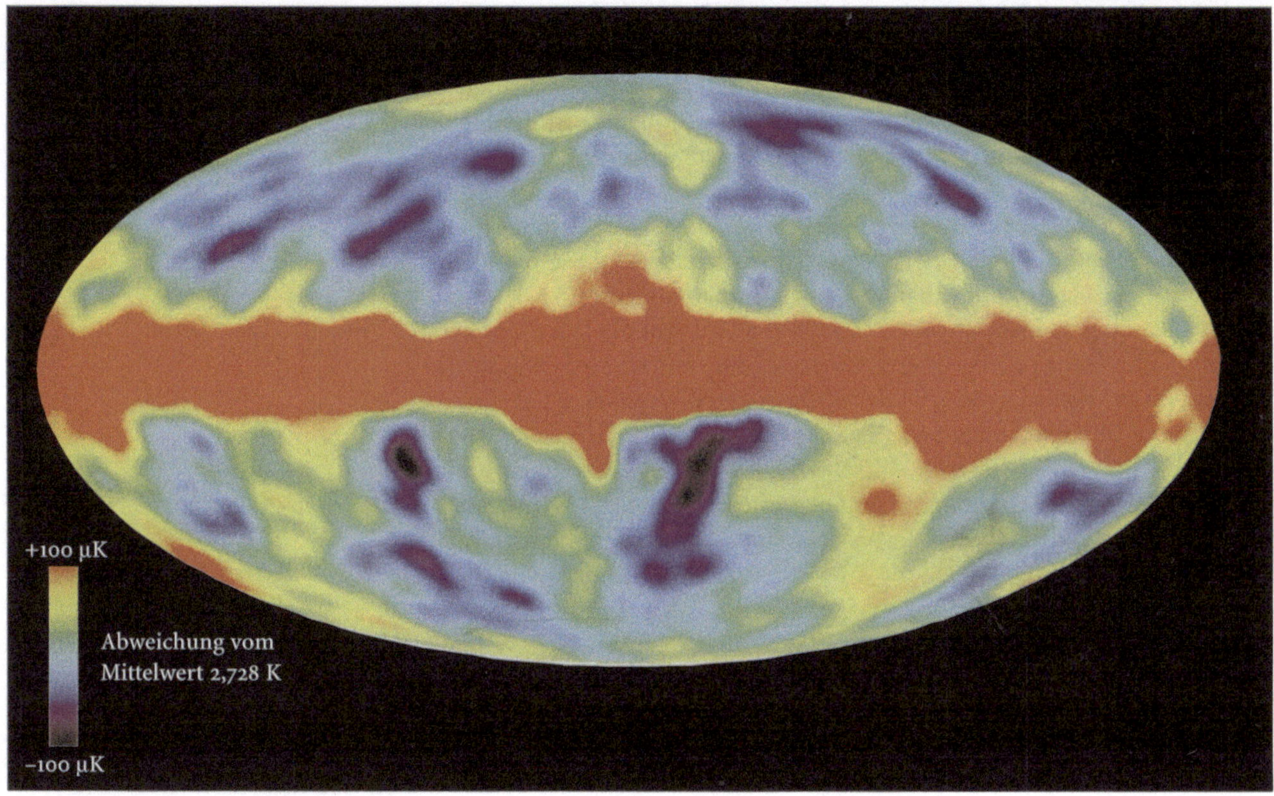


*Abb. 4.6.* Die Verteilung der kosmischen Mikrowellen-Hintergrundstrahlung über die gesamte Himmelskugel, aus den Beobachtungen des COBE-Satelliten bei der Wellenlänge von 5,7 cm nach der Korrektur des Einflusses der Erdbewegung. Dieses Bild entstand aus dem vollständigen Datensatz der vierjährigen Beobachtung. Die Strahlung aus der galaktischen Ebene erscheint als helles Band in der Mitte des Bildes. Die Intensitätsfluktuationen in den hohen galaktischen Breiten sind echte Merkmale der kosmischen Mikrowellen-Hintergrundstrahlung. Sie werden als »Fingerabdrücke« der Strukturbildung in weit zurückliegender Zeit gedeutet. Die Intensitätsfluktuationen machen nur den $10^{-5}$ten Teil der Gesamtintensität aus, wie man aus der beigefügten farbigen Intensitätsskala entnehmen kann.

Häufungen von Radioquellen sind nur auf die zufällige Überlagerung von Punkten zurückzuführen. Wir wissen, daß die in Abb. 4.5 aufgezeichneten Radioquellen Radiogalaxien oder Radioquasare sind, die sich in den größten Entfernungen von uns befinden, die wir heutzutage im Universum überhaupt untersuchen können. Die Gleichförmigkeit der Punktverteilung in Abb. 4.5 weist sehr deutlich darauf hin, daß auch die Verteilung der entferntesten Himmelsobjekte in allen Richtungen des Himmels gleich ist.

Mit den Messungen der kosmischen Mikrowellen-Hintergrundstrahlung erhielten wir aber eine noch weitaus bessere Information über die großräumige Gleichförmigkeit des Universums. Diese Strahlung ist der heute noch zu beobachtende abgekühlte Rest aus den ersten sehr heißen Phasen des Universums, wie wir im einzelnen noch in Kap. 5 besprechen werden. Die wundervolle Himmelskarte der Millimeterstrahlung (Abb. 1.29), die von dem Satelliten COBE aufgenommen wurde, erwähnten wir schon in Kap. 1. Diese Karte wird von den leichten Zu- und Abnahmen der Strahlungsintensität in entgegengesetzten Richtungen auf dem Himmel beherrscht, die dadurch entstehen, daß sich die Erde relativ zu einem Bezugssystem bewegt, in dem die kosmische Mikrowellen-Hintergrundstrahlung in allen Richtungen gleich sein würde. Die Wissenschaftler, die das COBE-Experiment durchgeführt haben, gaben sich alle erdenkliche Mühe, um den Einfluß der Erdbewegung auf die Intensitätsverteilung über den gesamten Himmel zu korrigieren, und aus dem kompletten Datensatz der vierjährigen Beobachtungen entstand die eindrucksvolle Himmelskarte auf Grund der Millimeterstrahlung, die in Abb. 4.6 gezeigt ist. Die Ebene unserer Galaxie erscheint nun als ein herausragendes Band intensiver Strahlung quer durch die Himmelskarte. Außerhalb der galaktischen Ebene kann man noch kleine Fluktuationen beobachten, doch betragen diese lediglich 1/100 000 der Gesamtintensität der kosmischen Mikrowellen-Hintergrundstrahlung. Das aber heißt nichts anderes, als daß die Intensität der kosmischen Mikrowellen-Hintergrundstrahlung mit einer Genauigkeit von einem in 100 000 Teilen in allen Richtungen die gleiche ist, für kosmologische Untersuchungen eine ganz erstaunliche Präzision.

»Was hat die kosmische Mikrowellen-Hintergrundstrahlung mit dem Universum der Galaxien zu tun?« könnte man fragen – wir werden diese Frage am Ende des Kapitels beantworten. Wir werden nämlich zeigen können, daß diese Strahlung einen direkten Beweis dafür enthält, daß die Materieverteilung im Universum schon stetig war, lange bevor sich Galaxien bildeten. Die Tatsache, daß die kosmische Mikrowellen-Hintergrundstrahlung in allen Richtungen so unvorstellbar gleichförmig ist, sagt nämlich aus, daß die Materie in allen Richtungen vor der Ausbildung der Galaxien ebenso gleichförmig verteilt war. Wenn man also kosmologische Modelle für die Dynamik des Universums konstruieren will, ist es ganz sicher eine sehr gute Näherung, mit gleichförmigen Modellen zu beginnen. Wissenschaftlich ausgedrückt sagen wir, das Universum sei großräumig *isotrop und homogen.*

Die bemerkenswerte Isotropie des Universums erhält in Verbindung mit dem Hubbleschen Gesetz erst eine tiefere Bedeutung. Abbildung 4.7 zeigt eine Verteilung von Galaxien, die sich gleichförmig ausdehnt. Unter einer *gleichförmigen Expansion* verstehen wir folgendes: Ordnet man die Galaxien in einem gleichförmigen Netz an, so wie es in Abb. 4.7 dargestellt ist, dann vergrößert sich die Entfernung zwischen zwei benachbarten Galaxien in gleichen Zeitintervallen um gleiche Beträge. Das Verständnis der gleichförmigen Expansionsbewegung wird erleichtert, wenn man sich auf eine Galaxie konzentriert und beobachtet, wie sich die anderen Galaxien relativ zu ihr bewegen. Am einfachsten betrachtet man eine gerade Reihe von Galaxien A, B und C, wie es in Abb. 4.7 gezeigt ist. Deutlich erkennt man, daß sich bei einer gleichförmigen Expansionsbewegung jede Galaxie in einem vorgegebenen Zeitintervall um so weiter bewegen muß, je weiter sie von der Bezugsgalaxie entfernt ist. Nur so wird eine gleichförmige Expansionsbewegung beibehalten. Auf diese Weise wird die beobachtete Rezessionsgeschwindigkeit einer Galaxie von einer Bezugsgalaxie genau proportional zur Entfernung, wie es das Hubblesche Gesetz fordert. So läßt sich auch streng beweisen, daß sich eine Galaxie in einem gleichförmig expandierenden Universum um so schneller von uns wegbewegen muß, je

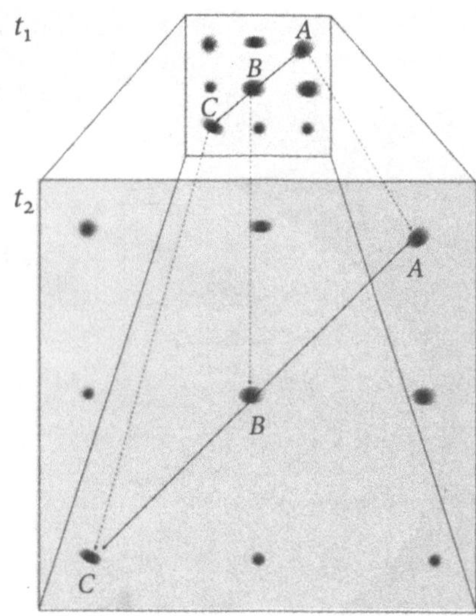


*Abb. 4.7.* Illustration zum Hubbleschen Gesetz über die Verteilung der Galaxien, die an dem gleichförmig expandierenden Universum beteiligt sind. Das Universum dehnt sich zwischen den Epochen $t_1$ und $t_2$ gleichmäßig aus. Wenn man die Bewegung der Galaxien relativ zur Galaxie A betrachtet, so bewegt sich die Galaxie C zweimal so weit wie die Galaxie B. Damit hat die Galaxie C relativ zu A eine doppelt so große Rezessionsgeschwindigkeit wie die Galaxie B. Da aber C zweimal so weit von A entfernt ist wie B, erkennt man, daß das Hubblesche Gesetz eine allgemeine Eigenschaft isotrop expandierender Universen ist.

weiter sie von uns entfernt ist. Ein weiterer bemerkenswerter Aspekt dieser Beweisführung ist, daß alle Beobachter, die an der gleichförmigen Expansion teilnehmen, auch die Verteilung der Galaxien als eine gleichförmige Expansion von ihrer eigenen Position aus wahrnehmen und alle den gleichen Wert für die Hubblesche Konstante messen. Hiermit sehen wir die tatsächliche Bedeutung des Hubbleschen Gesetzes – es sagt uns, daß sich das Universum als Ganzes gleichförmig ausdehnt. Alle Beobachter stellen korrekterweise fest, daß sie sich im »Zentrum des Universums« befinden. Wird diese Expansion zeitlich an ihren Ursprung zurückverfolgt, dann befinden sich alle Beobachter zu Beginn der Expansion gleichzeitig an einem einzigen Punkt.

Eine unmittelbare Folge dieser Überlegungen ist, daß das Universum als sehr heißes und sehr kompaktes Objekt begonnen haben muß, weil, wie etwa bei der Explosion einer Supernova, sich Materie bei der Explosion abkühlt – auf die gleiche Weise kühlen Materie und Strahlung im expandierenden Universum ab. In seinen frühen Stadien muß das Universum unvorstellbar heiß gewesen sein, und deswegen wird dieses Modell auch das *Urknallmodell* des Universums genannt, ein Modell, das wir in Kap. 5 besprechen werden. In diesem Kapitel richten wir unsere Aufmerksamkeit auf die Entstehung von Galaxien in einem expandierenden Universum.

Bevor wir allerdings zu diesem Thema zurückkehren, müssen wir uns damit beschäftigen, wie sich das Universum unter dem Einfluß seiner eigenen Gravitation ausdehnen kann. Neben ihrer Bedeutung für das Verständnis der Dynamik des expandierenden Universums werden wir sehen, daß uns diese Untersuchung Einblicke in den Ursprung der Probleme der Galaxienbildung verschafft.

## 4.3 Die Dynamik des expandierenden Universums

Die Überlegungen des letzten Abschnittes legen die Vermutung nahe, daß der geeignete Ausgangspunkt für die Konstruktion von Modellen des gesamten Universums die Vorstellung eines gleichförmigen, isotropen und gleichförmig expandierenden Universums ist. Die Frage, die mit diesem Modell beantwortet werden soll, lautet: »Wie hängt die Ausdehnungsgeschwindigkeit des Universums von der Zeit ab?« Mit anderen Worten, welcher Dynamik gehorcht das Universum? In einem ersten Schritt müssen wir alle Unebenheiten der Struktur, die wir im wirklichen Universum beobachten, vollständig ausglätten und durch eine vollkommen stetige Verteilung der Materie ersetzen, die sich gleichförmig ausdehnt. Obwohl dies ein drastischer Schritt zu sein scheint, kann man ihn dennoch durch die ungewöhnliche Isotropie der kosmischen Mikrowellen-Hintergrundstrahlung rechtfertigen, die in so eindeutiger Weise auf die großräumige Isotropie des Universums hinweist, wie wir uns im vorigen Abschnitt überlegt haben. Die Berech-

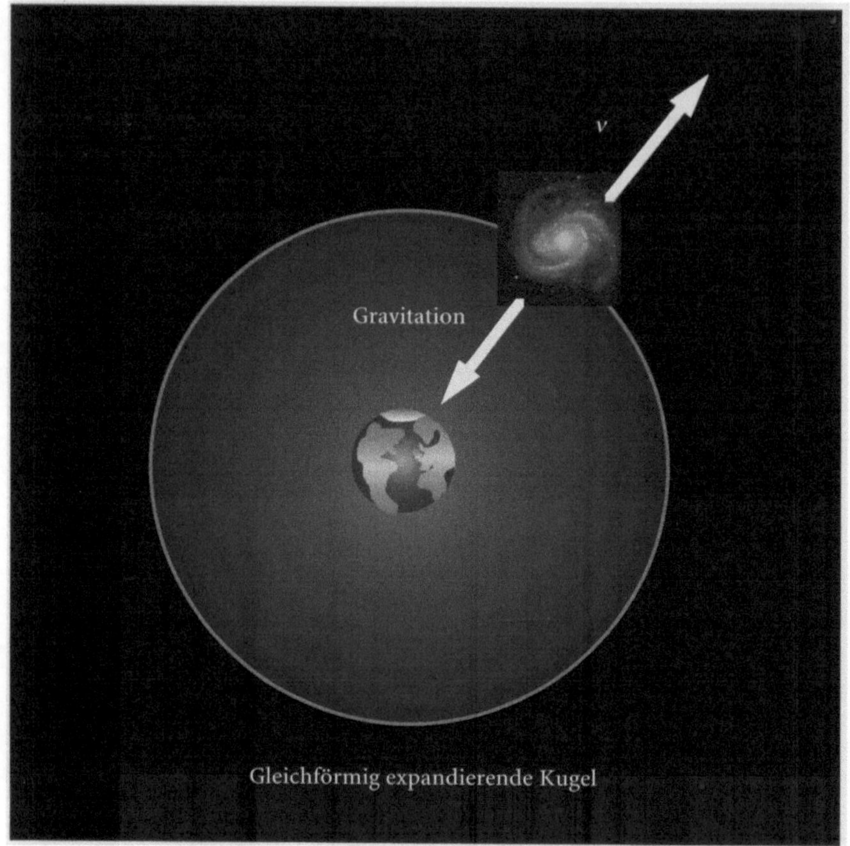


*Abb. 4.8.* Eine einfache Illustration zum Newtonschen Modell für die Dynamik isotroper Weltmodelle. Die Galaxie im Abstand *r* wird durch die Gravitationskraft der Materie unserer eigenen Galaxie in der Entfernung *r* verzögert. Wegen der angenommenen Isotropie würde ein Beobachter auf jeder anderen Galaxie, die an der gleichförmigen Expansion teilnimmt, die genau gleiche Rechnung ausführen.

nung eines solchen Modelles wird durch die Gleichförmigkeit und Isotropie jedenfalls erheblich erleichtert.

Die Grundidee hinter den dynamischen Modellen des Universums ist die Konkurrenz zwischen der gleichförmigen Expansion, die alle Materie im Universum zu verteilen sucht, und der Gravitationskraft, die versucht, genau das zu verhindern, die Materie also wieder zurückzuziehen. Mit dieser Vorstellung kann man das Modell für die Dynamik des Universums in eine einfache Frage fassen: »Welche Verzögerung bewirkt die Gravitationskraft auf eine Galaxie, die auf der Oberfläche einer gleichförmig expandierenden Kugel gelegen ist, deren Dichte der mittleren Dichte des Universums entspricht?« Die Berechnung dieses Modelles ist in Abb. 4.8 erläutert. Eine so weitgehende Vereinfachung ist deswegen erlaubt, weil jeder Beobachter im Universum die genau gleiche Berechnung durchführen könnte und exakt das gleiche Resultat finden würde – jeder beobachtet das gleichförmig expandierende Universum, wie wir in Abb. 4.7 gezeigt haben. Aus dieser Berechnung ergibt sich ferner die gleiche Dynamik, die man auch aus der allgemeinen Relativitätstheorie des expandierenden Universums erhält. Der Grund hierfür liegt darin, daß in den isotropen Modellen lokale Physik auch globale Physik ist – in anderen Worten, die physikalischen Eigenschaf-

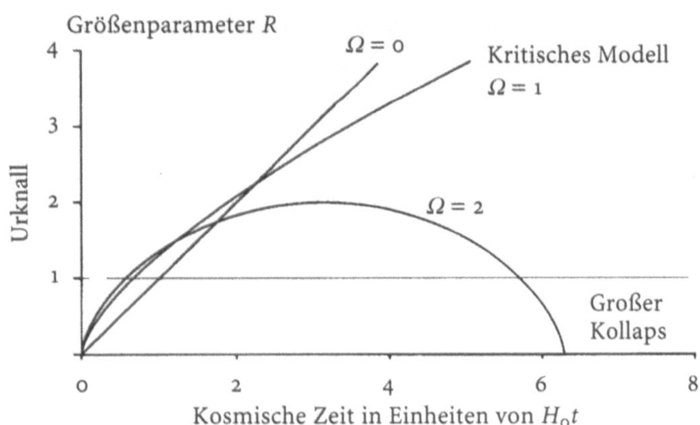


*Abb. 4.9.* Ein Vergleich der Dynamik in den verschiedenen Friedmannschen Modellen des expandierenden Universums, charakterisiert durch den Dichteparameter $\Omega = \rho/\rho_{\text{krit}}$. Der Einfachheit halber wird die Zeitkoordinate, die kosmische Zeit, in Einheiten von $H_0 t$ gemessen, wobei $H_0$ die Hubblesche Konstante ist und der Größenparameter $R$ den Wert $R = 1$ in der Gegenwart hat. In dieser Darstellung haben die verschiedenen Weltmodelle alle denselben Zahlenwert der Hubbleschen Konstanten der gegenwärtigen Epoche, d. h. die Tangenten an alle Kurven haben bei $R = 1$ einen Winkel von 45° zu beiden Koordinatenachsen. Wird $\Omega > 1$, dann fällt das Universum irgendwann in der Zukunft in einem »großen Kollaps« zu $R = 0$ zusammen, wenn aber $\Omega < 1$ ist, dann dehnt sich das Universum in alle Ewigkeit mit einer endlichen Rezessionsgeschwindigkeit aus. Das kritische Modell hat $\Omega = 1$ und dehnt sich lediglich bis zur Unendlichkeit aus und nicht mehr. Der Vorteil dieser Darstellung besteht darin, daß die Zeitskalen dieser Weltmodelle sich einfach aus dem Wert der Hubbleschen Konstanten ableiten lassen, den der Leser bevorzugt.

ten eines einzelnen Bereiches im Universum enthalten auch Informationen über dessen globale Struktur.

Die allgemeinen Lösungen für die Standard-Weltmodelle der allgemeinen Relativitätstheorie wurden von dem russischen Meteorologen und theoretischen Physiker A. Friedmann in den Jahren 1922 bis 1924 gefunden. Sie sind in Abb. 4.9 dargestellt. In den Standard-Weltmodellen hängt die Dynamik vollständig von der mittleren Dichte der Materie ab. Besitzt das Universum eine hohe mittlere Dichte, dann reicht die Verzögerung durch die Gravitationskraft auf ein jedes Stück Materie aus, um die Expansion des Universums so umzukehren, daß es wieder in einen heißen und dichten Zustand zusammenfällt – ein Ereignis, das manchmal als *Großer Kollaps* (Big Crunch) bezeichnet wird. Besitzt das Universum hingegen eine geringe Massendichte, dann ist möglicherweise in ihm nicht genügend Masse vorhanden, um eine Expansion der Materie bis ins Unendliche zu verhindern. In einem solchen Falle endet das Universum mit unendlicher Größe und dehnt sich immer noch mit einer endlichen Geschwindigkeit aus, während es ein unendliches Alter erreicht. Zwischen diesen beiden Verhaltensweisen steht das »kritische Modell« oder *Einstein-de-Sitter-Modell.* In diesem Modell dehnt sich das Universum gerade bis zur Unendlichkeit aus, weiter nichts. Mit anderen Worten, die Expansionsgeschwindigkeit des Universums nähert sich dem Wert Null, während sich sein Alter dem Wert unendlich nähert. Gerade dieses Modell ist für die Kosmologie von besonderer Bedeutung, wie wir in Kap. 5 entdecken werden.

Die Dichte des Modelles von Einstein und de Sitter ist als *kritische Dichte* $\rho_{\text{krit}}$ bekannt. Diese Größe ist eine äußerst wichtige Bezugsgröße in der Kosmologie, die uns immer wieder begegnen wird. Das Universum kann natürlich eine andere mittlere Dichte $\rho$ besitzen, die sich von $\rho_{\text{krit}}$ stark unterscheidet. Deswegen hat man den Dichteparameter $\Omega$ eingeführt, das Verhältnis der tatsächlichen mittleren Dichte des Universums zu der kritischen Dichte $\rho_{\text{krit}}$, $\Omega = \rho/\rho_{\text{krit}}$. Mit diesem Dichteparameter $\Omega > 1$ finden alle Modelle ihr Ende in der kompakten, heißen Form des großen Kollaps, während sich Modelle mit $\Omega \leq 1$ für alle Zeiten weiter ausdehnen. Die Dynamik für drei Modelle mit verschiedenem $\Omega$ ist in Abb. 4.9 gezeigt – das kritische Modell mit $\Omega = 1$, ein Modell mit $\Omega = 2$, das im großen Kollaps zusammenfällt und ein vollständig leeres Modell mit $\Omega = 0$, das sich mit einer konstanten Expansionsgeschwindigkeit bis in alle Ewigkeit ausdehnt. Die Expansion des Universums ist in Abb. 4.9 durch den *Größenparameter R* gekennzeichnet, der den zeitlichen Verlauf des relativen Abstandes zweier Punkte beschreibt, die an der gleichförmigen Expansion des Universums teilnehmen. Um die Darstellung zu vereinfachen, bekam der Größenparameter für die augenblickliche Zeitepoche den Wert 1. Also hatte der Größenparameter in der Vergangenheit einen Wert kleiner als 1, in der unmittelbaren Zukunft wird er einen Wert größer als 1 haben.

Es gibt eine Analogie zwischen der Dynamik der Friedmannschen Weltmodelle und dem Begriff der *Fluchtgeschwindigkeit*, der in Abb. 4.10 erläutert wird. Eine Rakete, der an der Erdoberfläche eine gewisse Geschwindigkeit erteilt wird, kann die Erdanziehungskraft nur dann überwinden, wenn diese Geschwindigkeit groß genug ist. Wenn die Geschwindigkeit der Rakete die Fluchtgeschwindigkeit übersteigt, dann kann sie sich aus dem Wirkungsbereich der Erdanziehung entfernen und ins Unendliche verschwinden. Ist die Geschwindigkeit jedoch kleiner als die Fluchtgeschwindigkeit, dann wird die Rakete der Erdanziehung nicht entkommen können, sie fällt zur Erde zurück. Zwischen diesen beiden Extremen gibt es noch eine Startgeschwindigkeit, mit der die Rakete gerade in die Unendlichkeit entweichen kann, aber nicht mehr – diese Geschwindigkeit wird als Fluchtgeschwindigkeit bezeichnet. Die drei geschilderten Fälle spiegeln in gewisser Weise die Dynamik des Universums wider, dessen Dichteparameter größer, kleiner oder gleich dem kritischen Dichteparameter $\Omega_{\text{krit}}$ ist.

In den Friedmannschen Weltmodellen wird die Verzögerung der Expansionsbewegung des Universums vollständig durch die mittlere Massendichte des heutigen Universums bestimmt. Es gibt aber noch eine weitere interessante und wichtige Eigenschaft dieser Modelle, und das ist die enge Beziehung zwischen der Geometrie des Universums und seiner mittleren Dichte. Ein derartiger Aspekt des Modelles ist natürlich nicht in dem einfachen Newtonschen Modell enthalten, in Einsteins allgemeiner Relativitätstheorie jedoch ist sie automatisch eingebaut. Wie wir schon in Abschn. 3.6 besprochen haben, beschreibt die Einsteinsche Theorie, in welcher Weise Materie die Raumzeit verformt. Im allgemeinen können wir also nicht die Geometrie des Raumes erwarten, mit der wir in unserem täglichen Leben vertraut sind, die ebene euklidische Geometrie. Wir wollen diesen Punkt etwas ausführlicher behandeln, denn einige wichtige Erkenntnisse über die Geometrie des Raumes brauchen wir auch in Kap. 5. Zeichnen wir ein Dreieck auf ein ebenes Blatt Papier, dann ist die Winkelsumme in diesem Dreieck 180°. Das ist eine Eigenschaft des euklidischen Raumes. Jetzt zeichnen wir ein Dreieck auf die Oberfläche einer Kugel. Um der Klarheit willen zeichnen wir

Die Rakete fällt zur Erde zurück:
$v <$ Fluchtgeschwindigkeit

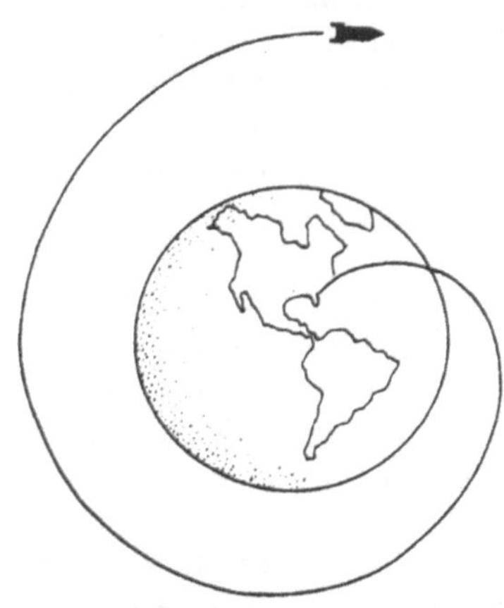

Die Rakete entkommt gerade in die Unendlichkeit:
$v =$ Fluchtgeschwindigkeit

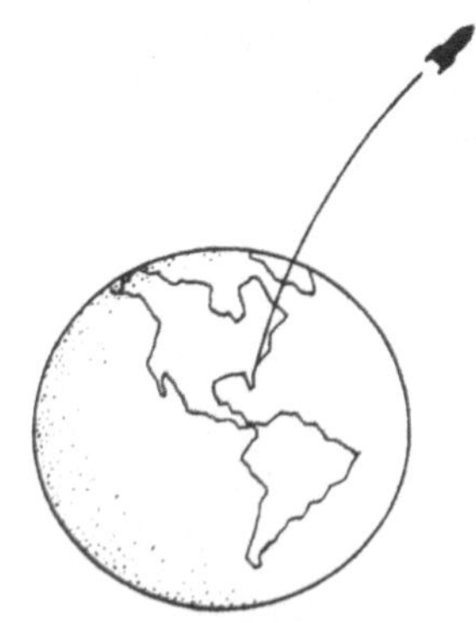

Die Rakete verläßt den Bereich der Erdanziehung:
$v >$ Fluchtgeschwindigkeit

*Abb. 4.10.* Illustration zum Begriff der Fluchtgeschwindigkeit für Raumschiffe, die von der Erdoberfläche aus starten.

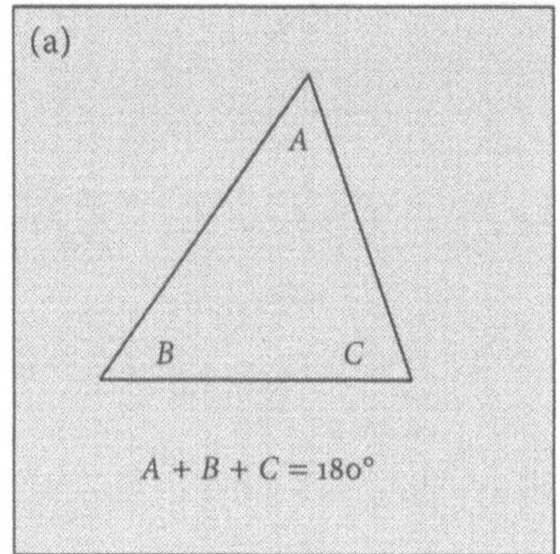


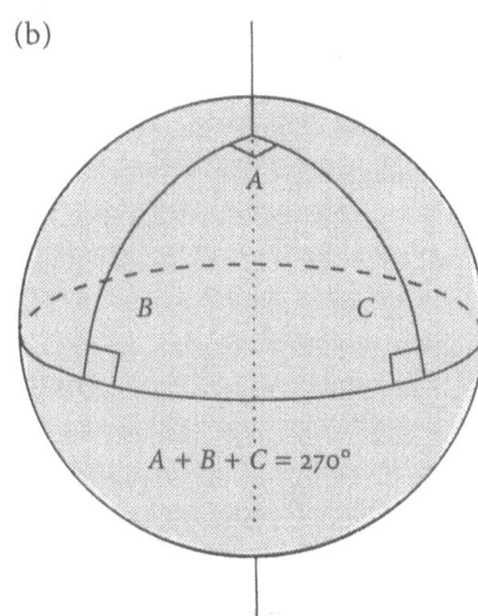


*Abb. 4.11.* Illustration zum Unterschied der Winkelsumme in (*a*) einem ebenen Dreieck, (*b*) Dreiecken auf einer Kugelfläche.

zwei Linien vom Nordpol der Kugel zum Äquator, die genau einen Winkel von 90° einschließen (Abb. 4.11). Dann vervollständigen wir das Dreieck, indem wir auf dem Äquator die Verbindung zwischen beiden vom Nordpol kommenden Linien einzeichnen. In diesem Dreieck messen alle drei Winkel je 90° und die Winkelsumme beträgt 270°. Hier haben wir ein Beispiel für einen gekrümmten Raum – die Winkelsumme in einem Dreieck ist nicht 180°, sondern größer. Einen derartigen Einfluß übt die Anwesenheit von Materie auf die Geometrie des Raumes aus. Die Geometrie des Raumes ist leicht gekrümmt, und die Krümmung kann, zumindest im Prinzip, auch gemessen werden.

In den Standardmodellen des Universums gibt es eine wunderbar einfache Beziehung zwischen der Geometrie des Raumes und der mittleren Dichte der Materie im Universum. Wenn die mittlere Dichte des Universums die kritische Dichte übersteigt, dann ist die Geometrie des Raumes kugelförmig, liegt sie unterhalb der kritischen Dichte, so ist die Geometrie hyperbolisch. Nur im Fall der kritischen Dichte, $\Omega = 1$, ergibt sich eine euklidische Geometrie. Wir müssen uns nicht um die lokale Krümmung des Raumes kümmern, die Krümmung wird nur im Maßstab des gesamten Universums bedeutsam. Die Winkel eines Dreieckes summieren sich in unserer Gegend des Universums sehr genau zu 180°, wenn wir unserem Zeichenpapier aber die Größe geben, die wir in Kap. 1 die Größe des heutigen Universums genannt haben, dann werden sich die Winkel eines Dreieckes von derartiger Größe nicht zu 180° summieren – die Summe wird im allgemeinen einen anderen Wert haben. Diese besondere Beziehung zwischen der Geometrie des Raumes und der Massendichte des Universums stellt eine wichtige Tatsache für die spätere Diskussion des frühen Universums dar.

Die Beziehung zwischen der Dynamik des Universums und der Massendichte $\rho$ ist noch in einer anderen Hinsicht bedeutsam. In den Standardmodellen wird die Expansionsbewegung durch den Einfluß der Gravitationskraft der Materie verzögert, die im Universum enthalten ist, und die Verzögerung ist genau proportional zur mittleren Dichte der Materie im heutigen Universum. Also kann man die Gültigkeit eines Modelles dadurch prüfen, daß man die Verzögerung in der Expansionsbewegung des Universums mit seiner mittleren Massendichte vergleicht, um herauszufinden, ob sie zusammenpassen – d. h. können wir die beobachtete Verzögerung in der Expansionsbewegung des Universums vollständig der Masse zuschreiben, die sich augenblicklich feststellen läßt? Wenn wir das beweisen könnten, dann besäßen wir eine bemerkenswerte Bestätigung der Einsteinschen allgemeinen Relativitätstheorie im größten Maßstab des Universums, den wir überhaupt untersuchen können.

Die Art und Weise, in der ein solcher Vergleich in der professionellen Literatur vorgenommen wird, besteht im Vergleich der Parameter, die die Dichte und die Verzögerung im Universum beschreiben. Den *Dichteparameter* $\Omega$ haben wir bereits oben eingeführt. In entsprechender Weise können wir auch die Verzögerung in der Form eines *Verzögerungsparameters* $q_0$ einführen. Der Verzögerungsparameter ist definiert als das negative Verhältnis der zeitlichen Änderung der Hubbleschen Konstanten zu ihrem Quadrat, beide Parameter zur augenblicklichen Zeit gemessen. Fast noch wichtiger aber ist, daß zwischen beiden Parametern die Beziehung $\Omega = 2q_0$ besteht. Sowohl die augenblickliche Verzögerung in der Expansionsbewegung des Universums als auch seine augenblickliche mittlere Massendichte lassen sich unabhängig voneinander messen, und so könnten die allgemeinen relativistischen Modelle des Universums überprüft werden. Jetzt wollen wir uns ansehen, wie gut ein solcher Vergleich durchgeführt werden kann.

## 4.4 Die Messungen der kosmologischen Parameter

In den 30er Jahren fanden die Wegbereiter der Kosmologie heraus, daß man durch die Messung der Hubbleschen Konstanten $H_0$, des Verzögerungsparameters $\rho_0$ und des Dichteparameters $\Omega$ feststellen kann, in welchem der Friedmannschen Modelle des Universums wir leben. Tatsächlich kann die Gültigkeit des einfachsten isotropen Modelles der allgemeinen Relativitätstheorie in den für uns zugänglichen Entfernungen überprüft werden, indem man $q_0$ und $\Omega$ miteinander vergleicht. Dies aber stellte sich als weit schwieriger heraus, als ursprünglich angenommen. Wir besprechen deswegen kurz den augenblicklichen Stand der Dinge.

Die Hubblesche Konstante und das Alter des Universums. Hubbles ursprüngliche Schätzung des Zahlenwertes der Hubbleschen Konstanten betrug rund 500 km $s^{-1}$ $Mpc^{-1}$, und dieser Zahlenwert brachte ernsthafte Schwierigkeiten mit den einfachsten Friedmannschen Modellen. Das Alter des Universums steht mit dem Kehrwert der Hubbleschen Konstanten in Beziehung, wofür wir der Bequemlichkeit halber kurz schreiben wollen: $T_0 = 1/H_0$. Dies erläutern wir erst einmal an den einfachen Fällen des vollkommen leeren Modelles, $\Omega = 0$. In diesem Modell gibt es keine Verzögerung für die Testkörper, weil es in diesem Universum keine Materie gibt. Deswegen muß sich dieses Universum seit dem Urknall mit einer konstanten Geschwindigkeit ausgebreitet haben, und der Größenparameter ändert sich dann proportional zur Zeit: $R = H_0 t$ (Abb. 4.9). Setzen wir das gegenwärtige Alter des Universums mit $t_0$ an und den Größenparameter für den heutigen Tag mit 1, dann sehen wir, daß $t_0 = T_0$ ist. Aus Abb. 4.9, der wir entnehmen können, daß das gegenwärtige Alter des Universums nach dem Modell mit $\Omega = 0$ genau $1/H_0$ beträgt, läßt sich das bestätigen. Aus der gleichen Abbildung kann man ferner entnehmen, daß die einfachen Friedmannschen Modelle mit $\Omega > 0$ ein Alter haben, das kleiner als $T_0$ ist. Beispielsweise hat das kritische Modell, für das $\Omega = 1$ gilt, ein Alter von $t_0 = 2/3 \times T_0$. Wenn die Hubblesche Konstante 500 km $s^{-1}$ $Mpc^{-1}$ beträgt, dann hat $T_0$ nur den Wert 2 ×

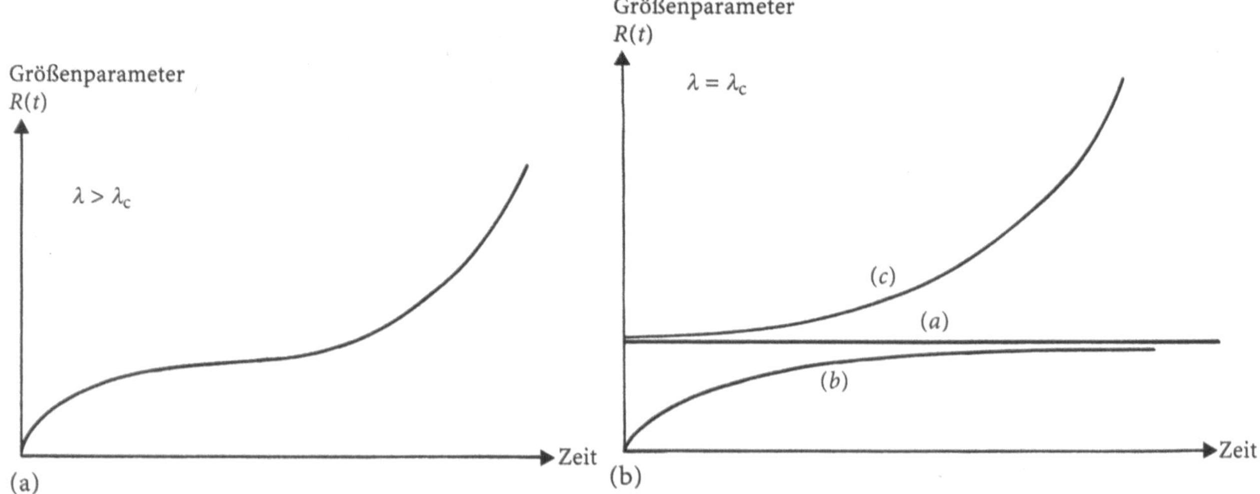


*Abb. 4.12.* Beispiele für die Weltmodelle mit Einschluß der kosmologischen Konstanten. Der Größenparameter auf der vertikalen Achse charakterisiert den Abstand zweier typischer Punkte, die an der gleichförmigen Expansion teilnehmen. Die Auswirkung der abstoßenden Kraft, die mit der kosmologischen Konstanten verbunden ist, hat zur Folge, daß die Zeitmaßstäbe der Standardmodelle zu Werten ausgedehnt werden können, die viel größer als $1/H_0$ sind. (*a*) Ein Lemaître-Modell mit einer positiven kosmologischen Konstanten. (*b*) Es gibt einen besonderen Fall in diesen Modellen, das Eddington-Lemaître-Modell, in dem dadurch ein stationäres Universum entsteht, daß die abstoßende Auswirkung der kosmologischen Konstanten durch die anziehende Kraft der Gravitation genau kompensiert wird. Diesem Modell entspricht die gerade Linie mit der Bezeichnung (*a*). Die Linie (*b*) deutet an, wie ein stabiler Zustand mit Expansion in die unendliche Zukunft erreicht werden kann. Die Linie (*c*) zeigt die Entwicklung eines Modelles, das durch Störungen aus dem statischen Zustand gedrängt wird. Modelle diesen Typs können ein unendliches Alter erreichen.

$10^9$ Jahre, und das Alter des Universums wäre nach dem kritischen Modell kleiner als dieser Wert. Das Alter von $2 \times 10^9$ Jahren ist ganz offensichtlich nicht im Einklang mit dem Alter der Erde, das nach den besten derzeitigen Schätzungen $4{,}6 \times 10^9$ Jahre beträgt. Um dieses Problem aus der Welt zu schaffen, wurden komplexere Friedmannsche Lösungen der Einsteinschen Gleichungen angenommen, die einen zusätzlichen Term enthielten, die *kosmologische Konstante* $\lambda$ – sie hatte die Auswirkung, daß die abstoßende Kraft einen Zusatzterm erhielt, um der anziehenden Kraft der Gravitation stärker entgegenzuwirken. Als Ergebnis konnte die kosmologische Zeitskala auf beliebig große Werte ausgedehnt werden, doch nur auf Kosten einer zusätzlichen Komplikation des einfachen Modelles eines Universums, das sich nun nicht mehr nur unter dem Einfluß der Gravitation entwickelte. Einige Beispiele dieser modifizierten Modelle sind in Abb. 4.12 gezeichnet. Sie wurden von Eddington und Lemaître als Lösung für die kosmologische Zeitskala befürwortet.

In den 50er Jahren jedoch wurde der Zahlenwert der Hubbleschen Konstanten laufend nach unten korrigiert, weil man die Messung kosmologischer Entfernungen immer besser verstand. 1952 verbesserte W. Baade den Zahlenwert der Hubbleschen Konstanten auf 250 km $\mathrm{s}^{-1}$ $\mathrm{Mpc}^{-1}$, und 1956 konnte A. Sandage ihren Wert noch weiter auf 75 km $\mathrm{s}^{-1}$ $\mathrm{Mpc}^{-1}$ senken. Die Verbesserungen des Zahlenwertes der Hubbleschen Konstanten hoben zwar die Notwendigkeit einer kosmologischen Konstanten auf, doch besteht noch eine heftige Kontroverse zwischen einzelnen Schulen über den tatsächlichen Wert der Hubbleschen Konstanten. Während eine Schule einen Wert von 100 km $\mathrm{s}^{-1}$ $\mathrm{Mpc}^{-1}$ favorisiert, besteht eine andere auf Werten, die eher näher an 50 km $\mathrm{s}^{-1}$ $\mathrm{Mpc}^{-1}$ liegen. Die Ursache für diese Diskrepanzen ist in den Schwierigkeiten begründet, extragalaktische Entfernungen zu messen, die von der Rotverschiebung der Galaxien abhängig sind. Die herkömmlichen Methoden bestehen darin, daß man die gleiche Art von Objekten in nahegelegenen

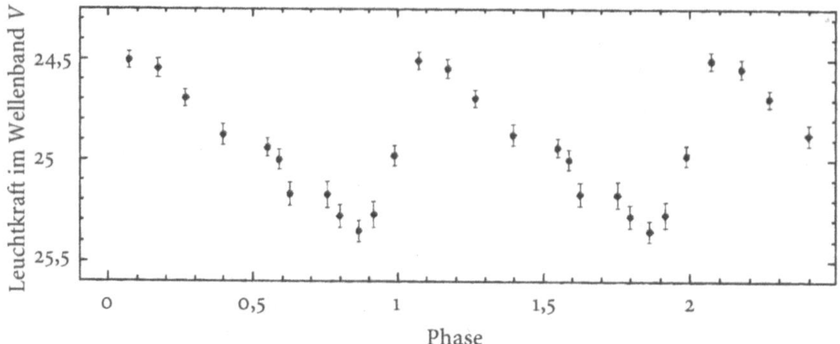


*Abb. 4.13.* Ein Beispiel für die Lichtkurve eines cephei-veränderlichen Sternes, vom Hubble Space Telescope in der Galaxie M 100 entdeckt, die zum Galaxienhaufen Virgo gehört. Das charakteristische Merkmal der Cephei-Variablen besteht im zeitlichen Verlauf ihrer Leuchtkraft, die rasch ansteigt und danach langsam wieder abfällt.

und entfernten Galaxien identifiziert und deren relative Entfernung durch die Messung ihrer scheinbaren Größen bestimmt. Dieses Vorgehen ist jedoch kleinen subtilen Korrekturen und systematischen Einflüssen auf die Meßdaten gegenüber sehr empfindlich, so daß diese mit größter Sorgfalt bearbeitet und analysiert werden müssen.

Die neuesten Beobachtungen verwenden Messungen an cephei-veränderlichen Sternen in den nahgelegenen sternenreichen Galaxien, die vom Hubble Space Telescope aufgenommen wurden. Die schönsten Daten stammen aus Beobachtungen des Hubble Space Telescope in der Galaxie M 100. Die cephei-veränderlichen Sterne gehören zu einer speziellen Klasse von regelmäßig veränderlichen Sternen mit unverwechselbaren Lichtkurven, die vom Hubble Space Telescope in den Galaxien des Virgo-Galaxienhaufens leicht ausgemessen werden können (Abb. 4.13). Die Eigenschaft der Cephei-Veränderlichen, die sie für Entfernungsbestimmungen so geeignet macht, liegt in der sehr sauber definierten Beziehung zwischen ihren Perioden und ihrer Leuchtkraft. Je länger ihre Perioden sind, desto größer ist ihre Leuchtkraft. Diese Beziehung ist so beständig, daß durch die Messung der Periode eines cephei-veränderlichen Sternes seine spezifische Leuchtkraft abgeschätzt werden und so aus der Messung seiner scheinbaren Größe seine Entfernung gefunden werden kann. Die Beobachtungen des Hubble Space Telescope sind ungewohnt schön, und die Diskrepanzen zwischen den zwei Denkschulen werden dadurch geringer. Bei dem Treffen »Critical Dialogues in Cosmology« im Sommer 1996 gaben W. Freeman und G. Tammann die folgenden neuen Werte für die Hubblesche Konstante an: $H_0 = 70 \pm 10$ km s$^{-1}$ Mpc$^{-1}$ und $H_0 = 55 \pm 10$ km s$^{-1}$ Mpc$^{-1}$. Hierin sind die formalen statistischen Fehler geringer als die Fehler in den oben angeführten Werten, weil in ihnen auch eine Abschätzung der systematischen Fehler enthalten ist. Diese Zahlen enthüllen außerdem die Tatsache, daß in den letzten 10 Jahren die Entfernungen zu den nahegelegenen Galaxien mit einer weitaus größeren Genauigkeit bestimmt wurden als früher.

Wir wollen jetzt noch überlegen, was die neuen Werte für die Kosmologie bedeuten und nehmen dafür einen Wert $H_0 = 63 \pm 10$ km s$^{-1}$ Mpc$^{-1}$ als Kompromiß. Wie wir bereits in Abschn. 2.3 besprochen haben, wird das Alter der ältesten Sterne zwischen 14 und 16 Mrd. Jahre geschätzt, und diesen Wert vergleichen wir nun mit $T_0 = H_0^{-1} = 15{,}5 \pm 10$ Mrd. Jahre. Dazu muß man die statistischen Eigenschaften der experimentellen Fehler verstehen. Werden diese als rein zufällige statistische Fehler gedeutet, dann sagen die $1\sigma$-Vertrauenswerte aus, daß $T_0$ mit einer Wahrscheinlichkeit von 68% zwischen 13 und 18 Mrd. Jahren liegt und mit einer Wahrscheinlichkeit von 32% außerhalb dieses Bereiches. So verstanden wären die angegebenen Werte von $T_0$ mit dem Alter der ältesten Sterne verträglich. Eine Diskrepanz taucht allerdings dann auf, wenn man das kritische Weltmodell zugrunde legt. Das Alter des Universums wäre dann $t_0 = (2/3)T_0 = 10{,}3 \pm 1{,}7$ Mrd. Jahre. Es ist also noch zu früh zu einer Entscheidung, ob die kosmologische Konstante wieder eingeführt werden soll, um das Alter der ältesten Sterne mit dem vielfach bevorzugten kritischen Friedmannschen Modell in Einklang zu bringen. Es braucht noch viel mehr Messungen von der Qualität der Daten, die wir vom Hubble Space Telescope erhalten, um eine sicherere Abschätzung durchführen zu können.

In der Zwischenzeit wurden weitere physikalische Verfahren zur Bestimmung der Hubbleschen Konstanten entwickelt, mit denen die Unsicherheiten bei der Identifizierung gleicher Objekte in verschiedenen Galaxien behoben werden konnten. Ich denke aber, daß die Bestimmung der Hubbleschen Konstanten eine unendliche Geschichte ist.

DER VERZÖGERUNGSPARAMETER UND DIE FRAGE DER ENTWICKLUNG DES KOSMOS. Schon die frühen Wegbereiter der beobachtenden Kosmologie hatten festgestellt, daß die beobachtete Intensität einer weit entfernten Galaxie bei einer gegebenen Rotverschiebung von der Wahl des Weltmodelles abhängt, im besonderen aber von der Wahl des Verzögerungsparameters. Die Betrachtung der Abb. 4.9 weist darauf hin, wie so etwas zustande kommen kann. Ein wichtiges Ergebnis, auf das wir in Abschn. 4.8 zurückkommen werden, besagt, daß der Größenparameter $R$ durch die folgende einfache Beziehung direkt mit der Rotverschiebung $z$ einer Galaxie verknüpft ist

$$R = \frac{1}{1+z}.$$

Eine vorgegebene Rotverschiebung entspricht daher einer Geraden durch die Abb. 4.9 bei konstantem $R$, einer Parallelen zur Abszisse. Wir können aus diesem Diagramm dadurch etwas über die Zeit erfahren, die das Licht für die Strecke von der Quelle bis zum Beobachter bei $R = 1$ braucht, daß wir die Emissionszeit $t$, die $R$ entspricht, mit dem gegenwärtigen Alter $t_0$ des Modelles vergleichen. Da die Kurven für die Abhängigkeit des Größenparameters von der kosmischen Zeit gekrümmt sind, besteht die größte Zeitdifferenz zwischen der Emission des Lichtes mit einer Rotverschiebung von $z$ und der Ankunft des Lichtes beim Beobachter bei $z = 0$ für das leere Modell, für das $q_0 = \Omega = 0$ gilt. Da zwischen $\Omega$ und $q_0$ die Beziehung $q_0 = 1/2\ \Omega$ besteht, entspricht eine größere Verzögerung einem größeren Wert von $\Omega$ und damit einer kleineren Zeitdifferenz. Deswegen erwarten wir, daß eine Standardgalaxie in Weltmodellen mit $q_0 > 0$ bei gegebener Rotverschiebung kleiner ist als in dem Modell mit $q_0 = 0$ – je größer also $q_0$ ist, desto heller ist die Galaxie. Dieser Effekt wird jedoch nur bei größeren Rotverschiebungen um $z \approx 0{,}5$ bedeutsam, und das Problem ist, brauchbare Standardgalaxien mit großen Rotverschiebungen für den Test zu finden. Für die Untersuchung der Unterschiede zwischen den Weltmodellen bei einer beobachteten Intensität arbeitet man traditionellerweise mit dem Verzögerungsparameter $q_0$, weil der Unterschied mit der Kinematik der Weltmodelle verknüpft ist. In diesem Abschnitt werden wir also $q_0$ verwenden, obwohl wir bemerken, daß für die einfachsten Friedmannschen Modelle $2\ q_0 = \Omega$ gilt.

Für die hellsten Galaxien in Galaxienhaufen besteht eine sauber bestätigte Übereinstimmung des Zusammenhanges zwischen der Rotverschiebung und der scheinbaren Größe (Abb. 4.4), doch diese Übereinstimmung erstreckt sich nur bis zu Rotverschiebungen von etwa 0,5, bis zu denen der Unterschied zwischen den einzelnen Weltmodellen recht gering ist. Ein neuer Weg, diese Beziehung auch für größere Rotverschiebungen zu überprüfen, wurde von S. Lilly und mir beschritten, indem wir leuchtstarke Radioquellen verwendeten, ähnlich der Radioquelle, die mit Cygnus A verbunden ist (Abb. 3.2). Dabei fanden wir, daß sich die Beziehung zwischen Rotverschiebung und scheinbarer Größe im Wellenband 2,2 μm des nahen Infrarot bis zur Rotverschiebung von 1,5 fortsetzen ließ, in einen Bereich, in dem ein erheblicher Unterschied zwischen vorhergesagten scheinbaren Größen der Galaxien mit der gleichen spezifischen Leuchtkraft für verschiedene Werte von $q_0$ besteht. Diese Radiogalaxien verfügen über eine äußerst schmale Dispersion um den Mittelwert der scheinbaren Größe, und deswegen ist die genannte Beziehung zwischen der Rotverschiebung und der scheinbaren Größe bis zur Rotverschiebung von 1,5 gut bestätigt. Abbildung 4.14 zeigt unsere Messungen mit den Erwartungen nach den Standardweltmodellen. Aus dieser Abbildung kann man entnehmen, daß die von uns beobachtete Beziehung von den Erwartungen der Weltmodelle für $q_0 = 0$ und $q_0 = 1/2$ abweicht. Die weit entfernten Galaxien sind also heller, als sie eigentlich sein sollten. Wir interpretieren dies so, daß Galaxien in der Vergangenheit systematisch heller waren, als man erwarten würde, weil sich die Sterne in der Vergangenheit in einer größeren Anzahl von der Hauptreihe weg auf den Riesenast entwickelt haben, als sie es heute tun. Die einfachsten Modelle für die Entwicklung dieser Galaxien legen die Vermutung nahe, daß sie bei einer Rotverschiebung von 1 um eine Größenstufe heller waren, verglichen mit ihrer Leuchtkraft zum heutigen Tag. Diese Änderung während der Entwicklung könnte für den Unterschied zwischen der Beobachtung und den Erwartungen nach den Standardmodellen verantwortlich sein.

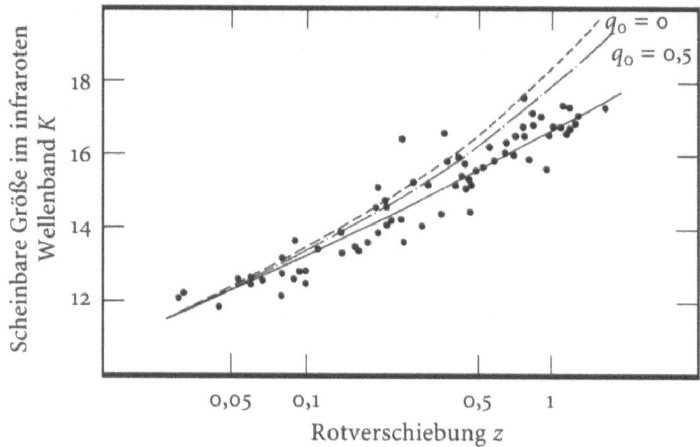


*Abb. 4.14.* Die Beziehung zwischen der Rotverschiebung und der scheinbaren Größe, im infraroten Wellenlängenband von 2,2 µm für die Radiogalaxien aus dem 3CR-Catalogue gemessen. Die beobachtete Beziehung reicht bis zu Rotverschiebungen von 1,5. Die Verteilung der Radiogalaxien um die Mittelwertkurve bleibt von kleinen bis zu großen Rotverschiebungen ziemlich schmal. Die theoretischen Erwartungen auf Grund der gleichförmigen Weltmodelle $q_0 = 0$ und $q_0 = 1/2$ sind eingezeichnet. Man erkennt, daß die Galaxien bei einer Rotverschiebung von 1 ungefähr eine Größenordnung heller sind als man nach den Standard-Weltmodellen erwarten würde. In unserer Analyse der Daten ordnen wir diese Differenz der Entwicklung der Sternpopulationen in den Galaxien zu, nach der sie bei einer Rotverschiebung von 1 eine Leuchtkraft von einer Größenordnung mehr haben sollen, als der Leuchtkraft der heutigen Epoche entspricht.

Das soeben besprochene Beispiel zeigt die grundlegenden Schwierigkeiten auf, mit denen beim Versuch der Bestimmung von $q_0$ aus den Untersuchungen ferner Objekte zu rechnen ist. Um signifikante Unterschiede zwischen den Modellen herauszufinden, muß man Objekte mit großen Rotverschiebungen untersuchen, doch solche Objekte werden zu einer Zeit beobachtet, zu der das Universum noch viel jünger war, als es jetzt ist, und die Änderungen während seiner Entwicklung über diese Zeit müssen berücksichtigt werden. Solange wir aber die astrophysikalischen Eigenschaften der Objekte nicht kennen, die wir für diese Untersuchungen verwenden, wissen wir auch nicht, welche Änderungen in dieser langen Zeit stattgefunden haben und wie wir sie berücksichtigen müssen. In dem oben beschriebenen Beispiel war die beste erreichbare Abschätzung $q_0 = 0,5 \pm 0,5$. Weitere systematische Trends sind aber nicht ausgeschlossen. Ebenso gewichtig ist meiner Ansicht nach das Problem, daß wir nicht richtig verstehen, warum die Radiogalaxien alle ungefähr die gleiche spezifische Leuchtkraft haben. Bevor man also diese Himmelsobjekte für die Überprüfung von kosmologischen Theorien verwenden kann, muß man ihre astrophysikalischen Eigenschaften genauer kennen. Ein aussichtsreicher Weg, das zu erreichen, besteht in der Untersuchung der Sternexplosionen, die als Supernovae vom Typ 1A bezeichnet werden. Solche explodierenden Sterne haben bemerkenswert homogene Eigenschaften, und dafür gibt es auch gute physikalische Gründe. Die Explosionen sind mit Implosionen zu weißen Zwergen verbunden, die die obere Massengrenze von rund 1,4 Sonnenmassen für die Stabilität von weißen Zwergen durch Akkretion von Materie überschreiten (Abschn. 3.5). Die Explosionen sind mit einem speziellen physikalischen Prozeß verbunden und so leuchtkräftig, daß man sie auch in Galaxien in kosmologischen Entfernungen wahrnehmen kann. Die ersten Ergebnisse aus Überwachungsprogrammen dieser Typen von Supernovae in entfernten Galaxien sind sehr vielversprechend und bieten eine realistische Aussicht, erheblich verbesserte Abschätzungen des Verzögerungsparameters zu erhalten.

**DER DICHTEPARAMETER UND DIE DUNKLE MATERIE.** Unsere Kenntnisse des Dichteparameters sind in vieler Hinsicht besser als die des Verzögerungsparameters, weil wir die Massendichte des Universums in Galaxien und Galaxienhaufen messen und auf diese Weise zumindest einen unteren Grenzwert für sie ermitteln können. Solche Bestimmungen wurden schon 1926 von Hubble durchgeführt, sobald die extragalaktische Natur der Spiralnebel gesichert war. Die Masse, die in den sichtbaren Teilen der Galaxien enthalten ist, kann also bestimmt werden, und daraus kann, sofern die Raumdichte bekannt ist, auch die Massendichte abgeschätzt werden, die den Galaxien zugeschrieben werden muß. Wenn diese Berechnungen durchgeführt sind, so hat man damit nach allgemeiner Übereinkunft zwar die Massendichte bestimmt, die für die sichtbaren Teile der Galaxien zutreffend ist, doch sie beträgt nur etwa 1% der kritischen Dichte. Damit sind wir wieder einmal auf ein Grundproblem gestoßen – wir wissen jetzt, daß der überwiegende Teil der Masse im Universum nicht in der Materie enthalten sein kann, die wir in den Galaxien sehen können. Zusätzlich zu der sichtbaren Materie muß es also noch eine *dunkle Materie* geben. Doch das ist eine dermaßen wichtige Angelegenheit, daß wir ihr einen eigenen Abschnitt widmen müssen.

## 4.5 DIE DUNKLE MATERIE

Fragt man Astronomen oder Kosmologen nach der Masse im Universum, dann sind sie zu einem peinlichen Eingeständnis gezwungen: Sie wissen nicht genau, in welcher Form der größte Teil der im Universum enthaltenen Masse vorliegt. Möglicherweise ist es etwas verspätet, dieses Eingeständnis erst im 4. Kapitel zu machen. Das Problem mit der Masse entsteht auf die folgende Weise: Die Massen von Galaxien und Galaxienhaufen werden im wesentlichen dadurch bestimmt, daß man dieselben Verfahren anwendet, die wir in Verbindung mit der Messung der Massen der massiven schwarzen Löcher in den Kernen von NGC 4151 und M 87 besprochen haben (Abschn. 3.8). Die Zentrifugalkräfte, die auf die Sterne oder Galaxien einwirken, werden durch die Gravitationskraft des Systems als Ganzes kompensiert, und hieraus kann man die Massen des Systems abschätzen. Wenn man diese Berechnung für Riesenspiralgalaxien durchführt, beispielsweise für die von der Kante her gesehene Spiralgalaxie NGC 5084 (Abb. 4.15), dann stellt man fest, daß die Dichte der Materie mit zunehmender Entfernung vom Zentrum der Galaxie viel langsamer abfällt als die Intensität des Lichtes, das die Galaxie ausstrahlt. Infolgedessen muß sich ein sehr großer Anteil *dunkler Materie* in den äußeren Bereichen der Galaxie befinden, der nur sehr wenig Licht ausstrahlt. Typischerweise muß dort etwa 10mal mehr Masse vorhanden sein, als man aus der Strahlung der Galaxie ableiten kann.

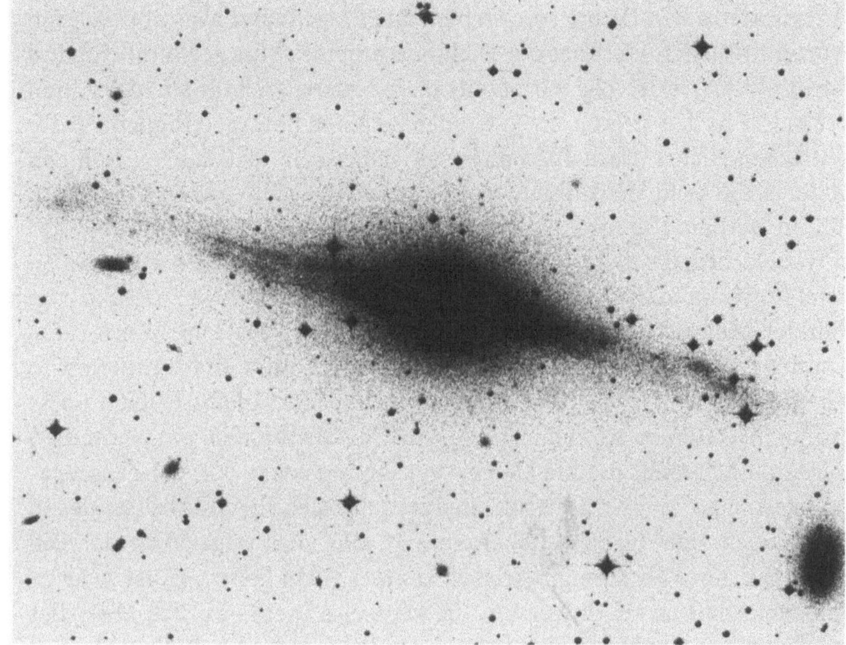

*Abb. 4.15.* Die Riesenspiralgalaxie NGC 5084 von der Kante her gesehen. Von dieser Spiralgalaxie ist bekannt, daß sie ungefähr zehnmal mehr dunkle als sichtbare Materie enthält.

Ein weiterer Beweis für die Existenz von dunkler Materie findet sich in Riesengalaxienhaufen, wie dem Pavo-Haufen (Abb. 1.15). Dies ist eine keineswegs neue Erkenntnis. Die erste Untersuchung der Frage nach der dunklen Materie wurde bereits 1937 von F. Zwicky vorgenommen. Die Gesamtmasse eines Galaxienhaufens läßt sich aus der Messung der Einzelgeschwindigkeiten der Galaxien im Haufen abschätzen, und dabei findet man 10- bis 20mal mehr Masse, als man auf Grund der Lichtausstrahlung der Galaxien im Haufen erwarten würde. Ebensogut kann in sehr viel größeren Räumen des Universums noch sehr viel mehr dunkle Materie vorhanden sein. Es gibt Hinweise für eine großräumige Strömungsbewegung von Galaxien und für Abweichungen von der stetigen Hubble-Expansion durch den Einfluß der Gravitation von Riesengalaxienhaufen. Der Betrag an Masse, den man für diese Bewegung verantwortlich machen muß, übersteigt den aus den sichtbaren Bereichen der Galaxien abgeleiteten Massenanteil bei weitem. Aus diesen verschiedenen, nicht zu übersehenden Hinweisen besteht das *Problem der dunklen Materie*. Es gibt zwei grundlegende Fragen:

(1) Wieviel dunkle Materie gibt es im Universum?
(2) Welcher Natur ist die dunkle Materie?

Die erste Frage läßt sich leichter beantworten als die zweite. Wie wir in Abschn. 4.3 besprochen haben, ist die totale Massendichte die für die Kosmologie entscheidende Größe. Für unsere augenblicklichen Zwecke genügt es zu fragen, wieviel dunkle Materie relativ zur Massendichte der sichtbaren Materie vorhanden ist und in welchem Verhältnis diese Dichten zur kritischen Dichte $\rho_{\text{krit}}$ stehen. Die Frage lautet also mit anderen Worten: Welchen Wert hat der Dichteparameter $\Omega$ für gewöhnliche und für dunkle Materie? Wie wir bereits oben feststellen konnten, der Anteil der Masse in den sichtbaren Teilen der Galaxien beträgt lediglich 1% der kritischen Dichte. Deshalb können wir sicher sein, daß die Formen von Materie, die Licht ausstrahlen, nicht zu einem geschlossenen Universum führen werden. Die meisten Abschätzungen des Anteiles an dunkler relativ zu sichtbarer Materie in Galaxien und Galaxienhaufen kommen zu dem Ergebnis, daß ungefähr 10- bis 20mal mehr Masse in Form von dunkler Materie vorliegen muß als in sichtbarer Materie. Wenn diese Abschätzung allgemein zutreffen sollte, dann könnte man mit rund 10 bis 20% der kritischen Dichte rechnen. Ungeklärt bleibt jedoch, ob in größeren Räumen als denen, die von Galaxienhaufen eingenommen werden, noch mehr dunkle Materie vorhanden ist, so daß der Dichteparameter näher an 1 heranrückt. Analysen des Geschwindigkeitsfeldes in der lokalen Hauptgruppe haben gezeigt, daß dies tatsächlich der Fall sein kann, aber als streng bewiesen kann es nicht gelten. Es ist zwar zu erwarten, daß unser Universum die kritische Dichte besitzt, aber dies würde zu der unglücklichen Situation führen, daß die dunkle Materie ausgerechnet an den Orten zu finden ist, wo man sie am schlechtesten vermessen kann, nämlich in dem Raum zwischen den Galaxienhaufen.

Wir können nun noch die Werte von $q_0$ und $\Omega$ miteinander vergleichen. Für die Zahlenwerte dieser beiden kosmologischen Parameter bestehen noch beträchtliche Unsicherheiten. Die stärkste Einschränkung besteht darin, daß der Dichteparameter $\Omega$ sicher größer als 0,01 sein muß, und ich persönlich sehe den Beweis, daß er größer als 0,1 sein muß, als überzeugend an. Es ist ein fundamentales kosmologisches Ergebnis, daß $\Omega$ einen Zahlenwert zwischen 0,1 und 1 besitzen muß. Ob $\Omega$ nun genau 1 ist oder nicht, das ist meiner Ansicht nach eine noch offene Frage. Der Zahlenwert von $q_0$ ist noch viel ungewisser und könnte sogar negativ sein. Dies wäre dann zu erwarten, wenn man in der Einsteinschen Gleichung die kosmologische Konstante einführen müßte, um das Lebensalter der ältesten Sterne mit dem Wert $T_0 = H_0^{-1}$ in Einklang zu bringen. Ein Optimist könnte behaupten, daß wir $\Omega = 2\,q_0$ innerhalb eines Faktors 10 kennen. Nur eines ist ganz sicher, wir brauchen dringend bessere Abschätzungen beider Parameter, um diese zentrale Frage für die Kosmologie und die Physik im allgemeinen beantworten zu können.

An der Existenz der dunklen Materie im Universum gibt es keinen Zweifel und auch nicht daran, daß sie eine Schlüsselrolle bei der Stabilisierung der Galaxien und Galaxienhaufen spielt. Woraus aber besteht sie? Hier ist eine Liste von möglichen Formen dunkler Materie:

- interstellare Planeten
- braune Zwerge
- Sterne mit sehr kleinen Massen
- isolierte Neutronensterne

- kleine schwarze Löcher
- große schwarze Löcher
- supermassive schwarze Löcher
- massive Neutrinos
- unbekannte Teilchen mit schwacher Wechselwirkung
- genormte Ziegelsteine
- verlassene Raumschiffe
- Exemplare der Zeitschrift *Astrophysical Journal*

Die Liste beginnt mit astrophysikalisch recht respektierlichen Dingen wie interstellaren Planeten, Sternen mit geringer Masse, braunen Zwergen und schwarzen Löchern unterschiedlicher Massen, geht dann zu etwas exotischen Teilchenarten über, die von den Hochenergiephysikern diskutiert werden, und endet mit wahrhaft exotischen Vorschlägen, wie Raumschiffen, Ziegelsteinen oder Exemplaren des *Astrophysical Journal.* Einige Angaben, besonders am Ende der Liste, sehen reichlich albern aus, aber sie stehen dort aus einem ganz bestimmten Grund. Dunkle Materie kann in allen diesen Formen im Universum vorhanden sein und wesentliche Beiträge zu seiner gesamten Massendichte liefern, doch können wir leider nicht erkennen, daß sie vorhanden ist. Uns ist die Anwesenheit unterschiedlicher Formen von Materie im Universum nur dann bekannt, wenn sie eine feststellbare Strahlung aussendet oder Strahlung von dahinterliegenden Objekten absorbiert. Um eines der mehr scherzhaft gemeinten Beispiele aus der obigen Liste herauszugreifen, wir brauchen nur 1 kg Ziegelsteine in einem Würfel von 500 Mio. km Kantenlänge, um die kritische Dichte herzustellen. Verteilt man diese Ziegelsteine gleichförmig im ganzen Universum, würden sie nicht einmal die entferntesten Objekte, die wir beobachten können, unsichtbar machen. Die Ziegelsteine könnten so kalt sein, daß sie keinen merklichen Beitrag zur Strahlung liefern. Natürlich ist das kein ernst zu nehmender Vorschlag, ebenso wenig wie die fehlende Masse aus verlassenen Raumschiffen oder Exemplaren der Zeitschrift *Astrophysical Journal* bestehen wird – er soll aber auf die prinzipiell wichtige Tatsache hinweisen, daß verschiedene Formen von Materie im Universum nur äußerst schwierig wahrzunehmen sind, selbst wenn sie im Überfluß darin vorhanden sein sollten.

Einige Formen von dunkler Materie müssen für das Universum von Bedeutung sein – beispielsweise sind braune Zwerge, Gesteinsbrocken, isolierte Neutronensterne und schwarze Löcher im Universum vorhanden. Unter den Kosmologen und Teilchenphysikern hat jedoch eine Möglichkeit die größte Aufmerksamkeit erregt, nämlich daß die dunkle Materie aus den exotischen Teilchen bestehen könnte, die von einigen vielversprechenden Elementarteilchentheorien vorhergesagt werden. Diese Elementarteilchen würden mit der gewöhnlichen Materie in nur sehr schwacher Wechselwirkung stehen und auch erst bei Energien erzeugt werden können, die weit oberhalb von denen liegen, die sich heutzutage mit irdischen Beschleunigungsmaschinen erreichen lassen. Die Teilchenphysiker betrachten das frühe Universum daher als ein Laboratorium für die Untersuchung von Prozessen bei den höchsten Energien. Die exotischen Teilchen könnten im frühen Universum in großer Menge erzeugt worden sein und jetzt zu einer Massendichte in bedeutendem Maße beitragen, doch wir würden sie nicht wahrnehmen – die Situation ist vergleichbar mit der für die Entdeckung der solaren Neutrinos, doch wäre der Strom ultraschwach wechselwirkender Teilchen noch sehr viel kleiner als der Strom der solaren Neutrinos. So besteht eine echte Herausforderung, sich einen Weg auszudenken, auf dem man herausfinden kann, wie viel diese verschiedenen Formen von Materie zur gesamten Massendichte des Universums beitragen.

## 4.6 Gravitationslinsen und dunkle Materie

Eine einfallsreiche Methode, um nach Beweisen für die Existenz von dunkler Materie zu suchen, besteht darin, sich die *Lichtablenkung durch Gravitationsfelder* nutzbar zu machen. Die Lichtablenkung durch Gravitationsfelder wurde von Einstein auf Grund der allgemeinen Relativitätstheorie hergeleitet, aber erst im Jahre 1979 an astronomischen Objekten beobachtet. Schon in Abschn. 3.6 hatten wir erwähnt, daß Lichtstrahlen und auch alle anderen elektromagnetischen Strahlungen durch den Einfluß der Gravitationsfelder massiver Körper abgelenkt werden. So werden Lichtstrahlen, die die Sonne an ihrer sichtbaren Kante gerade streifen, um einen Winkel von nur 1,75 Bogensekunden von einer geraden Linie abgelenkt. Dies ist natürlich ein kleiner Winkel, aber er wurde durch radiointerferometrische Messungen an kompakten Radioquellen mit sehr hoher Genauigkeit bestimmt. Die Ablenkung von Licht- oder Radiowellen durch massive Objekte bewirkt dann eine Fokussierung des Lichtes, das von einer weit entfernten Strahlungsquelle herkommt, wenn das massive Objekt und die weit entfernte Strahlungsquelle mehr oder weniger auf einer geraden Linie liegen. Falls sie genau auf einer geraden Linie liegen, erhält man ein Bild der weit entfernten Strahlungsquelle in Form eines kreisförmigen Ringes um das massive abbildende Objekt. Im allgemeinen jedoch liegen die weit entfernten Strahlungsquellen und die strahlenablenkenden Galaxien nicht genau auf einer Geraden, und dann sind mehrfache Bilder der Strahlungsquelle zu erwarten (Abb. 4.16a).

Im Jahre 1979 entdeckten D. Walsh, R. Carswell und R. Weymann den ersten durch eine Gravitationslinse abgebildeten Quasar. Die beiden Bilder des Quasars 0957 + 561 haben identische Spektren, genau wie man es erwartet, wenn sie zwei Abbildungen des gleichen Himmelsobjektes sind. Eine der faszinierenden Begleiterscheinungen dieses »Doppelquasars« besteht darin, daß es sich um einen veränderlichen Quasar handelt. Deswegen sind auch die beiden Abbildungen in gleicher Weise

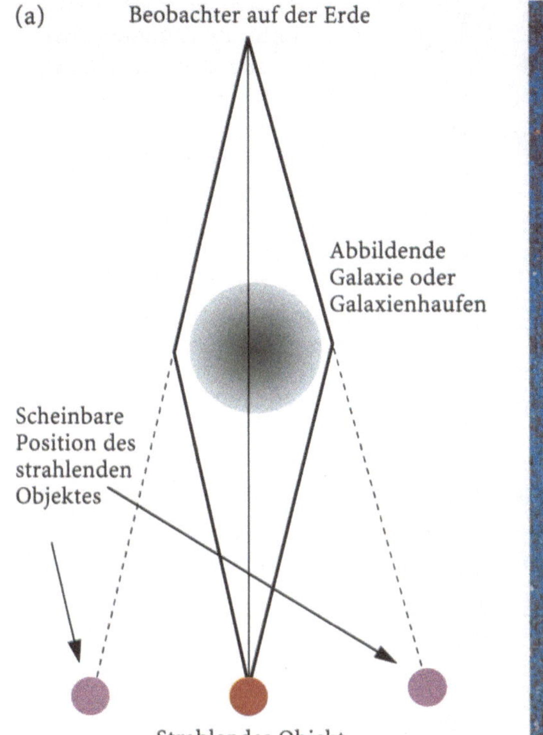


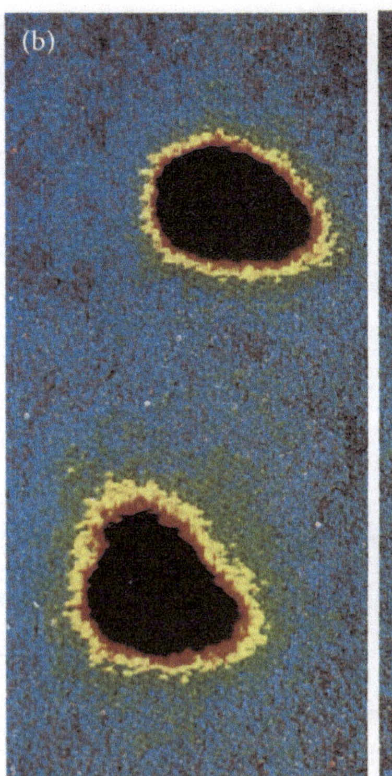


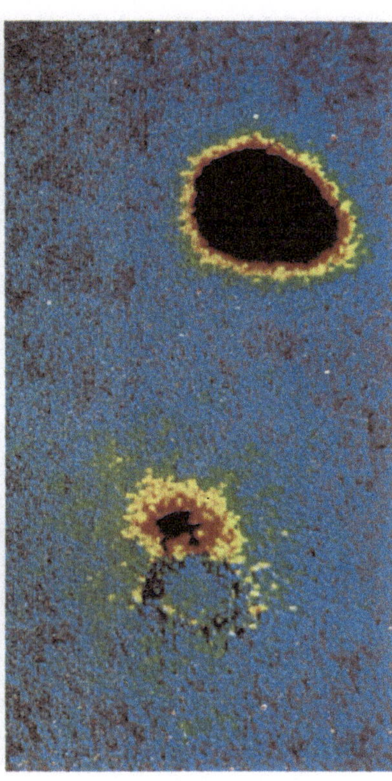

*Abb. 4.16.* (*a*) Illustration zur Abbildung einer weit entfernten Lichtquelle durch eine Gravitationslinse, die aus einem auf der Sichtlinie liegenden Objekt besteht. Weil das Licht der weit entfernten Lichtquelle den Beobachter auf zwei verschiedenen Wegen erreicht, entstehen auch zwei Bilder dieser Lichtquelle. (*b*) Ein optisches Bild des Doppelquasars 0957 + 561A und B aufgenommen von A. Stockton. Die Bilder sind fast punktförmig und wurden durch eine Nachbearbeitung kontraststärker gemacht. In der zweiten Darstellung wurde im unteren Bild der Quasar abgezogen, so daß die als Gravitationslinse wirkende Galaxie zum Vorschein kommt. Die Spektren der beiden Quasarbilder sind identisch.

zeitveränderlich, aber verbunden mit einer zeitlichen Verschiebung, weil die Laufzeiten des Lichtes auf den beiden Wegen verschieden sind, wie in Abb. 4.16a dargestellt ist. Hier handelt es sich um eine ganz besonders wichtige Beobachtung, weil räumliche Entfernungen von der abbildenden Galaxie unabhängig von der Rotverschiebung gemessen werden können. Solche Messungen sind vielversprechende neue physikalische Methoden zur Bestimmung der Hubbleschen Konstanten.

In den 80er Jahren unternahmen B. Burke und seine Mitarbeiter die umfassend angelegte Untersuchung einer großen Anzahl extragalaktischer Radioquellen, um weitere Beispiele für Gravitationslinsen zu finden. Die Gruppe war erfolgreich und fand eine Reihe von Kandidaten, darunter die Abbildung der höchst spektakulären Radioquelle MG 1131 + 0456, die nicht nur einen fast perfekten »Einsteinring« darstellt, sondern zusätzlich noch das Doppelbild eines anderen Teiles dieser entfernten Strahlungsquelle zeigt (Abb. 4.17). Es ließ sich überzeugend nachweisen, daß es sich hierbei um das mit einer Gravitationslinse erzeugte Bild einer kompakten Radioquelle mit einer zentralen Radiokomponente handelt. Eine dieser beiden Komponenten bildet mit der abbildenden Galaxie genau eine Gerade, und das Doppelbild entsteht dadurch, daß die zentrale Radiokomponente ein wenig neben dieser Geraden liegt.

Für die Suche nach der dunklen Materie sind auch solche dunklen Objekte von besonderem Interesse, die vor einer weit entfernt liegenden

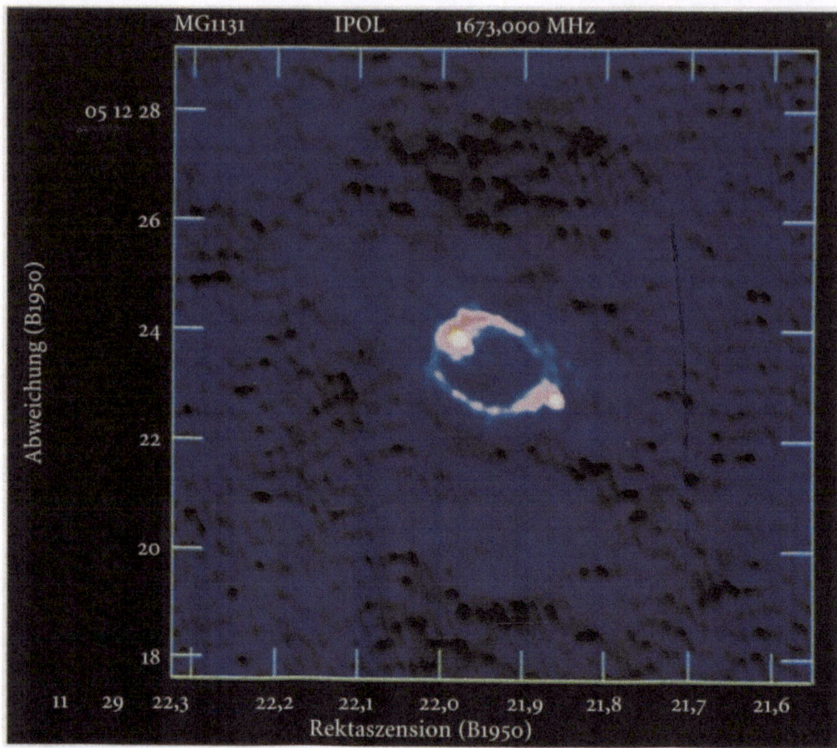


*Abb. 4.17.* Ein Bild der Radioquelle MG 1131 + 0456, aufgenommen bei 1,673 GHz mit der Antennenanordnung MERLIN *(multi-element ratio linked interferometer)*, zeigt einen fast perfekten Einsteinring. Die weit entfernte Radioquelle und die abbildende Galaxie liegen genau auf einer Linie. Der Ring ist eher elliptisch als kreisförmig, weil die abbildende Galaxie keine Kugelsymmetrie, sondern eine mehr elliptische Form besitzt.

Strahlungsquelle vorüberziehen, weil sie dann als Gravitationslinsen wirken und Mehrfachbilder erzeugen können, so wie wir dies bei den oben erwähnten Beispielen besprochen haben. Daher erbringt die Anzahl der in einer großen Stichprobe entfernter Objekte beobachteten Gravitationslinsen einen statistischen Beweis für die Anzahl supermassiver dunkler Objekte im ganzen Universum. J. Hewitt und ihre Mitarbeiter haben eine solche statistische Analyse an einer großen Überblicksuntersuchung extragalaktischer Radioquellen vorgenommen, wie oben beschrieben wurde. Die verhältnismäßig kleine Anzahl von Gravitationslinsen, die sie bei ihrer Analyse gefunden hat, veranlaßte sie zu der Deutung, daß die Massendichte der supermassiven schwarzen Löcher im intergalaktischen Raum kleiner als die kritische Dichte sein muß.

Gleichermaßen bedeutsam sind die Bilder weit entfernter Objekte, die dadurch entstehen, daß die Kerne von Galaxienhaufen als Gravitationslinsen wirken. Abbildung 4.18 ist ein Bild des zentralen Bereiches des galaxienreichen Haufens Abell 2218, das von J.-P. Kneib, R. Ellis und ihren Mitarbeitern mit dem Hubble Space Telescope aufgenommen wurde. Um den Kern des Galaxienhaufens beobachtet man bemerkenswert schmale Bogenstücke, die als Teile von Einsteinringen gedeutet werden, als Abbildungen von sehr weit entfernten Objekten durch Gravitationslinsen. Die Eigenschaften dieser Kreisbogenstücke werden zur Bestimmung der Gesamtmasse im Kern des Galaxienhaufens benutzt, liefern aber auch gleichzeitig Informationen über die Eigenschaften der sehr

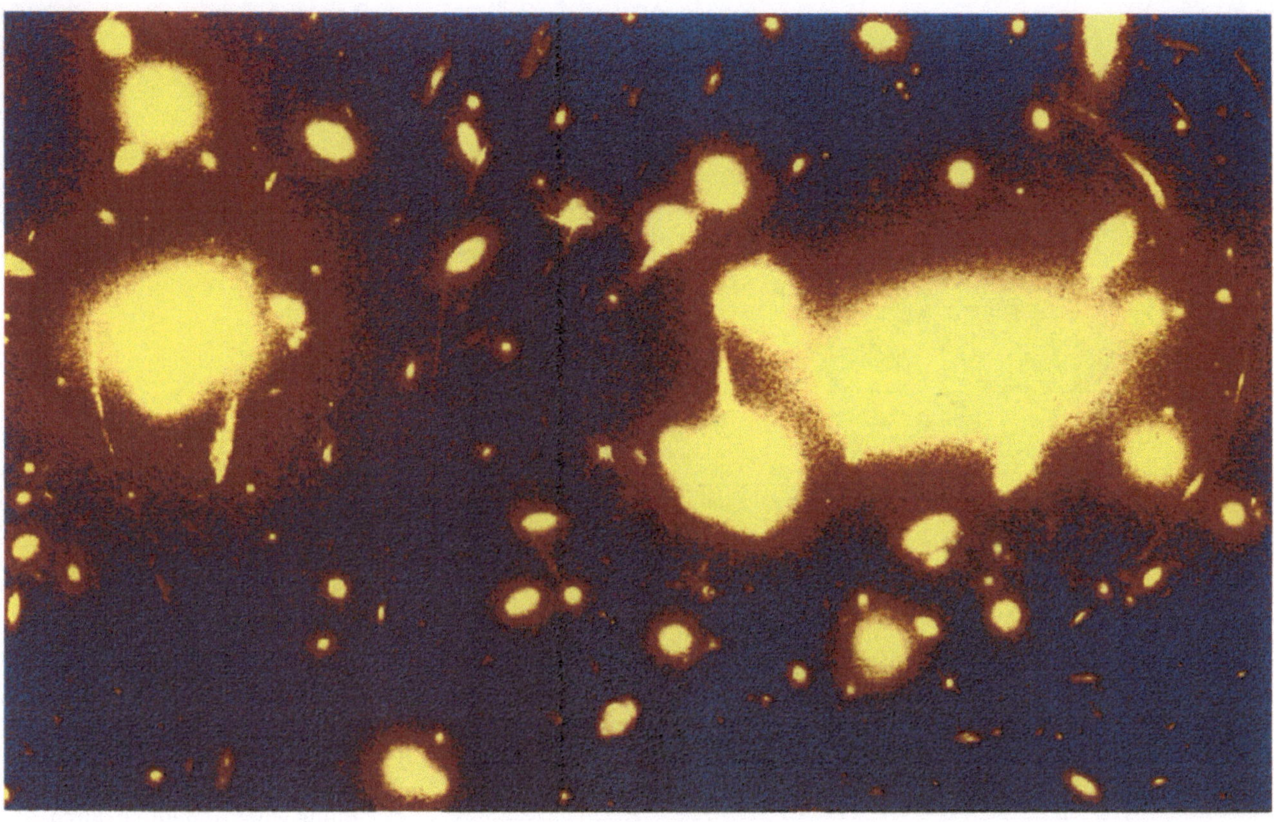

*Abb. 4.18.* Ein Bild des weit entfernten galaxienreichen Haufens Abell 2218, aufgenommen von J.-P. Kneib, R. Ellis und ihren Mitarbeitern mit dem Hubble Space Telescope. Die schmalen runden Bogen um den Kern des Galaxienhaufens sind Teile von Einsteinringen, die aus Abbildungen ferner Objekte durch Gravitationslinsen entstanden sind.

weit entfernten Galaxie, die durch diese Gravitationslinsen abgebildet wird.

Eine weitere schöne Anwendung der Gravitationslinsen zur Entdeckung dunkler Objekte betrifft die Beschaffenheit des Halos um unsere Galaxie. Ebenso wie die Galaxie NGC 5084 muß auch unsere Galaxie von einem Halo aus dunkler Materie umgeben sein, doch ist seine Beschaffenheit noch völlig ungewiß. Eine Möglichkeit wird darin gesehen, daß dieser Halo aus kompakten Objekten besteht, vielleicht aus braunen Zwergen, jupiterähnlichen Sternen, alten weißen Zwergen, Neutronensternen oder schwarzen Löchern, die allesamt sehr schwer aufzuspüren sind, weil sie kaum Strahlung emittieren. Diese möglichen Bestandteile des Halos unserer Galaxie werden MACHOs genannt, *massive compact halo objects*. Gelegentlich zieht eines dieser dunklen Objekte vor einem weit entfernten Stern vorbei und wirkt für diesen als Gravitationslinse. Das Ziel des MACHO-Projektes ist nicht so sehr die Suche nach verformten Bildern weit entfernter Sterne, die ohnehin für eine Beobachtung zu klein sind, sondern die Suche nach der Aufhellung des Bildes eines weit entfernten Sternes, vor dem ein MACHO vorüberzieht. Die erwartete Aufhellung des Bildes erfolgt mit einer charakteristischen Zeitabhängigkeit der Intensität und sollte von der Wellenlänge der Strahlung unabhängig sein.

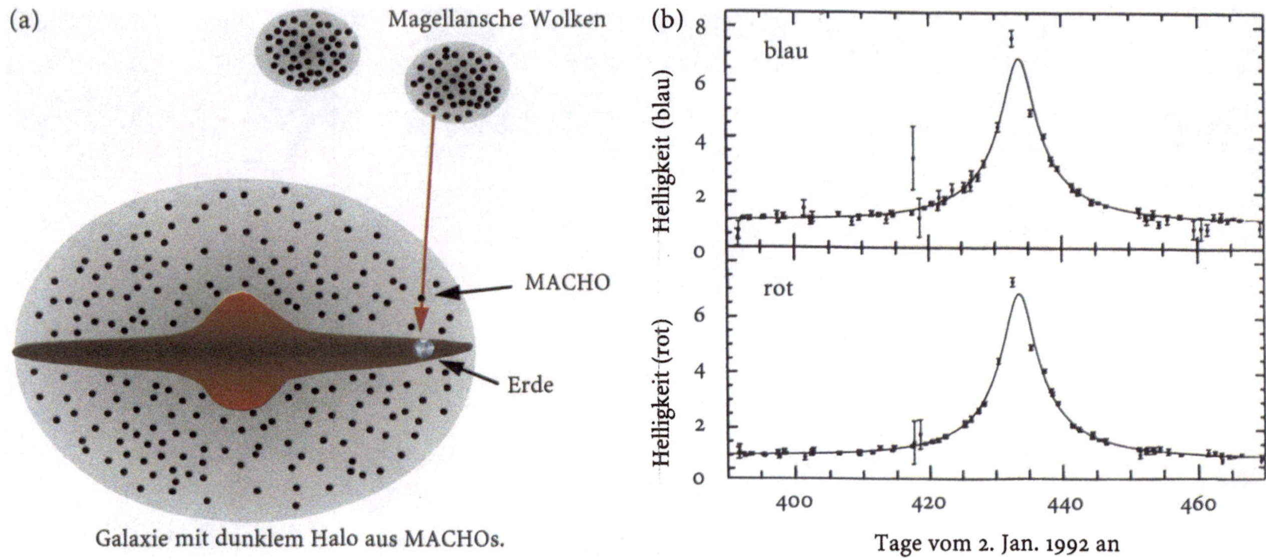


*Abb. 4.19.* (*a*) Illustration zur Abbildung weit entfernter Sterne in den Magellanschen Wolken durch die als Gravitationslinse wirkenden Objekte im Halo unserer Galaxie. (*b*) Aufzeichnung einer Abbildung durch eine Gravitationslinse, aufgenommen während des MACHO-Projektes im Februar und März 1993. Auf der Abszisse sind die Tage ab dem 2. Januar 1992 aufgetragen. Die Ordinate zeigt die Helligkeitsverstärkung im abgebildeten Stern relativ zur Intensität im blauen und roten Wellenlängenband ohne die Abbildung durch die Gravitationslinse. Die ausgezogenen Linien stellen den erwarteten Verlauf der Helligkeit des abgebildeten Objektes als Funktion der Zeit dar. Beide Bilder zeigen die gleiche charakteristische Gestalt für den roten und blauen Wellenlängenbereich.

Das MACHO-Projekt konzentriert die Bemühungen, Auswirkungen von Gravitationslinsen zu beobachten. Die für derartige Beobachtungen geeignetsten Sterne sind unsere nächsten Nachbarn im Weltraum, die zu der großen und kleinen Magellanschen Wolke gehören. Die Vorstellung, die diesem Projekt zugrunde liegt, wird in Abb. 4.19a erläutert. Das MACHO muß sich innerhalb des Halos unserer Galaxie bewegen, und ab und zu durchkreuzt es die direkte Sichtlinie von einem Stern in den Magellanschen Wolken zu einem Fernrohr auf der Erde. Dann tritt eine charakteristische Aufhellung des Sternes ein. Um solche Ereignisse überhaupt entdecken zu können, muß man die Helligkeiten von über einer Million Sternen fortlaufend überwachen und bekannte Typen von veränderlichen Sternen ausschließen können. Im Jahre 1993 wurde die Aufhellung eines Sternes in der Magellanschen Wolke infolge der Gravitation zum erstenmal bekannt gemacht (Abb. 4.19b). Die Aufhellung des Sternes hat genau die richtige Zeitabhängigkeit und ist unabhängig von der Wellenlänge, mit der die Beobachtung gemacht wurde. Die an dem MACHO-Projekt beteiligten Wissenschaftler haben abgeschätzt, daß die für die Aufhellung verantwortliche Masse etwa das 0,03- bis 0,5fache der Sonnenmasse beträgt, so daß mehrere der oben genannten Möglichkeiten für das MACHO in Frage kommen.

Bis zur Mitte des Jahres 1996 wurden viele Beispiele von Gravitationslinsen gesehen, davon über 100 in Richtung des galaktischen Zentrums, insgesamt also dreimal mehr als man erwartet hat. Zusätzlich wurden 8 definitive Ereignisse in Richtung der großen Magellanschen Wolke beobachtet. Die Stichprobe ist noch recht klein, aber sie ist mit der Vorstellung vereinbar, daß die MACHOs einen bedeutenden Anteil der dunklen Halomasse unserer Galaxie ausmachen. Die besten statistischen Abschätzungen lassen vermuten, daß die mittlere Masse eines

MACHOs ungefähr das 0,3- bis 0,5fache der Sonnenmasse beträgt. Es scheint sogar, daß eine zuvor unbekannte Form von Halobestandteilen von dem MACHO-Programm entdeckt wurde. Diese Entdeckung schließt jedoch die Möglichkeit nicht aus, daß ein erheblicher Anteil der Halomasse in Gestalt von exotischen Teilchen vorliegt. Augenblicklich werden Detektoren entwickelt, die nach den seltenen Ereignissen suchen, die dann auftreten, wenn diese ultraschwach wechselwirkenden Teilchen auf das empfindliche Volumen eines tief unter der Erde verborgenen Detektors treffen, der unerreichbar für die Störungen aus Quellen durchdringender Strahlung aufgestellt wurde.

## 4.7 Die Grundfragen der Galaxieentstehung

Nun können wir zur Frage der Entstehung der Galaxien zurückkehren. Die Friedmannschen Modelle sind vollkommen gleichförmig und homogen, sie enthalten also überhaupt keine Struktur. Wir haben daher nur eine geringe Hoffnung, daß es winzige Fluktuationen in der Dichte der Materie zwischen verschiedenen Punkten im Universum gibt und daß diese unter dem Einfluß ihrer eigenen Gravitation allmählich an Größe zunehmen. Für die Untersuchung solcher Fragen bilden die Friedmannschen Modelle die Grundlage. Theoretiker formulieren unsere Frage so: »Angenommen, wir haben zu Anfang ein vollkommen gleichförmiges, expandierendes Gas, dessen Dynamik vom Standard-Weltmodell beschrieben wird. Dann setzen wir winzig kleine Dichtefluktuationen in das expandierende Gas. Wie werden sich nun diese Dichtefluktuationen weiterentwickeln, wenn das Universum expandiert?« Man könnte jetzt hoffen, daß die kleinen Fluktuationen in der Dichte exponentiell mit der Zeit anwachsen, wie es bei dem statischen Medium der Fall ist, das wir in Abschn. 2.5 behandelt haben. Aber genau hier fangen die Schwierigkeiten an – die Dichtefluktuationen wachsen eben *nicht* exponentiell im expandierenden Universum an.

Daß Dichtestörungen anwachsen, haben wir ja schon herausgestellt, aber sie wachsen eben sehr langsam. Sobald nämlich die Dichte in einem Bereich unter dem Einfluß ihrer eigenen Gravitation anzusteigen beginnt, wird dieser Zuwachs zum großen Teil wieder aufgehoben, weil sich das Gas als Ganzes ausdehnt und deswegen die mittlere Dichte wieder kleiner wird. Dabei unterliegt das Gas also einer geringeren Gravitationskraft als im statischen Fall, und so kann auch die Dichte nur sehr langsam zunehmen. Wir können uns den Ursprung dieser Schwierigkeiten verdeutlichen, indem wir einen kugelförmigen Bereich des Universums heraustrennen und ihn etwas zusammendrücken, so daß er eine geringfügig höhere Dichte besitzt als der ihn umgebende Rest des Universums (Abb. 4.20a). Danach können wir herausarbeiten, wie die Dichte in diesem kugelförmigen Bereich relativ zu dem Rest anwächst, indem wir den kleinen Bereich als ein abgeschlossenes Universum mit

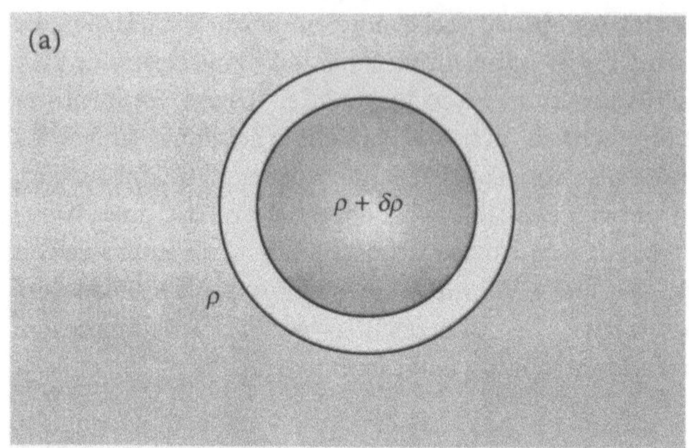


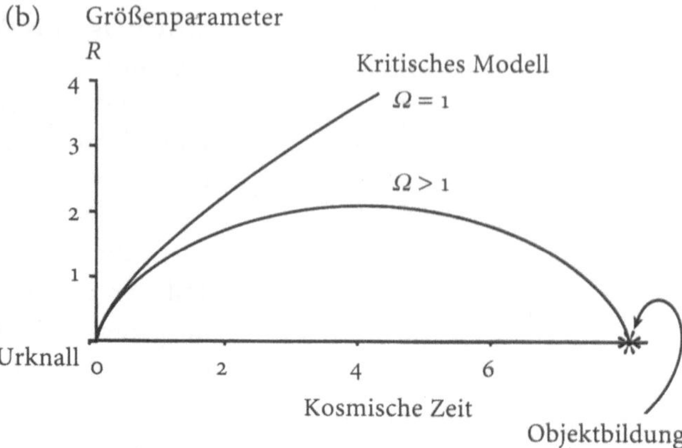


*Abb. 4.20.* (*a*) Darstellung eines kugelförmigen Bereiches erhöhter Dichte $\rho + \delta\rho$, eingeschlossen von einer Umgebung der Dichte $\rho$. Der Bereich verhält sich wie expandierendes Universum mit einer im Vergleich zur Umgebung leicht erhöhten Dichte. (*b*) Darstellung des dynamischen Verhaltens eines Bereiches mit im Vergleich zur Umgebung leicht erhöhter Dichte. Die Region mit erhöhter Dichte verhält sich wie ein Weltmodell mit dem Dichteparameter $\Omega > 1$, das im Laufe der Zeit seine Dichte ständig vergrößert, bis es schließlich zu einem Kollaps kommt.

geringfügig erhöhter Dichte ansehen. Genau diese Rechnung wurde in Abschn. 4.3 für das Universum als Ganzes durchgeführt. Dabei ergab sich die Dynamik der Weltmodelle, die in Abb. 4.9 dargestellt wurde. Die Modellrechnung ergibt eine exakte Beschreibung des Wachstums einer kugelsymmetrischen Dichtefluktuation relativ zur übrigen Dichte.

Der Schlüssel zum Verständnis des Wachstums einer Dichtestörung mit der Expansion des Universums liegt in der Wachstumsrate. Ist die Dichte des Restuniversums $\rho$ und die zusätzliche Dichte in einem von uns ausgesuchten Bereich $\delta\rho$, dann beträgt die Gesamtdichte $\rho + \delta\rho$. Die letztlich interessierende Größe ist hier die Wachstumsrate des Dichtezuwachses $\delta\rho$ relativ zu der Restdichte $\rho$. Die Größe $\delta\rho/\rho$ wird oft als der *Dichtekontrast* bezeichnet. Ist nun die Dichte des Universums ausreichend groß, dann wächst der Dichtekontrast proportional zu $R$ an:

$$\frac{\delta\rho}{\rho} \propto R,$$

wobei $R$ der Größenparameter des Universums ist, also die Größe, die die zeitliche Änderung des Abstandes von zwei herausgegriffenen Punkten im expandierenden Universum beschreibt. Der springende Punkt ist nun, daß das Wachstum des Dichtekontrastes *nicht* exponentiell, sondern *linear* mit dem Größenparameter erfolgt. Warum das Wachstum der Störung nicht exponentiell erfolgt, können wir verstehen, wenn wir die Entwicklung der kugelförmigen Dichtestörung relativ zur Restdichte betrachten, wie es in Abb. 4.20a dargestellt ist. Angenommen die Restdichte hat die kritische Dichte $\Omega = 1$. Dann muß die Dynamik des herausgegriffenen kugelförmigen Bereiches im Universum einer etwas größeren Dichte entsprechen und allmählich zu irgendeiner Art von begrenztem Objekt zusammenfallen, wie es in der Abb. 4.20b angedeutet ist. Man sieht deutlich, daß die Kurven für $\Omega = 1$ und für $\Omega > 1$ anfänglich zwar geringfügig auseinanderlaufen, aber sicher nicht exponentiell.

Aus der Abb. 4.20b können wir aber noch mehr lernen. Hat nämlich der Rest des Universums weniger als die kritische Dichte, dann reicht eine kleine Störung nicht aus, um die Dichte im Bereich dieser Störung auf einen Wert zu bringen, der auf einer in den Kollaps einmündenden Kurve liegt, d. h. der Bereich der erhöhten Dichte wird sich nicht auf einen Wert $\Omega > 1$ weiterentwickeln. Ein allgemeineres Ergebnis besagt, daß das Wachstum einer Störung nur dann zu einem kollabierenden Objekt wie eine Galaxie oder ein Galaxienhaufen führen kann, wenn $\Omega/R > 1$ ist.

Damit haben wir die entscheidenden Resultate, nach denen wir gesucht haben; sie führen auf ein tiefgründiges Problem. Wir hatten ja gehofft, daß sich die Galaxien aus dem Gravitationskollaps eines räumlichen Bereiches entwickeln würden, in dem im frühen Universum eine leicht erhöhte Dichte vorgelegen hat. Aus Gründen der Statistik müssen kleine Dichtefluktuationen in jedem Fall auftreten, aber zur Erklärung der Entstehung der Galaxien können sie nur dann herangezogen werden, wenn sie unter dem Einfluß der Gravitation exponentiell anwachsen, so daß in endlichen Zeiten aus ihnen Bereiche sehr hoher Dichte entstehen können. Das ist eben eines der verführerischen Merkmale des exponentiellen Wachstums. Ein lineares Wachstum, so wie es oben beschrieben wurde, läuft aber viel zu langsam ab, um aus den sehr kleinen Dichtestörungen des frühen Universums räumlich ausgedehnte Bereiche erhöhter Dichte entstehen zu lassen.

Die Theoretiker haben sich alle nur erdenkliche Mühe gegeben, die soeben geschilderten Schwierigkeiten zu überwinden, doch eine befriedigende Lösung fanden sie nicht. Die zeitliche Entwicklung der Dichtefluktuationen wurde auch erst im Jahre 1930 von Lemaître und Tolman als Problem erkannt, und 1946 fand Lifschitz schließlich die vollständige Lösung. Diese Autoren betrachteten die zeitliche Entwicklung der Dichtefluktuationen als eine derartig grundlegende Frage für die Entstehung der Galaxien, daß sie nicht daran glauben wollten, daß Galaxien und Galaxienhaufen aus einem Gravitationskollaps entstanden sein könnten. Gravitationsinstabilitäten wachsen so langsam, daß man Gebiete mit einer erhöhten Dichte in die Anfangsbedingungen aufnehmen müßte, von denen aus sich das Universum ausgebreitet hat. Dies aber erschien kein besonders ansprechender Vorschlag zu sein.

Die folgenden Generationen von Theoretikern haben jedoch eine andere Ansicht vertreten und aus verschiedenen Gründen angenommen, daß Dichtestörungen endlicher Ausdehnung bereits im frühen Universum vorhanden waren und daß sich die Strukturen, die wir heute beobachten, aus diesen Störungen wie die oben beschriebenen Gravitationsinstabilitäten entwickelten. Als eine Folge der Entdeckung der kosmischen Mikrowellen-Hintergrundstrahlung scheint es demnach durchaus möglich zu sein, nach den Spuren der ganz frühen Entwicklung dieser Dichtefluktuationen zu suchen. Doch um diesen Zusammenhang zu verstehen, müssen wir uns mit der thermischen Geschichte des Universums beschäftigen.

## 4.8 Die Strahlung im expandierenden Universum

Aus den Betrachtungen von Abschn. 4.3 wissen wir, in welcher Weise sich der Größenparameter $R$ mit den kosmischen Epochen ändert, und daher wissen wir auch, wie sich die Dichte der Materie ändert. Diese war in jeder früheren Epoche $1/R^3$-mal so groß wie ihr augenblicklicher Wert. Nun müssen wir uns damit beschäftigen, was mit der Strahlung geschehen ist. Die kosmische Mikrowellen-Hintergrundstrahlung ist bemerkenswert isotrop, und ihr Spektrum ist das der vollkommenen Strahlung eines schwarzen Körpers mit der Temperatur 2,725 K. Diese Strahlung hat heutigentags eine bemerkenswert große Energiedichte. Wenn wir die Einsteinsche Gleichung $E = mc^2$ nehmen, so entspricht die Massendichte dieser Strahlung heute etwa 1/10 000 der kritischen Dichte. Wir behaupten nun, daß diese Strahlung im Urknall entstanden ist. Was aber geschieht, wenn wir die Expansion des Universums umkehren und sowohl Strahlung als auch Materie zusammendrücken?

Es gibt zwei sehr schöne Ergebnisse, aus denen wir ein einfaches Bild entnehmen können, in welcher Weise sich die Eigenschaften der elektromagnetischen Strahlung mit der Expansion des Universums änderten. Das erste betrifft die wirkliche Bedeutung der Rotverschiebung in der Kosmologie. Wir haben in Abschn. 4.2 besprochen, wie Hubble entdeckte, daß sich die Verteilung der Galaxien gleichförmig ausdehnt. Er bestimmte die Rezessionsgeschwindigkeiten der Galaxien aus der Messung ihrer *Rotverschiebungen*, den Verschiebungen des Spektrums einer Galaxie zu größeren Wellenlängen infolge der Rezessionsbewegung, die von unserer Galaxie wegführt. Dies aber ist die Dopplerverschiebung der Strahlung. Wir definieren die *Rotverschiebung* $z$ eines Signals durch die Formel

$$z = \frac{\lambda_{\text{beob}} - \lambda_{\text{em}}}{\lambda_{\text{em}}} ,$$

worin $\lambda_{\text{em}}$ die Wellenlänge ist, mit der Strahlung von unbewegten Strahlungsquellen emittiert wird, und $\lambda_{\text{beob}}$ die beobachtete Wellenlänge, die infolge der Bewegung der Strahlungsquelle größer als $\lambda_{\text{em}}$ sein muß. Wenn die Bewegungsgeschwindigkeit $V$ der Strahlungsquelle nicht zu groß ist, d.h. wenn sie nicht in die unmittelbare Nähe der Lichtgeschwindigkeit rückt, dann gibt es eine einfache Beziehung zwischen der Rotverschiebung und der Geschwindigkeit der bewegten Strahlungsquelle:

$$V = cz$$

mit der Lichtgeschwindigkeit $c$. Die Rotverschiebung von Galaxien wird durch die Verschiebung der Wellenlänge ihrer Spektrallinien gegenüber der Wellenlänge der Spektrallinien in Ruhe gemessen. Die Rezessionsgeschwindigkeit erhält man dann durch die Multiplikation der Rotverschiebung mit der Lichtgeschwindigkeit.

In der Kosmologie jedoch hat die Rotverschiebung eine viel tiefere Bedeutung. Je größer die Entfernung einer Galaxie von der Milchstraße ist, desto größer ist ihre Rezessionsgeschwindigkeit und desto länger braucht auch das Licht, bis es uns erreicht hat – zur Zeit der Lichtemission war die mittlere Entfernung zwischen den Galaxien um den Faktor $R$, der die Dynamik der Expansion des Universums beschreibt, kleiner als heute. Der Größenparameter $R$ jedoch steht in einer einfachen Beziehung zur Rotverschiebung:

$$R = \frac{1}{1+z} \ .$$

Wenn wir also die Rotverschiebung einer Galaxie oder eines Quasars gemessen haben, dann kennen wir auch auf Grund dieser Beziehung den Wert des Größenparameters für den Zeitpunkt der Lichtemission. Eine Galaxie mit der Rotverschiebung 1 strahlte ihr Licht, das wir heute beobachten, zu einem Zeitpunkt aus, als der Größenparameter des Universums nur die Hälfte seines heutigen Wertes besaß. Alle Galaxien wären also im Mittel nur halb so weit voneinander entfernt, wie sie es heute sind. Quasare mit der Rotverschiebung 4 strahlten ihr Licht aus, als der Größenparameter nur 1/5 seines heutigen Wertes betrug, usw. Durch diesen Zusammenhang kennen wir zwar den Wert des Größenparameters für den jeweiligen Zeitpunkt der Lichtemission, jedoch wissen wir nicht, zu welcher kosmischen Zeit sich das alles abgespielt hat – um den Zusammenhang zwischen der kosmischen Zeit und dem Größenparameter zu erhalten, müssen wir kosmologische Modelle verwenden.

Die Beziehung zwischen dem Größenparameter und der Rotverschiebung können wir so umformen, daß der Zusammenhang von $R$ mit den emittierten oder beobachteten Frequenzen oder Wellenlängen zum Ausdruck kommt:

$$\frac{\nu_{\text{beob}}}{\nu_{\text{em}}} = R \ , \quad \frac{\lambda_{\text{em}}}{\lambda_{\text{beob}}} = R \ .$$

Aus der zweiten Beziehung können wir ablesen, wie sich die Wellenlänge einer Strahlung im expandierenden Universum verwandelt. Die Wellenlänge der emittierten Strahlung nimmt genauso ab oder zu wie der mittlere Abstand zwischen Galaxien, d. h. wenn wir eine Strahlung mit der Wellenlänge $\lambda_{\text{beob}}$ heute beobachten, so besaß sie im früheren Universum, also bei geringerem mittleren Abstand zwischen den Galaxien, auch eine kürzere Wellenlänge. Wir können hieraus auch ableiten, wie sich das Spektrum der kosmischen Mikrowellen-Hintergrundstrahlung mit der Expansion des Universums verändert hat. Gehen wir nämlich immer weiter in die Vergangenheit zurück, also zu immer kleineren Werten von $R$, so werden die Frequenzen immer größer, und damit verschiebt sich das Maximum der Strahlung des schwarzen Körpers zu immer höheren Temperaturen, so wie es in Abschn. 1.3 beschrieben wurde.

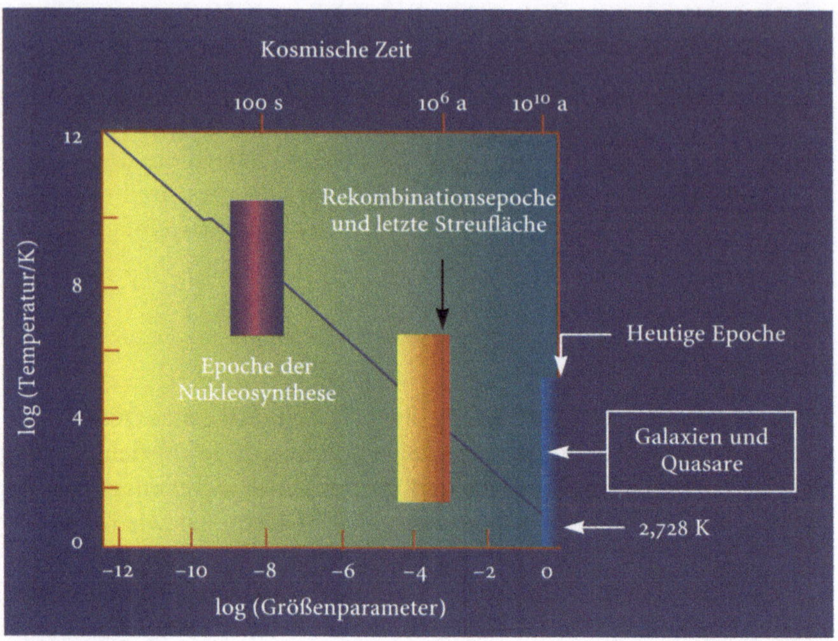


*Abb. 4.21.* Illustration zur thermischen Geschichte des Universums in der jüngeren Vergangenheit. Die ausgezogene Linie verdeutlicht die Änderung der kosmischen Mikrowellen-Hintergrundstrahlung mit dem Größenparameter R. Einige der Schlüsselepochen des Universums sind eingezeichnet: die Epoche, in der die Galaxien und Quasare beobachtet werden können, die Rekombinationsepoche, vor der aller Wasserstoff im Universum vollkommen ionisiert war, und frühere Epochen, in denen die Dynamik des Universums durch die Massendichte der kosmischen Mikrowellen-Hintergrundstrahlung bestimmt war, Epochen, die als strahlungsdominiert bezeichnet werden.

Die Strahlungstemperatur nimmt demnach umgekehrt proportional zu $R$ ab, wenn wir das Universum in die Vergangenheit zurückverfolgen. Bei einer Rotverschiebung von 1 wäre der Größenparameter 1/2 und die Strahlungstemperatur der kosmischen Mikrowellen-Hintergrundstrahlung $T_{\text{rad}} = 2 \times 2{,}725 = 5{,}44$ K. Diese Beziehung, nämlich

$$T_{\text{rad}} \propto \frac{1}{R}$$

wird uns als Schlüssel zur Untersuchung der thermischen Geschichte des Universums dienen. Die volle Bedeutung dieser wichtigen Formel werden wir aber erst im Kap. 5 näher untersuchen, für den Augenblick interessiert uns nur die neuere thermische Geschichte des Universums.

Wenn wir das Universum in die Vergangenheit verfolgen, dann nimmt die Temperatur der kosmischen Mikrowellen-Hintergrundstrahlung zu, wie wir oben beschrieben haben. Eine der wichtigsten Epochen in der Geschichte des Universums lief ab, als der Größenparameter einen Wert von ungefähr 1/1500 hatte, was etwa einer Zeit von 300 000 Jahren nach dem Urknall entspricht (Abb. 4.21). Zu diesem Zeitpunkt betrug die Strahlungstemperatur der kosmischen Mikrowellen-Hintergrundstrahlung $T = 1500 \times 2{,}725$ K $\approx 4000$ K. Nun ist Wasserstoff das bei weitem am häufigsten im Universum vorkommende Element. Bei einer Temperatur von 4 000 K ist aber aller Wasserstoff durch den ultravioletten Anteil im hochfrequenten Ausläufer des Spektrums der kosmischen Mikrowellen-Hintergrundstrahlung in seine Bestandteile Proton und Elektron zerlegt. Bei der Temperatur von 4 000 K glüht der Wasserstoff wie die Oberfläche eines Sternes, der nur wenig kühler ist als unsere Sonne. Die Zerlegung von Wasserstoff in Protonen und Elektronen wird *Ionisation* genannt, und diese hat erhebliche Auswirkungen auf die Wechselwirkung von Strahlung und Materie im Universum. Die wichtigste Auswirkung besteht darin, daß die Materie in Form von freien Protonen und Elektronen vorliegt, die *Plasma* genannt wird, die vollkommen andere elektrische Eigenschaften hat als der neutrale Wasserstoff. Dann ist besonders die Kopplung zwischen Strahlung und Materie sehr stark. Die negativ geladenen Elektronen sind sehr wirksam für die Streuung der kosmischen Mikrowellen-Hintergrundstrahlung, und wir können uns vorstellen, daß durch diesen Streuprozeß eine sehr enge Kopplung zwischen Materie und Strahlung besteht. Diese Kopplung gleicht den Vorgängen, die wir auf der Oberfläche der Sonne beobachten. Die Materie im Inneren der Sonne ist ionisiert, und deswegen wird die Strahlung sehr stark gestreut, wenn sie versucht, von der Sonne wegzukommen. In der Tat beobachten wir nur die äußersten Oberflächenschichten der Sonne, von denen die Strahlung zum letztenmal gestreut wurde. Weil nun die Streuung so stark ist, erhalten wir keine direkte Information aus dem Inneren der Sonne – wir beobachten lediglich die Strahlung aus der sogenannten *letzten Streufläche.*

Genau diesen Prozeß finden wir vor, wenn wir weiter und weiter in das frühe Universum zurückschauen. Als das Universum den Größenparameter $R$ 1/1500 hatte, war der Wasserstoff in ihm vollkommen ionisiert, und auch in allen früheren Epochen lag der prägalaktische Wasserstoff als ein vollkommen ionisiertes Plasma vor. Lassen wir die Uhren jetzt wieder vorwärts laufen, dann rekombiniert der ursprünglich ionisierte Wasserstoff zu neutralem Wasserstoff, und diese Zeit ist eine der Schlüsselepochen in der Geschichte des Universums, die *Epoche der Rekombination.* Detaillierte Berechnungen zeigen nun, daß wir wegen der starken Streuung an den freien Elektronen keine elektromagnetische Strahlung mit Rotverschiebungen $z > 1000$ beobachten können. Das ist so, als würden wir nur Sonne um uns herum sehen. Das ionisierte Gas bei der Rotverschiebung $z \approx 1000$ ist die *letzte Streufläche* für die kosmische Mikrowellen-Hintergrundstrahlung. Diese Strahlung aus der letzten Streufläche, deren Strahlungstemperatur 4000 K betrug, können wir nicht mehr beobachten, weil von damals bis zur heutigen Zeit eine Rotverschiebung von rund 1000 stattgefunden hat, die einer Temperaturänderung auf 2,725 K entspricht.

Jetzt können wir auch beurteilen, warum dieses Ergebnis für die Untersuchung von Galaxien und anderen großräumigen Strukturen des Universums so wichtig ist. Wir können nämlich jetzt abschätzen, wie groß die Dichtestörungen in der Vergangenheit gewesen sein müssen, damit in der gegenwärtigen Epoche Galaxien und Galaxienhaufen entstehen können. Wir wissen, daß Galaxien in der gegenwärtigen Epoche existieren; sie müssen also wenigstens jetzt einen Dichtekontrast $\delta\rho/\rho \sim 1$ erreicht haben, eigentlich eher noch sehr viel größere Werte. Das schnellste Wachstum im Universum erfolgt für das kritische Modell $\Omega = 1$, in dem der Dichtekontrast proportional zu $R$ anwächst. Deswegen können wir den geringsten Dichtekontrast herausarbeiten, der bei einer Streufläche $z \approx 1000$ in der Materie vorhanden gewesen sein muß. Das Ergebnis: Der Dichtekontrast muß auf dieser letzten Streufläche wenigstens $\delta\rho/\rho \approx 1/1000$ betragen haben. Weil aber die Materie sehr stark an die Strahlung gekoppelt ist, erwarten wir auch Fluktuationen in der Strahlung, ähnlich, wie sie auch in der Verteilung der Materie vorhanden sind. Nun weisen genauere Rechnungen aber aus, daß wir dann Fluktuationen in der Intensität der kosmischen Mikrowellen-Hintergrundstrahlung als Folge der Entstehung von großräumigen Strukturen wie Galaxienhaufen von 1 zu 1000 erwarten müßten. Das aber steht in Widerspruch zu der extremen Isotropie der kosmischen Mikrowellen-Hintergrundstrahlung, in der die beobachteten Fluktuationen nur 1/100 000 betragen.

Für die einfachsten Vorstellungen, wie sich Galaxien in einem expandierenden Universum entwickelt haben könnten, ist dies natürlich ein verheerender Schlag. Gäbe es nur gewöhnliche Materie im Universum, so wäre der Schluß kaum zu vermeiden, daß wir Spuren der Entstehung von Galaxien und großräumigen Strukturen in der Verteilung der kosmischen Mikrowellen-Hintergrundstrahlung über den gesamten Himmel hätten sehen müssen. Aber bisher haben wir nur das Verhalten der gewöhnlichen Materie im Universum in Rechnung gestellt. Im Abschn. 4.5 haben wir jedoch gezeigt, daß der weitaus größere Anteil der Masse im Universum in Form von dunkler Materie vorliegt. Diese muß sich jedoch nicht notwendigerweise so verhalten, wie gewöhnliche Materie. Deshalb wollen wir prüfen, inwieweit uns die dunkle Materie weiterhilft.

## 4.9 Dunkle Materie und die Entstehung der Galaxien

Vor uns liegt nun die Aufgabe herauszufinden, warum sich großräumige Strukturen wie Galaxien, Galaxienhaufen und riesige Leerräume bis zum heutigen Tage ausbilden konnten, obwohl sich gleichzeitig die Fluktuationen in der kosmischen Mikrowellen-Hintergrundstrahlung auf dem niedrigen gemessenen Niveau von einem in 100 000 Teilen befinden. Die Lösung, die von den meisten Kosmologen bevorzugt wird, fußt auf der Vorstellung, daß die meiste Materie im Universum nicht als gewöhnliche Materie vorliegen kann, sondern, wie wir ausführlich in Abschn. 5.3 besprechen werden, ihr größter Teil aus dunkler Materie in Form von exotischen Teilchen bestehen muß. Unter diesen haben die massiven Neutrinos und die verschiedenen schwach wechselwirkenden massiven Teilchen, kurz WIMPs genannt (weakly interacting massive particles), die größte Aufmerksamkeit auf sich gelenkt. Diese Teilchen werden von den aktuellen Elementarteilchentheorien vorhergesagt, konnten aber noch nicht mit den großen Beschleunigungsmaschinen nachgewiesen werden, weil sie erst bei Energien entstehen, die weit oberhalb von denen liegen, die sich mit diesen Maschinen heutzutage erreichen lassen. Mit anderen Worten, diese hypothetischen Teilchen beruhen auf Extrapolationen der gültigen Elementarteilchentheorien in Energiebereiche, die heute durchführbaren Experimenten noch nicht zugänglich sind.

Diese Formen von dunkler Materie zeichnen sich durch eine nur geringe Wechselwirkung mit gewöhnlicher Materie aus, und, in kosmologischem Zusammenhang gesehen, wechselwirken sie mit gewöhnlicher Materie nur durch den Einfluß gegenseitiger Gravitation. Wir nehmen nun einmal an, daß im Universum sehr viel mehr Materie in Form von dunkler Materie vorliegt als in gewöhnlicher Form. Der Zugang zum Verständnis aller bisherigen Vorgänge führt über die Tatsache, daß zu der Zeit, als der Größenparameter noch den Wert 1/1000 hatte, die gewöhnliche Materie sehr stark an die Strahlung gekoppelt war. Diese Kopplung machte es der gewöhnlichen Materie vor dieser Epoche außerordentlich schwer, sich zu Galaxien und Galaxienhaufen zusammenzuballen. Die Kopplung war nämlich so stark, daß der Strahlungsdruck innerhalb von Dichtestörungen deren weiteren Kollaps verhinderte, so daß wegen der Jeansschen Instabilität keine kondensierten Objekte entstehen konnten. Als Folge wurden während der Zeiten vor der Rekombination die Störungen in der gewöhnlichen Materie ausgeglichen, und sie verhielten sich letztlich wie Schallwellen in einem Plasma.

Die dunkle Materie stand jedoch in diesen frühen Epochen überhaupt nicht mit der gewöhnlichen Materie oder mit der Strahlung in Wechselwirkung. Aus diesem Grund konnten Dichtestörungen der dunklen Materie infolge der Beziehung, die wir in Abschn. 4.7 besprochen haben, völlig ungestört anwachsen, während die gewöhnliche Materie durch ihre starke Koppelung an die Strahlung in den Epochen vor der Rekombination des Wasserstoffs an einer weiteren Zusammenballung gehindert wurde. Um die Zeit der Rekombination des Wasserstoffs, bei der Rotverschiebung von etwa 1000, wurde die gewöhnliche Materie plötzlich elektrisch neutral und war damit nicht länger an die Strahlung gekoppelt. Die gewöhnliche Materie konnte sich dann also an den Störungen zusammenballen, die in Form von dunkler Materie bereits vorhanden waren, und dann rasch auf den Dichtekontrast anwachsen, den die dunkle Materie bereits besaß. Die Anziehungskraft dieses Bildes besteht darin, daß zu einem Zeitpunkt, zu dem der kosmischen Mikrowellen-Hintergrundstrahlung ihre Temperaturschwankungen aufgeprägt wurden, die Fluktuationen in der gewöhnlichen Materie sehr viel kleiner waren als in der dunklen Materie, und weiterhin auch noch sehr viel kleiner als in dem einfachen Modell, das wir in Abschn. 4.7 beschrieben haben. Auf diese Weise kann man die sehr kleinen Fluktuationen, die an die Hintergrundstrahlung gebunden sind, beibehalten, während gleichzeitig die Fluktuationen in der dunklen Materie groß genug sind, um die Galaxien und anderen großräumigen Strukturen der gegenwärtigen Epoche entstehen zu lassen.

Dieses Modell für die Entstehung der großräumigen Strukturen des Universums wird augenblicklich bevorzugt und ist Gegenstand vieler umfangreicher theoretischer Studien. Für die Theorie der dunklen Materie gibt es zwei Versionen. Der einen Version liegt das Bild der *kalten dunklen Materie* zugrunde, in dem die dunkle Materie aus schwach wechselwirkenden massiven Teilchen besteht, den WIMPs oder ihren engen Verwandten. Diese Form von dunkler Materie heißt kalt, weil ihre Teilchen massiv sein müssen, denn anderenfalls wären sie bei den Experimenten mit hochenergetischen Teilchen bereits entdeckt worden. Ein sehr wichtiges Ergebnis der LEP-Experimente (Large Electron-Positron-Collider) in CERN besteht darin, daß einige mögliche Formen der dunklen Materie bereits ausgeschlossen werden können. Beispielsweise konnte dort gezeigt werden, daß es nur drei verschiedene Typen von Neutrinos gibt, wie sich aus Untersuchungen des Zerfalles von $W^{\pm}$- und $Z^{0}$-Teilchen ergab, die beide zu den Bosonen gehören und an der Übertragung der elektroschwachen Kraft beteiligt sind. Diese Teilchen wurden bei LEP-Experimenten mit sehr hohen Energien entdeckt. Wenn beim Zerfall der Bosonen $W^{\pm}$ und $Z^{0}$ nur eines dieser exotischen Teilchen in Erscheinung treten würde, so wären sie in dem LEP-Experiment bereits entdeckt worden, sofern ihr Energieäquivalent der Ruhemasse unterhalb von 40 GeV liegt. Das Energieäquivalent der Ruhemassen ist etwa 40mal so groß wie das des Protons. Wenn diese ultraschwach wechselwirkenden Teilchen tatsächlich existieren sollten, dann kann es sich also nur um massive Teilchen handeln. Daraus folgt wiederum, daß sie nur im frühen Universum mit anderen Formen von Materie ins Gleichgewicht gekommen sein können und daher in der augenblicklichen Epoche sehr kalt sein müssen. In diesem Szenario überleben die ursprünglichen Dichtefluktuationen aller Größen aus dem frühen Universum. Die Anfangsverteilung der Fluktuationen enthält einen weiten Bereich von verschiedenen Massen, und nach der Epoche, in der das ursprüngliche Plasma rekombiniert, wird die gewöhnliche Materie von den Störungen der dunklen Materie angezogen, und der Prozeß der Entstehung unterscheidbarer Objekte kann anlaufen. Die gewöhnliche Materie können wir also als Indikator für die Verteilung der Störungen aus dunkler Materie ansehen. Die Objekte geringerer Masse beginnen, sich zu Haufen zusammenzufinden, vereinigen sich zu massiveren Objekten, und im Laufe der Zeit werden diese massiveren Objekte immer größer. Diesen Prozeß der Galaxienentstehung bezeichnet man als *hierarchische Haufenbildung*. Man kann sich das als einen »Bottom-Up-Prozeß« vorstellen, bei dem die größten räumlichen Strukturen im Universum zuletzt entstanden sind und sich aus Objekten kleinerer Masse entwickelt haben.

Die Alternative zum Bild der kalten dunklen Materie ist die Theorie der *heißen dunklen Materie*. In ihrer einfachsten Form nimmt man an, daß die drei bekannten Neutrinoarten eine endliche Ruhemasse von rund 10 eV haben. Dies ist deswegen ein interessanter Betrag für die

Masse, weil nach dem Standard-Urknallmodell des Universums die Anzahl der ursprünglichen Neutrinos sehr genau bekannt ist, und falls sie diese Masse besitzen sollten, dann würde die Massendichte der Neutrinos ausreichen, um ein geschlossenes Universum zu bilden, d.h. ihre Massendichte würde $\Omega = 1$ entsprechen. Dieses Bild der Galaxienentstehung unterscheidet sich stark von dem Bild, das auf der kalten dunklen Materie beruht, weil alle kleinräumigen Strukturen bereits vernichtet sind, bevor die Epoche der Rekombination beginnt - Neutrinos haben nur eine schwache Wechselwirkung mit gewöhnlicher Materie und strömen daher fast ungehindert durch alle Dichtestörungen. In diesem Bild überleben nur die größten der großräumigen Strukturen bis zur Epoche der Rekombination, und dies sind dann die Gebilde, die anschließend kollabieren und die heutigen großräumigen Strukturen des Universums bilden. Die Galaxienhaufen, Galaxien und kleinräumigen Systeme bilden sich durch eine sequentielle Fragmentierung aus diesen besonders großräumigen Materieansammlungen. Manchmal nennt man diesen Vorgang einen »Top-Down-Prozeß«, in dem sich die größten großräumigen Strukturen zuerst gebildet haben.

Es ist schon interessant, daß die beiden einfachsten Modelle für die Ausbildung von Strukturen im Universum zu zwei vollkommen verschiedenen Bildern für die Entstehung von Galaxien führen. In dem Bild der kalten dunklen Materie werden die Galaxien aus kleinen Bausteinen aufgebaut - im Bild der heißen dunklen Materie entstehen sie aus dem Zerfall großräumiger Strukturen. Im ersten Bild beginnt die Entstehung der Galaxien kurz nach der Rekombinationsepoche, im letzteren hingegen fängt sie erst im späten Universum an.

Für alle Modelle muß eine anfängliche Verteilung der Dichtefluktuationen angenommen werden, und so wurde eine Anzahl bemerkenswerter Computersimulationen über den Verlauf der Entwicklung kleiner Störungen in der dunklen Materie unter dem Einfluß der Gravitation durchgeführt. Abbildung 4.22 zeigt die Ergebnisse zweier dieser Computersimulationen für die Entwicklung großräumiger Strukturen des Universums, denen die beiden verschiedenen Versionen des Bildes von der dunklen Materie zugrunde gelegt wurden. Daraus kann man ersehen, daß die Modelle für die Erklärung der Entstehung großräumiger Strukturen ganz gut geeignet sind. Doch mit den beiden Modellen gibt es auch Probleme. Im Falle des Modelles für die kalte dunkle Materie findet man keine Erklärung für die gewaltigen Leerräume, Mauern und fadenförmigen Erscheinungen, die auf den Überblickskarten des Harvard Center for Astrophysics (Abb. 1.17) zu sehen sind. Aus physikalischer Sicht kann man das recht gut verstehen, weil der Entstehungsprozeß die hierarchische Haufenbildung ist, bei der fadenförmige Strukturen aufgelöst werden. Andererseits erzeugt das Modell mit der heißen dunklen Materie zu viele großräumige Strukturen - das kommt daher, daß sich die Materie beim Herabfallen in die gigantischen Anziehungszentren abkühlt, die von der dunklen Materie gebildet wurden, und sich

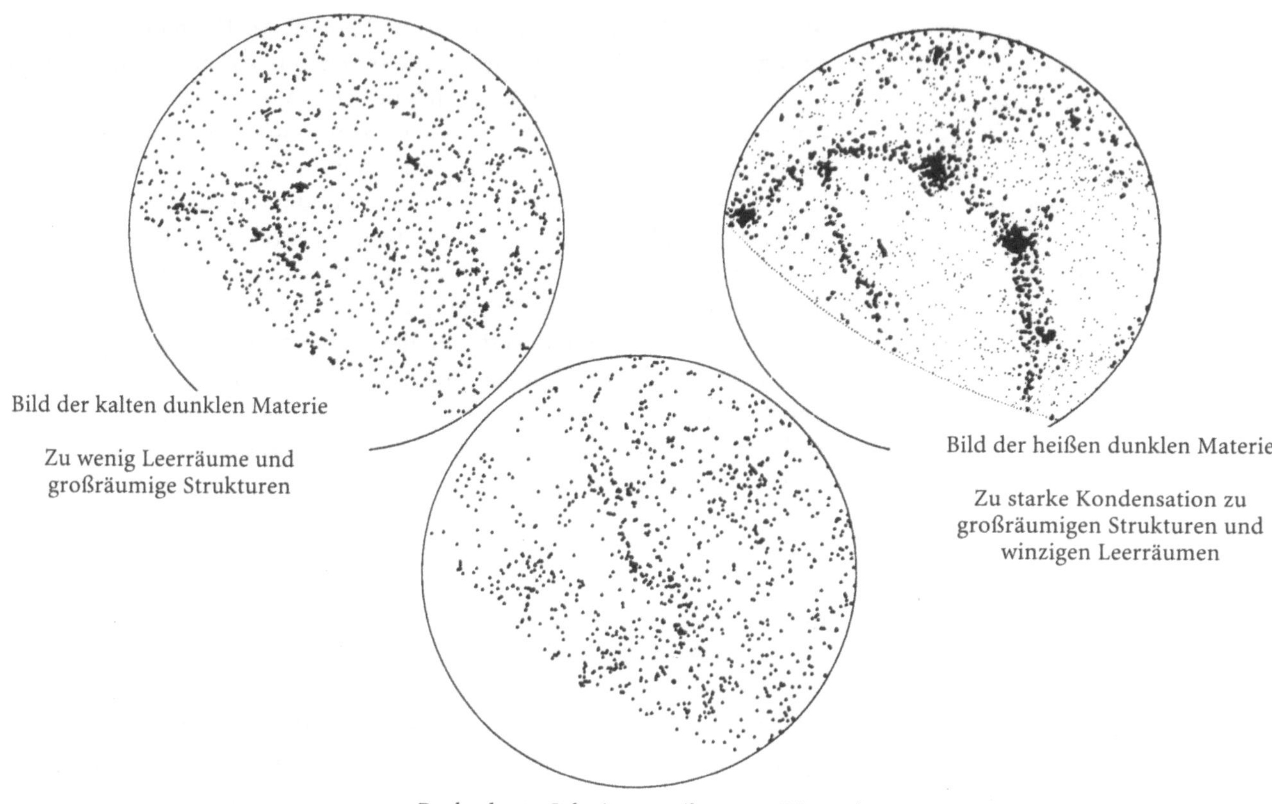


*Abb. 4.22.* Simulationen der erwarteten großräumigen Galaxienverteilungen nach dem Bild der kalten und der heißen dunklen Materie für die Entstehung der großräumigen Strukturen des Universums, ausgeführt von C. Frenk. Die Vorhersagen werden mit der Beobachtung verglichen. Das einfache Modell der kalten dunklen Materie erzeugt keine ausreichende Anzahl großräumiger Strukturen in Form von Leerräumen und fadenförmig angeordneten Galaxien, wohingegen das einfache Modell der heißen dunklen Materie zu viele großräumige Strukturen erzeugt.

alle Galaxien als dünne zusammengefallene Schichten ausbilden. Kurzum, die bisher bekannten Modelle sind nur teilweise für die Erklärung der im Universum beobachteten Materieverteilung tauglich.

Zur Zeit ist die allgemeine Mehrheit für das Bild der kalten dunklen Materie, das auch eine ganze Anzahl anziehender Eigenschaften hat. Es kann die beobachtete Häufung der Galaxien über einen weiten Bereich räumlicher Maßstäbe erklären, wohingegen das Bild der heißen dunklen Materie den großräumigen Strukturen zuviel Gewicht beimißt. Der Schlüsseltest für das Bild der kalten dunklen Materie ist seine Verträglichkeit mit den Intensitätsschwankungen der kosmischen Mikrowellen-Hintergrundstrahlung, die von dem COBE-Satelliten beobachtet wurde. Die Himmelskarte der Millimeterstrahlung wurde vom COBE-Satelliten (Abb. 4.6) mit einer Winkelauflösung von 10° aufgenommen. Wie in Abschn. 4.8 beschrieben, geht die kosmische Mikrowellen-Hintergrundstrahlung, die wir heute beobachten können, von der letzten Streufläche aus, die bei der Rotverschiebung von $z \approx 1\,000$ lag. Wir können jetzt die räumliche Größe im Universum ausrechnen, die 10° auf der letzten Streufläche entspricht. Dabei ergibt sich eine Größe, die 10mal so groß ist wie die größten Löcher, die man in Abb. 1.17 wahrnimmt, mit anderen Worten, diese Fluktuationen sind sehr viel größer als Galaxien, Galaxienhaufen und selbst große Leerräume. Infolgedessen kann man

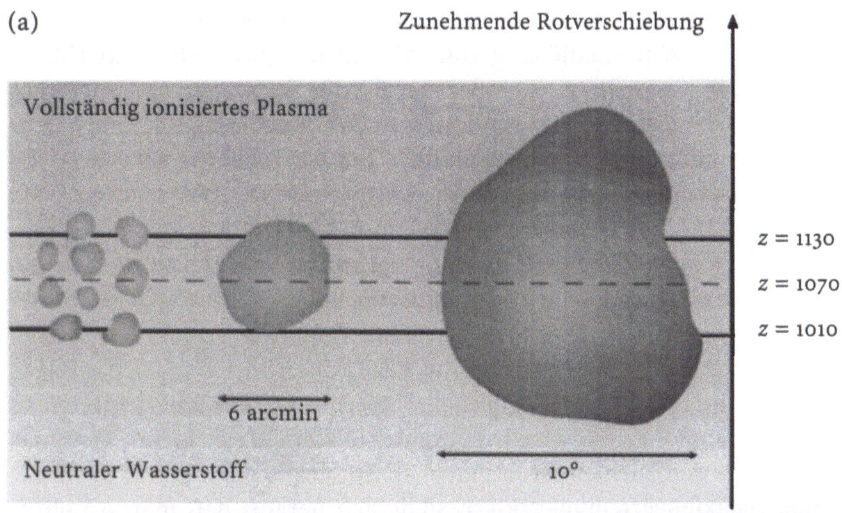


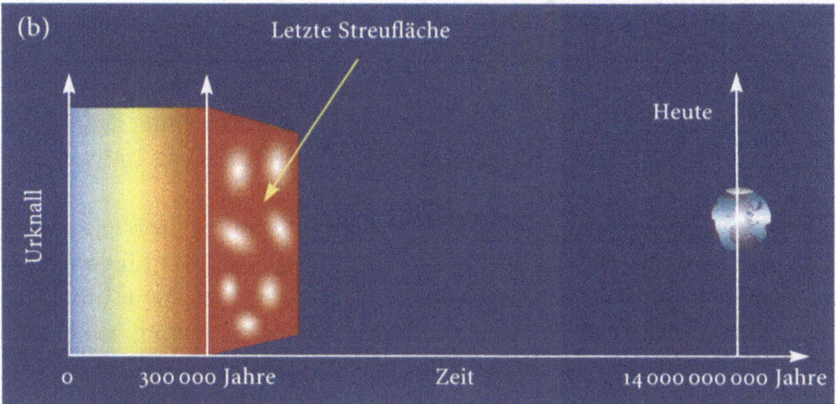


*Abb. 4.23.* (*a*) Illustration zur Entstehung der Intensitätsfluktuationen in der kosmischen Mikrowellen-Hintergrundstrahlung. Die Rekombination des primordialen Plasmas findet nicht augenblicklich statt, sondern dehnt sich über einen Bereich von Rotverschiebungen aus. Die Geraden mit den Bezeichnungen $z = 1130$ und $z = 1010$ kennzeichnen die Rotverschiebungen, zwischen denen 50% der auf der Erde ankommenden Strahlung zum letztenmal gestreut wurden. Die Kleckse stellen die Fluktuationen verschiedener Massen dar, deren Größe mit der Schichtdicke der Streuschicht verglichen werden kann. (*b*) Schematische Illustration zur Entstehung der Intensitätsschwankungen auf der letzten Streufläche. Nach dem Standardmodell wurde die kosmische Mikrowellen-Hintergrundstrahlung, die wir heute beobachten, zum letztenmal gestreut, als das Universum etwa 300 000 Jahre alt war.

diese Fluktuationen nicht mit den Strukturen vergleichen, die wir heute im Universum vorfinden. Es ist jedoch vernünftig, das anfängliche Spektrum der Dichtefluktuationen in das Bild der kalten dunklen Materie aufzunehmen, weil es mit den bei dem COBE-Experiment beobachteten Fluktuationen die Haufenbildung der Galaxien bis in die Größenordnung von Galaxienhaufen und noch größeren Strukturen erklären kann.

Woher kommen die Fluktuationen in der kosmischen Mikrowellen-Hintergrundstrahlung, die vom COBE-Satelliten gemessen wurden? Die Dichtefluktuationen der verschiedenen Massen auf der letzten Streufläche sind in Abb. 4.23 dargestellt. Wie man dieser Darstellung entnehmen kann, ist die letzte Streufläche, von der aus die Strahlung uns heute erreicht, kein plötzlicher Übergang, sondern ein Bereich von Rotverschiebungen, in dem die Strahlung zum letzten Male gestreut wurde. Genauere Berechnungen haben erwiesen, daß 50% der Strahlung, die wir heute beobachten, das letztemal bei einer Rotverschiebung zwischen 1130 und 1010 gestreut wurde. Die Größen der verschiedenen großräumigen Strukturen relativ zur Breite dieser letzten Streuschicht sind in

Abb. 4.23 eingezeichnet. Man sieht, daß das Ausmaß der Störungen innerhalb der Winkelauflösung von 10°, mit der das COBE-Experiment durchgeführt wurde, viel größer ist als die Dicke der letzten Streuschicht. Die Intensitätsfluktuationen in der kosmischen Mikrowellen-Hintergrundstrahlung beruhen auf der Tatsache, daß die Strahlung, die ihren Ursprung innerhalb der letzten Streuschicht hat, sich aus den Dichtefluktuationen »herauswinden« muß. Dieser Vorgang ist als *Gravitationsrotverschiebung* der Strahlung bekannt. Er wirkt sich in einer geringfügigen Abnahme der Strahlungsintensität in Richtung der Fluktuationen aus. Die resultierenden Intensitätsfluktuationen auf der letzten Streufläche, die sich ausbildeten, als das Universum etwa 300 000 Jahre alt war, sind in Abb. 4.23b dargestellt. Das Ausmaß der Fluktuationen ist ungefähr 10mal größer als die Dicke der letzten Streuschicht. Wenn das Spektrum der Dichtefluktuationen akzeptiert wird, das die großräumige Galaxienverteilung erklärt, stellt sich heraus, daß man Amplitudenschwankungen von ungefähr einem in 100 000 Teilen zu erwarten hat. Damit herrscht Übereinstimmung mit den Intensitätsschwankungen, die man bei der kosmischen Mikrowellen-Hintergrundstrahlung beobachtet hat. Diese Ergebnisse ermutigen zu der Annahme, daß dieses Bild von der Entstehung der großräumigen Strukturen des Universums unter Umständen richtig sein kann.

Trotz aller dieser Erfolge bleibt ein grundlegendes Problem bestehen, auf das auch schon Lemaître, Tolman und Lifschitz hingewiesen haben. Um Galaxien, Galaxienhaufen und großräumige Strukturen, die wir heute beobachten, in Simulationen entstehen zu lassen, muß man stets ein Anfangsmuster für die Verteilung der Fluktuationen annehmen. Das ist ausgesprochen lästig, weil damit aus den Modellen nur das herauskommt, was man anfangs auch hineingesteckt hat. Dies ist das erste von vier Merkmalen, das wir nach der klassischen Theorie in die Anfangsbedingungen unseres Universums einbauen müssen, wenn wir die Strukturen erzeugen wollen, die man heute sehen kann. Den drei anderen Merkmalen dieser Art werden wir im Kap. 5 begegnen.

## 4.10 DIE ENTSTEHUNG DER HEUTE BEOBACHTBAREN GALAXIEN

Es mag ja einen etwas merkwürdigen Eindruck machen, daß wir so viele Mühe darauf verwendet haben, die frühesten Stadien der Galaxienentwicklung zu entwirren, insbesondere aber auf die Frage eine Antwort zu finden, wie sich das Gas zusammenballen konnte, aus dem die Galaxien zuerst entstanden sein müssen. Eigentlich würden wir gerne ganz weit entfernte Objekte beobachten und an ihnen direkt die Folge von Ereignissen ablesen, die zur Bildung von Galaxien führten, wie wir sie heute kennen. Die Hauptschwierigkeit liegt aber darin, daß ganz normale Galaxien, wie etwa unsere eigene Galaxie, nicht bei großen Rotverschiebungen beobachtet werden können, es sei denn, sie wären sehr viel leuchtstärker oder besäßen eine sehr viel größere Sternbildungsrate als sie heute haben. Allein aus der Tatsache, daß die Galaxien die Sterne und die schweren Elemente erzeugen müssen, die wir in dem uns umgebenden Universum finden, können wir schließen, daß sie in der Vergangenheit viel heller und auch viel blauer geleuchtet haben als ihre heutigen Nachkommen.

Ultrahelle Objekte, wie Quasare und gewisse Radiogalaxien, können bis zu Rotverschiebungen von 4 und mehr beobachtet werden, also bis zu Zeiten, als der Größenparameter des Universums nur 1/5 seines heutigen Wertes besaß. Man kann sie außerdem als leuchtenden Hintergrund gebrauchen, um dazwischen liegende Objekte an den Merkmalen zu studieren, die sie im Absorptionsspektrum der entfernten Strahlungsquellen hinterlassen. Dies ist beispielsweise eine wichtige Methode zur Untersuchung der intergalaktischen Wolken, die Vorläufer von Galaxien sein können. Die Objekte mit Rotverschiebungen von 4 bis 5 sind die am weitesten entfernten Objekte, die wir beobachten können, bevor wir auf die letzte Streufläche der kosmischen Mikrowellen-Hintergrundstrahlung bei einer Rotverschiebung von etwa 1000 treffen. Zwischen den Rotverschiebungen 4 und 1000 befindet sich eine große Lücke, in der Beobachtungen äußerst schwierig sind, und genau in diesen Epochen müssen noch viele der Prozesse abgelaufen sein, die zu den großräumigen Strukturen des Universums geführt haben.

Was haben wir bis jetzt über das Verhalten der Galaxien in den jüngeren, der Beobachtung zugänglichen Epochen gelernt? Die ausgedehntesten Untersuchungen wurden an sehr aktiven Galaxien durchgeführt, im besonderen an Radiogalaxien und Quasaren. Dies sind die leuchtstärksten Objekte des Universums, und sie können daher über weit größere Entfernungen beobachtet werden als gewöhnliche Galaxien. Wenn Überblicksuntersuchungen an großen Stichproben von Radiogalaxien und Quasaren stattfinden, dann stellt sich heraus, daß sie in vergangenen Zeiten sehr viel häufiger vorkamen als in der gegenwärtigen Epoche. Es scheint, als habe der Höchstwert für die Entstehungsrate von Quasaren und Galaxien in den Zeiten gelegen, in denen das Universum etwa 1/4 oder 1/5 seines heutigen Alters besaß (Abb. 4.24a). Es gibt zunehmend vertrauenswürdige Hinweise darauf, daß es zu früheren Zeiten weniger aktive Galaxien gegeben hat als in der Epoche der höchsten Entstehungsrate. Dies bedeutet, daß der Prozeß der Galaxienentstehung so abgelaufen sein muß, daß die Galaxien ausreichend Zeit hatten, sehr massereiche schwarze Löcher in ihren Kernen zu bilden, denen ähnlich, die man in M 87 beobachtet, als das Universum ungefähr 1/5 seines heutigen Alters besaß. Für die Bildung und Entwicklung der Galaxien bedeutet dies eine wichtige Einschränkung. Einige der am weitesten entfernten Radiogalaxien sind von gewaltigen Wolken ionisierten Gases umgeben. Eine wirklich interessante Frage ist, in welchem Entwicklungszustand sich diese Wolken befinden. Handelt es sich um Überreste der Gaswolken, aus denen sich Galaxien gebildet haben, oder lediglich

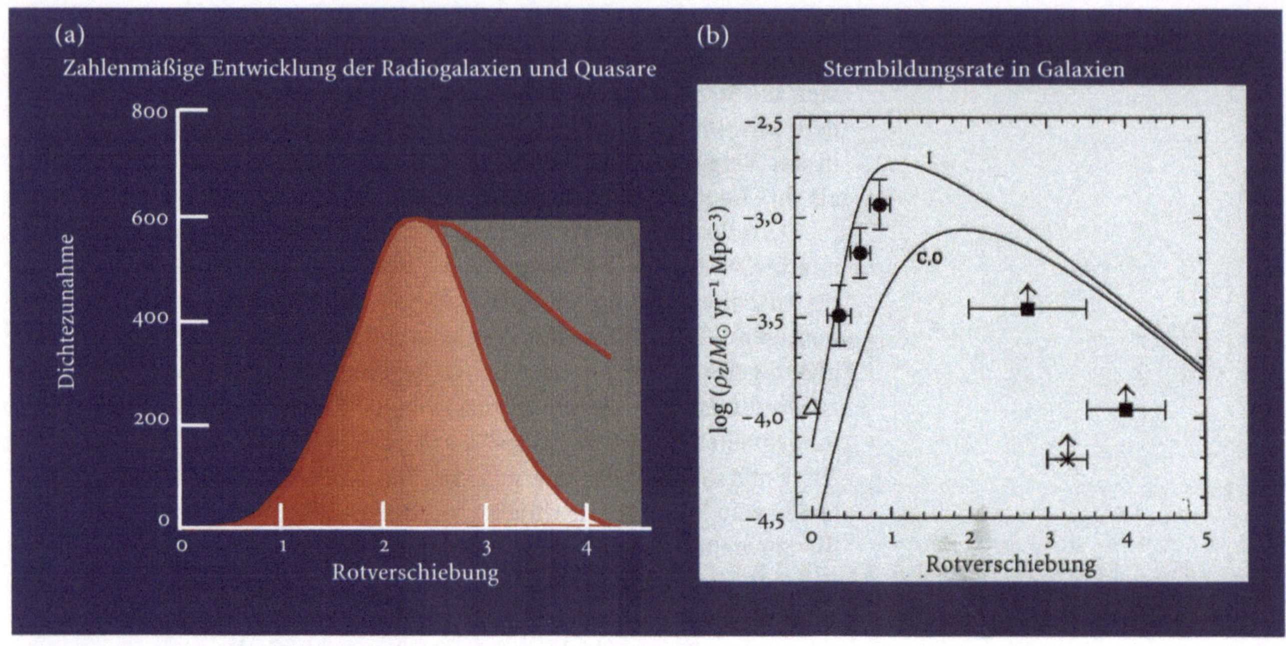


um Gaswolken in der Nachbarschaft der Galaxien, die durch die Aktivitäten in aktiven Kernen angeregt wurden?

Unsere Kenntnisse der Eigenschaften gewöhnlicher Galaxien haben sich in den letzten Jahren mit einem erstaunlichen Tempo vermehrt. Hierzu hat das Hubble Space Telescope den entscheidenden Beitrag geleistet, denn wegen seiner sehr viel höheren Winkelauflösung konnten auch Einzelheiten der Morphologie entfernter Galaxien besser untersucht werden. Ein ganz besonders wichtiges Ergebnis besteht darin, daß es in einer Stichprobe sehr weit entfernter und schwach leuchtender Galaxien offenbar mehr miteinander wechselwirkende und pekuliare Galaxien gibt als in einer entsprechenden Stichprobe aus der Gegenwart enthalten sind (Abb. 4.25). Bezeichnenderweise stehen 25% der schwach leuchtenden Galaxien miteinander in Wechselwirkung oder sind pekuliare Galaxien, heutzutage sind es höchstens 1 bis 2%. Diese Beobachtung ist mit den hierarchischen Modellen der Galaxienbildung, nach denen größere Galaxien durch die Verschmelzung von Galaxien geringerer Masse entstehen sollen, gut verträglich.

Das den Astronomen begeisternde Beispiel für die Fähigkeiten des Hubble Space Telescope ist eine bemerkenswerte Aufnahme, die als »Hubble Deep Field« bekannt wurde. Im Dezember 1995 war das Hubble Space Telescope für eine Zeit von 10 Tagen kontinuierlich auf einen kleinen Himmelsausschnitt gerichtet und hat in dieser Zeit Aufnahmen mit vier verschiedenen Wellenlängen gemacht. Dabei entstand auch das folgenreichste Bild, das jemals von einem entfernten Bereich des Universums aufgenommen wurde (Abb. 4.26). Dieses Bild reicht weit in die Tiefen des Weltraumes und zeigt eine große Anzahl schwach leuchten-

◁ *Abb. 4.24.* (*a*) Erläuterung zur Abhängigkeit der Vorkommenswahrscheinlichkeit aktiver Galaxien, wie z. B. Quasaren und Radiogalaxien, von der Rotverschiebung (oder kosmischen Zeit). Diese aktiven Galaxien waren bei Rotverschiebungen $z = 2$ bis $z = 3$, also zu Zeiten, zu denen das Universum etwa ein Viertel seines heutigen Alters hatte, viel zahlreicher als heute. Die graue Schattierung weist auf die Unsicherheiten des Verhaltens der Population aktiver Galaxien bei Rotverschiebungen $z > 2{,}5$ hin. Die rote Linie zeigt die Ergebnisse der neuesten Analyse von J. Dunlop. Zu noch früheren Zeiten scheint es weniger aktive Galaxien gegeben zu haben als bei einer Rotverschiebung zwischen $z = 2$ und $z = 3$. (*b*) Illustration zur zeitlichen Änderung der Sternentstehungsrate (Abhängigkeit von der kosmischen Zeit). Für große Rotverschiebungen wurde diese Information aus dem Hubble Deep Field entnommen. Der steile Anstieg der Sternentstehungsrate mit der Rotverschiebung stammt von der Himmelsdurchmusterung mit dem Canada-France-Hawaii Telescope. Die ausgezogenen Linien sind theoretische Vorhersagen über die Änderung der Sternentstehungsrate mit der kosmischen Zeit, hergeleitet von M. Fall und seinen Mitarbeitern.

der Galaxien. Von den vielen wichtigen Schlußfolgerungen, die sich aus diesem Bild ergeben, seien nur zwei erwähnt. Zum ersten wurden, wie auch in anderen weitreichenden Überblicksaufnahmen, viel mehr irreguläre, wechselwirkende und pekuliare Galaxien beobachtet als im näher gelegenen Universum. Zum zweiten fällt die große Zahl schwach blau leuchtender Galaxien in diesem Bild auf, die größer ist, als man es von entsprechenden Bildern nahegelegener Galaxien erwarten würde. Hieraus ist zu schließen, daß es sich um junge sternbildende Galaxien handelt, deren Masse signifikant kleiner ist als die einer typischen heutigen Galaxie. Auch diese Beobachtung ist mit dem Bild der hierarchischen Haufenbildung insofern verträglich, als sich diese Galaxien offensichtlich in einer Phase befinden, in der sie ihren erforderlichen Bestand an Sternen erzeugen, um dann allmählich zu den massiveren Galaxien zu verschmelzen, die wir heute beobachten.

Diese beeindruckende Aufnahme (Abb. 4.26) enthält natürlich noch viele weitere Details. Im allgemeinen sind die schwach blauen Galaxien zu wenig leuchtkräftig, um ihnen brauchbare spektroskopische Informationen zu entnehmen, doch enthalten die Farben dieser Objekte wichtige qualitative Hinweise auf den Zusammenhang zwischen der Sternbildungsrate und der Rotverschiebung. P. Madau und seine Mitar-

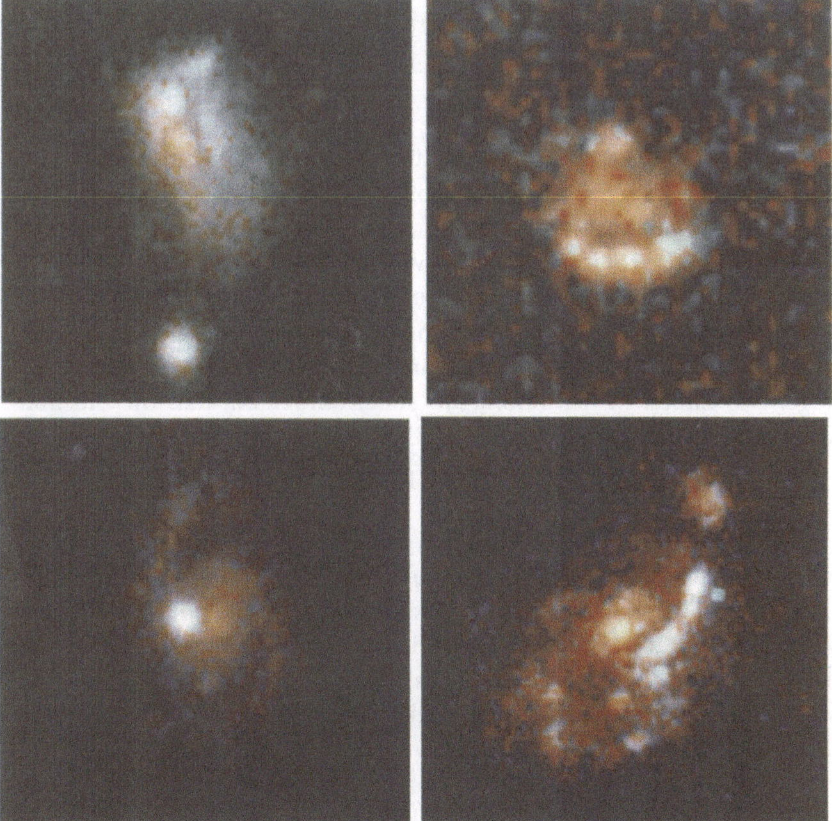

*Abb. 4.25.* Beispiele für pekuliare und wechselwirkende Galaxien, die vom Hubble Space Telescope bei der Beobachtungsreihe Medium-Deep Survey gefunden wurden. Diese verzerrten Systeme bei geringen scheinbaren Größen sind offenbar viel zahlreicher als die hell leuchtenden Galaxien.

*Abb. 4.26.* Das Hubble Deep Field. Dieses Bild entstand aus der Aufnahme eines kleinen Himmelsausschnittes mit vier verschiedenen Wellenlängen. Es wurde an 10 Tagen im Dezember 1995 in kontinuierlicher Beobachtung mit der Wide-Field-Planetary-Camera 2 aufgenommen. Die beobachtete Himmelsfläche wurde so ausgewählt, daß sie frei von Sternen oberhalb der 20. Größenklasse war und ein Minimum an interstellarer Verdeckung aufwies. Die Bildgröße beträgt etwa 1 Bogenminute. Die besonderen Merkmale dieses Bildes sind die große Anzahl kleiner, schwach blau leuchtender Galaxien und das Auftreten vieler verzerrter oder pekuliarer Systeme.

beiter haben die Sternbildungsrate für Rotverschiebungen $z$ im Intervall $2{,}5 < z < 4$ ausgearbeitet. Ihre Ergebnisse sind in Abb. 4.24b dargestellt. Für Rotverschiebungen im Intervall $0 < z < 1$ wurde die Sternbildungsrate aus den Überblicksaufnahmen von S. Lilly und seinen Mitarbeitern am Canada-France-Hawaii Telescope bestimmt. Nach dieser Darstellung kann man vermuten, daß die Sternbildungsrate ein Maximum bei einer Rotverschiebung von etwa 2 hatte und sehr viel größer war als heutzutage. Die Linien in der Abb. 4.24b sollen andeuten, daß die Sternbildungsrate noch einer gewissen zeitlichen Variation unterliegt, weil M. Fall und seine Mitarbeiter zunächst ganz einfache Modelle zu ihrer Berechnung verwendet haben.

Zur Vervollständigung dieser Ergebnisse sei noch erwähnt, daß Beobachter am Keck-10-Meter-Teleskop den Anteil an intergalaktischen neutralen Wasserstoffwolken als Funktion der kosmischen Epoche aus den Merkmalen der Absorptionslinien ermittelt haben, die diese Wolken den Spektren der fernen Quasare aufprägen. Sie fanden, daß sich der Anteil der Materie in diesen Wolken systematisch mit abnehmender Rotverschiebung verringert.

Das Ergebnis aus diesen aufsehenerregenden neuen Beobachtungen ist ein realistischer empirischer Hinweis auf die Prozesse, die ablau-

*Abb. 4.27.* Fotografie eines Modelles der 8-Meter-Gemini-Teleskope. Diese zukünftigen Großfernrohre sind als Dünnspiegelteleskope konstruiert, bei denen die Form des Spiegels mit Hilfe einer Computersteuerung eingestellt wird.

fen, wenn Galaxien die Gestalt annehmen, die sie heute haben. Das Bild von der hierarchischen Haufenbildung scheint mit den Beobachtungen verträglich zu sein. Wahrscheinlich entfaltete das Universum seine größte Aktivität bei der Sternentstehung, als es 20 bis 40% seines heutigen Alters besaß. In diesen Epochen wandelte sich die gasförmige Materie der Galaxien allmählich in Sterne um, aus denen dann die Galaxien entstanden, die wir heute beobachten. Es scheint kein Zufall zu sein, daß die Bilder der Sternbildungsrate und der zahlenmäßigen Entwicklung der Radiogalaxien und Quasare ein gleiches Aussehen haben (Abb. 4.24). In beiden Darstellungen spiegelt sich die Verfügbarkeit des interstellaren Gases wider, entweder zur Sternentstehung oder um einen aktiven galaktischen Kern mit dem nötigen Brennstoff zu versorgen.

Die geschilderten Beobachtungen sind natürlich sehr anregend, jedoch muß noch erhebliche Arbeit im Detail geleistet werden, wenn man diese Vorstellungen in fundierte Astrophysik verwandeln will. Die nächste Generation von erdgebundenen sehr großen optischen Infrarotteleskopen ist für die Weiterverfolgung dieser Art von Beobachtungen sehr wichtig. Das Bild einer entfernten Galaxie liefert uns sehr viele Informationen, doch um den Bestand an Sternen und den Entwicklungszustand dieser entfernten Galaxien zu verstehen, muß man ihr Spektrum aufnehmen. Das kann man aber nur mit der Leistungskraft der nächsten Generation von optischen 8- bis 10-Meter-Infrarotfernrohren, wie zum Beispiel der Keck- und Gemini-Fernrohre (Abb. 4.27).

Vom Standpunkt der Kosmologie aus betrachtet, haben wir heute die Möglichkeit, Galaxien und aktive Galaxien aus der Zeit zu beobachten, als das Universum bedeutend jünger war als es heute ist. Wir können daher anfangen, den Ursprung und die Entwicklung von Galaxien, ihre Umgebungen und die großräumigen Strukturen des Universums auf eine solide Basis von Beobachtungen zu stellen, und müssen es nicht mehr als ein Gebiet theoretischer Spekulationen behandeln. Diese Untersuchungen haben weitreichende Auswirkungen auf die Kosmologie, weil die Anzahl der zuverlässigen Fakten, die wir über das Universum besitzen, immer noch ziemlich beschränkt ist. Je mehr wir direkt an der Beobachtung festmachen können, desto zuverlässiger wird auch unser Verständnis des Universums sein. Möglicherweise werden wir dermaleinst in der Lage sein, direkt aus der Beobachtung zu belegen, wo die Galaxien und großräumigen Strukturen des Universums herkommen. Dies ist eine große Herausforderung für zukünftige Programme, doch wissen wir wenigstens genau, was wir gerne beobachten würden.

KAPITEL 5

# Der Anfang des Universums

## 5.1 ZURÜCK ZUM URKNALL

Der Anfang des Universums – das ist schließlich die umfassendste Frage von allen, mit der wir uns jetzt herumschlagen müssen. Im letzten Kapitel haben wir herausgefunden, daß das Universum nach den Gesetzen der klassischen Physik einige Eigenschaften haben sollte, die in den Anfangsbedingungen eingebaut sein müssen, damit es sich überhaupt entwickeln kann. In erster Linie handelt es sich hier um die Dichtefluktuationen im ganz frühen Universum, denn nur aus diesen können sich Galaxien, Galaxienhaufen und andere großräumige Strukturen bis zum heutigen Tage herausbilden. In diesem Kapitel stehen drei weitere Probleme zur Untersuchung an, ebenfalls im Zusammenhang mit dem Urknall-Modell, die uns zwingen, dem ganz frühen Universum sehr spezifische Eigenschaften zuzuordnen, wenn wir es so reproduzieren wollen, wie wir es heute beobachten. Doch bevor wir uns auf die Reise in die Vergangenheit bis hin zum Ursprung des Urknalls machen, wollen wir einige Bemerkungen von W. McCrea betrachten, die meiner Ansicht nach für das wissenschaftliche Studium der Kosmologie von großer Bedeutung sind.

Im Jahre 1970 verfaßte McCrea eine Arbeit mit dem Titel »A Philosophy for Big-Bang Cosmology«. In dieser Arbeit stellt er die Frage, wie viel wir überhaupt hoffen können, aus den heutigen Beobachtungen über die ganz frühen Stadien des Universums zu lernen. Er wies darauf hin, daß bereits am Anfang ein grundsätzliches Problem besteht. Uns steht nur ein einziges Universum für unsere Untersuchungen zur Verfügung, und diese Tatsache unterscheidet die Kosmologie von allen anderen Naturwissenschaften. In der Physik können entscheidende Experimente von unabhängigen anderen Wissenschaftlern mit vollständig anderen Apparaten wiederholt werden, und gerade Übereinstimmung und Wiederholbarkeit dieser Experimente sind der Grund für unser Vertrauen und für ihre Auswirkungen auf die Theorie. Im Falle des Universums steht uns nur ein einziges Exemplar zur Verfügung, und mit diesem können wir noch nicht einmal Experimente ausführen. Wir können es nur beobachten. Experimente können wir zwar in einem geringen Ausmaß durchführen, indem wir Beobachtungen in verschiedenen Regionen des Universums wiederholen. Wenn wir dann stets das gleiche vorfinden, wohin wir auch schauen, dann können wir vermuten, ein allgemeines Gesetz gefunden zu haben. Doch was auch immer wir finden, es wird nur für die beobachtbaren Bereiche des Universums zutreffen, denn es kann ja sein, daß sich einige Eigenschaften des Universums, die nur in den größten Entfernungen zu erfassen sind, einer weiteren unabhängigen Beobachtung entziehen. Für gewisse globale Aspekte unseres Universums wird also eine unabhängige Überprüfung nicht möglich sein.

Von den sechs Kernsätzen aus der Abhandlung von McCrea sind zwei von besonderer Bedeutung für die gegenwärtige kosmologische Forschung:

> *Satz (B).* Je weniger Informationen wir erhalten können, um so weniger brauchen wir auch, um Vorhersagen zu machen, die wir später durch Beobachtungen bestätigen müssen.
> *Satz (C).* Aus den im gegenwärtigen Stadium des Universums beobachteten Eigenschaften können wir immer weniger über immer frühere Stadien herleiten und nahezu nichts über das, was wir den Anfangszustand nennen könnten.

Es ist sicher keine Zeitverschwendung, angesichts der besonderen Ansprüche, die wir neuerdings an das Verständnis der frühen Zustände des Universums stellen, über die volle Bedeutung dieser Bemerkungen nachzudenken. Da die frühesten Phasen unseres Universums einer Beobachtung mehr oder weniger unzugänglich sind, haben wir eine um so größere Freiheit in der Auswahl vorstellbarer physikalischer Theorien. Wir können uns zwar von unseren Kenntnissen in der Laborphysik leiten lassen, doch können wir auch nachprüfen, daß dies die korrekten Gesetze für die extremen Bedingungen des frühen Universums sind? Wir müssen uns schon fragen, besonders nach Satz (C), wie zutreffend die Ansichten, für die sich die theoretische Kosmologie und die Gemeinschaft der Teilchenphysiker so begeistert einsetzen, im Licht der bemerkenswerten Entdeckungen der beobachtenden Kosmologie sind.

## 5.2 Die thermische Geschichte des Universums

Zuerst einmal müssen wir eine sehr viel vollständigere thermische Geschichte des Universums ausarbeiten, als wir es im Abschn. 4.8 getan haben. In diesem Abschnitt haben wir zunächst festgestellt, daß die Temperatur der kosmischen Mikrowellen-Hintergrundstrahlung umgekehrt proportional zum Größenparameter $R$ abnimmt, $T \propto R^{-1}$, und daß die Temperatur zunimmt, wenn wir in die Vergangenheit des Universums zurückgehen. Zur Erinnerung sei noch einmal wiederholt, daß der Größenparameter $R$ beschreibt, wie sich ein typischer Abstand zwischen zwei Galaxien verändert, wenn das Universum expandiert, und daß eine feste Beziehung zur Rotverschiebung $z$ besteht, $R = 1/(1 + z)$. Wie wir in Abschn. 4.8 weiter gezeigt haben, hat die Strahlungstemperatur der kosmischen Mikrowellen-Hintergrundstrahlung in der gegenwärtigen Epoche den Wert 2,725 K, was einem Größenparameter $R = 1$ und der Rotverschiebung $z = 0$ entspricht. Als der Größenparameter den Wert $R = 1/2$ bei der Rotverschiebung $z = 1$ hatte, betrug die Temperatur der kosmischen Mikrowellen-Hintergrundstrahlung ungefähr 5,45 K. Wir haben dann diese Beziehung soweit in die Vergangenheit extrapoliert, bis der Größenparameter nur 1/1 000 seines gegenwärtigen Wertes betrug und damit die Temperatur der kosmischen Mikrowellen-Hintergrundstrahlung so hoch war, daß der gesamte im Universum vorhandene Wasserstoff ionisiert sein mußte. Vor dieser Epoche, der *Rekombinationsepoche*, war $1/R$ noch größer und damit auch die Temperatur, und das ursprüngliche Gas befand sich dementsprechend in einem vollkommen ionisierten Zustand.

Jetzt müssen wir darangehen, die Physik der *Vor-Rekombinationsepoche* zu studieren. Obwohl wir die physikalischen Vorgänge dieser Epoche nicht direkt beobachten können, so können wir doch auf einige Überreste zurückgreifen, die sich aus viel früheren Zeiten erhalten haben. Je weiter wir in die Vergangenheit zurückgehen und dabei das Universum immer mehr zusammendrücken, desto mehr erhöht sich die Dichte der Materie, genauer gesagt, sie erhöht sich umgekehrt proportional zur dritten Potenz des Größenparameters, zu $1/R^3$. Dasselbe würden wir auch erwarten, wenn eine Kugel zusammengedrückt wird. Gleichzeitig erhöht sich dabei die Strahlungstemperatur der kosmischen Mikrowellen-Hintergrundstrahlung nach dem Gesetz $T \propto 1/R$. Nun kommen wir auf eine der bedeutendsten Entdeckungen der Physik des 19. Jahrhunderts zurück, auf den einfachen Zusammenhang zwischen der Energie, die in dem Spektrum der Strahlung des schwarzen Körpers steckt, und der Strahlungstemperatur. Dieses berühmte Gesetz ist das *Strahlungsgesetz von Stefan-Boltzmann*. Seine Aussage besteht in der Proportionalität der in der Strahlung des schwarzen Körpers enthaltenen Energie zur vierten Potenz der Temperatur. Da es sich bei der kosmischen Mikrowellen-Hintergrundstrahlung um die Strahlung eines perfekten schwarzen Körpers handelt, wissen wir also ganz genau, in welcher Weise sich die Energie, oder genauer die Energiedichte, der Strahlung mit der kosmischen Epoche ändert. Weil aber die Temperatur der kosmischen Mikrowellen-Hintergrundstrahlung mit dem Kehrwert des Größenparameters zunimmt, $T \propto 1/R$, so folgt, daß die Energiedichte $u$ der Strahlung mit abnehmendem Größenparameter $R$ umgekehrt proportional zur vierten Potenz von $R$ abnimmt also, $u \propto 1/R^4$. Mit diesem Ergebnis besitzen wir den Schlüssel zum Verständnis des thermischen Verhaltens des frühen Universums, denn es sagt aus, daß die Energiedichte der Strahlung sehr viel schneller zunimmt als die Dichte der Materie, wenn wir das Universum immer weiter in die Vergangenheit verfolgen und es damit ständig weiter zusammendrücken. Den eigentlichen Grund hierfür finden wir in der speziellen Relativitätstheorie Einsteins, der uns über die berühmte Formel $E = mc^2$ sagt, daß die in der Strahlung enthaltene Energie auch eine bestimmte Masse besitzt. Demzufolge nimmt die mit der Strahlung verbundene Massendichte sehr viel schneller zu als die mit der Materie verbundene Massendichte, wenn man immer weiter in die Vergangenheit des Universums zurückgeht und dabei $R$ kleiner werden läßt. Auf unserem Weg in die Vergangenheit werden wir also feststellen, daß die mit der Strahlung verbundene Massendichte mit abnehmendem $R$ schneller zunimmt als die Massendichte der gewöhnlichen Materie. Gehen wir in der Zeit weit genug zurück, dann wird die Massendichte der Strahlung allmählich die Massendichte der gewöhnlichen Materie überschreiten, und dann wird die Dynamik des Universums durch die Massen- oder Energiedichte der Strahlung bestimmt und nicht mehr durch die Massendichte der Materie. Die Dynamik des späten Universums ist dominiert durch die Massendichte der Materie, und die zugehörige zeitliche Epoche wird als *materiedominierte* Epoche bezeichnet. Die Dynamik des frühen Universums hingegen wird von der Massendichte der Strahlung bestimmt, und diese zeitliche Epoche heißt *strahlungsdominiert.*

Die Epoche, in der die Dynamik des Universums von einer strahlungsdominierten zu einer materiedominierten Dynamik übergeht, hängt natürlich von dem Zahlenwert des Dichteparameters ab. Nehmen wir der Eindeutigkeit halber aber die kritische Dichte $\Omega = 1$ an, so fand dieser Übergang statt, als der Größenparameter ungefähr den Wert 1/10 000 hatte. Im Falle des kritischen Universums liegt dieser Übergang also einige Zeit vor der Epoche der Rekombination. Die Dynamik der strahlungsdominierten Phase des Universums unterscheidet sich erheblich von der materiedominierten Phase, für die die Änderung des Größenparameters mit der kosmischen Zeit in der Abb. 4.9 dargestellt wurde. Während der strahlungsdominierten Epoche ändert sich der Größenparameter mit der Wurzel aus der kosmischen Zeit $t$, $R \propto t^{1/2}$. Die Materie ist nur in Form eines vollständig ionisierten Plasmas vorhanden und durch Streuung ganz eng an die Strahlung gebunden, so daß Strahlung und Materie mit genau dem gleichen Zeitverhalten abkühlen, wenn das Universum expandiert und damit auch abkühlt.

Gehen wir noch weiter in die Vergangenheit zurück, dann erreichen wir das nächste kritische Stadium, wenn das Universum auf etwa 1/300 000 000 seiner augenblicklichen Größe zusammengedrückt ist. Hier ist man natürlich versucht zu fragen: »Wird das Universum nicht unvorstellbar dicht, wenn es um solche Beträge verkleinert wird?« Überraschenderweise lautet die Antwort: »Nein!« Die mittlere Dichte ist im gegenwärtigen Universum nämlich so klein, daß selbst eine Verringerung des Größenparameters auf 1/300 000 000 zu einer mittleren Dichte der Materie führt, die noch weit unterhalb der Dichte liegt, die wir in unserer täglichen Umgebung vorfinden. Das Verhalten der Materie bei so geringen Dichten ist aber gut verstanden, der einzige Unterschied besteht darin, daß die Materie und die Strahlung nun die Temperatur von etwa 1 000 000 000 K haben. Obwohl das eine hohe Tempera-

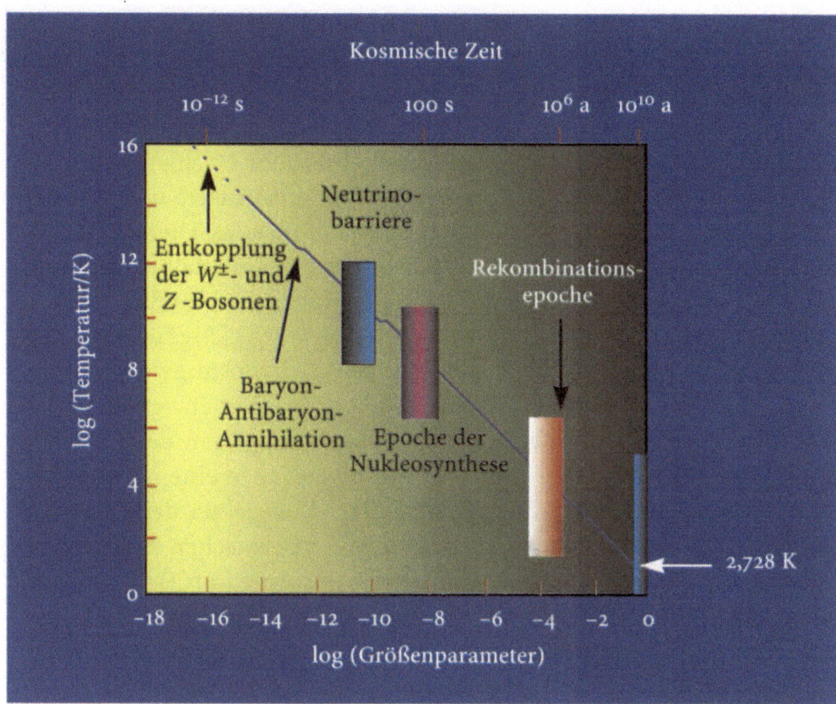


*Abb. 5.1.* Die thermische Geschichte des Universums. Die Strahlungstemperatur nimmt wie $T_r \propto 1/R$ ab. Ausgenommen davon sind die Stellen, an denen eine Teilchen-Antiteilchen-Annihilation stattfindet. Die verschiedenen wichtigen Epochen des Standard-Urknallmodelles sind eingezeichnet. Am oberen Rand der Zeichnung befindet sich eine angenäherte Zeitskala. Die Photon- und Neutrinobarrieren sind angedeutet – im Standard-Urknallmodell ist das Universum vor diesen Epochen für elektromagnetische Strahlung und für Neutrinos undurchsichtig.

tur ist, so ist sie, gemessen an den Energien, die bei den Experimenten in der Elementarteilchenphysik auftreten, jedoch noch immer recht bescheiden. Auch die Elementarprozesse, die in diesen Hochtemperaturplasmen stattfinden, sind heute ebenso gut verstanden wie die Kernreaktionen, die erwartungsgemäß in ihnen ablaufen. Diese thermische Geschichte des Universums ist in Abb. 5.1 zusammengefaßt.

Die Temperatur von 1 000 000 000 K ist eine höchst interessante Temperatur – sie ist nämlich so hoch, daß sich das Spektrum der kosmischen Mikrowellen-Hintergrundstrahlung in den Bereich der Röntgenstrahlung verschoben hat. Die Energie dieser Strahlung reicht aus, Atomkerne in ihre Bestandteile, Protonen und Neutronen, zu zerlegen. Mit anderen Worten, die Kerne aller zufällig zu diesem Zeitpunkt vorhandenen chemischen Elemente konnten nicht überleben, sie wurden durch die kosmische Mikrowellen-Hintergrundstrahlung in Protonen und Neutronen zerlegt. Gehen wir zu noch früheren Zeiten zurück, so nimmt die Temperatur mit abnehmendem Größenparameter noch weiter zu, und Stöße zwischen den Teilchen können nacheinander den gesamten bekannten Zoo der Elementarteilchen entstehen lassen, vorausgesetzt, die Temperatur wird nur hoch genug. Wir werden uns diesen sehr frühen Phasen des Universums sogleich zuwenden, doch sollten wir erst noch erklären, warum die Kosmologen so fest davon überzeugt sind, daß das Universum tatsächlich diese heiße und dichte Phase durchlaufen hat.

## 5.3 Die Synthese der leichten Elemente

Im Jahre 1964, als ich gerade mein erstes Forschungsjahr als Absolvent von Cambridge beendete, hielt F. Hoyle eine unvergeßliche Vorlesungsreihe über die extragalaktische Forschung. Meistens erschien er mit einem Zettelchen voller Notizen in der Hand und erläuterte uns ein Forschungsgebiet. In einer Woche besprach er mit uns das Thema der Anzahl der kosmischen Heliumatome. Für die astronomische Beobachtung ist Helium ein schwieriges Element, weil es nur in sehr heißen Sternen wahrgenommen werden kann. Um 1961 herum wurde langsam klar, daß die Anzahl der Heliumatome bemerkenswert gleichförmig war. Wo immer man sie auch beobachtete, ihre relative Anzahl betrug stets etwa 25% der Masse. Eine weitere wichtige Beobachtung, von der R. O'Dell 1963 berichtete, betraf die Anzahl der Heliumatome in einem planetarischen Nebel in dem alten Sternhaufen M15. Ungeachtet der Tatsache, daß der Anteil der schweren Elemente relativ zu typischen kosmischen Anteilen signifikant verringert war, betrug der Anteil an Helium noch immer etwa 25% der Masse. Hoyle gab einen Überblick über die Nachweise des kosmischen Heliumanteiles und kam dann auf die Arbeit von G. Gamow und seiner Mitarbeiter R. Alpher, R. Herman und J. Follin zu sprechen, die sich in den späten 40er und frühen 50er Jahren unseres Jahrhunderts mit der Frage der Synthese der Elemente in der heißen Anfangsphase des Urknalles beschäftigt hatten. Sie erarbeiteten die thermische Geschichte des strahlungsdominierten Universums, die wir im letzten Abschnitt besprochen haben, konnten jedoch die Synthese der chemischen Elemente aus der primordialen Kernsynthese nicht erklären. 1963 entdeckte Hoyle den dreifachen $\alpha$-Prozeß, den Ausgangspunkt für die Synthese des Kohlenstoffes aus drei Heliumkernen. In den kommenden Jahren zeigten Hoyle und seine Mitarbeiter G. und M. Burbridge und W. Fowler auf, wie eine Synthese der Elemente im Inneren der Sterne ablaufen könnte. Danach ging das Interesse an der primordialen Kernsynthese stark zurück, bis die Existenz des hohen Heliumanteiles gesichert war.

Um 1964 konnte man die Berechnungen der Synthese der Elemente in der frühen Phase des Urknalles mit digitalen Rechenmaschinen sehr viel genauer ausführen. Zu dieser Zeit war R. Taylor gerade nach Cambridge zurückgekehrt und hatte an der Vorlesungsreihe von Hoyle teilgenommen. Hoyle und Taylor stellten fest, daß man jetzt viel präzisere Rechnungen als zuvor durchführen konnte, und in den nächsten Wochen arbeiteten sie zusammen mit dem Forschungsstudenten J. Faulkner die Einzelheiten der Kernsynthese in den frühen Phasen des Urknalles aus. Die Zuhörerschaft hatte das Privileg, bei der Entstehung eines Kernstückes der modernen Kosmologie dabei zu sein und sie in einer Einführungsvorlesung zeitgleich mitzuerleben. Hoyle und Taylor klärten die Frage des Heliumanteiles und fanden heraus, daß ungefähr 25% der Masse als Helium im Urknall entstanden sein muß, eine beachtenswerte

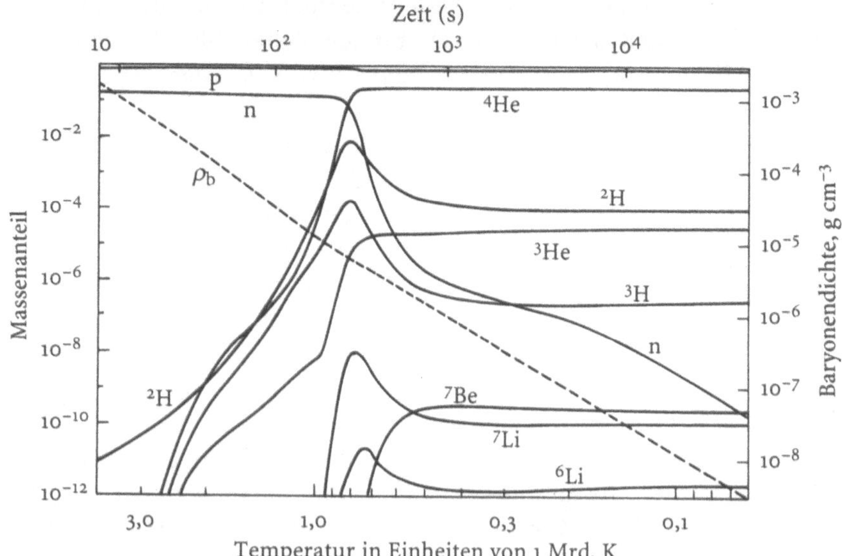


*Abb. 5.2.* Diagramm für die zeitliche Änderung des Anteiles der chemischen Elemente während der ersten 30 Minuten des Urknalles. Die Zeit vom Urknall an ist am oberen Rand des Diagrammes angegeben, die zugehörige Temperatur am unteren Rand. Das Diagramm verdeutlicht, wie sich der Anteil der Massen oder Massenbruchteile der verschiedenen Elemente während der Abkühlung des Universums aufbaute.

Übereinstimmung mit der Beobachtung und im wesentlichen unabhängig von der augenblicklichen Dichte der Materie im Universum. Ihre Veröffentlichung über dieses Thema erschien 1964 in *Nature*.

Für die Kosmologie ist dies ein so wichtiges Thema, daß es sich lohnt, auch die Einzelheiten dieser Rechnung ein wenig näher zu betrachten. Nach den ersten bahnbrechenden Berechnungen unternahm Hoyle mit seinen Mitarbeitern R. Wagoner und W. Fowler eine vollständige Analyse der primordialen Kernsynthese. Sie entwickelten dabei Modell-Universen vom Zustand sehr hoher Dichte und Temperatur kombiniert mit den besten kernphysikalischen Kenntnissen über Wechselwirkungen zwischen allen möglichen Teilchen und Kernen. Abbildung 5.2 zeigt die Ergebnisse einiger ihrer klassischen Rechnungen und die Änderungen der Anzahlen verschiedener Teilchen und Kerne während der kritischen Perioden, als das Universum nur ein paar Minuten alt war.

Wir wollen jetzt die zeitliche Entwicklung der verschiedenen Bestandteile des Universums betrachten, so wie sie in Abb. 5.2 dargestellt ist. Die Berechnungen beginnen bei derart hohen Temperaturen und Dichten, daß alle Teilchen, die bei diesen Temperaturen überhaupt existieren können, sich im thermischen Gleichgewicht befinden. Es gibt Protonen, Neutronen und Strahlung, aber es müssen auch noch weitere Teilchen vorhanden sein, weil sich das System im Gleichgewicht befindet – zu diesen Teilchen gehören Neutrinos, Myons, Elektronen und ihre Antiteilchen. Von besonderer Bedeutung ist dabei, daß Protonen und Neutronen durch die schwache Wechselwirkung im Gleichgewicht gehalten werden, was durch die Reaktionsgleichungen

$$e^+ + \mathrm{n} \leftrightarrow \mathrm{p} + \bar{\nu}_e \qquad \nu_e + \mathrm{n} \leftrightarrow \mathrm{p} + e^-$$

beschrieben wird.

Mit der Abkühlung des Universums nehmen Dichte und Temperatur soweit ab, daß die mittleren stoßfreien Zeiten für die schwache Wechselwirkung stark ansteigen. Als das Universum ungefähr eine Sekunde alt war, sind diese Zeiten schon größer als das Alter des Universums. Jetzt und in späteren Zeiten können also die Neutrinos das thermische Gleichgewicht der Neutronen und Protonen nicht länger aufrechterhalten, und damit ist das Verhältnis der Anzahlen von Neutronen zu Protonen mehr oder weniger bei dem Wert eingefroren, der sich eingestellt hat, als die Neutrinos von den Kernreaktionen abgekoppelt wurden. Die Epoche, in der sich die Neutrinos von Protonen und Neutronen abkoppelten, hat eine *Neutrinobarriere* zur Folge, vergleichbar mit der letzten Streufläche für die elektromagnetische Strahlung, die in der Epoche der Rekombination auftritt. Könnten wir Neutrinos im Universum beobachten, so würden sie nicht aus Epochen von der Neutrinobarriere stammen, die in Abb. 5.1 eingezeichnet sind.

Die Elektronen und ihre Antiteilchen, die Positronen, werden durch den Prozeß der Elektron-Positron-Paarbildung bei Stößen mit den hochenergetischen $\gamma$-Strahlen der thermischen Hintergrundstrahlung im Gleichgewicht gehalten. Doch sobald die mittlere Energie der $\gamma$-Strahlen unter das Energieäquivalent der Ruhemasse des Elektrons fällt, vernichten sich Elektronen und Positronen durch Erzeugung von $\gamma$-Strahlung. Die Energie, die bei diesem Prozeß frei wird, heizt die thermische Hintergrundstrahlung ein wenig auf, was durch den kleinen Sprung in der thermischen Geschichte des Universums in Abb. 5.1 angedeutet ist.

Jetzt sind nur noch Protonen und Neutronen übrig geblieben, aus denen sich der einfachste zusammengesetzte Atomkern bilden kann, das Deuterium ($^2H$), das aus einem Proton und einem Neutron besteht – dieser einfache Atomkern wird häufig auch als Deuteron bezeichnet. Solange die Strahlungstemperatur noch 3 000 000 000 K beträgt, können die Deuteronen jedoch nicht überleben, weil sie durch die Wechselwirkung mit den $\gamma$-Strahlen der Hintergrundstrahlung dissoziiert werden und man deswegen nur eine sehr geringe Anzahl von Deuteriumkernen erwarten kann, wie man Abb. 5.2 entnimmt. Wenn sich das Universum weiter ausdehnt und dabei abkühlt, dann bleiben auch immer mehr Deuteronen erhalten. Dann treten die Deuteronen mit Protonen, Neutronen und anderen Deuteronen in Wechselwirkung und bilden schwere Elemente. Sobald die Temperatur auf 300 000 000 K abgesunken ist, hören alle Kernreaktionen auf. Ein Blick auf Abb. 5.2 zeigt uns, daß sich die meisten Neutronen mit Protonen zu dem stabilsten Heliumisotop $^4He$ zusammengefunden haben, aber es gibt auch Spuren anderer leichter Elemente wie Deuterium, das leichtere Isotop $^3He$ des Heliums und ein wenig Lithium $^7Li$. Verblüffend ist nur, daß keine schweren Elemente wie Kohlenstoff und Sauerstoff entstehen, doch der Grund dafür ist einfach – es gibt keine stabilen Isotope mit fünf oder acht Nukleonen, beispielsweise ist $^8Be$ ein völlig instabiler Kern.

Das Ergebnis dieser Berechnungen ist wirklich sensationell, denn die Elemente, die in dem Prozeß der *primordialen Kernsynthese* gebildet werden, sind genau die, deren Existenz man aus dem Prozeß der Kernsynthese im Inneren der Sterne eben nicht erklären konnte. Wie Hoyle und Taylor dargelegt haben, war es tatsächlich nicht einfach zu verstehen, warum Helium stets einen Massenanteil von 25% hatte, gleichgültig, wohin man im Universum auch blicken mochte, und das immer ziemlich unabhängig vom Anteil der schweren Elemente. Das bemerkenswerte Ergebnis der primordialen Kernsynthese besteht darin, daß für jeden vernünftigen Wert der mittleren Dichte der gewöhnlichen Materie im jetzigen Universum stets 23 bis 24% Helium am Massenanteil durch die Kernreaktion in den ersten paar Minuten des Urknalles entstanden sind. Sterne können zwar ein wenig Helium erzeugen, doch kennen wir keinen Prozeß, bei dem 25% Helium durch Kernsynthese entstehen können. Ebenso schwierig ist es zu verstehen, wie Deuterium durch eine Kernsynthese im Inneren der Sterne erzeugt werden könnte. Deuterium ist ein so wenig beständiges Element, daß es im Inneren der Sterne eher in seine Bestandteile zerlegt als zusammengesetzt wird. Die primordiale Kernsynthese im Urknall jedoch führt aus dieser Sackgasse heraus.

Als eine weitere Erkenntnis folgte aus diesen Berechnungen, daß leichte Elemente wichtige Indikatoren für die mittlere Dichte der gewöhnlichen Materie im Universum sind. Deuterium, das schwere Isotop des Wasserstoffes, besitzt hier eine ganz herausragende Bedeutung, weil es bei der Kernsynthese im Inneren der Sterne überhaupt nicht gebildet werden kann. Es ist ein recht unbeständiges Element, und wenn es in den Kernverschmelzungszonen im Zentrum der Sterne vorkommen sollte, dann wird es sofort durch die hochenergetische $\gamma$-Strahlung zerlegt. Mit anderen Worten, wir erwarten überhaupt nicht, daß Deuterium von Sternen erzeugt wird, weil sie es eigentlich nur zerstören können. Im Urknall hingegen konnten beträchtliche Mengen Deuterium wegen der schnellen Expansion des Universums in seiner frühen Phase erzeugt werden – es war nicht genug Zeit vorhanden, um alles Deuterium durch $\gamma$-Strahlen zu zerstören oder in weiteren Kernreaktionen in Helium zu verwandeln. Der Deuteriumanteil, so stellte sich heraus, ist ein sehr empfindlicher Indikator für die Dichte der Materie im heutigen Universum. Bei hoher Dichte der gewöhnlichen Materie würden ausreichend viele Stöße zwischen Deuterium und anderen Kernen stattfinden, um fast alles Deuterium in Helium umzuwandeln. Ist jedoch die Dichte der gewöhnlichen Materie gering, dann reicht die Zeit nicht aus, um alles Deuterium in Helium umzuwandeln, und es bleibt ein gewisser Anteil übrig. Das ist genau der Anteil an Deuterium, den wir heutzutage beobachten können. Die Abhängigkeit der produzierten Menge Deuterium von der mittleren Dichte der gewöhnlichen Materie im Universum ist in Abb. 5.3 dargestellt.

Die Beweisführung läuft dann so ab – je mehr Deuterium im Universum entstanden ist, desto kleiner muß die mittlere Dichte der ge-

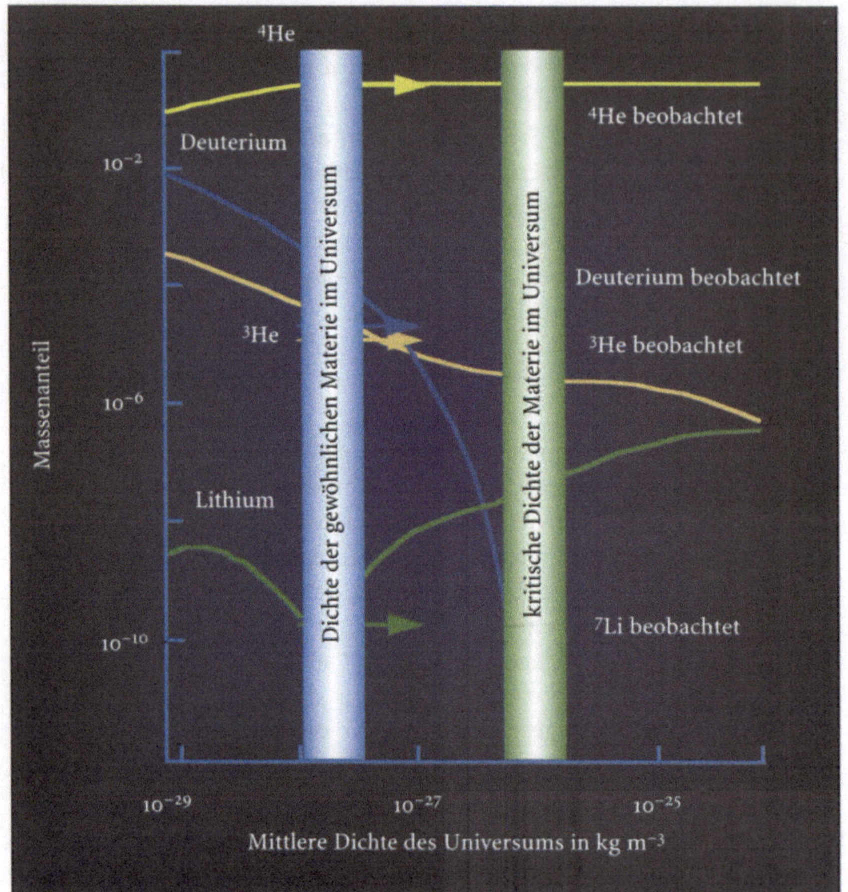


*Abb. 5.3.* Der beobachtete Anteil der leichten Elemente im Vergleich mit den Vorhersagen der verschiedenen Standard-Weltmodelle. Die ausgezogenen Linien zeigen die vorausgesagten Anteile für unterschiedlich angenommene Werte der Dichte gewöhnlicher Materie. Ein Bereich von Modellen mit geringerer Dichte kann den Anteil von $^4$He, Deuterium, $^3$He und Lithium erklären.

wöhnlichen Materie sein. Da uns nur Prozesse bekannt sind, in denen Deuterium vernichtet wird, bildet der augenblickliche Anteil an Deuterium, der ungefähr 1/100 000 des Massenanteiles von Wasserstoff beträgt, eine recht feste obere Grenze für die Dichte der gewöhnlichen Materie im Universum. Wäre die Dichte etwas größer, so wäre auch nicht genug Deuterium entstanden. Die Bedeutung dieses Ergebnisses für die Dichte der gewöhnlichen Materie im Universum besteht darin, daß diese weniger als etwa 1/10 der kritischen Dichte betragen muß. Tatsächlich stellt sich heraus, daß wir den beobachteten Massenanteil von $^3$He und $^7$Li nur für einen einzigen Wert der gegenwärtigen Dichte der gewöhnlichen Materie im Universum erklären können (Abb. 5.3). Genaue Analysen legen die Vermutung nahe, daß die Dichte der gewöhnlichen Materie nur etwa 2–6% der kritischen Dichte beträgt.

Diese Berechnungen liefern uns aber auch gute Argumente dafür, daß der größte Anteil der Materie im Universum nicht aus gewöhnlicher Materie bestehen kann. Wenn es tatsächlich die kritische Dichte haben sollte, ist $\Omega = 1$, dann muß der größte Anteil der Materie im Universum als dunkle Materie unbekannter Form vorliegen und nicht als gewöhnliche

Materie. Das Problem der dunklen Materie, das wir in Abschn. 4.5 besprochen haben, tritt hier in einem ganz anderen Zusammenhang erneut auf. Dunkle Materie kann sehr wohl in einer exotischen Form vorliegen, so wie in WIMPs (weakly interacting massive particles), die von der Elementarteilchentheorie vorhergesagt werden. Aus diesem Grund haben auch die Untersuchungen des ganz frühen Universums das Interesse der Elementarteilchenphysiker geweckt, die das Universum als ein Laboratorium zur Überprüfung ihrer Theorien der Elementarteilchen ansehen.

Die Bedeutung dieser Untersuchungen liegt in erster Linie aber darin, daß sie uns einen überzeugenden Beweis dafür liefern, daß das Universum eine sehr heiße dichte Phase durchlaufen hat. $^4$He, Deuterium, $^3$He und Lithium sind eine Art von Leitfossilien, die in den ersten 10 Minuten nach dem Urknall entstanden sind und die wir in unserer Epoche überall im Universum vorfinden.

Eine interessante Fußnote zu dieser Schilderung ist, daß der vorhergesagte Anteil der leichten Elemente empfindlich auf die Dynamik des Universums zu der Zeit reagiert, zu der der Prozeß der Kernsynthese stattfand. Wäre die Expansion ein wenig schneller abgelaufen, als im Standardmodell angenommen, dann wäre das Verhältnis von Protonen zu Neutronen früher eingefroren, und daraus wäre eine Überproduktion von Helium entstanden. Mit diesem Argument können einer ganzen Anzahl von kosmologischen Parametern nützliche Beschränkungen auferlegt werden. Beispielsweise können wir die Möglichkeit ausschließen, daß die Gravitationskonstante in der Vergangenheit größer war als heute, denn dann hätte sich das Universum schneller ausdehnen können und seine gegenwärtige Größe zu einer früheren Zeit erreicht. Ebenso interessant ist die Tatsache, daß der Anzahl von verschiedenen Neutrinosorten im Universum eine Grenze gesetzt ist. Drei verschiedene Arten von Neutrinos sind bisher bekannt, das Elektron-Neutrino, das Myon-Neutrino und das Tau-Neutrino. Gäbe es noch weitere Neutrinoarten, so hätten sie zu der gesamten Energiedichte des Universums zu dieser Zeit beigetragen und die Expansion während der Epoche der primordialen Kernsynthese beschleunigt. Die Grenzen für den kosmischen Anteil an Helium gaben den Astronomen die Grundlagen für den Beweis an die Hand, daß es nur drei verschiedene Arten von Neutrinos geben kann, ein Ergebnis, das durch die Experimente am Large Electron-Positron-Collider (LEP) in CERN bestätigt wurde.

## 5.4 Neun Tatsachen über das Universum

Wir wollen jetzt versuchen, das, was wir in den vorausgehenden 4 1/2 Kapiteln zusammengetragen haben, in einen vernünftigen Zusammenhang zu bringen. Die Frage ist, welche Einzelheiten aus der Masse von Beobachtungen eine Information enthalten, die für die Kosmologie wirklich von Bedeutung ist.

Als ich nach meinem Examen im Jahre 1963 mit Forschungsarbeiten auf dem Gebiet der Radioastronomie begann, drückte mir mein Tutor P. Scheuer das klassische Buch »Cosmology« von H. Bondi in die Hand und warnte mich: In der Kosmologie gibt es nur 2 1/2 Fakten. Diese Bemerkung ist insofern beherzigenswert, als die Masse aller Beobachtungen an Gasen, Sternen und Galaxien keine Aussage von wirklich kosmologischer Bedeutung enthält. Wir müssen aus der Fülle der Ergebnisse all das heraussuchen, was als wirkliche Tatsache über die Natur des Universums als Ganzes gelten kann.

Im Jahre 1963 waren die 2 1/2 Fakten die folgenden:

*Faktum 1. Der Nachthimmel ist dunkel.*

Diese trotz ihrer Bekanntheit tiefgründige Beobachtung führt auf das *Olberssche Paradoxon*, obwohl dieses Paradoxon auch den frühen Kosmologen schon bekannt war. In seiner einfachsten Form besagt dieses Paradoxon, daß der Himmel so hell wie die Oberfläche der Sterne sein sollte, falls das Universum unendlich, statisch und gleichförmig mit Sternen angefüllt sein soll, ganz offensichtlich im Widerspruch mit unserer Erfahrung. Mindestens eine dieser Annahmen über das Universum muß also falsch sein. Bondi widmet diesem Paradoxon in seinem Buch »Cosmology« eine tiefgehende Diskussion. Die Tatsache, daß der Himmel nicht so hell wie die Oberfläche der Sonne ist, liefert uns einige sehr allgemeine Informationen über das Universum. Die wahrscheinlich allgemeinste Weise, dieses Paradoxon zum Ausdruck zu bringen, besteht darin, daß das Universum von einem Gleichgewicht weit entfernt sein muß, obwohl aus dieser einfachen Beobachtung nicht geschlossen werden kann, in welcher Weise sich das Universum im Ungleichgewicht befindet. Die Tatsachen, daß das Universum expandiert und ein endliches Alter hat, sind zwei Beiträge zur Auflösung dieses Paradoxons.

Das zweite Faktum war das Hubblesche Gesetz, das wir im Abschn. 4.2 ausführlich besprochen haben.

*Faktum 2. Die Galaxien entfernen sich von unserer eigenen Galaxie mit einer Rezessionsgeschwindigkeit, die zu ihren Entfernungen von unserer Galaxie proportional ist,* $v = H_0 r$.

Das halbe Faktum betrifft die Zählungen der extragalaktischen Radioquellen, aus denen sich ergab, daß es sehr viel mehr schwache Radioquellen gibt, als man nach den Friedmannschen Standard-Weltmodellen und der Kosmologie des stationären Zustandes erwarten sollte. Die Zählungen haben zur damaligen Zeit Aufsehen erregt und M. Ryle hat die Ergebnisse so interpretiert, daß es in der fernen Vergangenheit mehr extragalaktische Radioquellen gegeben haben muß als heute. Mit anderen Worten:

*Faktum 2 1/2. Die Bestandteile des Universums haben sich mit seinem Alter geändert.*

Die Doppeldeutigkeit dieser Tatsache ist darauf zurückzuführen, daß die Zählungen der extragalaktischen Radioquellen zur damaligen Zeit

Gegenstand einer heftigen Kontroverse waren, besonders mit den Befürwortern einer stationären Kosmologie. Als ich mein Forschungsprogramm mit M. Ryle und P. Scheuer begann, wurde ich in diese Debatte hineingezogen. Wie wir aber bereits weiter oben besprochen haben, ist diese Frage kein Anlaß zu einer Kontroverse – viele Klassen von Objekten sind jetzt bekannt, an denen sich evolutionäre Änderungen mit zunehmendem Alter des Universums feststellen lassen.

Im Jahre 1963 war also die Anzahl der wirklichen Fakten, die das Universum als Ganzes betrafen, klein, und seit 1930 war auch nur ein bescheidener Fortschritt zu verzeichnen. Die dann folgenden drei Jahrzehnte hingegen waren ein goldenes Zeitalter für Astrophysik und Kosmologie, eine Entdeckung folgte der anderen in kurzem Abstand.

Der Liste der bekannten Tatsachen wollen wir nun die neuen Fakten hinzufügen, die seit 1963 ans Licht gekommen sind. Die Fakten 3 und 4 ergaben sich 1965 aus der Entdeckung der kosmischen Mikrowellen-Hintergrundstrahlung durch A. Penzias und R. Wilson. Die Eigenschaften der kosmischen Mikrowellen-Hintergrundstrahlung wurden ausführlich in Abschn. 1.6 und 4.2 besprochen. Sie enthalten zweifelsohne Informationen über die Eigenschaften des Universums als Ganzes, im besonderen aber zeigen die Messungen des COBE-Unternehmens:

> *Faktum 3. Das Universum ist in sehr weiten Bereichen bis zu einem Fehler von weniger als $10^{-5}$ isotrop.*

Als Fußnote können wir zum Faktum 3 hinzufügen, daß nur auf einem Niveau von 1 zu 100 000 winzige Fluktuationen in der räumlichen Verteilung der kosmischen Mikrowellen-Hintergrundstrahlung entdeckt wurden. Für die Untersuchungen der Galaxienentstehung, die wir in Kap. 4 besprochen haben, sind sie von zentraler Bedeutung.

> *Faktum 4. Die kosmische Mikrowellen-Hintergrundstrahlung besitzt das Spektrum einer reinen schwarzen Strahlung mit der Strahlungstemperatur 2,725 K.*

Wir besprachen die Prüfung der allgemeinen Relativitätstheorie durch Experimente und Beobachtungen in Abschn. 3.6 und in Abschn. 5.3 die Beweise dafür, daß sich die Gravitationskonstante in kosmologischen Zeiten nicht geändert hat. Aus diesen Betrachtungen haben wir geschlossen, daß die allgemeine Relativitätstheorie bei weitem die beste Gravitationstheorie ist, über die wir verfügen, und ganz sicher ein korrekter Ausgangspunkt für die Konstruktion von kosmologischen Modellen.

> *Faktum 5. Die allgemeine Relativitätstheorie hat auch die rigorosesten Überprüfungen bisher unbeschadet bestanden, und es gibt kein Anzeichen dafür, daß sich die Gravitationskonstante in kosmologischen Zeiträumen geändert hat.*

Das halbe Faktum, vor dem mich P. Scheuer 1963 gewarnt hat, steht nicht länger in Frage. Alle Arten extragalaktischer Radioquellen und die schwachen Röntgenquellen, die vom ROSAT X-ray Observatory beobachtet wurden, zeigen klar und eindeutig, daß sich diese Objekte mit den kosmischen Epochen ändern. Zählungen im optischen Wellenlängenbereich an tief im Raum stehenden Galaxien zeigten, daß ein Überschuß an schwach blauen Galaxien besteht, und dieser wird ganz allgemein dahingehend interpretiert, daß sich die Anzahl der Galaxien mit dem Alter des Universums verändert. Deshalb können wir schließen:

> *Faktum 6. Viele verschiedene Klassen extragalaktischer Systeme zeigen Veränderungen in ihren mittleren Eigenschaften in Abhängigkeit von der kosmischen Epoche.*

Für die Existenz dunkler Materie in extragalaktischen Räumen sprechen derartig viele Anzeichen, daß man sie ohne Zögern in den Rang einer Tatsache erheben kann.

> *Faktum 7. Der größte Anteil der Masse im Universum liegt in einer Form dunkler Materie vor. Ihre Masse übersteigt die Masse der sichtbaren Materie um wenigstens einen Faktor 10.*

Hierzu muß man anmerken, daß zwei verschiedene Wege zum Problem der dunklen Materie führen. Der erste führt zum Begriff der *astrophysikalischen* dunklen Materie, weil wir die dynamische Stabilität der Galaxien und Galaxienhaufen nur durch die Anwesenheit dunkler Materie erklären können. Hinweise aus der Dynamik legen ferner die Vermutung nahe, daß auch in größeren Räumen dunkle Materie vorhanden ist. Diese Art von Nachweis dunkler Materie steht im Gegensatz zum Nachweis der *kosmologischen* dunklen Materie, die deswegen vorhanden sein muß, damit das Universum den Dichteparameter $\Omega = 1$ hat. Wir sind dieser Begründung schon früher begegnet, als wir uns für diesen Wert für $\Omega$ entschieden haben, weil wir nur schwer verstehen konnten, daß bis zum heutigen Tage Galaxien und andere großräumige Strukturen entstehen können, ohne übermäßig große Fluktuationen in der kosmischen Mikrowellen-Hintergrundstrahlung zu hinterlassen (Abschn. 4.7 u. 4.8). Andere Begründungen für das kritische Modell werden wir in Abschn. 5.5 kennenlernen.

Die Übereinstimmung zwischen den beobachteten Anteilen der leichten Elemente und den Vorhersagen nach dem Standard-Urknallmodell sind so eindrucksvoll, daß man daraus das 8. Faktum konstruieren kann.

> *Faktum 8. Die leichten Elemente, $^4$He, Deuterium, $^3$He und wahrscheinlich auch Lithium werden in der primordialen Kernsynthese in den frühen Phasen des Urknalles erzeugt. Die Folge hiervon ist, daß die Dichte der gewöhnlichen Materie im Universum wenigstens einen Faktor 10 kleiner sein muß als die kritische Dichte.*

Schließlich sind die großräumigen Strukturen des Universums in ausreichenden Einzelheiten bestimmt, so daß wir jetzt die großräumige »schwammartige« Struktur in den Rang eines Faktums erheben können.

*Faktum 9. Die großräumige Verteilung der Galaxien im Universum ist in kosmologischen Ausmaßen gleichförmig, besitzt jedoch großräumige Ungleichmäßigkeiten in Maßstäben, die größer als Galaxienhaufen sind.*

Die Annehmbarkeit einer jeden physikalischen Theorie hängt von der Leichtigkeit ab, mit der sie unabhängige Beobachtungen oder Experimente erklären kann. Die Argumente für das Urknallmodell beruhen auf der Tatsache, daß es eine Anzahl von unabhängigen Beweisstücken in ganz natürlicher Weise erklären kann. Die Standardtheorie fußt auf der Annahme, daß die großräumige Dynamik des Universums von der allgemeinen Relativitätstheorie beschrieben wird, und auf der Übertragbarkeit der Physik, die in Laboratorien ausprobiert und geprüft wurde, auf das Universum als Ganzes. Wir brauchen aber noch einen überzeugenden Hinweis aus der Beobachtung, daß wir das Universum in großem Maßstab als isotrop und homogen ansehen dürfen. Dann bietet das Urknallmodell eine natürliche Erklärung für die folgenden Eigenschaften unseres Universums:

(1) Die Hubblesche Expansion des Universums.
(2) Das thermische Spektrum und die Isotropie der kosmischen Mikrowellen-Hintergrundstrahlung.
(3) Die Massenanteile der leichten Elemente.
(4) Das Alter der ältesten Sterne stimmt grob gesehen mit den Abschätzungen des dynamischen Alters des Universums überein.

Dies sind unabhängige Beobachtungen, die mit einem einzigen Urknallmodell des Universums in Einklang gebracht werden können. Die Fakten 6, 7 und 9 widersprechen nicht dem isotropen Standard-Urknallmodell. Um uns dem Faktum 6 ernsthaft widmen zu können, müssen wir erheblich mehr von der Astrophysik der Entstehung und Entwicklung der Galaxien verstehen. Während die Fakten 7 und 9 in das Standard-Urknallmodell eingepaßt werden können, führen die übrigen Fakten zu fundamentalen Schwierigkeiten. Alle 4 werden im folgenden Abschnitt behandelt. Trotz dieser Nachteile haben die hier zusammengefaßten Beweise praktisch alle Kosmologen davon überzeugen können, daß das Urknallmodell den am weitesten reichenden theoretischen Rahmen für die Ausführung von kosmologischer Forschung darstellt.

## 5.5 DIE VIER FUNDAMENTALEN PROBLEME DER KOSMOLOGIE

Es ist schon auffallend, welche Fortschritte im Verständnis der ganz frühen Geschichte unseres Universums gemacht wurden. Der Erfolg des Standard-Urknallmodelles zur Erklärung der Massenanteile der leichten Elemente mit der primordialen Kernsynthese bekräftigt die Vermutung, daß dieses Modell bis hin zu Bruchteilen einer Sekunde nach dem Urknall vertrauenswürdig ist. Die meisten Kosmologen sehen das Bild des Urknalles als so überzeugend an, daß es zum Standardrahmen für alle kosmologischen Forschungsarbeiten geworden ist. Aber wie bei allen guten Theorien, bleiben auch hier mehr Fragen unbeantwortet als beantwortet, und die Lösungen für die unbeantworteten Fragen müssen im ganz frühen Universum liegen. Das Standard-Urknallmodell enthält vier grundlegende offene Fragen. Eine von diesen Fragen haben wir bereits in Kap. 4 ausführlich behandelt, nämlich die Entstehung der Dichtefluktuationen, aus denen sich die Galaxien und großräumigen Strukturen des Universums gebildet haben. Nach der Analyse von Kap. 4 müssen die Fluktuationen in den Anfangsbedingungen eingeschlossen sein, aus denen sich das Universum entwickelt, sofern sich Galaxien bis zum heutigen Tage bilden sollen – dies ist aber kaum ein zufriedenstellendes Bild. Ähnlich verhält es sich mit den drei anderen grundlegenden Fragen.

DAS HORIZONTPROBLEM. Die auffallend großräumige Isotropie des Universums bildet für das Standard-Urknallmodell ein verwickeltes Problem. Die Beobachtungen der kosmischen Mikrowellen-Hintergrundstrahlung aus dem COBE-Unternehmen haben ergeben, daß Bereiche in entgegengesetzten Richtungen im Himmel mit einem Fehler von $10^{-5}$ die genau gleiche Intensität und das genau gleiche Spektrum besitzen. Hier stellt sich die Frage, warum diese Bereiche die genau gleichen Eigenschaften haben, obwohl sie sich gegenseitig keine Nachrichten übermitteln können. Wenn eine Region des Universums aber die genau gleichen Eigenschaften hat wie eine andere, dann sollten nach herkömmlicher Denkweise diese beiden Regionen zumindest Informationen miteinander austauschen können, denn sonst können sie ja nicht »wissen«, daß sie gleich sein und ihre Eigenschaften entsprechend anpassen sollen. Die größte Geschwindigkeit, mit der Nachrichten übermittelt werden können, ist die Lichtgeschwindigkeit. Das Problem entsteht also dadurch, daß nur eine endliche Zeitspanne nach dem Ereignis des Urknalles zur Verfügung steht.

Gehen wir immer weiter in die Vergangenheit des Universums zurück, so wird die Entfernung kleiner, über die eine Nachricht übermittelt werden kann. Beispielsweise entstammt die Mikrowellen-Hintergrundstrahlung der letzten Streufläche während der Rekombinationsepoche, als das Universum verglichen mit seiner heutigen Größe etwa einen Faktor 1000 kleiner war. Wir können uns ausrechnen, wie weit sich ein Lichtstrahl seit dem Anfang des Universums auf der letzten Streufläche ausbreiten konnte, und diese Entfernung in einen Winkel am Himmel umrechnen: Dieser Winkel beträgt einige Grade (Abb. 5.4). Also folgt, daß es überhaupt keine Möglichkeit gibt, daß einander entgegengesetzte Bereiche am Himmel in irgendeinem kausalen Zusammenhang gestanden haben können. Wie aber können dann verschiedene Regionen des Himmels »wissen«, daß sie schließlich aus allen

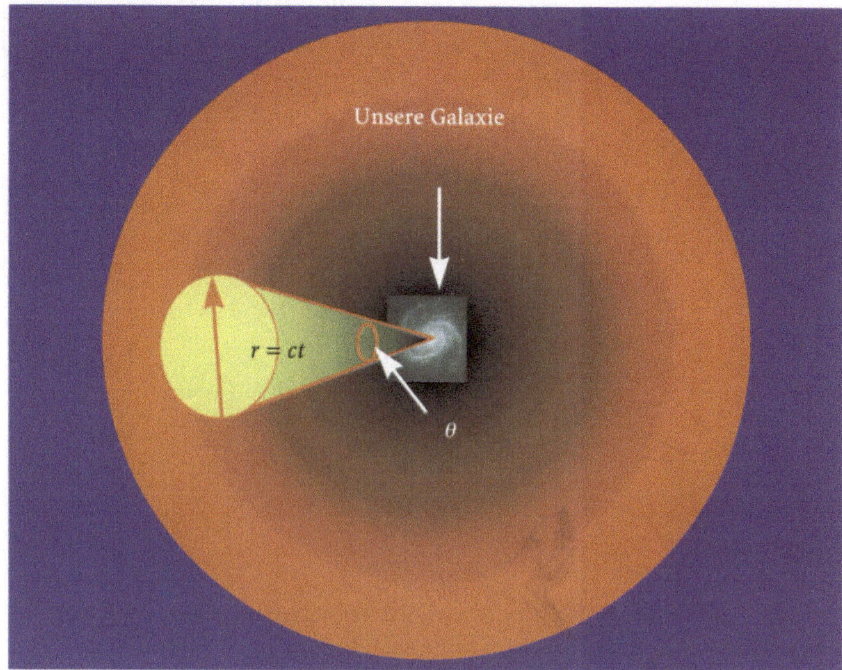


Letzte Streufläche bei der Rotverschiebung $z \approx 1000$

*Abb. 5.4.* Eine Erläuterung des Weges, den Licht mit einer Rotverschiebung von etwa 1 000 auf der letzten Streufläche seit Beginn des Urknalles zurücklegen kann. Der Lichtweg entspricht einem Winkel von nur wenigen Grad am Himmel, und daher kann über die meisten Entfernungen kein kausaler Kontakt bestehen. Für zunehmende Rotverschiebungen werden die Entfernungen, über die kausale Kontakte bestehen können, immer kleiner.

Richtungen betrachtet gleich auszusehen haben? Dieses Problem ist als *Horizontproblem* bekannt. Es gibt nur eine Möglichkeit, die Isotropie des Universums nach dem Standardbild zu erklären, und diese besteht einfach in der Annahme, daß das Universum von Anfang an so eingerichtet war. Mit anderen Worten, wir müssen annehmen, daß die Anfangsbedingungen, aus denen sich das Universum entwickelt hat, isotrop waren - eine ziemlich willkürliche Annahme.

DAS FLACHHEIT- ODER FEINABSTIMMUNGSPROBLEM. Das nächste Problem besteht in der Tatsache, daß unser Universum einen Faktor 10 von der kritischen Dichte $\Omega = 1$ entfernt ist. In Abschn. 4.5 haben wir besprochen, daß der Dichteparameter wahrscheinlich zwischen 10 und 20% der kritischen Dichte liegt, wenn wir die dunkle Materie in Galaxien und Galaxienhaufen berücksichtigen. Möglicherweise finden wir noch weitere dunkle Materie in den weiten Räumen des Universums und kommen damit dem kritischen Modell schon recht nahe. Nach den Urknallmodellen aber gibt es überhaupt keinen vernünftigen Grund, warum der Dichteparameter einen bestimmten Wert annehmen sollte. Wenn wir Universen rein zufällig auswählen sollten, so finden wir keinen Grund dafür, den Wert des Dichteparameters nahe am kritischen Wert zu wählen. Im Prinzip könnte unser Universum Werte des Dichteparameters angenommen haben, die millionenmal größer oder kleiner als der kritische Wert sind. In der Physik der Standardmodelle gibt es keinen Anhaltspunkt für einen bestimmten Wert des Dichteparameters.

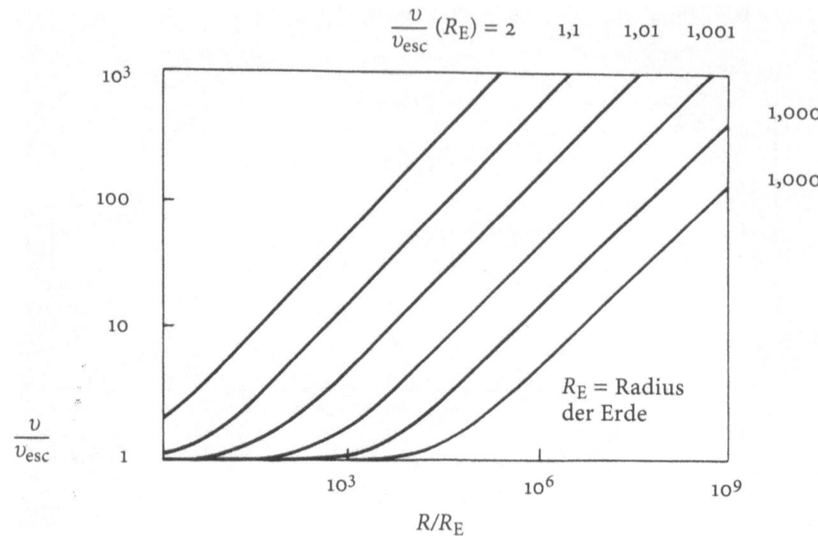


*Abb. 5.5.* Illustration zur Veränderung der Raketengeschwindigkeit zur lokalen Fluchtgeschwindigkeit bei der Entfernung von der Erde. Die einzelnen Kurven zeigen die Änderung dieses Verhältnisses für verschiedene Anfangsgeschwindigkeiten. Auffallend ist die Tatsache, daß dieses Verhältnis stets bei genügend großer Entfernung divergiert, selbst wenn die Anfangsgeschwindigkeit sehr nahe an der Fluchtgeschwindigkeit liegt. Nur wenn die Rakete exakt mit der Fluchtgeschwindigkeit abfliegt, behält sie diese für alle Entfernungen von der Erde bei.

Das Problem ist jedoch sehr viel schwerwiegender, als diese kurze Darstellung vermuten läßt. Wir können nämlich nachweisen, daß der Dichteparameter des Universums heutzutage um einen riesigen Faktor neben seinem kritischen Wert liegen würde, wenn dieser Wert in den ganz frühen Zeiten nur um einen minimalen Betrag vom kritischen Wert abgewichen wäre. Verdeutlicht man dieses Problem an einem anderen Bild, so heißt das, alle Universen mit von 1 verschiedenen Werten des Dichteparameters sind instabil, in dem Sinne, daß sie sich mit weiter fortschreitender Zeit immer mehr von dem Fall $\Omega = 1$ wegbewegen.

Der einfachste Weg, dieses Problem anschaulich zu machen, besteht darin, das Verhalten einer Rakete zu beschreiben, die sich von der Erde entfernt. Angenommen, die Rakete hebt mit einer Geschwindigkeit ab, die ein klein wenig größer ist als die Fluchtgeschwindigkeit (s. Abschn. 4.3 u. Abb. 4.10). Indem die Rakete sich weiter und weiter von der Erde fortbewegt, wird die Fluchtgeschwindigkeit von ihrem momentanen Aufenthaltsort kleiner als sie auf der Erdoberfläche war, weil sie sich auch in größerer Entfernung vom Anziehungszentrum befindet. Das Verhältnis der Geschwindigkeit der Rakete zur lokalen Fluchtgeschwindigkeit wird dabei ständig größer, je weiter sich die Rakete von der Erde entfernt. Dieses Verhältnis der Raketengeschwindigkeit zur lokalen Fluchtgeschwindigkeit ist für einen Flug von der Erde weg in Abb. 5.5 aufgezeichnet. Aus dieser Abbildung kann man entnehmen, daß die Abweichung von der Fluchtgeschwindigkeit gewaltige Ausmaße annehmen kann. Auch wenn die Anfangsgeschwindigkeit nur um einen winzigen Betrag größer ist als die Fluchtgeschwindigkeit, nimmt die Abweichung sehr große Werte an, sofern man nur lange genug wartet. Wenn wir also eine Rakete in einer sehr großen Entfernung von der Erde beobachten, deren Geschwindigkeit mehr oder weniger die Fluchtgeschwindigkeit auf der

Erde ist, dann muß sie ihre Reise mit einer Geschwindigkeit angetreten haben, die mit der Fluchtgeschwindigkeit von der Erde in einer unvorstellbaren Präzision übereinstimmt.

Für das Universum besteht das gleiche Problem. Wenn es seine Expansionsbewegung am Anfang nicht exakt mit seiner Fluchtgeschwindigkeit begonnen hat, kann es nicht jetzt eine Expansionsgeschwindigkeit haben, die sehr nahe an seiner Fluchtgeschwindigkeit liegt. Die Bedeutung dieser Überlegung liegt auf der Hand – das Universum muß an seinem Anfang sehr genau die kritische Dichte besessen haben, wenn es heutzutage innerhalb eines Faktors 10 der kritischen Dichte angekommen ist. Dies nennt man manchmal das *Feinabstimmungsproblem*. Mitunter heißt es auch *Flachheitproblem*, weil das kritische Modell mit $\Omega = 1$ eine flache räumliche Geometrie besitzt. Ungeachtet der Tatsache, daß es im Standard-Urknallbild keinen Grund dafür gibt, warum unser Universum mit der kritischen Dichte angefangen haben soll, so muß es die kritische Dichte bereits in ganz frühen Zeiten besessen haben, wenn es sie überhaupt besitzen sollte. Gerade wegen des Feinabstimmungsproblemes bestehen die Theoretiker energisch darauf, daß der Dichteparameter des Universums den Wert $\Omega = 1$ haben muß. So wie wir dargelegt haben, liefern Beobachtungen keinen triftigen Grund, diesen Wert abzulehnen, vorausgesetzt, zwischen den sternreichen Galaxienhaufen finden sich ausreichend große Mengen dunkler Materie.

DAS PROBLEM DER BARYON-ASYMMETRIE. Das letzte Problem, das Problem der Baryon-Asymmetrie, ergibt sich aus den Überlegungen darüber, was geschieht, wenn wir das frühe Universum zu immer höheren Temperaturen extrapolieren. Eine der großen Entdeckungen der 30er Jahre unseres Jahrhunderts waren die Antiteilchen. Zu jeder Art von Teilchen existiert ein entsprechendes Antiteilchen, das man mit seinem Spiegelbild vergleichen kann. Wir wissen beispielsweise, daß bei Stößen zwischen $\gamma$-Strahlen und gewöhnlicher Materie große Mengen von Elektronen und ihren spiegelbildlichen Teilchen, den positiven Elektronen oder Positronen, geschaffen werden. Abbildung 5.6 ist die Skizze der in einem Kernexperiment beobachteten Spuren, bei dem ein Elektron und ein Positron entstanden sind. Die Elektronen sind negativ geladene Teilchen und die Positronen dazu identische Teilchen, jedoch mit einer positiven Ladung, und deswegen werden ihre Bahnen in einem Magnetfeld in entgegengesetzten Richtungen gekrümmt. Alle Eigenschaften von Antiteilchen sind denen von Teilchen entgegengesetzt. In genau derselben Weise haben Protonen eine positive Ladung und ihr Spiegelbild, die Antiprotonen, eine negative Ladung.

Wenn wir nun das Urknallmodell rückwärts in Epochen extrapolieren, in denen Temperaturen von $10^{12}$ K geherrscht haben, dann bestand die thermische Hintergrundstrahlung aus sehr energiereichen $\gamma$-Strahlen. Die energiereichen $\gamma$-Strahlen können zusammenstoßen und dabei gleiche Anzahlen von Protonen und Antiprotonen erzeugen, vorausgesetzt, die Energie reicht für die Bildung dieses Teilchen-Antiteilchen-Paares aus. Hierbei handelt es sich um nichts anderes als um die erneute Anwendung der Einsteinschen Gleichung $E = mc^2$ – die Energie der $\gamma$-Strahlen muß hoch genug sein, um die Massen von Teilchen und Antiteilchen hervorbringen zu können. Daraus ergibt sich für das frühe Universum eine sehr merkwürdige Situation, weil wir nämlich wissen, daß unser Universum lokal ausschließlich aus Materie gemacht ist und nicht aus einer Mischung aus Materie und Antimaterie. Entweder muß es im heutigen Universum nur sehr wenig Antimaterie geben, oder sie wäre bei der Beobachtung von $\gamma$-Strahlung erkannt worden, die dann ausgestrahlt wird, wenn sich Materie und Antimaterie zu Strahlung annihilieren.

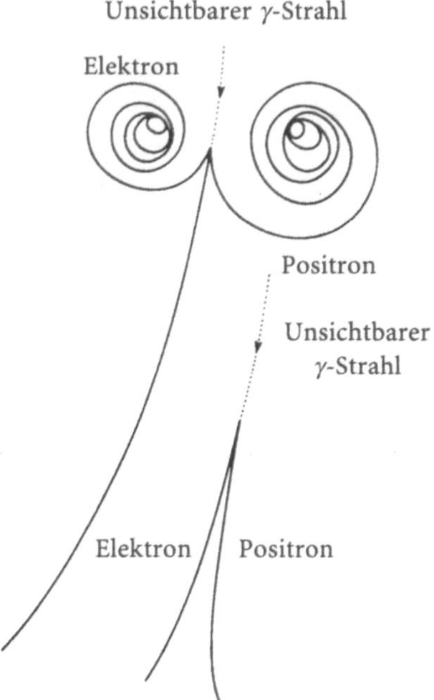


*Abb. 5.6.* Beispiel für die Entstehung eines Elektron-Positron-Paares in einem Experiment der Teilchenphysik. Elektron und Positron haben entgegengesetzte Ladungen, und deswegen werden ihre Bahnen durch das starke Magnetfeld des Nachweisgerätes in entgegengesetzte Richtungen gekrümmt.

Es ist ziemlich einfach zu berechnen, wieviele $\gamma$-Strahlen das frühe Universum im Vergleich zur Anzahl der materiellen Teilchen enthielt – es waren 100 Mio. bis 1 Mrd. $\gamma$-Strahlen auf jedes einzelne Proton. Als dann die Temperatur für die Erzeugung von Protonen und Antiprotonen aus zusammenstoßenden $\gamma$-Strahlen hoch genug war, wurde das Universum plötzlich von Millionen Proton-Antiproton-Paaren überflutet. In diesen ganz frühen Zeiten muß es etwa 1 000 000 001 Protonen auf jeweils 1 000 000 000 Antiprotonen gegeben haben. Als dann das Universum abkühlte, erzeugten 1 000 000 000 Protonen mit 1 000 000 000 Antiprotonen $\gamma$-Strahlen, und dabei blieb genau ein Proton übrig, das das richtige Verhältnis von $\gamma$-Strahlen zu Protonen hat. Dieses Verhältnis hat sich bei der Expansion des Universums erhalten, und daraus entstand das Verhältnis der Anzahl der Photonen der kosmischen Mikrowellen-Hintergrundstrahlung zur Anzahl der Protonen des heutigen Universums. Wäre das Universum anfänglich bezüglich Materie und Antimaterie genau symmetrisch gewesen, dann wäre auch alle Materie durch einen Zusammenstoß mit Antimaterie zu Strahlung vernichtet worden. Genauere Rechnungen haben ergeben, daß wir dann im heutigen Universum bei einem sehr kleinen Betrag von Materie und Antimaterie angekommen wären, bei weitaus weniger als dem 1 000 000 000sten Teil dessen, den wir heute beobachten. Infolgedessen muß es in ganz frühen Zeiten des Universums nach dem Urknallmodell eine geringfügige Asymmetrie zwischen Materie und Antimaterie gegeben haben, oder auch allgemeiner gesagt, zwischen Teilchen und Antiteilchen. Diese geringfügige Asymmetrie muß in das Gesamtkonzept des Standard-Urknallmodelles als Anfangsbedingung willkürlich eingeführt werden, um das heutzutage beobachtete Verhältnis von Photonen zu Protonen erklären zu können.

## 5.6 Die Lösung der fundamentalen Probleme

Unser Katalog der vier fundamentalen Probleme der Urknall-Kosmologie ist damit vollständig. Es handelt sich um die folgenden Fragen:

(1) Warum ist das Universum isotrop?
(2) Warum befindet sich das Universum so nahe bei der kritischen Dichte?
(3) Warum ist das Universum in seinen frühen Phasen in bezug auf Materie und Antimaterie ganz leicht asymmetrisch?
(4) Wie entstehen die Dichtefluktuationen, aus denen sich die Galaxien entwickeln?

In dem Standard-Urknallmodell werden diese vier Probleme durch die Annahme umgangen, das Universum sei zu Beginn gleich mit diesen Anfangsbedingungen ausgestattet gewesen. Mit anderen Worten, wir postulieren einfach die folgenden Anfangsbedingungen: Die Isotropie des Universums, die Dichte beliebig nahe an der kritischen Dichte, eine geringfügige Asymmetrie zwischen Materie und Antimaterie und schließlich die Existenz von Fluktuationen, aus denen allmählich Galaxien und großräumige Strukturen des Universums entstehen können. Von der Wissenschaft her betrachtet ist so etwas natürlich kein besonders zufriedenstellendes Vorgehen – das Modell liefert nur das, was man am Anfang hineingesteckt hat.

Wir betrachten jetzt fünf verschiedene Ansätze zur Lösung dieser Probleme:

(1) Wir akzeptieren das Universum wie es ist – die Anfangsbedingungen sind eben so.
(2) Es gibt nur bestimmte Klassen von Universen, in denen sich intelligentes Leben entwickeln kann. Für ein solches Universum müssen geeignete Anfangsbedingungen bestehen, und die fundamentalen Naturkonstanten sollten sich nicht allzusehr von ihren heutigen Werten unterscheiden, denn anderenfalls könnte ein Leben, so wie wir es kennen, nicht entstehen.
(3) Das inflationäre Szenario für das frühe Universum trifft zu.
(4) Wir suchen nach geeigneten Hinweisen in der Elementarteilchenphysik und extrapolieren unser Wissen über das, was durch Experimente bestätigt ist, hinaus auf die frühesten Phasen des Universums.
(5) Wir fordern etwas bisher Unbekanntes. Dies aber würde zur Folge haben, daß wir vollkommen neue physikalische Konzepte entwickeln müßten.

Jeder dieser Ansätze hat gewisse Vorzüge. Nehmen wir beispielsweise den reichlich pessimistischen Ansatz (1), so kann es sich herausstellen, daß es einfach zu schwierig ist, die physikalischen Bedingungen zu enträtseln, aus denen sich unser Universum entwickelte. Wie könnten wir auch nachprüfen, ob die Physik, mit der wir die Eigenschaften des ganz frühen Universums zu erklären versuchen, tatsächlich korrekt ist?

### 5.7 Das anthropische kosmologische Prinzip

Schon 1970 machte McCrea darauf aufmerksam, daß sich ein Teil unserer Probleme aus der Tatsache ergibt, daß nur ein einziges Universum für Untersuchungen zur Verfügung steht, das, in dem wir leben. Wir können nicht einfach heraustreten und ein anderes Universum untersuchen um nachzusehen, ob es sich so verhält, wie das unsere. Deshalb können wir auch nicht ausschließen, daß unser Universum seine Eigenschaften rein zufällig hat. Eine andere Methode geht davon aus, daß sich nur in gewissen Universen Leben, so wie wir es kennen, ausbilden konnte. Beispielsweise müssen Sterne lange genug existieren, damit sich biologisches Leben formen und zu empfindenden Wesen entwickeln kann, die vernünftige Fragen stellen. Diese Art von Argumentation findet ihren Ausdruck in dem, was als das *anthropische kosmologische Prinzip* bekannt geworden ist. Bei der Konstruktion kosmologischer Modelle wird angenommen, daß sich unsere Erde und unsere Galaxie nicht an einer herausragenden Position des Universums befinden. Man kann dies als eine natürliche Erweiterung des kopernikanischen Prinzips auf das ganze Universum ansehen. Die Vorstellung, daß wir uns nicht an einem ausgezeichneten Ort des Universums befinden, ist als *kosmologisches Prinzip* bekannt und implizit in die Konstruktion der Standard-Weltmodelle eingegangen.

Nun, wir können uns schon in einem beträchtlichen Ausmaß als dadurch privilegiert betrachten, daß wir wissenschaftliche Studien in der Astrophysik und Kosmologie durchführen können. Die interessante Frage ist nur, wie weit diese besondere Befähigung für wissenschaftliche Untersuchungen des Universums relevant ist. Diese Fragestellung wird ausführlich in dem ausgezeichneten Buch »The Anthropic Cosmological Principle« von J. Barrow und F. Tipler behandelt. Eine etwas andere Sicht der gleichen Gedankengänge findet sich in dem Buch »Cosmic Coincidences« von J. Gribbin und M. Rees.

Möglicherweise ist in diesen Vorstellungen ein wahrer Kern enthalten, und wir leben in dem einzigen von allen möglichen Universen, die sich gebildet haben konnten, das die exakt richtigen Anfangsbedingungen und die korrekten Werte der physikalischen Naturkonstanten besitzt, so daß sich menschliches Leben bis zu dem Zustand entwickeln konnte, in dem grundlegende Fragen gestellt werden können und ich dieses Buch schreiben konnte. Ich muß allerdings zugeben, daß mir diese Art Argumentation nicht zusagt, denn ihre logische Konsequenz wäre, daß wir niemals irgendeinen physikalischen Grund für die Beziehungen zwischen den fundamentalen Naturkonstanten und den Anfangsbedingungen finden werden, aus denen sich das Universum entwickelte. Das anthropische kosmologische Prinzip ist für mich nur die letzte Rettung, wenn alle physikalisch begründeten Bemühungen fehlschlagen sollten. Davon sind wir aber nach meiner Ansicht noch sehr weit entfernt.

## 5.8 DAS INFLATIONÄRE UNIVERSUM UND HINWEISE DER ELEMENTARTEILCHENPHYSIK

Glücklicherweise besitzen wir eine Reihe von Hinweisen darauf, daß diese Probleme gelöst werden können. Viele Anregungen für diese neuen Ideen gehen auf Entdeckungen der Elementarteilchenphysik zurück. Wollten wir aber allen neuen Entdeckungen gerecht werden, so müßten wir tief in die Komplexität der modernen Elementarteilchenphysik eintauchen. Statt dessen wollen wir selektiv vorgehen und einige Vorstellungen einführen, von denen ich hoffe, daß sie uns einer Lösung der grundlegenden Probleme in einem einheitlichen Bild der Physik des frühen Universums näherbringen. Die wesentliche Schwierigkeit besteht darin, daß die Energien, bei denen die wichtigsten Prozesse ablaufen, weit oberhalb der Energien liegen, die sich mit unseren Beschleunigungsmaschinen erreichen lassen. Infolgedessen müssen wir uns auf Spekulationen verlassen, die auf Extrapolationen der Elementarteilchentheorien weit über die Energien hinaus zurückgehen, für die sie zuverlässig bestätigt wurden. Das Verfahren, astronomische und kosmologische Argumente zu benutzen, um tiefer in physikalische Prinzipien einzudringen, hat einen langen und edlen Stammbaum. Ein eindrucksvolles Beispiel ist die Newtonsche Ableitung des Gravitationsgesetzes aus den Keplerschen Gesetzen der Planetenbewegung, die wiederum aus den hervorragenden Beobachtungen der Planetenbahnen von Tycho Brahe hergeleitet wurden. In gleicher Weise sehen die Kosmologen des 20. Jahrhunderts das frühe Universum als ein Laboratorium an, in dem sie Elementarteilchentheorien bei Energien überprüfen können, die in den irdischen Laboratorien unerreichbar sind.

Wir wollen jetzt als erstes die Dynamik des frühen Universums besprechen. Wir begeben uns dazu in zeitliche Epochen, die weit vor denen liegen, die wir bisher betrachtet haben. Die früheste Zeit, mit der wir uns bisher auseinandergesetzt haben, war die Epoche, in der sich Protonen und Antiprotonen bei Temperaturen von über $10^{12}$ K annihiliert haben. Obwohl $10^{12}$ K eine sehr hohe Temperatur ist, liegt sie immer noch in den Bereichen der Energie, die den Experimenten der Elementarteilchenphysik gut zugänglich ist. Die Prozesse jedoch, von denen jetzt die Rede sein soll, finden sehr viel früher und bei noch viel höheren Energien statt.

Der interessanteste Ansatz für die Lösung einiger grundlegender Probleme ist in der Vorstellung des *inflationären Universums* zu sehen, die von A. Guth in den frühen 80er Jahren unseres Jahrhunderts eingeführt wurde. Guth entwickelte seine brillianten Ideen auf der Basis der Elementarteilchentheorie, doch können seine Vorstellungen auch unabhängig von dieser Theorie verstanden werden. Der Grundgedanke besteht darin, daß sich das ganz frühe Universum, von quantenmechanischen Kräften angetrieben, die keine Entsprechung in der klassischen Physik haben, sehr schnell exponentiell anwachsend ausdehnte. Nehmen wir einmal an, daß diese Ausdehnung so stattfand, daß der Größenparameter $R$ exponentiell mit der Zeit anwuchs, also $R \propto e^{t}/t_0$. Dies bedeutet, daß die Entfernung zwischen zwei beliebigen Punkten in aufeinanderfolgenden gleichen Zeitabschnitten um den gleichen Faktor zunahm. Solche exponentiell expandierenden Modelle finden sich interessanterweise in einigen der ersten Anwendungen der Einsteinschen Gleichungen für das Universum als Ganzes. Die exponentielle Expansion erstreckt sich über eine gewisse Zeit, und dann geht das Universum in seine strahlungsdominierte Phase über. Die zeitliche Epoche, in der die exponentielle Expansion stattfindet, wird *inflationäre* Ära genannt.

Wenn der Expansionsprozeß tatsächlich so stattgefunden haben sollte, dann ergeben sich daraus äußerst interessante Konsequenzen. Wir betrachten einmal einen winzigen Bereich des frühen Universums, der sich mit dem Ablauf der exponentiellen Expansion ausdehnt. Die Teilchen in diesem Bereich sind anfänglich sehr nahe beieinander und können deswegen miteinander wechselwirken. Bevor die exponentielle Expansion beginnt, hat der winzige Bereich genügend Zeit, gleichförmig und homogen zu werden. Dann dehnt sich unser betrachteter Bereich mit exponentiell zunehmender Geschwindigkeit aus, und dabei werden benachbarte Teile des Bereiches so weit auseinandergetrieben, daß sie nur noch über Lichtsignale miteinander kommunizieren können – kausal verbundene Teilbereiche werden also durch die inflationäre Expansion über ihren lokalen Horizont hinaus auseinandergetrieben. Am Ende der inflationären Epoche verwandelt sich das Universum in das strahlungsdominierte Standard-Universum, und die auseinandergetriebenen Bereiche expandieren weiter nach der Formel $R \propto t^{1/2}$. Legt man die beobachtete Isotropie des Universums zugrunde, dann wurde der Bereich, der als winziger kausal verbundener Bereich begonnen hatte, um den gewaltigen Faktor $10^{43}$ in der Größe ausgedehnt, in eine Dimension also, die größer als die gegenwärtige Horizontskala des Universums ist. Damit haben wir eine einleuchtende Erklärung für die Tatsache, daß Bereiche, die sich nicht länger in kausalem Kontakt befinden, dennoch gleiche Eigenschaften besitzen können, also eine Lösung des Horizontproblems.

Eine weitere wichtige Auswirkung der exponentiellen Expansion ist die Glättung der Geometrie des frühen Universums, so kompliziert diese anfangs auch gewesen sein mag. Die Expansion vergrößert den Krümmungsradius der Geometrie ebenfalls um den gewaltigen Faktor $10^{43}$. Dabei wird der betrachtete winzige Bereich nicht nur in Dimensionen vergrößert, die weit über die augenblickliche Größe des Universums hinausgehen, sondern auch die Region, aus der einmal unser Universum entstehen soll, der flachen euklidischen Geometrie nähergebracht. Wie wir in Abschn. 4.3 besprochen haben, besteht eine enge Verbindung zwischen der Geometrie der Raumzeit und der Energiedichte, und wenn das Universum vom exponentiell expandierenden inflationären Zustand in die strahlungsdominierte Phase übergeht, dann wird die Geometrie euklidisch, und das Universum muß dann die kritische Dichte besitzen.

Erstaunlicherweise sind diese Argumente weitgehend unabhängig vom Verständnis der physikalischen Prozesse, die für die inflationäre Expansion verantwortlich sind. Glücklicherweise haben aber die Elementarteilchenphysiker Kräfte entdeckt, die genau die richtigen Eigenschaften besitzen. Die weiterführende Entwicklung war die Einführung des *Higgs-Feldes* in der Theorie der schwachen Wechselwirkung, der Kraft, die für den Zerfall des Neutrons und die Wechselwirkung der Neutrinos verantwortlich ist. Die Higgs-Felder wurden in die Theorie der Elementarteilchen eingeführt, um Singularitäten dieser Theorie zu beseitigen und die $W^{\pm}$- und $Z^{0}$-Bosonen mit einer Masse zu versehen. Präzise Massenbestimmungen dieser Teilchen in CERN haben die Theorie sehr genau bestätigt. Obwohl die Theorie der elektroschwachen Kräfte ausgezeichnet mit dem Experiment übereinstimmt, konnten die Higgs-Bosonen, die Teilchen, die mit dem Higgs-Feld verbunden sind, noch nicht aufgespürt werden. Man vermutet, daß sie größere Massen haben, als man mit den heutigen Experimenten der Elementarteilchenphysik nachweisen kann. Für die nächste Generation von Teilchenbeschleunigern bleibt damit die Herausforderung, das Higgs-Boson zu finden.

Die Higgs-Felder sind *skalare* Felder und damit recht verschieden von den elektromagnetischen Feldern und dem Gravitationsfeld. Skalare Felder haben als allgemeine Eigenschaft eine negative Energiezustandsgleichung $p = -\rho c^2$, wobei $p$ den Druck und $\rho$ die Massendichte bezeichnet, die mit dem Skalarfeld verbunden sind. Das Verhalten von Materie mit einer solchen Zustandsgleichung ist von dem des klassischen idealen Gases vollkommen verschieden, bei dem für eine feste Temperatur die Gasdichte um so größer wird, je größer der Druck ist. Bei den negativen Energiezustandsgleichungen ist es genau umgekehrt, der Druck ist der negativen Dichte der Materie proportional. Tatsächlich ist es eigentlich gar kein Druck, man sollte eher von einer Spannung sprechen. Man kann ziemlich leicht nachweisen, daß dies genau die Art von Kraftfeld ist, auf das man die exponentielle Expansion des ganz frühen Universums zurückführen kann. Die Entdeckung des Higgs-Bosons wäre also nicht nur für die Elementarteilchenphysik bedeutsam, sondern auch für die Kosmologie.

In dem am weitesten verbreiteten Szenario für das ganz frühe Universum nimmt man an, daß dem Higgs-Feld ähnliche Felder mit einem Phasenübergang im ganz frühen Universum verbunden sind. Gemäß den großen einheitlichen Theorien der Elementarteilchen vereinigen sich bei genügend hoher Energie die starke, die elektromagnetische und die schwache Kraft, die lediglich bei geringeren Energien als einzelne Kräfte in Erscheinung treten. Die Energie, bei der man die große Vereinigung erwartet, ist mit $E \sim 10^{14}$ GeV gewaltig groß. Sie tritt nur etwa $10^{-34}$ Sekunden nach dem Urknall auf. In dem typischen Bild des infla-

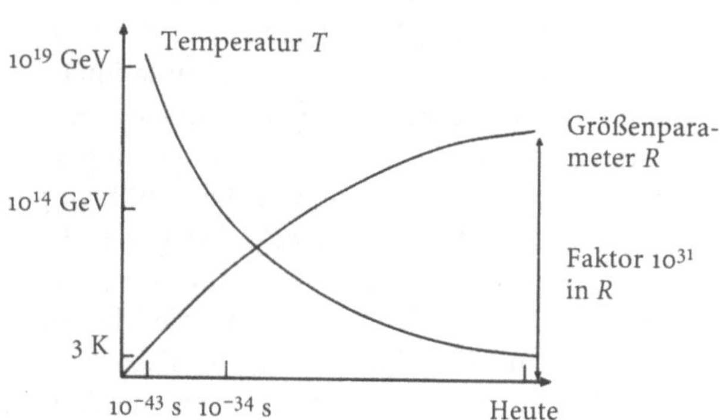


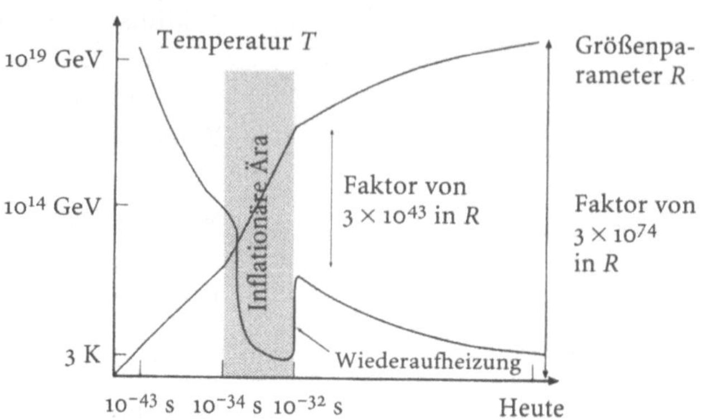


*Abb. 5.7.* Vergleich zwischen der Entwicklung des Größenparameters und der Temperatur im Standard-Urknallmodell und den inflationären Kosmologien. Den Größenparameter kann man sich als Entfernung zwischen zwei Punkten vorstellen, die an der Expansion des Universums teilnehmen.

tionären Universums bewirkt die negative Energiezustandsgleichung die Fortsetzung der Inflation von diesem Zeitpunkt an, bis das Universum rund 100mal älter geworden ist. Während dieser Periode werden gewaltige Energien, die mit dem Phasenübergang verbunden sind, freigesetzt und heizen das Universum auf höchste Temperaturen auf. Am Ende der inflationären Ära hat sich die Dynamik des inflationären Universums in die des strahlungsdominierten Standard-Urknallmodelles umgewandelt.

Diese Gedankengänge wollen wir jetzt noch ein wenig mit Zahlen untermauern. Über einen Zeitabschnitt von $10^{-34}$ bis $10^{-32}$ Sekunden nehmen alle Dimensionen im Universum, einschließlich des Krümmungsradius seiner Geometrie, exponentiell um den Faktor $e^{100} \approx 10^{43}$ zu. Die Entfernung $r$, über die Teilchen zu Anfang der inflationären Phase miteinander kommunizieren können, betrug nur $r \approx 3 \times 10^{-26}$ m. Diese Entfernung wird als *Horizontskala* bezeichnet. Da Teilchen innerhalb der Horizontskala miteinander kommunizieren können, ist eine Ausglättung der Dichte und der anderen Fluktuationen in allen Dimensionen möglich, die kleiner als die Horizontskala sind. Am Ende der inflationären Periode hat sich der ausgeglättete Bereich zu einer Dimension von $3 \times 10^{17}$ m ausgedehnt. In der danach einsetzenden strahlungsdominierten Periode des Universums vergrößern sich die Dimensionen proportional zu $t^{1/2}$, so daß der Bereich sich bis zum heutigen Tage bis zu einer Größe von $3 \times 10^{42}$ m ausgedehnt hätte – diese Dimension aber übersteigt bei weitem die Größe des heutigen Universums, die etwa $10^{26}$ m beträgt. In Abb. 5.7 ist die Geschichte des inflationären Universums mit dem Standardbild von Friedmann verglichen.

Ein anderer wichtiger Beitrag der Elementarteilchenphysik betrifft die Lösung des Baryon-Asymmetrie-Problems. Obwohl zwischen Teilchen und Antiteilchen Symmetrie herrschen sollte, in dem Sinne, daß zu jedem Teilchen sein Antiteilchen gehört, zeigen Experimente, daß doch eine geringfügige Asymmetrie zwischen ihnen besteht. Insbesondere fand man beim Zerfall des neutralen $K^0$-Mesons eine leichte Asymmetrie zwischen Materie und Antimaterie. Das $K^0$-Meson sollte eigentlich symmetrisch in gleiche Anzahlen von Teilchen und Antiteilchen zerfallen, tut es aber nicht - Materie wird offenbar gegenüber Antimaterie ein wenig bevorzugt. Die Bedeutung dieses Befundes liegt in dem Hinweis, daß es einen absoluten Unterschied zwischen Materie und Antimaterie gibt. Nach der Theorie dieses Zerfallsprozesses sind Teilchen und Antiteilchen bei genügend hoher Energie in der Tat symmetrisch, bei geringerer Energie jedoch unterscheiden sie sich durch einen Prozeß, der als spontane Symmetriebrechung bekannt ist. Diese Gedanken kann man in die Physik des frühen Universums einbringen, und die Theoretiker haben auch schon herausgefunden, daß man die im Universum beobachtete Asymmetrie zwischen Materie und Antimaterie damit zumindest grob erklären kann.

Das letzte Problem betrifft die Fluktuationen, aus denen die Galaxien entstehen. In dem von uns skizzierten Szenario gibt es mehrere mögliche Quellen ursprünglicher Fluktuationen. Eine Möglichkeit ist darin zu sehen, daß Fluktuationen während des Phasenüberganges gebildet werden, der für die inflationäre Expansion des ganz frühen Universums verantwortlich ist. Immer dann, wenn in der Natur Zustandsänderungen mit Phasenumwandlungen vorkommen, wie z. B. beim Gefrieren oder Kochen von Wasser, können sich größere Fluktuationen ausbilden. Eine weitere Möglichkeit könnte man darin sehen, daß sich die Fluktuationen aus Quantenfluktuationen entwickeln, die aber bereits vor der inflationären Ära vorhanden sein müßten.

Alle diese Vorstellungen sehen zwar vielversprechend aus, doch müssen wir stets daran denken, daß wir keine andere Begründung für das inflationäre Bild besitzen, als die Notwendigkeit, Lösungen für die vier großen Probleme zu finden. Zweifelsohne wurden gewichtige Fortschritte im Verständnis der physikalischen Prozesse gemacht, die zu einer Lösung der vier großen Probleme beitragen können, doch ist noch längst nicht klar, wie man unabhängige Beweise für physikalische Prozesse finden kann, die für die inflationäre Expansion verantwortlich sein sollen.

Eine Darstellung der Entwicklung des Universums von der Planck-Ära bis zum heutigen Tage findet sich in der Abb. 5.8. Die *Planck-Ära* ist die Zeit in der fernen Vergangenheit des Universums, zu der die Energiedichte noch so hoch war, daß man zu ihrer Beschreibung eine Quantentheorie der Gravitation heranziehen muß. Von den Dimensionen her gesehen, muß es diese Ära gegeben haben, als das Universum etwa $10^{-44}$ Sekunden alt war. Trotz der erheblichen Anstrengungen der Theoretiker gibt es noch keine Quantentheorie der Gravitation, und so können wir über die Physik in diesen außergewöhnlichen Umständen nur spekulieren.

Der Ordinatenmaßstab in Abb. 5.8 ist logarithmisch unterteilt, und so können wir die Geschichte des Universums von der Planck-Ära bei $10^{-44}$ Sekunden bis zum heutigen Tage bei $3 \times 10^{17}$ Sekunden oder $10^{10}$

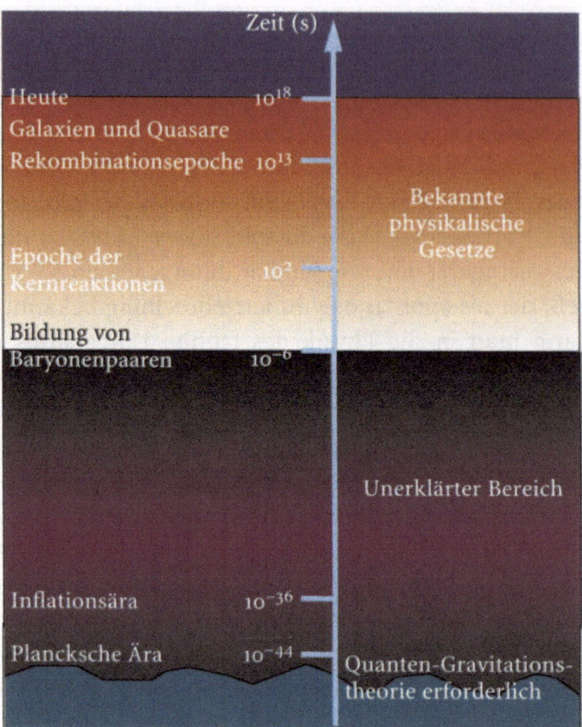


*Abb. 5.8.* Schematisches Diagramm zur Entwicklung des Universums von der Planckzeit bis zur Gegenwart. Der schattierte Bereich auf der rechten Seite des Diagrammes deutet die Gültigkeit der bekannten Gesetze der Physik an.

Jahren mit einem einzigen Blick erfassen. Betrachten wir die obere Hälfte des Diagrammes, von einem Alter des Universums von $10^{-6}$ Sekunden bis zur heutigen Epoche, dann können wir einigermaßen darauf vertrauen, trotz der vier genannten großen Probleme im Urknallmodell das korrekte Bild des Universums vorzufinden. Bei allen Zeiten, die vor $10^{-6}$ Sekunden liegen, sind wir jedoch sehr bald mit der uns vertrauten Physik am Ende. Von dem Modell des ganz frühen Universums, das wir zuvor dargestellt haben, müssen wir anmerken, daß wir die gewaltige Zeitspanne von $10^{-3}$ bis $10^{-44}$ Sekunden nur überbrücken können, indem wir für sie die Gültigkeit der bekannten Laborphysik voraussetzen. Möglicherweise wird sich die augenblicklich anerkannte Denkweise als zutreffend herausstellen, doch können wir nicht ausschließen, daß eine grundlegend neue Physik für immer höhere Energien auftaucht, bevor wir die Planck-Ära bei der Zeit von $10^{-44}$ Sekunden erreichen.

Nur eines kann als sicher gelten, irgendwann werden wir eine Quantentheorie der Gravitation brauchen. R. Penrose und St. Hawking haben ein minimales Singularitätentheorem aus der klassischen Gravitationstheorie für sehr allgemeine Bedingungen herausgearbeitet, das unausweichlich eine physikalische Singularität für $t \to 0$ voraussagt, also für den Beginn des Urknalles, in dem die Energiedichte des Universums gegen Unendlich strebt. Ein möglicher Weg, um diese Singularität zu vermeiden, kann eine geeignete Quantentheorie der Gravitation sein. Dies aber bleibt ein vorläufig ungelöstes Problem, und wir können sicher sein, daß bis zu seiner Lösung auch unser Verständnis der ganz frühen Phase des Universums Stückwerk bleiben wird. Es ist also keine Frage, daß wir eine neue Physik brauchen, wenn wir ein überzeugendes physikalisches Bild des ganz frühen Universums entwickeln wollen.

## 5.9 AUSKLANG

Je weiter wir mit dem Stoff des Kapitels vorankamen, desto häufiger stießen wir an die Grenzen des Verständnisses der physikalischen Grundlagen. Viele Spekulationen gingen weit über das hinaus, was sich durch Laborexperimente bestätigen läßt. Auf der anderen Seite können Ideen, wie etwa die des inflationären Universums, einen allgemeineren Gültigkeitsbereich besitzen als den, in dem sie zur Zeit untersucht werden. Die Situation ist nicht von der anderer Teilgebiete der Physik verschieden. Irgendwann stoßen wir an die Grenzen der physikalischen Theorien, und dort beginnt dann die Herausforderung für die Suche nach neuen Wegen für ein neues Verständnis, das durch Experimente oder Beobachtungen bestätigt werden muß. Es gibt viele Fragen, auf die wir auf der Basis unserer allgemein konzipierten Theorie keine überzeugende Antwort finden können. Wir können vermuten, wie eine Antwort aussehen könnte, aber das ist etwas anderes, als konkrete Theorien mit wirklichen Experimenten und Beobachtungen zusammenzuzwingen.

Trotz der wissenschaftlichen Möglichkeiten der Physik, auf viele Fragen die rechten Antworten zu finden, taucht noch eine Anzahl von beunruhigenden Fragen auf. Die professionellen Kosmologen versuchen aus guten Gründen, ihnen auszuweichen, wenn sie können, wir aber wollen es nicht versäumen, uns zum Ende doch noch mit ihnen in die Nesseln zu setzen.

(1) Gibt es andere Universen außerhalb des räumlichen Bereiches, den wir »unser Universum« nennen? Wenn wir das Urknallmodell wörtlich interpretieren, so haben Universen mit dem Dichteparameter $\Omega \leq 1$ eine unendliche Ausdehnung. Modelle mit $\Omega > 1$ haben eine endliche Größe und geschlossene Geometrien. Das besonders populäre kritische Modell mit $\Omega = 1$ besitzt eine unendliche Ausdehnung. In dieser Situation müssen wir auf das Wort »Modell« aber eine besondere Betonung legen. Das Standard-Urknallmodell scheint eine ausgezeichnete Beschreibung der großräumigen Eigenschaften unseres Universums zu sein, und es sind bemerkenswert überzeugende Beweise dafür vorhanden, daß es eine heiße und sehr dichte Phase durchlaufen hat. Das Urknallmodell ist aber nichts weiter als eine erste und stark vereinfachte Näherung für die Dynamik des Universums. Im Prinzip kann es natürlich noch weitere Universen geben, doch wir besitzen keinerlei Kenntnis von ihnen. Man kann sich

auch nur sehr schwer vorstellen, wie man eine solche Kenntnis jemals gewinnen könnte, angesichts der Photonen- und Neutronenschranken, die zu den Zeiten auftauchen, zu denen das Urknallmodell gerade ganz gut zu passen scheint. Varianten des inflationären Bildes, in denen mehrfache Universen auftauchen können, wurden zwar vorgeschlagen, doch auch diese Vorschläge fallen in den Bereich der Spekulation, weil sich für sie keine experimentellen Beweise oder überzeugende Beobachtungen finden lassen.

(2) Was geschieht direkt zu Beginn des Urknalles? Nach dem Singularitätentheorem von Hawking und Penrose hat das Standard-Weltmodell bei $t = 0$ eine Singularität. Im klassischen Bild erreichen Energie und Dichte dann den Wert Unendlich. Die klassische Physik kommt mit einer Singularität nicht zurecht, und wir können daher nur sagen, daß an diesem Punkt die Zeit beginnt.

(3) Was geschah vor $t = 0$? Für die klassische Physik ist diese Frage wegen der Singularität bei $t = 0$ ohne Bedeutung. Obwohl wir keine Quantentheorie der Gravitation haben, müßte eine solche Theorie die Aussagen des Singularitätentheorems ändern. Zur Planckzeit ist die Raumzeit selbst quantisiert, und die Theoretiker bezeichnen die Struktur des Universums zu dieser Zeit als einen »Quanten-Raumzeit-Schaum«. Vielleicht gibt es einen Weg, auf dem sich das Universum in einen solchen Zustand begeben und aus ihm so hervorgehen kann, daß es das uns heute bekannte Universum ist. Im Prinzip kann man natürlich die Möglichkeit nicht ausschließen, daß wir auch Weltmodelle für Epochen $t < 0$ aufstellen, also für Zeiten vor dem gegenwärtigen Universum, sofern erst einmal eine zufriedenstellende Quantentheorie der Gravitation vorliegt. Wie aber könnten wir dann eine solche Theorie je bestätigen?

(4) Wie sehen die letzten Stunden des Universums aus? Nach den Standard-Modellen hängt dies vollkommen von dem Dichteparameter $\Omega$ ab. In den Modellen, die sich für alle Zeiten ausdehnen, wird einmal der Vorrat des Kernbrennstoffes erschöpft sein, und dann werden inaktive Objekte übrig bleiben, schwarze Löcher, braune Zwerge und Gesteinsbrocken. Materie, die in die schwarzen Löcher fallen kann, wird von ihnen aufgesaugt werden, doch die meiste Materie wird diesem Schicksal wahrscheinlich entgehen. Die Modelle mit einem Dichteparameter $\Omega > 1$ werden in dem großen Kollaps enden, wie es in Abb. 4.9 gezeigt ist, der sich wie ein umgekehrter Urknall verhält. Alle Fragen über das, was sich bei der Annäherung an die Zeit $t = 0$ abspielen wird, treten in umgekehrter Reihenfolge wieder auf, wenn das Universum im großen Kollaps zusammenfällt. Nach dem klassischen Bild befindet sich das Universum dann wieder in einer Singularität, und was geschieht, wenn man das Problem quantenmechanisch bearbeiten kann, ist wiederum nicht bekannt. Verwandelt sich das Universum dann in einen Quanten-Raumzeit-Schaum zurück, taucht aus diesem außergewöhnlichen Zustand vielleicht wieder et-

was Neues auf. Im Augenblick kann man zu alledem nichts Verbindliches sagen.

In der Vergangenheit kam die Lösung unüberwindlicher Probleme meist aus einer völlig unerwarteten Richtung - ein Experiment, eine Beobachtung oder eine neue theoretische Entwicklung verliehen einem Problem plötzlich einen ganz anderen Anblick, und die neu gewonnenen Sichtweisen zeigten einen Weg nach vorn. Kosmologen sind geborene Optimisten, und meine persönliche Ansicht ist, daß viele Probleme, deren Lösung gegenwärtig außerhalb der Möglichkeiten der Physik liegt, irgendwann doch eine Lösung finden werden, nur kann man nicht vorhersagen, wie und wann dies geschehen wird. Außer Frage steht jedoch, daß jeder Fortschritt wie bisher durch die Kombination von neuen Experimenten, Beobachtungen und Theorien zustande kommen wird. Aus diesem Grund ist auch die nächste Generation großer Fernrohre für alle Wellenlängen und der neuen großen Teilchenbeschleuniger so wichtig - für die Bestätigung neuer Theorien und für die Entdeckung neuer Tatsachen über die Prozesse, die mit der Entstehung und der Entwicklung des Universums verbunden sind.

Bei allgemein verständlichen Vorträgen über die weiterreichende Bedeutung der kosmologischen Forschung werde ich häufig gefragt, welche Auswirkungen die naturwissenschaftlichen Bestrebungen der Kosmologie auf die Religion, die Theologie und die Philosophie haben. So wie ich es sehe, liefert uns die Physik eine *Beschreibung* der Natur, die in der außerordentlich kompakten Formulierung der Mathematik aufgezeichnet wird. Ein Wunder ist nur, daß natürliche Abläufe in dieser Weise mathematisch dargestellt werden können. Die Werkzeuge dieser Beschreibung sind deswegen so ungewöhnlich wirkungsvoll, weil sie quantitative Aussagen von neuen Gegebenheiten gestatten, die dann experimentell bestätigt werden können. Letztendlich stellen wir Beschreibungen natürlicher Abläufe zusammen, nicht aber ihre *Erklärungen*. Manche große Entdeckung der Physik hat unsere intuitiven Vorstellungen über die Natur des Universums tiefgreifend verwandelt. Das Konzept, daß Raum und Zeit nicht voneinander unabhängige Größen sind, sondern eine vierdimensionale Raum-Zeit bilden, ist gewiß nicht intuitiv einzusehen, aber so funktioniert die Natur. Die Tatsache, die die Quantenmechanik uns klar gemacht hat, daß es eine prinzipielle Unbestimmtheit für die Genauigkeit gibt, mit der wir Position und Geschwindigkeit eines jeden Objektes messen können, ist ebensowenig intuitiv einzusehen, aber durch zahllose Experimente bestätigt. Solche Beschreibungen gaben uns neue Einblicke, *wie* sich die Natur verhält, ergeben aber keine Erklärung *warum* sie sich so verhält und nicht anders. Antworten dieser Art liegen außerhalb des Gültigkeitsbereiches der Physik.

Die Gesamtheit aller dieser Fragen, die über den Bereich der Physik weit hinausgehen, war in einem wunderbaren Gespräch eingeschlossen, das ich mit dem Kaplan des Trinity College führte, als ich in Cambridge zu arbeiten anfing. Er hatte mich zu diesem Gespräch eingeladen, weil er wissen wollte, ob er mir behilflich sein konnte. Zu dieser Zeit steckte ich mitten in der Kontroverse über die Zählungen der extragalaktischen Radioquellen und beschrieb ihm begeistert die Beweise, die wir für das Urknallmodell und die Kosmologie des inflationären Zustandes gefunden hatten. Der Kaplan beendete das Gespräch mit einer Bemerkung, die für mich genau den Unterschied zwischen dem, was die Kosmologen tun, und dessen weitergehender Bedeutung ausmacht: »Was auch immer die richtige Theorie für den Ursprung des Universums sein mag, ich werde nie aufhören, über die Werke Gottes zu staunen«, sagte er. Für mich ist das eine richtige und gesunde Einstellung.

# Weiterführende Literatur


DEUTSCH

Barrow, J.D. und Silk, J.: *Die linke Hand der Schöpfung* (Spektrum Verlag, 1995)

Bergmann/Schäfer: *Lehrbuch der Experimentalphysik, Band 8: Sterne und Weltraum* (W. de Gruyter Verlag, 1997)

Börner, G., Ehlers, J. und Meier, H.: *Vom Urknall zum komplexen Universum* (Piper, 1993)

Davies, P.: *Die letzten drei Minuten* (C. Bertelsmann, 1996)

Goenner, H.: *Einführung in die Kosmologie* (Spektrum Verlag, 1994)

Karttunen, H., Kröger, P., Oja, H., Poutanen, M. und Donner, K.J. (Hrsg.): *Astronomie, Eine Einführung* (Springer-Verlag, 1990)

Koch, B. (Hrsg.): *Handbuch der Astrofotografie* (Springer-Verlag, 1994)

Lang, K.R.: *Die Sonne, Stern unserer Erde* (Springer-Verlag, 1996)

Lang, K.R.: *Planeten – Wanderer im All, Satelliten fotografieren und erforschen neue Welten im Sonnensystem* (Springer-Verlag, 1993)

Layzer, D.: *Die Ordnung des Universums* (Insel Verlag, 1995)

Liebscher, D.-E.: *Kosmologie* (Johann Ambrosius Verlag, 1994)

Montenbruck, O. und Pfleger, T.: *Astronomie mit dem Personal Computer*, 2. überarbeitete und stark erweiterte Auflage mit Diskette (Springer-Verlag, 1994)

Silk, J.: *Der Urknall* (Birkhäuser Verlag und Springer-Verlag, 1990)

ENGLISCH

Audouze, J. und Israel, G. (Hrsg.): *The Cambridge Atlas of Astronomy*, 3. Auflage (Cambridge University Press, 1994)

Berry, M.V.: *Principles of Cosmology and Gravitation* (Adam Hilger, 1989)

Börner, G.: *The Early Universe – Facts and Fiction*, Texts and Monographs in Physics, 3. korrigierte und erweiterte Auflage (Springer-Verlag, 1995)

Davies, P.C.W.: *The New Physics* (Cambridge University Press, 1989)

Jones, B.W., Lambourne, R.J.A. und Rothery, D.A.: *Images of the Cosmos* (Hodder and Stoughton in Zusammenarbeit mit der Open University, 1994)

Karttunen, H., Kröger, P., Oja, H., Poutanen, M. und Donner, K.J. (Hrsg.): *Fundamental Astronomy*, 3. Auflage (Springer-Verlag, 1996)

Kolb, E.W. und Turner, M.S.: *The Early Universe* (Addison-Wesley Publishing Co., 1990)

Lang, K.R.: *Sun, Earth and Sky* (Springer-Verlag, 1995)

Longair, M.S.: *High Energy Astrophysics*, 2 Bände (Cambridge University Press, 1992 und 1994)

Malin, D.: *A View of the Universe* (Sky Publishing Corporation and Cambridge University Press, 1993)

Montenbruck, O. und Pfleger, T.: *Astronomy on the Personal Computer*, 3. Auflage mit Diskette (Springer-Verlag, 1998)

Novikov, I.D.: *Black Holes and the Universe* (Cambridge University Press, 1990)

Peebles, P.J.E.: *Principles of Physical Cosmology* (Princeton University Press, 1993)

Rohlfs, K. und Wilson, T.L.: *Tools of Radio Astronomy*, Astronomy and Astrophysics Library, 2. vollständig überarbeitete und erweiterte Auflage (Springer-Verlag, 1996)

Schmadel, L.D.: *Dictionary of Minor Planet Names*, 3. überarbeitete und erweiterte Auflage (Springer-Verlag, 1997)

Shu, F.H.: *The Physical Universe: An Introduction to Astronomy* (Mill Valley, CA. University Science Books, 1982)

Tayler, R.J.: *The Stars: Their Structure and Evolution*, 2. Auflage (Cambridge University Press, 1995)

Verschuur, G.L.: *The Invisible Universe Revealed – The Story of Radio Astronomy*, Heidelberg Science Library (Springer-Verlag, 1987)

Wynn-Williams, C.G.: *The Fullness of Space* (Cambridge University Press)

# Bildquellen

**1.1** Aus der Ausgabe von Kopernikus *De Revolutionibus Orbium Celestium* in der Sammlung Crawford beim Royal Observatory, Edinburgh

**1.2** Aus J. Fraunhofer in *Denk. Münch. Akad. Wissen.* (1817)

**1.3** Aus R. Learner *Astronomy through the T*elescope (1981). Evans Brothers Ltd, London

**1.4, 1.11, 1.22, 2.24, 3.20, 4.13** Mit freundlicher Genehmigung der NASA und des Space Telescope Science Institute

**1.5, 1.9, 1.10, 2.11a, 2.12, 2.14, 2.16a, 3.9, 4.1** Mit freundlicher Genehmigung von D. Malin und dem Anglo-Australian Observatory

**1.6** Mit freundlicher Genehmigung des Mount Palomar Observatory

**1.7** Mit freundlicher Genehmigung des Lund Observatory

**1.8, 1.29, 1.30, 4.6** Mit freundlicher Genehmigung der NASA, des Goddard Space Flight Center und des COBE Science Team

**1.12, 1.13** Mit freundlicher Genehmigung des Royal Greenwich Observatory

**1.14** Mit freundlicher Genehmigung des Canada-France-Hawaii Telescope, der NASA, des Space Telescope Science Institute und von Dr. R. C. Thomson

**1.15, 2.15, 2.16b, 4.3a, 4.15** Mit freundlicher Genehmigung des Royal Observatory, Edinburgh

**1.16** Mit freundlicher Genehmigung von S. J. Maddox *et al.* aus *Mon. Not. R. Astr. Soc.* (1990)

**1.17** Mit freundlicher Genehmigung von J. Huchra und M. Geller aus dem Harvard-Smithsonian Center for Astrophysics

**1.21** Nach R. Giacconi, H. Gursky und L. P. van Speybroeck, aus *Ann. Rev. Astr. Astrophys.* (1968)

**1.24** Mit freundlicher Genehmigung von S. van den Bergh, aus *Astrophys. J.* (1975)

**1.25** Mit freundlicher Genehmigung von F. Seward und dem Harvard-Smithsonian Center for Astrophysics

**1.26a** Mit freundlicher Genehmigung der NASA und des HEAO-1 Science Team

**1.26b** Mit freundlicher Genehmigung von J. Trümper und dem Max-Planck-Institut für Extraterrestrische Physik, Garching

**1.27** Mit freundlicher Genehmigung der NASA, D. Kniffen und des Compton Gamma-Ray Observatory Science Team

**1.28** Mit freundlicher Genehmigung der NASA, des Jet Propulsion Laboratory und des Rutherford-Appleton Laboratory

**1.31** Mit freundlicher Genehmigung von G. Haslam und dem Max-Planck-Institut für Radio Astronomie, Bonn

**2.4** Mit freundlicher Genehmigung von J. N. Bahcall, aus *Neutrino Astrophysics* (1989), Cambridge University Press

**2.5** Mit freundlicher Genehmigung von J. Suzuki aus *Nuclear Physics B* (1995)

**2.6a** Mit freundlicher Genehmigung von J. Kelly Beatty und A. Chaikin (eds.), aus *The New Solar System* (1990), Cambridge University Press

**2.6b, 2.25, 4.25** Mit freundlicher Genehmigung der US National Optical Astronomy Observatories

**2.7** Mit freundlicher Genehmigung von T. Toutain und C. Frölich aus *Astron. Astrophys.* (1992)

**2.8** Mit freundlicher Genehmigung von D. O. Gough (1993)

**2.9a, c** Mit freundlicher Genehmigung der European Space Agency, von M. A. C. Perryman und dem Hipparcos Science Team (1994)

**2.10** Mit freundlicher Genehmigung von D. Michalis und J. Binney aus *Galactic Astronomy; Structure and Kinematics* (1981), W. H. Freeman and Co.

**2.11b** Nach J. E. Hesser *et al.*, aus *Publ. Astron. Soc. Pacific* (1989)

**2.13a** Gemälde von Davis Melzer

**2.19** Mit freundlicher Genehmigung des Royal Observatory, Edinburgh und von K. Papworth, Cavendish Laboratory, Cambridge

**2.22** Nach C. J. Lada, aus *Ann. Rev. Astron. Astrophys.* (1985)

**2.26** Mit freundlicher Genehmigung der NASA, von C. R. O'Dell und dem Hubble Space Telescope Science Institute

**2.27** Mit freundlicher Genehmigung von F. H. Shu, F. C. Adams und S. Lizano, aus *Ann. Rev. Astron. Astrophys.* (1987)

**2.28** Mit freundlicher Genehmigung der NASA, von C. Burrows und dem Hubble Space Telescope Science Institute

**3.2, 3.3** Mit freundlicher Genehmigung von R. Perley, copyright NRAO (1985) und *Astrophys. J.* (1984)

**3.4a** Aus *Structure and Evolution of Active Galactic Nuclei* (1986), D. Reidel and Company

**3.4b** Mit freundlicher Genehmigung von K. Pounds und der European Space Agency

**3.5** Mit freundlicher Genehmigung von A. Hewish, aus *Q. J. R. Astron. Soc.* (1986)

**3.7** Nach S. L. Shapiro und S. A. Teukolsky, aus *Black Holes, White Dwarfs and Neutron Stars: The Physics of Compact Objects* (1983), Wiley-Interscience

**3.8** Mit freundlicher Genehmigung von A. R. Bell, aus *Mon. Not. R. Astron. Soc.* (1977) und von S. F. Gull

**3.10** Mit freundlicher Genehmigung von R. A. Chevalier aus *Nature* (1992) und dem Anglo-Australian Observatory

**3.11** Mit freundlicher Genehmigung von H. Tananbaum *et al.*, aus *Astrophys. J.* (1972)

**3.14, 3.15** Mit freundlicher Genehmigung von J. Tayler, aus *Proc. Roy. Soc.* (1992)

**3.19** Mit freundlicher Genehmigung von J. E. McClintock, aus *Texas-ESO-CERN Symposium on Relativistic Astrophysics, Cosmology and Fundamental Physics* (1992), New York Academy of Sciences

**3.21** Nach A. Wandel und R. F. Mushotzky, aus *Astrophys. J.* (1986)

**3.22a** Nach T. J. Pearson *et al.*, aus *Extragalactic Radio Sources* (1982), D. Reidel and Company

**3.23** Nach J. Tanaka *et al.* aus *Nature* (1985)

**4.2** Mit freundlicher Genehmigung von H. C. Arp und B. F. Madore aus *A Catalogue of Southern Peculiar Galaxies und Associations* (1987), Cambridge University Press

**4.3b** Mit freundlicher Genehmigung von A. und Yu. Toomre

**4.4** Nach A. R. Sandage aus *Observatory* (1968)

**4.5** Mit freundlicher Genehmigung von P. J. E. Peebles aus *Principles of Physical Cosmology* (1993), Princeton University Press

**4.10** Von M. S. Longair, aus *Alice and the Space Telescope* (1989), Johns Hopkins University Press, Zeichnung von Stephen Kraft

**4.12** Mit freundlicher Genehmigung von H. Bondi aus *Cosmology* (1960), Cambridge University Press

**4.14** Von S. J. Lilly und M. S. Longair aus *Mon. Not. R. Astr. Soc.* (1984)

**4.16** Mit freundlicher Genehmigung von A. Stockton, aus N. Henbest and M. Marten, *The New Astronomy* (1983), Cambridge University Press

**4.17** Mit freundlicher Genehmigung von Dr. Simon Garrington und dem MERLIN staff von Jodrell Bank, University of Manchester

**4.18** Mit freundlicher Genehmigung der NASA, von J.-P. Kneib, R. Ellis und dem Hubble Space Telescope Science Institute

**4.19b** Mit freundlicher Genehmigung von C. Alcock *et al.*, aus *Nature* (1994)

**4.22** Nach C. Frenk, aus *Phil. Trans. Roy. Soc. Lond.* (1986)

**4.24a** Mit freundlicher Genehmigung von Dr. S. Z. Dunlop (1997)

**4.24b** Mit freundlicher Genehmigung von P. Madau *et al.* aus *Mon. Not. R. Astr. Soc.* (1996)

**4.25** Mit freundlicher Genehmigung von Dr. R. Griffith, der NASA und dem Space Telescope Science Institute

**4.26** Mit freundlicher Genehmigung von Dr. R. Williams, der NASA und dem Space Telescope Science Institute

**5.2** Mit freundlicher Genehmigung von R. V. Wagoner, aus *Astrophys. J.* (1973)

**5.3** Übernommen von J. Audouze, *Astrophysical Cosmology* (1982), Scientiarium Scripta Varia, Vatican City

**5.6** Nach F. Close, M. Marten und C. Sutton, aus *The Particle Explosion* (1987), Oxford University Press

**5.7** Nach E. Kolb und M. S. Turner, nach *The Early Universe* (1990), Addison-Wesley Publishing Co.

# Glossar

**Absoluter Nullpunkt der Temperaturskala** Die Temperatur, bei der nach den Gesetzen der klassischen Physik jede Molekularbewegung aufgehört hat, ist die tiefste mögliche Temperatur. Diese Temperatur ist der Nullpunkt der Kelvinschen Temperaturskala, der etwa -273° Celsius (° C) entspricht.

**Absorption** Absorption nennt man den Vorgang, auf Grund dessen die Energie (Intensität) von Strahlung beim Durchgang durch Materie abnimmt. Die von der Strahlung abgegebene Energie wird dabei von der Materie aufgenommen. Absorption verbunden mit Elektronenübergängen in Atomen, Molekülen oder Ionen verursacht Absorptionslinien bestimmter Wellenlängen.

**Aitoff-Projektion** Die Aitoff-Projektion ist eine geometrische Projektion, mit der man den gesamten Sternenhimmel auf ein einziges Blatt Papier abbilden kann. In der am meisten verbreiteten Version dieser Projektion ist die galaktische Ebene in der zentralen Achse des Diagrammes mit dem galaktischen Zentrum im Mittelpunkt abgebildet.

**Akkretion** Akkretion heißt der Prozeß, bei dem interstellare Materie unter dem Einfluß der Gravitation zu einem kompakten Objekt zusammengefügt wird. Während der Entstehung eines Sternes wird Gas an seinen Kern angelagert und so die Gesamtmasse des Sternes allmählich aufgebaut. Dabei erhöht sich seine zentrale Temperatur. Die Akkretion von Materie an kompakte Sterne, wie weiße Zwerge, Neutronensterne und schwarze Löcher, bewirkt einen starken Ausstoß von Energie. Die Akkretion von Materie an supermassereiche schwarze Löcher in aktiven galaktischen Kernen ist wahrscheinlich die Quelle ihrer enormen Leuchtkraft.

**Akkretionsscheibe** Wenn die Materie, die von einem kompakten Objekt infolge seiner Gravitation aufgenommen wird, eine Rotation mitbringt, genauer einen Drehimpuls, dann bildet die zusammenstürzende Materie eine Akkretionsscheibe um das kompakte Objekt. Die Materie wird dann aus den inneren Schichten der Akkretionsscheibe abgezogen.

**Aktiver galaktischer Kern** Als aktiven galaktischen Kern bezeichnet man den zentralen Bereich einer aktiven Galaxie, in dem außergewöhnlich hohe Energien durch nichtstellare Prozesse erzeugt werden. Es handelt sich um ein charakteristisches Merkmal verschiedener Typen von Galaxien, die auf verschiedene Weise nach ihrem Erscheinungsbild und nach der Natur der von ihnen ausgesandten Strahlung klassifiziert werden. Quasare, Seyfert-Galaxien und Radiogalaxien sind unterschiedliche Ausprägungen eines aktiven Sternsystems. Die Energiequelle ist im Kern konzentriert. Ein Mechanismus, der für die Abstrahlung der ungeheuren Energiebeträge in Frage kommen kann, ist die Ansammlung von Materie in einem supermassereichen schwarzen Loch mit der Freigabe von Gravitationsenergie. Intensitätsschwankungen der Strahlung aus dem Kern über sehr kurze Zeitspannen zeigen, daß die Strahlungsquelle auf einen sehr kleinen Raumbereich konzentriert sein muß.

**Allgemeine Relativitätstheorie** Die allgemeine Relativitätstheorie ist die allgemeine Theorie der Gravitation, die 1915 von A. Einstein aufgestellt wurde. Ihr grundlegendes Postulat ist das Äquivalenzprinzip, das die Verschiedenheit der trägen und schweren Masse aufhebt, die in der Newtonschen Mechanik vorhanden ist. Die allgemeine Relativitätstheorie beschreibt Gravitation als geometrische Eigenschaft der vierdimensionalen Raumzeit, die wiederum von der Verteilung der Masse und Energie beeinflußt wird. Für viele Bereiche der Astronomie und Kosmologie besitzt die allgemeine Relativitätstheorie eine herausragende Bedeutung. Als erste Bestätigung der allgemeinen Relativitätstheorie gilt die Berechnung der Anomalie der Perihelbewegung des Merkur von 43 Bogensekunden pro Jahrhundert, die mit der beobachteten übereinstimmt. Zu den weiteren Bestätigungen gehört die Ablenkung der Lichtstrahlen durch große Massen, die bei Sonnenfinsternissen beobachtet wird, und die Erklärung der Bewegungen von Doppelpulsaren. Ferner können die Eigenschaften der schwarzen Löcher, die in gewissen Röntgen-Doppelquellen und in den aktiven galaktischen Kernen vermutet werden, nur mit Hilfe der allgemeinen Relativitätstheorie verstanden werden. Zur Konstruktion von folgerichtigen Modellen des Universums als Ganzes ist diese Theorie ebenso wichtig wie als Grundlage der Friedmannschen Standard-Weltmodelle.

**Anthropisches Prinzip** Das anthropische Prinzip behauptet, daß die Anwesenheit von intelligentem Leben auf der Erde die Natur des Universums beeinflußt, in dem wir leben. Nach dem anthropischen Prinzip gibt es nur bestimmte Typen von Universen, in denen sich intelligentes Leben entwickelt haben könnte. Mit anderen Worten, das Universum ist so, wie es ist, weil wir existieren und es beobachten.

**Antimaterie** Antimaterie besteht aus Elementarteilchen, deren Masse und Spin mit dem gewöhnlicher Teilchen identisch, alle anderen Eigenschaften aber, z. B. die Ladung, umgekehrt sind. Obwohl einige Antiteilchen in der Natur beobachtet und wieder andere im Laboratorium hergestellt wurden, gibt es keine Beweise für die Existenz von Antimaterie in massiver Form. Wenn Materie und Antimaterie zusammentreffen, dann vernichten sie sich normalerweise unter Erzeugung von Röntgenstrahlung.

**Bewegung mit Überlichtgeschwindigkeit** Es handelt sich um die scheinbare Bewegung eines Objektes mit einer Geschwindigkeit, die größer als die Lichtgeschwindigkeit ist. Die Winkelentfernung einzelner Komponenten kompakter Radioquellen nimmt z. B. mit einer Geschwindigkeit zu, die dem zehnfachen der Lichtgeschwindigkeit entspricht. Dies ist wahrscheinlich eine geometrische Täuschung, die dadurch verursacht wird, daß herausgeschleuderte Komponenten sich mit nahezu Lichtgeschwindigkeit auf der Sichtlinie auf uns zu bewegen. Diese Erscheinung wurde an dem Quasar 3C 273 und vielen anderen kompakten Quasaren beobachtet.

**Brauner Zwerg** Braune Zwerge sind Objekte, deren Masse so klein ist, daß in ihrem Inneren keine Kernreaktionen angefacht werden können. Daher sind sie sehr kalte Objekte, die sich nur im infraroten Wellenlängenbereich beobachten lassen. Planeten sind Beispiele für derartige Objekte. Von Sternen, deren Masse kleiner als das 0,08fache der Sonnenmasse ist, kann man erwarten, daß es sich um braune Zwerge handelt. Außerhalb des Sonnensystems ließ sich bisher noch kein brauner Zwerg eindeutig identifizieren, obwohl eine Reihe möglicher Kandidaten beobachtet wurde.

**Cephei-Variable** Cephei-Variable sind leuchtende, regulär veränderliche Sterne mit einer charakteristischen Lichtkurve, mit der ihre Helligkeit variiert. Die Helligkeit nimmt dabei schnell bis zu einem Maximum zu und fällt dann langsam wieder ab. Es besteht ein wohldefinierter Zusammenhang zwischen der Leuchtkraft des cephei-variablen Sternes und dessen Periodendauer, so daß die Leuchtkraft aus der Periodendauer bestimmt werden kann. Daraus entstand eine der besten Methoden zur Bestimmung der Entfernung benachbarter Galaxien.

**Dichtekontrast** In der Kosmologie bezeichnet man mit Dichtekontrast das Verhältnis der Abweichung von der mittleren Dichte in einem bestimmten Bereich des Universums zur mittleren Dichte. Man nimmt an, daß sich die Galaxien aus winzigen Dichtefluktuationen gebildet haben, die in einem sehr frühen Zustand des Universums entstanden sein müssen.

**Dichteparameter** Der Dichteparameter gibt das Verhältnis der Dichte des Universums zur kritischen kosmologischen Dichte an. Dieses Verhältnis wird mit dem griechischen Buchstaben $\Omega$ bezeichnet.

**Doppelpulsar** Ein Doppelpulsar gehört zu einem Doppelsternsystem. Die interessanten Fälle sind Systeme aus zwei Neutronensternen. Das als erstes entdeckte System dieser Art war das System PSR 1913 + 16, das aus einem Radiopulsar und einem Neutronenstern besteht. Solche Sternsysteme bieten wichtige Möglichkeiten zur Überprüfung der allgemeinen Relativitätstheorie.

**Doppelquasar** Ein Paar sehr eng benachbarter Quasare bildet einen Doppelquasar. Es kann sich aber auch um einen einzelnen Quasar handeln, von dem man infolge einer Abbildung durch eine Gravitationslinse zwei Bilder sieht. Der erste Doppelquasar 0957 + 561 mit Radioemission wurde 1979 entdeckt.

**Doppelstern** Zwei Sterne, die einen gemeinsamen Schwerpunkt umkreisen und durch wechselseitige Gravitationskräfte zusammengehalten werden, nennt man einen Doppelstern. Ungefähr die Hälfte aller Sterne sind Doppelsterne oder Mehrfachsternsysteme, obwohl normalerweise die einzelnen Komponenten nicht voneinander unterschieden werden können. Auf die Anwesenheit von mehr als einem Stern wird aus dem Erscheinungsbild des gemeinsamen Spektrums geschlossen. Die beiden Komponenten des Doppelsternsystems können sich auf elliptischen Bahnen um ihren gemeinsamen Schwerpunkt bewegen. Manche Doppelsterne liegen so nahe beieinander, daß die Zugkräfte der Gravitation zu einer Abweichung von der Kugelgestalt führen können. Beide Sterne können auch Materie austauschen und von einer gemeinsamen Gashülle umgeben sein. Infolge des Überganges von Materie von einem Stern zum anderen kann sich um einen Stern auch eine Akkretionsscheibe ausbilden. Die dabei freiwerdende Energie findet sich in der Emission von Ultraviolett- und Röntgenstrahlung wieder. Eine andere Folge des Materieaustausches zwischen Doppelsternen sind Novae.

**Dopplereffekt** Als Dopplereffekt bezeichnet man die Änderungen der Frequenz einer bewegten Strahlungsquelle, die ein ruhender Empfänger wahrnimmt. Der Unterschied zwischen ausgestrahlter und empfangener Frequenz ist proportional zur Geschwindigkeit der Strahlungsquelle. Wenn sich die Strahlungsquelle auf den Empfänger zu bewegt, dann ist empfangene Frequenz größer (die Wellenlänge kleiner) als die ausgestrahlte Frequenz (Wellenlänge), wenn sich die Strahlungsquelle vom Empfänger entfernt, ist empfangene Frequenz kleiner (die Wellenlänge größer). In der Kosmologie wird die Zunahme der Wellenlänge als Rotverschiebung bezeichnet.

**Dunkle Materie** Dunkle Materie ist im Universum vorhanden, emittiert aber sehr wenig Strahlung. Ein Beweis für die Existenz dunkler Materie ergibt sich aus der Geschwindigkeit von Galaxien in dichten Galaxienhaufen und aus der Rotationsgeschwindigkeit spiralförmiger Riesengalaxien. Abgesehen davon spricht der Vergleich der in den Galaxien vorhandenen Massendichte mit der mittleren kosmologischen Dichte für die Existenz der dunklen Materie.

**Eddingtongrenze** Dies ist eine obere Grenze für das Verhältnis der Leuchtkraft eines stabilen Sternes zu seiner Masse. A. Eddington zeigte, daß dieser Grenzwert 25 000 beträgt, wenn als Einheiten die Sonnenmasse und die Sonnenleuchtkraft verwendet werden. Wird dieser Grenzwert überschritten, dann werden die äußeren Schichten des Sternes durch den Strahlungsdruck abgesprengt. Die Eddingtongrenze ist auch wichtig für die Untersuchung der Röntgendoppelsterne und aktiven galaktischen Kerne. Sie setzt einen oberen Wert für die Leuchtkraft fest, die durch die Akkretion von Neutronensternen und schwarzen Löchern erzeugt wird.

**Eingefrorener Magnetfluß** Dieses Phänomen tritt auf, wenn in einem Plasma ein magnetisches Feld existiert. Das magnetische Feld wird in einem Plasma »eingefroren«, weil sich die magnetischen Feldlinien mitbewegen, wenn sich das Plasma bewegt, so als seien sie mit dem Plasma fest verbunden.

**Einsteinring** Ein Einsteinring entsteht als kreisrundes oder ellipsenförmiges Bild eines weit entfernten Objektes, das durch eine Gravitationslinse abgebildet wird, sofern das Objekt und die abbildende Galaxie sich genau auf der Sichtlinie befinden.

**Elektromagnetische Strahlung** Die elektromagnetische Strahlung entsteht in schwingenden elektrischen und magnetischen Feldern. Licht ist eine elektromagnetische Strahlung, ebenfalls dazu gehören die Radiostrahlung, infrarote, ultraviolette, Röntgen- und $\gamma$-Strahlung. Im Vakuum bewegt sich elektromagnetische Strahlung mit Lichtgeschwindigkeit. Werden geladene Teilchen beschleunigt, dann emittieren sie elektromagnetische Strahlung.

**Entarteter Stern** Mit dieser Bezeichnung werden weiße Zwerge und Neutronensterne zusammengefaßt, die beide aus entarteter Materie bestehen. Diese Sterne befinden sich in einem fortgeschrittenen Entwicklungszustand, der durch den Gravitationskollaps eines normalen Sternes entstanden ist. In ihrem Inneren können infolge des sehr hohen Druckes keine normalen Atome mehr existieren. In den weißen Zwergen bilden Elektronen und Atomkerne eine dichte kompakte Masse. Der Strahlungsdruck der Elektronen verhindert, daß der Stern unter dem Einfluß der Gravitation weiter zusammenfällt. In Neutronensternen haben sich die Elektronen und Protonen zu einer Form von Materie vereinigt, die aus einem dicht gepackten Neutronengas besteht. Der Entartungsdruck dieses Neutronengases verhindert den weiteren Zusammenbruch unter dem Einfluß der Gravitation. In beiden Fällen gibt es eine obere Grenze für die Masse – Chandrasekharmasse genannt – von etwa 1,4 Sonnenmassen. Einen vergleichbaren Wert findet man für die Neutronensterne. Liegen die Massen höher, dann fällt der Stern weiter zu einem schwarzen Loch zusammen.

**Entartungsdruck** Entartungsdruck ist der Druck, der mit den quantenmechanischen Kräften verbunden ist, die verbieten, daß mehr als ein Teilchen eines Typs ein und denselben Zustand besetzt.

**Euklidischer Raum** Der Euklidische Raum ist gleichförmig, homogen und isotrop. Die Winkelsumme in einem Dreieck beträgt genau 180°. Mathematisch gesehen hat der Euklidische Raum die Krümmung Null und ist der »flache« Raum unserer täglichen Erfahrung.

**Fluchtgeschwindigkeit** Dies ist die Geschwindigkeit, die ein Körper mindestens haben muß, um aus der Gravitationsanziehung eines anderen massiven Körpers zu entkommen.

**Friedmannsche Weltmodelle** Die Friedmannschen Weltmodelle sind die Standardlösungen der Einsteinschen Gleichungen der allgemeinen

Relativitätstheorie für isotrope und homogene Modelle des Universums. Für die einfachste Lösung wird die kosmologische Konstante Null gesetzt. Die Dynamik in diesen Modellen kann man sich als einen Wettstreit zwischen der Expansion des Universums vorstellen, durch die die Materie auseinander getrieben wird, und den anziehenden Kräften der Gravitation, die diese Expansion verhindern will. Friedmann fand auch Lösungen für den Fall, daß die kosmologische Konstante nicht verschwindet.

**Gekrümmter Raum** Dies ist ein Raum, in dem die Winkelsumme im Dreieck nicht 180° beträgt. Auf der Oberfläche einer Kugel hat ein Dreieck eine Winkelsumme, die größer als 180° ist. Eine Sattelfläche ist ein Beispiel für einen hyperbolischen Raum, in dem die Winkelsumme in einem Dreieck kleiner als 180° ist.

**Gravitationslinse** Durch starke Gravitationsfelder werden Lichtstrahlen gekrümmt. Wenn also ein Lichtstrahl an einem massiven Objekt vorbeiläuft, dann wird er von seinem geradlinigen Weg abgelenkt. Aus diesem Grund kann das Licht von einem weit entfernten Stern durch dazwischenliegende Objekte fokussiert werden. Die Wirkung einer Gravitationslinse verzerrt das Bild eines fernen Objektes. Aus dieser Verzerrung läßt sich auch die Massenverteilung in dem abbildenden Objekt bestimmen.

**Gravitationsrotverschiebung** Die Gravitation verursacht eine Rotverschiebung der elektromagnetischen Strahlung, wenn sie sich von einem massiven Körper her ausbreitet. Wenn die Strahlung aus einer tiefen Senke des Gravitationspotentials kommt, wie sie mit einem Neutronenstern oder schwarzen Loch verbunden ist, dann muß sie gegen die Gravitationskraft eine Arbeit verrichten, und dabei verkleinert sich die Frequenz der elektromagnetischen Strahlung.

**Gravitationsstrahlung** So wie die elektromagnetische Strahlung mit der Beschleunigung von elektrischen Ladungen verbunden ist, so ist die Gravitationsstrahlung mit der Beschleunigung von Massen gegeneinander verbunden. Gravitationsstrahlung ist jedoch sehr viel schwächer als elektromagnetische Strahlung, weil Gravitationskräfte kleiner als elektromagnetische Kräfte sind. Die Gravitationsstrahlung wurde bisher noch nicht direkt mit Empfängern für Gravitationswellen nachgewiesen, doch ein überzeugender Beweis wurde im Verlust von Gravitationswellenenergie im Doppelpulsar PSR 1913 + 16 gefunden.

**Großer Kollaps** Hiermit wird das Ende des Universums in bestimmten Weltmodellen bezeichnet, die dann in eine kompakte dichte Phase zusammenfallen (Big Crunch). In vieler Beziehung ist dieses Ereignis ein umgekehrter Urknall (Big Bang). In den einfachsten Weltmodellen findet man dieses Verhalten bei dem Dichteparameter $\Omega > 1$ und dem Verzögerungsparameter $q_0 > 1/2$.

**Größe** Die Größe ist ein Maß für die Helligkeit eines Sternes oder eines anderen Himmelskörpers. Auf der Größenskala bezeichnen die kleinsten Zahlen Objekte mit der größten Helligkeit. Das Größensystem war ursprünglich ein Versuch zur qualitativen Klassifizierung der scheinbaren Helligkeit von Sternen. Ungefähr 120 vor unserer Zeitrechnung ordnete der griechische Astronom Hipparchos Sterne auf einer Größenskala vom »ersten« für den hellsten bis zum »sechsten« Stern, der für ein unbewaffnetes Auge gerade noch am Himmel zu entdecken war. Diese qualitative Beschreibung wurde in der Mitte des 19. Jahrhunderts standardisiert. Zu dieser Zeit bedeutete jeder Größenschritt etwa das gleiche Helligkeitsverhältnis, wodurch man eine logarithmische Helligkeitsskala erhielt. Bezeichnet man mit $S$ die Flußdichte oder Helligkeit eines Sternes, dann ist seine Größe $m$ durch einen Ausdruck der Form $m = \text{const} - 2{,}5 \times \log_{10} S$ gegeben. Die Helligkeit der Sterne oder Galaxien, so wie sie von der Erde aus als scheinbare Größe beobachtet werden, hängt von ihrer charakteristischen Leuchtkraft und ihrer Entfernung ab. Die absolute Größe ist ein Maß für die charakteristische Leuchtkraft eines Objektes auf der Größenskala. Sie ist definiert als scheinbare Größe des Objektes, das dieses in einer standardisierten Entfernung von 10 pc haben würde.

**Größenparameter** Der Größenparameter $R$ beschreibt die Änderung der mittleren Entfernung zwischen zwei Galaxien infolge der Expansion des Universums. Der Größenparameter wird in diesem Buch so verwendet, daß sein Wert zum heutigen Tag genau 1 beträgt. Als die Galaxien im Mittel um einen Faktor 2 näher beieinander lagen, hatte der Größenparameter den Wert 0,5, als sie um einen Faktor 4 näher beieinander waren als heute, den Wert 0,25, usw.

**Hauptreihe** Wenn eine Stichprobe von Sternen in einem Hertzsprung-Russell-Diagramm dargestellt wird, in dem die Leuchtkraft der Sterne gegen ihre Temperatur aufgetragen ist, dann findet man die meisten Sterne des Universums auf einem breiten Streifen, der sich von Sternen hoher Leuchtkraft und hoher Temperatur links oben zu Sternen mit geringer Leuchtkraft und niedriger Temperatur rechts unten erstreckt. Dieses breite Band wird als Hauptreihe bezeichnet. In den Sternen auf der Hauptreihe ist die Verbrennung von Wasserstoff zu Helium im Inneren des Sternes deren Energiequelle.

Kalte Sterne mit großer Leuchtkraft, wie rote Riesen, und heiße Sterne mit geringer Leuchtkraft, wie weiße Zwerge, gehören nicht zu den Sternen auf der Hauptreihe.

**Hauptreihenendpunkt** Wenn sich ein Sternhaufen entwickelt, so vollenden als erste die massivsten Sterne ihre Entwicklung auf der Hauptreihe. Mit zunehmendem Alter des Sternhaufens erschöpfen sich allmählich auch die Energiequellen der Sterne auf dem oberen Teil der Hauptreihe. Der Punkt der Hauptreihe, oberhalb von dem keine Sterne in das Hertzsprung-Russell-Diagramm mehr eingetragen werden können, wird als der Hauptreihenendpunkt bezeichnet. Die Lage des Hauptreihenendpunktes im H-R-Diagramm eines Sternhaufens kann zur Abschätzung seines Alters herangezogen werden.

**Heiße dunkle Materie** Die heiße dunkle Materie ist eine Variante der von der Theorie geforderten dunklen Materie, die bei der Entstehung von Strukturen im Universum eine Rolle spielt. Nach der am weitesten verbreiteten Ansicht besteht sie aus Neutrinos mit einer endlichen Masse von etwa 10 eV. Beim Urknall wurden ausreichend viele Neutrinos erzeugt, und sofern sie diese Masse haben, reicht ihre gesamte Massendichte für ein geschlossenes Universum aus. Weil die Neutrinos vermutlich eine ganz kleine Ruhemasse haben, bleiben sie bis in das späte Universum hinein in ihrem heißen Zustand.

**Helioseismologie oder Sonnenseismologie** Hierunter versteht man einen Wissenschaftszweig, der innere Eigenschaften der Sonne aus ihren verschiedenen mechanischen Resonanzschwingungen zu bestimmen versucht. Die einzelnen Resonanzschwingungen der Sonne werden ständig durch Konvektionsbewegungen in ihrem Inneren erzeugt.

**Hertzsprung-Russell-Diagramm** Ein Diagramm, in dem die Leuchtkraft der Sterne über ihren Farben oder Spektraltypen aufgetragen ist, heißt in der Astronomie Hertzsprung-Russell-Diagramm. In der herkömmlichen Auftragungsweise nimmt die Leuchtkraft logarithmisch auf der vertikalen Achse zu, und die Temperatur wächst von rechts nach links auf der horizontalen Achse. Die Sterne besetzen nicht alle Bereiche des Hertzsprung-Russell-Diagrammes gleichmäßig, sondern ordnen sich in bestimmten Folgen an, von denen die bedeutendsten die Hauptreihe, der Riesenast und der Horizontalast sind.

**Hierarchische Haufenbildung** Unter einer hierarchischen Haufenbildung versteht man einen Prozeß, bei dem Objekte durch die Vereinigung von kleineren Objekten aufgebaut werden. Diese Prozesse verlaufen nacheinander, so daß die hierarchische Haufenbildung als Vereinigung immer größerer Strukturen vor sich geht. So stellt man sich den Aufbau der Galaxien und großräumigen Strukturen im Bild der kalten dunklen Materie vor.

**Higgsteilchen** Das Higgsteilchen wurde von Theoretikern eingeführt, um die Massen bestimmter Elementarteilchen zu erklären. Der Erfolg, mit dem die Theorie der elektroschwachen Wechselwirkung die Massen der $W^{\pm}$- und $Z^0$-Teilchen erklären konnte, ist ein überzeugender Beweis für ihre Existenz, doch konnten sie in Experimenten mit selbst den größten Beschleunigungsmaschinen noch nicht nachgewiesen werden. Diese Teilchen haben die wichtige Eigenschaft, durch ein Skalarfeld beschrieben zu werden, das als Higgsfeld bekannt ist. Felder dieser Art können als Antrieb der inflationären Phase des frühen Universums dienen.

**Horizontalaststerne** Diese Sterne sind leuchtkräftige Sterne, die in den Hertzsprung-Russell-Diagrammen von Kugelsternhaufen gefunden werden. Man vermutet, daß sie aus roten Riesensternen entstehen, die Masse aus ihren äußeren Schichten verloren haben und deswegen im Hertzsprung-Russell-Diagramm nach links verrutschen. Entwickeln sich diese Sterne weiter, so bewegen sie sich bei mehr oder weniger konstanter Leuchtkraft auf den roten Riesenast zu.

**Hubblesche Konstante** Dies ist die Proportionalitätskonstante, die im Hubbleschen Gesetz $v = H_0 \times r$ mit $H_0$ bezeichnet ist. Dieses Gesetz beschreibt die Geschwindigkeit, mit der das Universum gegenwärtig expandiert. Ihr Zahlenwert ist wegen der Unsicherheiten in der extragalaktischen Entfernungsskala nicht leicht zu bestimmen. Wahrscheinlich liegt er zwischen 50 und 100 $\mathrm{km\,s^{-1}\,Mps^{-1}}$. In den Standardmodellen des Universums ändert sich dieser Wert mit der Zeit, ist also offensichtlich keine der großen Konstanten unseres Universums.

**Hubblesches Gesetz** Das Hubblesche Gesetz beschreibt die Beobachtung, daß die Rezessionsgeschwindigkeit $v$ der entfernten Galaxien zu dem Abstand $r$ von unserer Galaxie direkt proportional ist, $v \propto r$. Das Gesetz ist eine Folge der gleichförmigen Expansion des gesamten Universums.

**Hyperbolischer Raum** Der hyperbolische Raum ist gleichförmig und homogen, seine einzelnen Bereiche sind aber eher hyperbolisch als flach. Das einfachste Beispiel für einen hyperbolischen Raum ist eine Sattelfläche. Wenn man auf ihr ein Dreieck zeichnet, dann wird die Winkelsumme in diesem Dreieck kleiner als 180°. Mathematisch gesehen hat dieser Raum eine negative Krümmung.

**Inflationäres Universum** Das inflationäre Universum ist ein Modell für die frühe Entwicklung im Urknallmodell, das eine exponentielle Expansion des Universums einschließt. Diese hypothetische Phase in der Entwicklung des frühen Universums wurde eingeführt, um seine beobachtete großräumige Isotropie und die Tatsache zu erklären, daß die Dichte innerhalb eines Faktors 10 der kritischen kosmologischen Dichte liegt. In der am weitesten verbreiteten Version dieser Theorie ist die exponentielle Expansion mit einem Phasenübergang verbunden, der ungefähr $10^{-34}$ sec nach dem Beginn des Urknalles stattfindet. Nach den großen einheitlichen Theorien der Elementarteilchen wird die starke Kraft zu diesem Zeitpunkt von der elektroschwachen Kraft getrennt. Dieses Ereignis setzt gewaltige Energien frei, die bis dahin im Vakuum der Raumzeit gespeichert waren. Dieses Szenario erklärt die gegenwärtige große Ausdehnung des Universums und seine Gleichförmigkeit.

**Intergalaktisches Medium** Das intergalaktische Medium befindet sich in dem Raum zwischen den Galaxien. Von den sternreichen Galaxienhaufen weiß man, daß ein erheblicher Anteil sehr heißen Gases zwischen den Galaxien anzutreffen ist, aber es hat sich herausgestellt, daß das Gas sehr schwer nachzuweisen ist. Kürzlich wurde von einer Beobachtung ionisierten Gases mit Temperaturen von 30 000 K bei großen Rotverschiebungen im interstellaren Medium berichtet.

**Interstellare Chemie** Die interstellare Chemie betrifft chemische Prozesse, die unter den Bedingungen der sehr verdünnt vorliegenden Materie im interstellaren Raum ablaufen. In den Riesenmolekülwolken ist die Teilchendichte sehr viel geringer als in den besten Vakua, die man in einem irdischen Laboratorium herstellen kann. Das Innere dieser Wolken ist von der Dissoziation durch die ionisierende Strahlung der Sterne abgeschirmt, und deswegen kann eine Molekülbildung stattfinden. So findet man in diesen Bereichen eine Vielfalt von verschiedenen chemischen Verbindungen.

**Interstellares Medium** Das interstellare Medium ist das Medium zwischen den Sternen einer Galaxie. Es besteht aus Gas mit einem weiten Bereich von Temperaturen und Dichten, wobei die Temperaturen im Bereich von 10 000 000 K für das heißeste Gas, das bei Supernovaexplosionen ausgestoßen wird, und von 10 K liegen, die man in dem kalten Gas der Riesenmolekülwolken findet. Das interstellare Medium ist von einem Magnetfeld durchsetzt und von hochenergetischen Teilchen einschließlich Protonen, Elektronen und Atomkernen durchdrungen.

**Ionisation** Die Ionisation ist der Prozeß, bei dem Elektronen aus den äußeren Schalen der Atome durch Stöße mit anderen Teilchen oder hochenergetischen Photonen entfernt werden. Da die Elektronen eine negative Ladung tragen, erhalten die Atome eine positive Ladung und werden als positive Ionen bezeichnet. Es entsteht ein ionisiertes Gas aus positiv geladenen Ionen und negativ geladenen Elektronen, das als ein Plasma bezeichnet wird.

**Isotropie** Isotropie heißt, daß keine Vorzugsrichtung vorhanden ist. So ist flüssiges Wasser z. B. isotrop, eine Schneeflocke mit ihrer sechsfachen Symmetrie jedoch nicht. Das Universum sieht man in seinen weitesten Ausdehnungen als in allen Richtungen isotrop an.

**Jeanssche Instabilität** Im Jahre 1920 entdeckte J. Jeans diese Instabilität, die mit dem Zusammenbruch von Gaswolken unter dem Einfluß der Gravitation verbunden ist. Der nach außen gerichtete Druck innerhalb einer Gaswolke reicht nicht aus, um dem nach innen gerichteten Zug der Gravitationskraft zu widerstehen. Die Gaswolke fällt zusammen. Dieser Prozeß ist für die Bildung von Sternen wichtig.

**Jets** Bei einem neu gebildeten Stern strömt Gas in entgegengesetzte Richtungen nach außen. Man nimmt an, daß der Gasstrom seinen Ursprung in den inneren Bereichen der Akkretionsscheibe des Sternes hat und sich entlang seiner Rotationsachse nach außen bewegt. Diese stellaren Gasströme bewegen sich mit Geschwindigkeiten bis zu 200 km $s^{-1}$, wirbeln interstellare Materie auf, erzeugen eine doppelkeulenförmige Struktur und dehnen sich bis zu einem Lichtjahr und mehr aus.

**Kalte dunkle Materie** Es handelt sich um eine hypothetische Form dunkler Materie, von der man annimmt, daß sie aus schwach wechselwirkenden massiven Teilchen besteht. Diese Teilchen waren in den frühesten Phasen des Urknalles im Gleichgewicht mit allen anderen Formen von Materie und Strahlung. Da angenommen wird, daß die kalte dunkle Materie aus sehr massiven Teilchen besteht, müßte sie zum gegenwärtigen Zeitpunkt sehr stark abgekühlt sein.

**Kataklysmische Variable** Kataklysmische Variable sind Doppelsternsysteme, zwischen denen ein Masseaustausch stattfindet. Die Masse strömt von einem Hauptreihenstern geringerer Masse zu einem weißen Zwerg.

**Kausalität** In der Relativitätstheorie versteht man unter Kausalität ein Grundprinzip, nach dem Informationen zwischen zwei Punkten höchstens mit Lichtgeschwindigkeit ausgetauscht werden können. Wäre ein Informationsaustausch mit größerer Geschwindigkeit möglich, so kann man zeigen, daß dann in einigen Bezugssystemen die Wirkung zeitlich vor der Ursache liegen würde. Dies aber wäre eine Verletzung der Kausalität.

**Kerrsches schwarzes Loch** Ein rotierendes schwarzes Loch wird als Kerrsches schwarzes Loch bezeichnet. Schwarze Löcher können nur eine bestimmte maximale Rotationsgeschwindigkeit erreichen. Die mit der maximalen Rotationsgeschwindigkeit rotierenden schwarzen Löcher sind für die Hochenergie- und Astrophysik von besonderer Bedeutung, weil bei ihnen der maximale Betrag an Energie freigesetzt werden kann, wenn Materie in ihnen verschwindet.

**Kollimation** Der Prozeß, mit dem ein Licht- oder Teilchenstrahl parallel gemacht wird, heißt Kollimation. Der Licht- oder Teilchenstrahl ist dann weder divergent noch konvergent.

**Kontinuierliche Strahlung** Ein kontinuierliches Strahlungsspektrum und ein Emissions- oder Absorptionsspektrum sind Gegensätze. In den typischen Spektren der Sterne, Galaxien und aktiven galaktischen Kerne finden sich Emissions- und Absorptionslinien, die von einem kontinuierlichen Spektrum überlagert sind. Die Schwarzkörperstrahlung ist ein Beispiel für eine kontinuierliche Strahlung, ebenso die Synchrotronstrahlung hochenergetischer Elektronen, die in einem Magnetfeld kreisen.

**Kosmische Höhenstrahlung** Die kosmische Höhenstrahlung besteht aus energiereichen Teilchen, die mit anderen Teilchen aus der hohen Erdatmosphäre zusammenstoßen. Die Teilchen der Höhenstrahlung sind Protonen, Elektronen und Kerne, die im gesamten interstellaren Raum vorhanden sind. Sie werden vermutlich bei Supernovaexplosionen beschleunigt, wobei manche von ihnen Energien von bis zu $10^{20}$eV erhalten können.

**Kosmische Mikrowellen-Hintergrundstrahlung** Die kosmische Mikrowellen-Hintergrundstrahlung erfüllt als elektromagnetische Strahlung im Zentimeter- und Millimeterband das gesamte Universum. Ihre Entdeckung im Jahre 1965 brachte einen großen Fortschritt für die Kosmologie, weil sie einen Beweis für das Urknallmodell des Universums lieferte. Sie ist ein Relikt aus der heißen frühen Phase unseres Universums. Das Spektrum der kosmischen Mikrowellen-Hintergrundstrahlung entspricht exakt dem eines schwarzen Körpers mit der Strahlungstemperatur von 2,725 K. Es besitzt seine größte Intensität im Bereich der Zentimeter- und Millimeterwellen. Die Strahlung ist bemerkenswert gleichförmig über den Himmel verteilt. Die Abweichungen von der Gleichförmigkeit liegen bei 1 zu 100 000. Unsere Galaxie bewegt sich mit einer Geschwindigkeit von 600 km $s^{-1}$ relativ zu der Hintergrundstrahlung durch den Raum.

**Kosmologische Konstante** Die kosmologische Konstante wurde von Einstein 1917 zu den Feldgleichungen der allgemeinen Relativitätstheorie addiert, um ein statisches Weltmodell konstruieren zu können. Der Term der kosmologischen Konstanten entspricht einer abstoßenden Kraft, die der anziehenden Gravitationskraft entgegengesetzt ist. Die Lösungen der Feldgleichungen mit der kosmologischen Konstanten ergeben Weltmodelle, deren Alter im Gegensatz zu denen mit einer verschwindenden kosmologischen Konstanten größer als der Kehrwert der Hubbleschen Konstanten ist.

**Kosmologisches Prinzip** Das kosmologische Prinzip sagt aus, daß sich unsere Galaxie nicht an einem bevorzugten Ort des Universums befindet. Mit anderen Worten, unsere Galaxie ist an einem ganz gewöhnlichen Ort des Universums gelegen, und jeder Beobachter an irgendeiner Stelle in irgendeiner anderen Galaxie würde zur gegenwärtigen Zeit die gleichen großräumigen Eigenschaften des Universums beobachten, die auch wir wahrnehmen.

**Kritische Dichte** In der Kosmologie bezeichnet die kritische Dichte die Dichte des kritischen Weltmodelles, das sich bis in alle Unendlichkeit ausdehnt. Die beobachtete Expansion wird durch den Einfluß der Gravitation verzögert und kann sogar umgekehrt werden, sofern die Dichte groß genug wird. Der Zahlenwert der kritischen Dichte beträgt 1 bis $2 \times 10^{-26}$ kg $m^{-3}$. Dieser Zahlenwert ist ungefähr 100mal größer als die mittlere Dichte, die man aus der gegenwärtig sichtbaren Materie, den Sternen und Galaxien, ableiten kann. Viele Theoretiker sind davon überzeugt, daß das Universum die kritische Dichte haben sollte, und daraus entsteht das Problem der dunklen Materie. Es sollte sehr viel mehr Materie im Universum vorhanden sein, doch sie müßte in einer Form vorliegen, die wir bisher noch nicht entdeckt haben.

**Leerräume** Große Löcher in der Verteilung der Galaxien, die größer sind als Galaxienhaufen, werden Leerräume genannt. Die größten von ihnen haben Abmessungen von 50 Mpc und mehr.

**Letzte Streufläche** Die Oberfläche eines Objektes, an der eine Strahlung zum letzten Male gestreut wurde, bevor sie auf der Erde beobachtet wurde, heißt letzte Streufläche. Bei der Sonne ist dies die Oberfläche die Photosphäre der Sonne, für das Universum liegt die letzte Streufläche bei einer Rotverschiebung von fast genau 1 000. Vor der Epoche, die dieser Rotverschiebung entspricht, befanden sich ausreichend viele Elektronen im intergalaktischen Medium, an denen die kosmische Mikrowellen-Hintergrundstrahlung vielfach gestreut werden konnte. Die Photonen der kosmischen Mikrowellen-Hintergrundstrahlung, die wir heute beobachten, wurden zum letztenmal bei einer Rotverschiebung von ungefähr 1 000 gestreut.

**Letzte stabile Umlaufbahn** Alle Arten von schwarzen Löchern besitzen eine letzte stabile Umlaufbahn. Kreisbahnen innerhalb des Radius der letzten stabilen Umlaufbahn sind instabil, und von dort fallen alle Materieteilchen unaufhaltsam in das schwarze Loch hinein. Für die Schwarzschildschen schwarzen Löcher hat die letzte stabile Umlaufbahn einen Radius, der dreimal größer ist als der Schwarzschildradius. Für sich mit maximaler Rotationsgeschwindigkeit drehende schwarze Löcher ist der Radius der letzten stabilen Umlaufbahn für Teilchen, die sich im gleichen Sinne drehen, wie das schwarze Loch, nur halb so groß wie der Schwarzschildradius.

**M-Zahlen, Messiers Katalog** In einem Katalog der 100 hellsten Galaxien, Sternhaufen und Nebel, der von dem französischen Astronomen Ch. Messier aufgestellt wurde, waren die einzelnen Objekte mit einem vorangestellten M bezeichnet, z. B. M 100. Die ursprünglich 1774 veröffentlichte Liste enthielt 45 Objekte. Sie wurde später von P. Méchain, Messiers Kollegen, mit weiteren Entdeckungen und Beiträgen vervollständigt. Dieser Katalog wird auch heute noch viel benutzt.

**MACHO** Das Akronym MACHO steht für *massive compact halo object*. Es bezeichnet eine mögliche Form von dunkler Materie, die in dem Halo unserer Galaxie vorkommen kann, von dem man weiß, daß er dunkle Materie enthalten muß. Die MACHOs können aber auch Planeten, braune Zwerge, Neutronensterne oder schwarze Löcher sein. Sie sind nur schwach sichtbare Objekte, können aber dann entdeckt werden, wenn sie auf der Sichtlinie zwischen einem sehr weit entfernten Stern und einem Beobachter stehen und so als Gravitationslinse wirken. Diese Wirkung stellt man an einer charakteristischen Aufhellung des weit entfernten Objektes fest.

**Materiedominiertes Universum** Die späteren Epochen des Universums, in denen dessen Dynamik mehr durch die Massendichte als durch die Strahlung bestimmt wurde, werden als materiedominiert bezeichnet. Unser Universum ist von einer Rotverschiebung 10 000 an bis zum heutigen Tag materiedominiert.

**NGC-Zahlen – New General Catalogue** Ein Katalog nichtstellarer Objekte wurde von J. L. E. Dryer vom Armagh Observatory zusammengestellt und 1888 veröffentlicht. Er enthielt 7 480 Objekte. Weitere 1 529 Objekte wurden sieben Jahre später in einer Ergänzung angefügt, die *Index Catalogue* (IC) genannt wurde. Der *Second Index Catalogue* vervollständigte 1908 diese Ergänzung und enthielt weitere 5 386 Objekte. Die NGC- und IC-Zahlen sind für die Identifizierung von Nebeln und Galaxien weit verbreitet.

**Neutrinoastronomie** Die Neutrinoastronomie besteht im wesentlichen in den Versuchen, Neutrinos aus kosmischen Quellen nachzuweisen. Zu diesen gehört hauptsächlich die Sonne. Neutrinos sind Elementarteilchen, die keine elektrische Ladung besitzen und mit anderen Formen von Materie nur sehr schwach wechselwirken. Sie bewegen sich mit Lichtgeschwindigkeit und werden bei Kernreaktionen im Inneren von Sternen und bei Supernovaexplosionen in großen Mengen freigesetzt. Die Neutrinos, die bei Kernreaktionen im Inneren der Sonne erzeugt werden, ließen sich nachweisen. Auch bei der Explosion der Supernova SN 1987 A wurde ein Schwall von Neutrinos beobachtet.

**Neutronenstern** Bei den Neutronensternen handelt es sich um Sterne, die unter dem Einfluß der Gravitation so weit zusammengefallen sind, daß sie vollständig aus Neutronen bestehen. Die Radien der Neutronensterne betragen ungefähr 10 km, und typische Werte ihrer Dichte liegen bei $10^{17}$ kg m$^{-3}$. Man kann die Neutronensterne als riesige Atomkerne mit etwa $10^{60}$ Neutronen betrachten.

**Olberssches Paradoxon** Dieses von Olbers und anderen Wissenschaftlern bemerkte Paradoxon ergibt sich aus der Beobachtung, daß der Nachthimmel dunkel ist. Wäre nämlich das Universum unendlich, statisch und gleichförmig mit Sternen besetzt, dann sollte der Himmel so strahlen, wie die Oberfläche der Sterne. Da dies aber nicht der Fall ist, muß mindestens eine der obigen Annahmen falsch sein. Manchmal spricht man hier auch von der ältesten Tatsache der Kosmologie.

**Parallaxe** Unter Parallaxe versteht man die scheinbare Bewegung eines nahegelegenen Sternes gegen den Hintergrund weit entfernter Sterne infolge der Erdbewegung um die Sonne. Die Bestimmung der Parallaxe ist die beste Methode zur Messung der Entfernung nahegelegener Sterne.

**Planckzeit** Die Epoche des ganz frühen Universums, in der man die Quantisierung der Gravitation berücksichtigen muß, nennt man Planckzeit. Obwohl noch keine Quantentheorie der Gravitation vorliegt, werden vermutlich Quanteneffekte der Gravitation für Zeiten von ungefähr $10^{-44}$ Sekunden nach dem Urknall von Bedeutung sein.

**Planetarische Nebel** Ein planetarischer Nebel besteht aus der sich ausdehnenden Gashülle, die einen Stern im späten Stadium seiner Entwicklung umgibt. Der Name stammt aus einer Beschreibung von W. Herschel, der sich durch ihre kreisförmige Gestalt an Planetenscheiben erinnert fühlte, die man durch kleine Fernrohre sieht. Zwischen Planeten und planetarischen Nebeln besteht jedoch keine Verbindung. Planetarische Nebel werden aufgrund des Massenverlustes der roten Riesensterne am Ende ihrer Entwicklung auf dem Riesenast gebildet. Eine Gashülle wird abgestoßen, und der Kernbereich des sterbenden Sternes zieht sich zu einem weißen Zwerg zusammen. Planetarische Nebel können in verschiedenen Formen vorkommen – ringförmig, kreisförmig, hantelförmig und irregulär. Wichtige Beispiele planetarischer Nebel sind der Ringnebel, der Helixnebel und der Hantelnebel.

**Plasma** Plasma bezeichnet einen Zustand der Materie, in dem die Gasatome ionisiert sind. Plasma besteht also aus Elektronen, Protonen und Ionen schwererer Elemente. In diesem Zustand hat die Materie ganz andere Eigenschaften als ein gewöhnliches Gas, insbesondere hat sie eine hohe elektrische Leitfähigkeit. Kosmische Plasmen haben Temperaturen von über 10 000 K.

**Polarisation** In elektromagnetischen Wellen steht die Richtung des elektrischen Feldes stets senkrecht auf der Ausbreitungsrichtung der Welle. Bei unpolarisierter Strahlung gibt es keine Vorzugsrichtung des elektrischen Feldvektors in der Ebene senkrecht zur Ausbreitungsrichtung. Bei linear polarisierter Strahlung weisen alle elektrischen Feldvektoren in der Ebene senkrecht zur Ausbreitungsrichtung in eine ganz bestimmte Richtung. Bei zirkular polarisierter Strahlung ändert sich die Polarisationsrichtung stetig so, daß der elektrische Feldvektor mit der Frequenz der Welle rotiert.

**Primordiale Nukleosynthese** Mit dieser Bezeichnung ist die Synthese der Elemente durch Kernreaktionen in den frühen Stadien des Urknalles gemeint. Bei der Abkühlung des primordialen Plasmas von sehr hohen Temperaturen im ganz frühen Universum wurden Reaktionen zwischen Protonen und Neutronen möglich, und in den ersten Minuten der Entwicklung des Universums entstanden Elemente wie $^3$He, $^4$He, Deuterium und Lithium. Für die beobachteten Massenanteile dieser Elemente im Universum gibt es keine anderen einleuchtenden Erklärungen.

**Protostern** Unter einem Protostern versteht man die frühesten Stadien der Sternentstehung durch Kondensation aus einer interstellaren Wolke, bevor Kernreaktionen in seinem Inneren einsetzen.

**Pulsar oder pulsierende Radioquelle** Bei den Pulsaren handelt es sich um Radioquellen, die durch regelmäßige Ausbrüche von Radiostrahlung extrem großer Helligkeit gekennzeichnet sind. Die Ausbrüche wiederholen sich mit Taktzeiten zwischen 0,001 und 4 Sekunden. Pulsare sind rotierende magnetisierte Neutronensterne von etwa Sonnenmasse und einem Radius von rund 10 km. Die pulsierende Radiostrahlung geht auf schmale Strahlenbündel zurück, die in Richtung der magnetischen Achse des Neutronensternes emittiert werden. Ein Beobachter auf der Erde sieht diese Strahlung als gepulste Strahlung, weil die Rotationsachse und die magnetische Achse des Neutronensternes einen Winkel bilden und der Neutronenstern sich sehr schnell dreht.

**Quasar oder quasistellare Radioquelle** Quasare sind kleine extragalaktische Objekte mit einer großen Rotverschiebung, die für ihre Winkelgröße eine außerordentlich hohe Leuchtkraft besitzen. Die leuchtkräftigsten aktiven galaktischen Kerne sind Quasare. Bei einigen wurde das schwache Licht einer umgebenden Galaxie wahrgenommen. Katalogisiert wurden bisher viele tausend Quasare. Im allgemeinen besitzen Quasare ein Spektrum mit Emissionslinien und hoher Rotverschiebung zwischen 0,5 und 4, gelegentlich auch mit noch kleineren Werten. Sie sind so kompakt, daß sie auf Abbildungen als Sterne erscheinen. Obwohl die ersten Quasare, die in den 60er Jahren unseres Jahrhunderts entdeckt wurden, stets Radioquellen waren, handelt es sich bei der Mehrzahl der heute bekannten Quasare nicht um kräftige Radioquellen.

**Radioaktiver Zerfall** Radioaktiver Zerfall ist der Zerfall instabiler Elemente. Solche Elemente treten in Supernovaexplosionen und an anderen Stellen auf, an denen eine Nukleosynthese stattfindet.

**Radiogalaxie** Radiogalaxien sind kräftige Quellen von Radiostrahlung. Etwa eine von einer Million Galaxien ist eine Radiogalaxie. Die Radiostrahlung besteht aus der Synchrotronstrahlung ultrarelativistischer Elektronen, die sich mit Geschwindigkeiten nahe an der Lichtgeschwindigkeit in den magnetischen Feldern der Radioquellen bewegen. Als Prototyp einer Radiogalaxie wird häufig Cygnus A angegeben, in der zwei große Keulen mit Radioemission symmetrisch an beiden Seiten einer riesigen elliptischen Galaxie beobachtet werden. Radiogalaxien sind mit Quasaren eng verwandt. Viele von ihnen haben ähnliche Strahlungseigenschaften.

**Rekombinationsepoche** Dies ist die Epoche in der Geschichte des Universums, in der sich aus dem primordialen Plasma ein neutrales Gas bildete. Diese Epoche lief bei einer Rotverschiebung von etwa 1 000 ab, als das Universum ungefähr 300 000 Jahre alt war.

**Relativistische Bündelung** Hierunter versteht man die Bündelung von Strahlung aus Quellen, die sich mit Geschwindigkeiten nahe an der Lichtgeschwindigkeit bewegen. Wenn sich eine Strahlungsquelle mit derartig hoher Geschwindigkeit bewegt, dann beobachtet man eine sehr starke Bündelung dieser Strahlung in der Bewegungsrichtung der Quelle, die besonders dann auftritt, wenn die Strahlung im Bezugssystem der bewegten Quelle isotrop emittiert wird. Befindet sich der Beobachter unter einem kleinen Winkel zur Richtung des Strahlenbündels, so sieht er die Strahlung erheblich verstärkt, und die Strahlungsquelle scheint sich mit einer Geschwindigkeit über der Lichtgeschwindigkeit zu bewegen. Dieser Vorgang ist als Bewegung mit Überlichtgeschwindigkeit bekannt.

**Rezessionsgeschwindigkeit** Dies ist die Geschwindigkeit, mit der sich eine Galaxie infolge der gleichförmigen Ausdehnung des Universums von unserer Galaxie entfernt.

**Riesenast** Als Riesenast wird die obere rechte Hälfte des Hertzsprung-Russell-Diagrammes bezeichnet. Die Sterne in diesem Bereich des H-R-Diagrammes sind kalt, aber leuchtkräftig. Auf den Riesenast gelangen die Sterne am Ende ihrer Entwicklung auf der Hauptreihe. Die Lebensdauer der Sterne auf dem Riesenast ist sehr viel kleiner als ihre Lebensdauer auf der Hauptreihe.

**Riesenmolekülwolken** Riesenmolekülwolken sind riesige Ansammlungen von Molekülen und interstellarem Staub. Das am häufigsten in diesen Wolken vorkommende Molekül ist molekularer Wasserstoff, obwohl dieser äußerst schwer zu beobachten ist. Ein verbreiteter Indikator für die Verteilung von Molekülen in diesen Wolken ist Kohlenmonoxid CO, das an seiner charakteristischen Emission im Millimeterbereich erkannt wird. Die Wolken enthalten aber auch viele andere Moleküle. Die Riesenmolekülwolken gehören zu den massereichsten Gebilden in unserer Galaxie. Ihre Masse kann das 10 000 000fache der Sonnenmasse erreichen, wobei ihre Durchmesser 150 bis 200 Lichtjahre betragen können. Ein herausragendes Beispiel ist die Riesenmolekülwolke im Sternbild Orion.

**Rote Riesen** Die roten Riesen gehören zu den Sternen auf dem Riesenast. Sobald sich ein Stern von der Hauptreihe wegbewegt hat, fällt sein innerer Kern zusammen, und seine äußere Hülle bläht sich zu gewaltiger Größe auf. Danach beobachtet man einen sehr großen und leuchtkräftigen Stern, einen roten Riesen.

**Rotverschiebung** Als Rotverschiebung bezeichnet man die Verschiebung von charakteristischen Merkmalen astronomischer Objekte nach größeren Wellenlängen. Ist $\lambda_{em}$ die Wellenlänge des ausgestrahlten Lichtes einer ruhenden Lichtquelle und $\lambda_{beob}$ die beobachtete Wellenlänge der bewegten Lichtquelle, dann ist die Rotverschiebung $z$ definiert durch den Zuwachs $\lambda_{beob} - \lambda_{em}$ geteilt durch die Wellenlänge $\lambda_{em}$:

$$z = \frac{\lambda_{beob} - \lambda_{em}}{\lambda_{em}} \quad .$$

Bei den Galaxien ist die Expansionsbewegung mit der Rezessionsgeschwindigkeit die Ursache für die Rotverschiebung. Ein anderer astronomischer Grund für eine Rotverschiebung ist die Gravitation.

**Röntgendoppelsterne** Röntgendoppelsterne sind Doppelsternsysteme, die eine kompakte Röntgenquelle enthalten. Das kompakte Objekt kann dabei ein Neutronenstern oder ein schwarzes Loch sein. Die Röntgenstrahlung entsteht durch die Akkretion von Materie aus dem einen Stern auf den kompakten zweiten Stern des Systems.

**Schwarze Körper** Ein schwarzer Körper absorbiert alle Strahlung, die auf ihn einfällt. Die Intensität der Strahlung, die ein schwarzer Körper aussendet, und deren Spektrum hängen allein von der Temperatur ab. Die Formel für das Spektrum der Strahlung eines schwarzen Körpers wurde 1900 von M. Planck abgeleitet. Deswegen spricht man häufig vom Planckschen Spektrum.

**Schwarzes Loch** Das schwarze Loch ist das Endresultat eines Gravitationskollapses. Die Anziehungskraft infolge der Gravitation wird so stark, daß nach den Gesetzen der allgemeinen Relativitätstheorie Materie und Strahlung, die dem schwarzen Loch zu nahe kommen, durch keine bekannte physikalische Kraft daran gehindert werden können, in der Singularität im Zentrum des schwarzen Loches zu verschwinden. Materie und Strahlung bleiben auch in einem nicht rotierenden schwarzen Loch gefangen, solange sie sich innerhalb des Schwarzschildradius befinden. Schwarze Löcher können nur drei physikalische Eigenschaften besitzen: Masse, elektrische Ladung und Drehimpuls.

**Schwarzschildradius** Die Raumzeit um ein schwarzes Loch ist innerhalb des Schwarzschildradius so stark gekrümmt, daß sie eine Hülle um einen Massenpunkt bildet. Ein astronomisches Objekt, das so weit zusammengefallen ist, daß sein Radius kleiner als sein Schwarzschildradius ist, bildet ein schwarzes Loch, aus dem weder Materie noch Strahlung entkommen können. Der Schwarzschildradius der Sonne beträgt 3 km, der der Erde 1 cm. Der Schwarzschildradius ist proportional zur Masse $M$ des schwarzen Loches, gemäß der Formel

$$R_s = 3 \times \frac{M}{M_\odot} \,[\mathrm{km}]\,,$$

worin $M_\odot$ die Masse der Sonne ist.

**Seeing** Der Begriff »Seeing« bedeutet etwa Bildgüte. Unter Seeing versteht man die Verschmierung des optischen Bildes eines Sternes infolge der Störungen des Lichtsignals auf seinem Weg durch die Erdatmosphäre zum Fernrohr. Wegen der Probleme, die mit dem Seeing verknüpft sind, erreichen die großen optischen erdgebundenen Fernrohre nie den theoretisch möglichen Wert ihres Auflösungsvermögens. Ein optisches Fernrohr mit 4 m Öffnungsweite sollte Objekte auflösen können, die nur 0,03 Bogensekunden voneinander getrennt sind, kann aber wegen des Seeing lediglich 1 Bogensekunde auflösen.

**Seyfert-Galaxie** Eine ganz besondere Art aktiver Galaxien mit einem punktförmigen, strahlend hellen Kern, die 1943 zuerst von C. Seyfert beschrieben wurde, wird nach ihm Seyfert-Galaxie genannt. Vielfach ist die Strahlungsintensität des Kernes auch noch veränderlich, woraus man auf eine äußerst kompakte Strahlungsquelle schließen kann. Die optischen Spektren der Seyfert-Galaxien enthalten intensive Emissionslinien, die in den Seyfert-I-Galaxien sehr breit, in den Seyfert-II-Galaxien hingegen sehr schmal sind.

**Singularität** Auf Kosmologie und schwarze Löcher angewendet, bedeutet Singularität einen Bereich im Raum, an dem die Dichte unendlich groß wird. In solchen Fällen kann man die Singularität als einen stark gekrümmten Bereich des Raumes ansehen, in dem eine oder mehrere Größen, die seine Geometrie beschreiben, unendlich werden, so daß die Gesetze der Physik nicht mehr angewendet werden können. Aufgrund des klassischen Bildes fing der Urknall mit einer derartigen Singularität an.

**Sonnenwind** Der Sonnenwind entsteht durch die Abstrahlung heißen Gases aus der Sonnenkorona. In der Entfernung der Erde beträgt die Geschwindigkeit des Sonnenwindes ungefähr $350\ \mathrm{km\,s^{-1}}$.

**Spezielle Relativitätstheorie** Die relativistische Theorie der Raumzeit wurde von Einstein im Jahre 1905 bekannt gemacht. Der speziellen Relativitätstheorie liegen zwei Voraussetzungen zugrunde: Die Ausbreitungsgeschwindigkeit des Lichtes ist eine Naturkonstante und besitzt in allen Bezugssystemen den gleichen Wert; in allen Bezugssystemen, die sich in einer gleichförmigen Bewegung zueinander befinden, sind alle physikalischen Gesetze gleich. Die Gleichungen der speziellen Relativitätstheorie beschreiben genau die Eigenschaften schnell bewegter Objekte, die von einem ruhenden Beobachter wahrgenommen werden. Die spezielle Relativitätstheorie ergibt überdies die Äquivalenz von Masse und Energie, $E = mc^2$, mit der Aussage, daß jede Form von Energie einer gewissen Masse und jeder gegebene Betrag von Masse einer bestimmten Energie entspricht.

**Starburst-Galaxien** So werden Galaxien bezeichnet, in denen auf engem Raum eine große Anzahl von Sternentwicklungen beobachtet wird. Ein charakteristisches Merkmal dieser Galaxien ist eine intensive Strahlung im fernen Infrarot.

**Staubkörner** Staubkörner sind kleine Materieteilchen mit einem Durchmesser von etwa 100 nm, die zusammen mit Atomen und Molekülen im interstellaren Gas vorkommen. Nach allem, was man weiß, bestehen die Staubkörner hauptsächlich aus Silikaten und Kohlenstoffen in Form von Graphit. Dunkle Staubwolken gibt es in der Milchstraße. Sie schwächen das Licht, das von den Sternen und leuchtenden Gaswolken ausgeht. Obwohl die Materie in ihnen sehr dünn verteilt ist, sind die Staubwolken für die Absorption von sichtbarem Licht sehr wirksam. Infrarote Strahlung und Strahlung mit noch größeren Wellenlängen kann sie jedoch ungehindert durchdringen. Die Gegenwart von Staubwolken zeigt sich auch durch Emission von Strahlung im fernen Infrarot, die dann emittiert wird, wenn die Staubkörner durch die Absorption von sichtbarem und ultraviolettem Licht aufgeheizt wurden. Typischerweise liegt die Temperatur der Staubwolken zwischen 30 und 100 K.

**Stefan-Boltzmannsches Gesetz** Das Stefan-Boltzmannsche Gesetz ist das physikalische Gesetz, das den Gesamtbetrag der Strahlung beschreibt, der von einem schwarzen Körper konstanter Temperatur abgegeben wird. Die Intensität $I$ der Strahlung des schwarzen Körpers ist proportional zur 4ten Potenz seiner Temperatur, $I \propto T^4$.

**Strahlungsdominiertes Universum** Die frühen Phasen des Universums, in denen seine Dynamik mehr durch die Massendichte der Strahlung als durch die Dichte der Materie bestimmt war, nennt man das strahlungsdominierte Universum. Bei einer Rotverschiebung von 100 000 war die Massendichte der kosmischen Mikrowellen-Hintergrundstrahlung der Massendichte des kritischen Universums gleich. In früheren Zeiten überstieg die Massendichte der Strahlung die Massendichte der Materie, und daher wurde die Dynamik mehr durch die Strahlung als durch die Materie bestimmt.

**Supernova** Eine Supernova ist eine Sternexplosion, bei der so große Energiemengen freigesetzt werden, daß eine ganze Galaxie mit Milliarden Sternen überstrahlt werden kann. Zusätzlich zu der dabei erzeugten Lichtenergie geht noch einmal die zehnfache Menge in die kinetische Energie des weggesprengten Materials, und das Hundertfache wird von Neutrinos fortgetragen. Eine Ursache für eine Supernovaexplosion kann die Erschöpfung des nuklearen Brennstoffes in einem massiven weit entwickelten Stern sein. Unter diesen Umständen wird der innere Kern des Sternes instabil, der dann innerhalb von weniger als einer Sekunde kollabiert. Diese Implosion kann jedoch nicht beliebig weitergehen. Wenn die Dichte der Materie die Dichte von Atomkernen erreicht hat, entsteht ein starker Widerstand gegen den weiteren Druck, der Kern federt zurück, und eine nach außen gerichtete Schockwelle baut sich auf. Die äußere Schicht des Sternes wird mit einer Geschwindigkeit von tausenden km $s^{-1}$ weggeschleudert, und ein Neutronenstern bleibt übrig. Eine andere Möglichkeit für die Entstehung einer Supernovaexplosion ergibt sich dann, wenn Materie ständig auf einen weißen Zwerg in einem Doppelsternsystem akkretiert wird. Falls die Masse des akkretierenden Sternes die Chandrasekhar-Grenze überschreitet, dann kollabiert der Stern und setzt die Energie frei, die bei der Bildung eines Neutronensternes frei wird.

**Supernovaüberrest** Die bei der Supernovaexplosion abgestoßene äußere Hülle aus Materie bildet den Supernovaüberrest. Bekannte Beispiele für Supernovaüberreste sind der Krebsnebel, Cassiopeia A, Keplers Supernova, Tychos Supernova und die Nova Cygni 1975.

**Synchrotronstrahlung** Die Synchrotronstrahlung ist eine elektromagnetische Strahlung, die von ultrarelativistischen Elektronen ausgeht. Dies sind Elektronen, die sich mit nahezu Lichtgeschwindigkeit durch ein Magnetfeld bewegen. Der Name Synchrotronstrahlung kommt daher, daß man diese Art von Strahlung zuerst an den Synchrotronbeschleunigern der Kernphysik beobachtet hat. Die Synchrotronstrahlung ist die Hauptquelle für die Radioemission aus Supernovaüberresten und Radiogalaxien. Ein großer Anteil der Licht- und Röntgenstrahlung des Krebsnebels wird in einem Synchrotronprozeß durch Elektronen sehr hoher Energie erzeugt, die durch den zentralen Pulsar beschleunigt werden. Das Spektrum einer Synchrotronstrahlung unterscheidet sich merklich von dem einer Wärmestrahlung, die von heißem Gas ausgeht. Deswegen sind die Quellen der Synchrotronstrahlung leicht auszumachen. Ihre Polarisation bietet eine Möglichkeit zur Abschätzung der Stärke des Magnetfeldes im Bereich der Strahlungsquelle.

**Szintillation** In der Astronomie steht »Szintillation« für die Intensitätsschwankungen im Signal einer Radioquelle infolge der Unregelmäßigkeiten des Mediums, durch das sich das Radiosignal ausbreitet. Diese Erscheinung ähnelt dem Flimmern der Sterne. In beiden Fällen haben diese Schwankungen der Intensität nichts mit den Intensitätsschwankungen der Strahlungsquelle selbst zu tun.

**Ultrarelativistische Teilchen** Ultrarelativistische Teilchen haben kinetische Energien, die größer sind als das Energieäquivalent ihrer Ruhemasse.

**Urknall** Mit diesem Namen wurde das Standardmodell für die Geschichte des Universums versehen, nachdem es vor 10 bis 20 Mrd. Jahren in einem Zustand unendlicher Dichte begann und sich seitdem ständig ausdehnt. Diese Theorie wird von fast allen Kosmologen als Fundament für kosmologische Untersuchungen gebraucht, weil es die drei wichtigsten Beobachtungen der Kosmologie erklärt: die Expansion des Universums, die Existenz der kosmischen Mikrowellen-Hintergrundstrahlung und den Ursprung der leichten Elemente.

**VLBI – Interferometertechniken mit weit auseinanderliegenden Antennen** In der Radioastronomie gibt es eine Technik, die Signale von weit auseinanderliegenden Radioteleskopen zusammenführt, um eine hohe Auflösung zu erreichen. Die Winkelauflösung bei dieser Art von Technik kann 0,001 Bogensekunden betragen. (Im Englischen bedeutet das Akronym VLBI – *Very Large Baseline Interferometry.*)

**Verdeckung** Eine Verdeckung tritt ein, wenn ein astronomisches Objekt so vor einem anderen vorbeizieht, daß die direkte Beobachtung von der Erde aus verhindert wird.

**Verzögerungsparameter** Der Verzögerungsparameter $q_0$ beschreibt die Verlangsamung der Expansion des Universums. Nach den einfachsten Friedmannschen Modellen bedeutet ein Wert $q_0 > 1/2$, daß die Expansion des Universums möglicherweise angehalten wird und danach eine Kontraktion und ein Kollaps eintritt. Ein Wert des Verzögerungsparameters unterhalb von 1/2 hat zur Folge, daß die Expansion des Universums für immer weitergeht.

**Weißer Zwerg** Ein weißer Zwerg ist ein Stern in fortgeschrittenem Entwicklungszustand, dessen innerer Druck durch den Entartungsdruck der Elektronen erzeugt wird. Ein weißer Zwerg entsteht, wenn ein Stern, wie z. B. die Sonne, seinen Kernbrennstoff verbraucht hat. Dann fällt dieser Stern infolge seiner eigenen Gravitation so stark zusammen, daß die Materie in einen entarteten Zustand gerät, in dem Elektronen und Atomkerne dicht gepackt nebeneinander liegen.

**Wiensches Verschiebungsgesetz** Dieses Gesetz beschreibt die Veränderung des Spektrums eines schwarzen Körpers mit der Temperatur. Die Frequenz des Intensitätsmaximums der emittierten Strahlung ist zur Temperatur des schwarzen Körpers proportional.

**WIMPs** Das Akronym WIMP steht für die Abkürzung der englischen Bezeichnung *Weakly Interacting Massive Particles.* Teilchen dieser Art wurden von den Elementarteilchentheorien vorhergesagt, konnten aber bisher in den Experimenten mit Teilchenbeschleunigungsmaschinen nicht nachgewiesen werden. In der Kosmologie sind diese Teilchen besonders wichtig, weil sie möglicherweise die dunkle Materie in den Galaxien und Galaxienhaufen bilden und, sofern sie in ausreichender Masse vorhanden sind, das Universum zu einem abgeschlossenen Universum machen.

# Astronomische Einheiten

Für die Maßeinheiten gelten in diesem Buch die folgenden Vereinbarungen: Es wird das Internationale System (SI) der Maßeinheiten verwendet. Dieses beruht auf den Grundeinheiten Meter [m] für die Länge, Kilogramm [kg] für die Masse und Sekunde [sec] für die Zeit. Einige abgeleitete Einheiten, die in diesem Buch verwendet werden, sind:

**Entfernungseinheiten.** Das in der Astronomie normalerweise übliche Entfernungsmaß ist die Parallaxensekunde, abgekürzt Parsec (pc). Dies ist die Strecke, bei der der mittlere Radius der Erdumlaufbahn um die Sonne einen Winkel von einer Bogensekunde aufspannt. Die Parallaxensekunde entspricht einer Entfernung von $3{,}086 \times 10^{16}$ m, angenähert also $3 \times 10^{16}$ m. Eine weitere Entfernungseinheit ist das Lichtjahr, das einer Strecke von $9{,}4605 \times 10^{15}$ m entspricht, ungefähr einem Drittel einer Parsec. Die astronomische Einheit (AU) ist ebenfalls ein nützliches Maß für astronomische Entfernungen. Sie ist definiert als der mittlere Abstand zwischen Sonne und Erde und entspricht $1{,}496 \times 10^{11}$ m.

**Energieeinheiten.** Die Energieeinheit des internationalen Systems der Maßeinheiten ist das Joule, doch ist auch die Einheit Elektronenvolt (eV) für hochenergetische Photonen, die Teilchen der elektromagnetischen Strahlung, zugelassen. Es ist z.B. üblich, die Energie eines Röntgenphotons in Elektronenvolt (eV) oder Kiloelektronenvolt (keV) anzugeben, was 1 000 Elektronenvolt entspricht. Die Energie von $\gamma$-Strahlung wird üblicherweise in Megaelektronenvolt (MeV) angegeben.

**Frequenzeinheit.** Die Einheit der Frequenz ist ein Zyklus pro Sekunde, bekannt als 1 Hertz (Hz). Rundfunkfrequenzen werden in Megahertz (MHz) angegeben, was 1 000 000 Hz oder $10^6$ Hz bedeutet, und in Gigahertz (GHz), 1 000 000 000 Hz oder $10^9$ Hz.

**Einheit der Wellenlänge.** Bei astronomischen Beobachtungen im sichtbaren und infraroten Spektralbereich gibt man die Wellenlänge üblicherweise in Nanometern (nm) an, 1 milliardstel Meter 1/1 000 000 000 m oder $10^{-9}$ m, und in Mikrometern (μm), 1 millionstel, 1/1 000 000 Meter oder $10^{-6}$ m.

**Masse und Leuchtkraft.** Oft ist es vorteilhaft, die Masse und die Leuchtkraft von astronomischen Objekten auf die Masse und die Leuchtkraft der Sonne zu beziehen. Dazu ist:

Sonnenmasse = $M_{\odot} = 1{,}989 \times 10^{30}\,\mathrm{kg} \approx 2 \times 10^{30}\,\mathrm{kg}$
Sonnenleuchtkraft = $L_{\odot} = 3{,}90 \times 10^{26}\,\mathrm{W}$
Sonnenradius = $R_{\odot} = 6{,}9598 \times 10^{8}\,\mathrm{m}$

# Sach- und Namenverzeichnis